盾构施工引起地层位移及其精准控制

张晋勋　著

科学出版社

北京

内 容 简 介

本书主要阐述了盾构施工引起地层位移的时空发展规律及其精准控制技术,旨在解决盾构施工诱发的地层位移难测、时空发展规律难辨、施工安全风险难控三大技术难题。基于盾构工程技术特点和北京地铁相关盾构工程实践,系统研究了盾构施工引起地层分层位移测试技术、地层位移时空分布及其发展理论、地层位移分级控制技术、基于盾构开挖间隙填充的新型材料及注入工艺等。解决了城市土质地层盾构施工位移"难测、难辨、难控"等问题,为提高盾构近接施工技术水平、降低工程安全风险提供了有力的技术支撑。

本书可为从事地铁工程建设、勘察设计、施工、工程管理的工程技术人员,岩土工程、隧道工程、城市地下空间工程相关专业的博士、硕士研究生和大学本科高年级学生提供工作、学习的参考。

图书在版编目（CIP）数据

盾构施工引起地层位移及其精准控制/张晋勋著. —北京：科学出版社,
2021.12

ISBN 978-7-03-070973-8

Ⅰ. ①盾… Ⅱ. ①张… Ⅲ. ①盾构法 Ⅳ. ①U455.43

中国版本图书馆CIP数据核字（2021）第259870号

责任编辑：韦　沁／责任校对：何艳萍
责任印制：吴兆东／封面设计：北京图阅盛世

科学出版社 出版
北京东黄城根北街16号
邮政编码：100717
http://www.sciencep.com

北京中科印刷有限公司 印刷
科学出版社发行　各地新华书店经销

*

2021年12月第 一 版　　开本：787×1092　1/16
2021年12月第一次印刷　　印张：19
字数：451 000

定价：258.00元
（如有印装质量问题,我社负责调换）

序

我国地铁快速发展,各个城市地铁成网趋势愈加明显,北京、上海等特大城市地铁建设起步早,地铁线网已成规模。其他城市紧随其后,线网联动初具雏形,地铁对城市服务功能的提升作用显著增强。近年来,盾构工法已经成为我国城市地铁区间隧道建设的主要工法,在地铁线网不断加密的背景下,盾构近接工程越来越多,其引起的地层深部位移传递至临近既有结构,特别是既有地铁线结构,进而诱发结构变形的问题日益凸显。地层深部位移控制是问题的关键,已经成为地铁建设面临的巨大挑战。

国内外学者已对盾构施工引起地表变形进行了大量的研究,但仍存在以下不足:缺乏高精、实时、可靠的地层位移测试系统,尚未清晰辨识盾构施工引起地层位移的时空发展规律,导致工程建设过程中难以采取有效措施进行有害地层位移控制。盾构施工引起的深部地层位移"难测"、发展规律"难辨",进而导致盾构近接施工安全风险"难控",是城市地铁线网进一步发展建设的难题。

《盾构施工引起地层位移及其精准控制》一书针对盾构施工诱发"地层位移难测"、"时空发展规律难辨"和"盾构近接施工安全风险难控"三大技术难题,创新性地研发了盾构施工引起地层分层位移测试技术系统、揭示了其地层位移时空分布及发展规律、建立了地层位移分级控制技术体系,并针对盾构开挖间隙的新型材料研发及注入工艺等领域进行了系统科技攻关,基于相关课题研究成果,以完整、翔实的现场测试数据及客观、全面的数值模拟研究检验了新理论与新技术。为解决城市土质地层内位移监测难度大、精度低、位移分布特征不清晰、地层位移控制技术与方法不明确等问题闯出了一条新路。该书对复杂地层与环境条件下盾构交叉穿越、叠落施工,具有重要的理论指导意义和工程应用价值。

该书凝聚了作者团队创新发展的心血和智慧,是作者多年来研究成果和宝贵实践经验的系统总结。我将该书推荐给从事地铁盾构设计、施工、管理等工作的相关人员,相信该书的出版将有助于推动我国盾构法施工技术的进步和发展,对于促进该领域相关研究以及工程实践应用有重要意义。

中国工程院院士 钱七虎

2021 年 4 月于北京

前 言

伴随着我国综合国力的不断提升及国民经济的快速发展,城镇化步伐不断加快,城市空间愈显不足,人口聚集、交通拥挤、大气及噪声污染等一系列问题相继出现,现代化城市人口高度聚集与城市现有空间资源不足的矛盾日益凸显。城市地下空间是一种极为宝贵的不可再生资源,有序、长远、可持续地规划、开发和利用地下空间意义重大。过去近10年时间里,在《北京中心城中心地区地下空间开发利用规划(2004~2020年)》指引下,北京浅层和次浅层(30m以上)地下空间开发驶入了快车道,以城市轨道交通为代表的城市基础设施在地表以下30m范围内已经建设成网,但是既有城市轨道交通线网仍不能满足居民出行的需求。为缓解日益拥堵的交通问题,提高居民出行效率,未来很长一段时间,轨道交通仍是北京市大力发展的城市基础设施工程。

北京中心城区地表以下10~30m的地下空间资源不足,新开线路逐渐进入地下30~100m深层区域。随着地铁建设深度和城市地下空间开发强度的增加,地铁隧道施工所遇到的环境条件愈加复杂,盾构区间相互穿越、交叉穿越的案例越来越多,对新建线路盾构施工引起变形控制的要求越来越高。土压平衡盾构在北京地区广泛应用,而泥水平衡盾构等应用较少,故本书仅对土压平衡盾构施工引起的地层位移及控制技术进行了重点研究。由于土压平衡盾构的构造特征及盾构工法特点,盾构施工过程中无法完全避免引发土体变形。目前,北京地区不同地层的盾构施工中,在不采取其他辅助措施的条件下,仅仅依靠盾构自身的控制措施是否能够将地表沉降或地层分层沉降(主要对穿越工程而言)控制在可接受的范围内,尚无明确的结论,目前的研究还不够深入、细致,盾构施工引起的地层位移时空分布与发展规律及控制方法的研究还没有形成技术体系。

本书共分为7章。第1章:盾构施工引起地层位移研究概述;第2章:地层位移分量及其主次关系研究;第3章:地层竖向位移新型测试方法及系统;第4章:地层竖向位移的空间分布与发展规律;第5章:地层竖向位移的主要影响因素分析;第6章:地层竖向位移控制技术;第7章:开挖间隙填充工艺与填充材料。主要阐述了盾构施工引起地层位移的时空发展规律及其精准控制技术,旨在解决盾构施工中存在的若干岩土工程问题,尤其是随着城市深层地下空间的开发,盾构隧道交叉、重叠、近距离施工引发的系列问题,针对目前我国地铁盾构施工中"位移难测、规律难辨、风险难控"的难题提出一整套系统科学的解决方法。书中提出的地层深层位移测试系统,地层竖向位移"横三区、竖两层、纵向五阶段"的分布与发展规律,地层位移"分层、分级、分阶段"控制方法以及基于盾构开挖间隙填注的新型材料具有显著的创新性,技术在北京地铁乃至国内多座城市中得到应用和验证。

本书由张晋勋主持撰写,北京城建轨道交通建设工程有限公司的武福美、恽军、周刘刚等,中国矿业大学(北京)江玉生、杨志勇、江华、殷明伦、程晋国、孙正阳、房宽达等给予了大力支持与帮助。本书还参考了大量的专业文献,谨在此向相关作者及研究人员深表感谢。

本书稿有幸邀请到钱七虎院士、张弥教授、贺长俊教授级高级工程师、张顶立教授进行审阅。他们对书稿逐章逐节地进行审校，提出了非常宝贵的意见，使本书内容更加充实，作者在此对他们的指导表示由衷的感谢。

书中所涉及项目是北京城建集团有限责任公司牵头，依托北京城建轨道交通建设工程有限公司，联合相关研究单位，进行盾构施工引起地层位移分布及控制技术研究，获2018年北京市科学技术奖二等奖。项目还先后得到北京市发改委及北京市国资委（"地铁工程岩土工程数值模拟平台"）、北京市教委重大项目（"北京地铁隧道盾构施工与地面变形联合实时监控设备与系统开发"）的支持。

本书为从事地铁工程建设、勘察设计、施工、工程管理的工程技术人员，岩土工程、隧道工程、城市地下空间工程相关专业的博士、硕士研究生和大学本科高年级学生提供工作、学习的参考。

由于作者水平有限，书中难免存在一些不足之处，欢迎批评指正。

张晋勋

北京城建集团有限责任公司

2020年9月

目 录

序
前言
第1章 盾构施工引起地层位移研究概述 ………………………………… 1
　1.1 土压平衡盾构工法简述 ………………………………………… 1
　1.2 地层位移的发生机理 …………………………………………… 13
　1.3 国内外研究现状 ………………………………………………… 15
　1.4 地层位移控制面临的技术难题 ………………………………… 18
第2章 地层位移分量及其主次关系研究 ………………………………… 20
　2.1 地层位移的空间分布概述 ……………………………………… 20
　2.2 地层位移分量的主次关系 ……………………………………… 22
　2.3 地层位移主控分量 ……………………………………………… 44
第3章 地层竖向位移新型测试方法及系统 ……………………………… 46
　3.1 地层竖向位移测试现状及传统测试技术 ……………………… 46
　3.2 地层竖向位移新型测试方法的基本原理 ……………………… 52
　3.3 地层位移的空间坐标转换 ……………………………………… 57
　3.4 新型测试技术系统的现场应用 ………………………………… 59
第4章 地层竖向位移的空间分布与发展规律 …………………………… 99
　4.1 竖向位移沿横向分布特征 ……………………………………… 99
　4.2 竖向位移沿深度方向的分布特征 ……………………………… 156
　4.3 竖向位移沿纵向的发展规律 …………………………………… 166
　4.4 地层位移空间分布与发展模型 ………………………………… 181
　4.5 本章小结 ………………………………………………………… 183
第5章 地层竖向位移的主要影响因素分析 ……………………………… 185
　5.1 地层竖向位移影响因素概述 …………………………………… 185
　5.2 隧道埋深对地层竖向位移（沉降槽）的影响特点 …………… 187
　5.3 隧道间距对地层竖向位移（沉降槽）的影响特点 …………… 189
　5.4 注浆效果对隧道断面沉降槽的影响特点 ……………………… 191
　5.5 本章小结 ………………………………………………………… 199
第6章 地层竖向位移控制技术 …………………………………………… 201
　6.1 控制技术体系的设计 …………………………………………… 201
　6.2 地层竖向位移控制技术要点 …………………………………… 204

6.3 地层位移控制技术体系 …………………………………………………… 206
第7章 开挖间隙填充工艺与填充材料 ……………………………………………… 209
　7.1 中盾注浆法简介 …………………………………………………………… 209
　7.2 开挖间隙填充材料研发 …………………………………………………… 210
　7.3 中盾新型注浆材料基本物理力学性质研究 ……………………………… 276
　7.4 新型材料优选配比 ………………………………………………………… 290
参考文献 …………………………………………………………………………………… 292

第1章　盾构施工引起地层位移研究概述

盾构经过近两百年的发展，由原始的手掘式盾构发展到了目前以大直径、大扭矩、高智能化、多样化为特色的新型盾构，目前已经在国内外的隧道施工中都得到了广泛的应用。与此同时，由盾构施工所引起的地层位移带来的问题也引起了日益广泛的关注和研究。盾构隧道的开挖使隧道周边的土体受到扰动，受扰动地层开始由原始应力状态进行应力重分布逐渐到达新的应力状态，同时产生相应变形。

目前关于地层位移的研究更多的是研究地层沉降，即地层竖向位移，对于地层横向位移和纵向位移较少涉及。本章通过研究土压平衡盾构工法的技术特点，阐述了地层位移的发生机理，并提出了地层位移控制所面临的技术难题。

1.1　土压平衡盾构工法简述

1.1.1　土压平衡盾构构成

本书主要研究土压平衡盾构施工引起的地层位移，不涉及泥水平衡盾构、硬岩掘进机（tunneling boring machine，TBM）等。

土压平衡（earth pressure balanced，EPB）盾构是在机械式盾构的前部设置隔板，使土仓和排土用的螺旋输送机内充满切削下来的渣土，依靠推进油缸的推力给土仓内的开挖渣土加压，使该压力作用于开挖面保持其稳定。土压平衡盾构的支护介质是土壤本身。土压平衡盾构由盾壳、刀盘、主驱动、螺旋输送机、皮带输送机、同步注浆系统、盾尾密封系统、管片安装机、人舱、液压系统等组成，其结构如图1.1所示。

1. **刀盘、刀盘驱动及刀盘支承**

刀盘是机械化盾构的掘削机构，刀盘结构需根据地质适应性的要求进行设计，需适合围岩条件，在确保开挖面稳定的前提下，提高掘进速度。刀盘设计时，应充分考虑刀盘的结构型式和支承方式、刀盘开口率、刀具布置等因素。

1) 刀盘

刀盘具有三大功能：

(1) 开挖功能。刀盘旋转带动刀具切削隧道掌子面上的岩土体，对掌子面前地层进行开挖，开挖后的渣土通过刀盘的开口进入土仓。

(2) 稳定功能。支撑掌子面，具有稳定掌子面的功能。

(3) 搅拌功能。对于土压平衡盾构，刀盘转动带动主动搅拌棒与被动搅拌棒联合作用对土仓内的渣土进行搅拌，使渣土具有良好的塑性，然后通过螺旋输送机将渣土排出。

盾构的刀盘结构型式与隧道穿越的地质条件有着密切的关系，不同的地层应采用不同

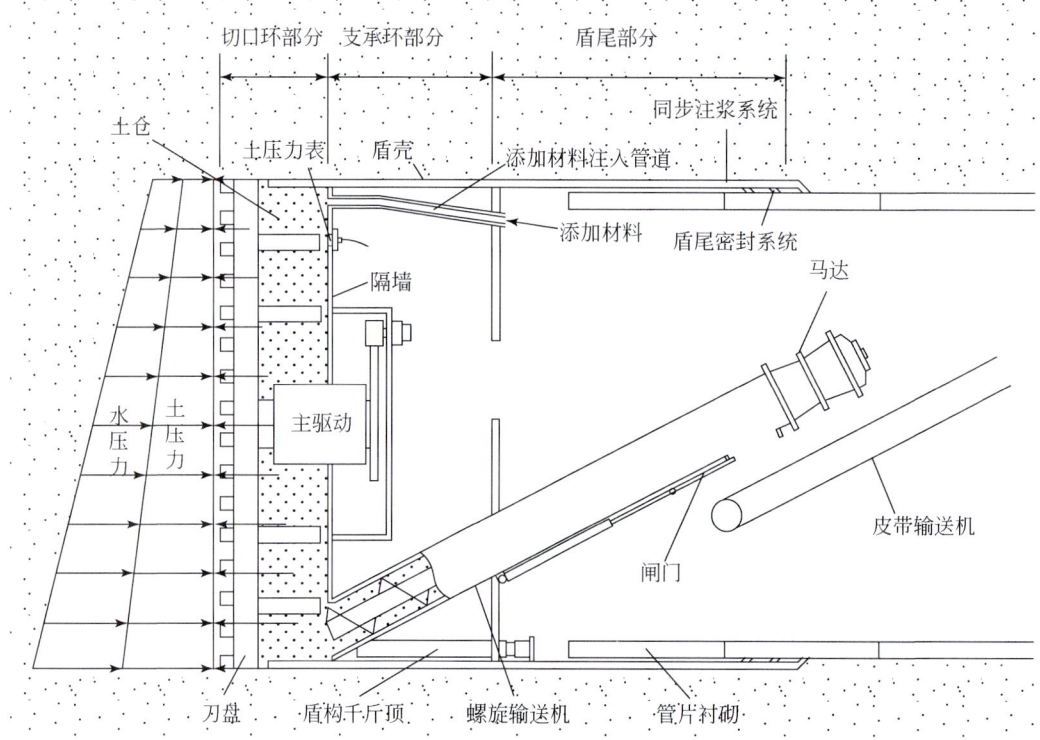

图 1.1 土压平衡盾构

的刀盘型式。土压平衡盾构的刀盘结构型式有两种：辐条式和面板式。①辐条式刀盘（图 1.2）开口率大，渣土流动顺畅，渣土进入土仓的路径短且简单，不易堵塞。一般不能安装滚刀，且中途换刀安全性相对较差。②面板式刀盘（图 1.3）该种型式的刀盘在换刀时相对安全，但开挖渣土进入土仓的路径长且复杂，易黏结易堵塞，易在刀盘上形成泥饼。

图 1.2 辐条式刀盘

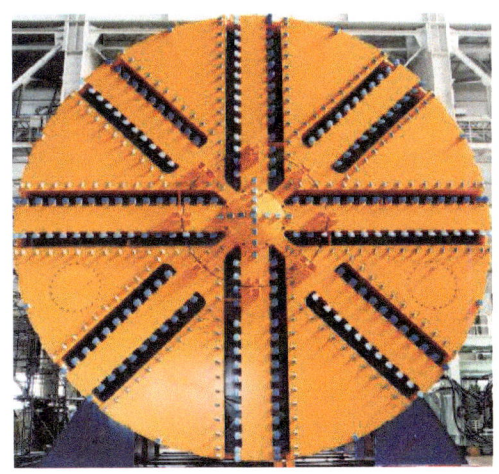

图 1.3　面板式刀盘

辐条式刀盘对砂、土、一般粒径的卵石等地层的适应性比面板式刀盘好，但由于一般不能安装滚刀，在风化岩及软硬不均地层或硬岩地层中，通常采用面板式刀盘。

2）刀盘驱动

刀盘驱动方式有三种：变频电机驱动、液压驱动和定速电机驱动。由于定速电机驱动，刀盘转速不能调节，一般不采用。现将变频驱动与液压驱动做对比，如表 1.1 所示。

表 1.1　刀盘驱动方式比较表

项目	①变频驱动	②液压驱动	备注
驱动器外形尺寸	大	小	一般①∶②＝（1.5~2）∶1
后续设备	少	多	②需要液压泵、油箱、冷却装置等
效率/%	95	65	液压系统效率低
起动电流	小	小	①变频起动电流小；②无负荷起动电流小
起动力矩	大	小	①起动力矩可达到额定力矩的120%
起动冲击	小	较小	①利用变频软起动，冲击小；②控制液压泵排量，可缓慢起动，冲击较小
转速控制、微调	好	好	①变频调速；②控制液压泵排量，可以控制转速和微调
噪声	小	大	液压系统噪声大
隧道内温度	低	高	液压系统传动效率低，功率损耗大，温度高
维护保养	容易	较困难	②液压系统维护保养要求高，保养较复杂

3）刀盘支承

刀盘有中心支承、中间支承和周边支承三种方式（图 1.4）。在设计时应考虑盾构直径、土质条件、排土装置等因素后确定刀盘支承方式。

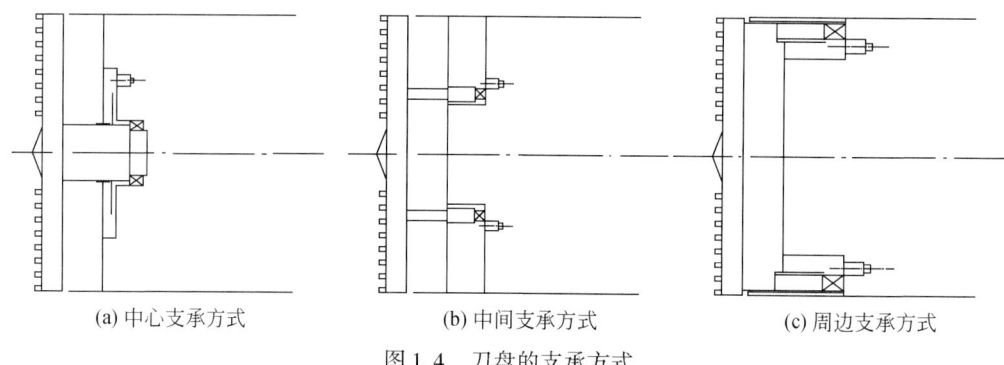

(a) 中心支承方式　　　　(b) 中间支承方式　　　　(c) 周边支承方式

图 1.4　刀盘的支承方式

（1）中心支承方式。一般用于中小型直径的盾构。该方式刀盘旋转切削土体时，土仓内土体的流动空间和被直接搅拌的范围大，土体流动顺畅、搅拌混合效果良好、黏土附着的可能性小，不易引起堵塞，开挖面压力较稳定，因而盾构掘进效果较好，改善了盾构控制地面沉降的性能。但由于机内空间狭小，处理大石块、卵石比较困难。

（2）中间支承方式。结构上较为平衡，主要用于中大型直径的盾构。当用于小直径盾构时，应认真考虑防止中心部位黏结泥饼等问题。由于中间支承的存在，将盾构土仓分隔成两个区域，土仓中心区域占土仓内相当大的空间。当刀盘旋转切削土体时，中心区域以外部分的渣土流动顺畅，易于搅拌，中心区域内的渣土流动较差，当切削土体黏性较大并长期积聚于中心区域时，中心区域土体逐渐增多并最终形成泥饼，完全丧失流动性。内外两个区域的渣土流动性差异较大，渣土搅拌混合的效果难以保证。刀盘采用中间支撑方式的盾构在黏性土（包括粉细砂）中施工时，土仓内切削土体搅拌效果不易满足要求，并可能会因黏附堵塞形成泥饼，造成出土不畅、阻力增大、开挖面压力控制不稳定，影响盾构掘进效果，且对控制地面沉降不利。

（3）周边支承方式。一般用于小直径盾构，机内空间较大，砾石处理较为容易。该方式易在刀盘的外周部分黏结泥土，在黏性土中使用时，应充分研究如何防止渣土黏附的问题。

2. 膨润土添加系统及泡沫系统

膨润土和泡沫添加系统是土压平衡盾构掘进的调节媒介。采用该系统，对于不同的地质条件，通过添加流塑化改性材料，改善盾构土仓内渣土的流塑性，既可实现平衡开挖面水土压力，又能向外顺畅排土，拓宽了土压平衡盾构的适应范围。泡沫注入口数量与刀盘直径、支承方式及刀盘形状等有关。

3. 螺旋输送机及皮带运输机

螺旋输送机由伸缩筒、出渣筒、液压马达、螺旋轴、出渣闸门等组成，是土压平衡盾构的排土装置，如图 1.5 所示。主要有以下三个功能：

（1）将盾构土仓内的渣土向外连续排出。

（2）土体在螺旋输送机内向外排出的过程中形成密封土塞，阻止土体中的水分散失，保持土仓内土压的稳定。

(3) 随时调整向外排土的速度，控制盾构土仓内渣土量实现连续的动态土压平衡过程，确保盾构连续正常向前掘进。

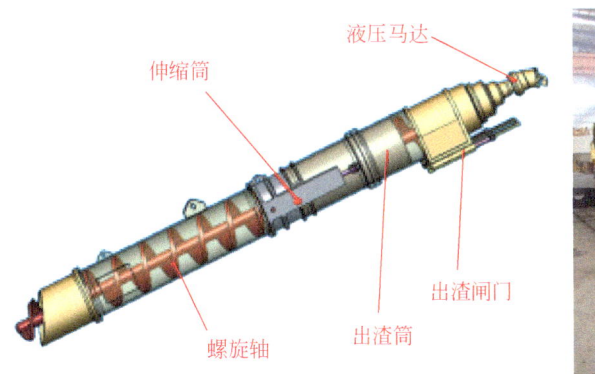

图1.5 螺旋输送机系统图

皮带输送机的主要功能则是将渣土从螺旋输送机的出渣口转运到停在轨道上的渣车内。

4. 同步注浆系统及盾尾密封系统

1) 同步注浆系统

同步注浆的目的主要有以下三个方面：

(1) 及时填充盾尾建筑空隙，支撑管片周围围岩，有效地控制地表沉降。

(2) 凝结的浆液作为盾构施工隧道的第一道防水屏障，防止地下水或地层的裂隙水向管片泄漏，增强盾构隧道的防水能力。

(3) 为管片提供早期的稳定并使管片与周围岩体一体化，限制隧道结构蛇行，有利于盾构姿态的控制，确保盾构隧道的最终稳定。

图1.6为盾尾同步注浆系统示意图。

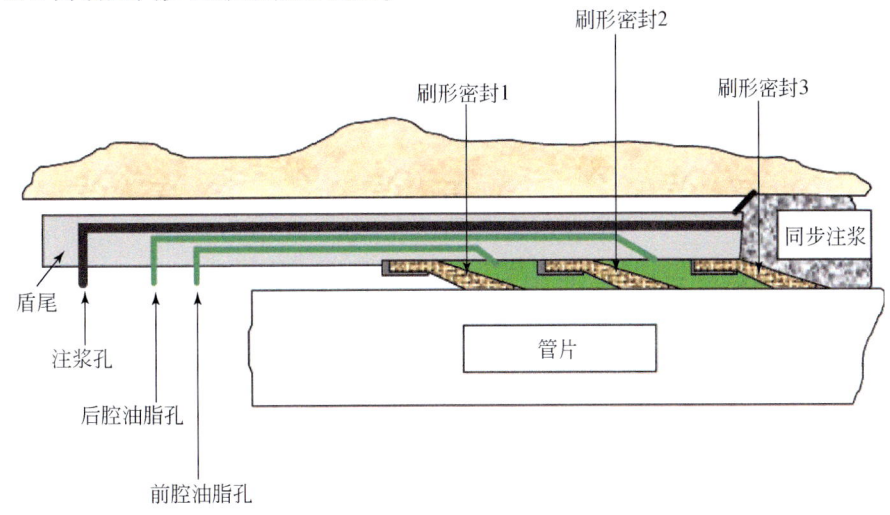

图1.6 一种同步注浆与盾尾密封系统示意图

2）盾尾密封系统

盾尾密封系统是盾构正常掘进的关键系统之一，盾构法隧道施工所发生的安全事故常常在盾尾。铰接式盾构的盾尾密封系统包括铰接密封和盾尾密封。

（1）铰接密封。铰接密封一般有三种形式：第一种是采用一道或多道橡胶唇口式密封；第二种是采用墨石棉或橡胶材料的盘根加气囊式密封；第三种是双排气囊式密封。

（2）盾尾密封。盾尾止水采用盾尾刷密封装置，是集弹簧钢、钢丝刷及不锈钢金属网于一体的结构。盾尾油脂泵向每道盾尾刷密封之间供应油脂，以提高止水性能。

图 1.6 是常规的土压平衡盾构盾尾密封系统示意图，图 1.7 是适用于高水压下的盾尾密封系统示意图（一般水压力≥0.5MPa）。

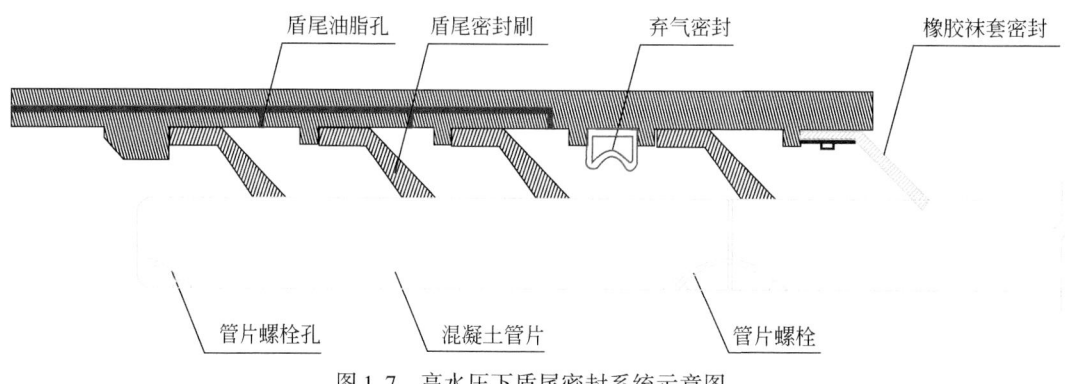

图 1.7　高水压下盾尾密封系统示意图

5. 其他配套系统及设备

1）导向系统

在盾构施工中为了保证盾构沿隧道设计轴线掘进，现代化的盾构均配备高精度的自动导向系统。导向系统可以向盾构操作者提供盾构当前位置姿态和偏离轴线的信息，如里程、刀盘偏差等。目前，国内用户一般把主流的导向系统分为两类：其一是激光导向系统（图 1.8）；其二是棱镜导向系统（图 1.9）。两种导向系统不存在原理上的差异，主要的区别在于激光导向系统棱镜上方存在激光偏角处理靶，两者设计精度均满足盾构掘进的需要。

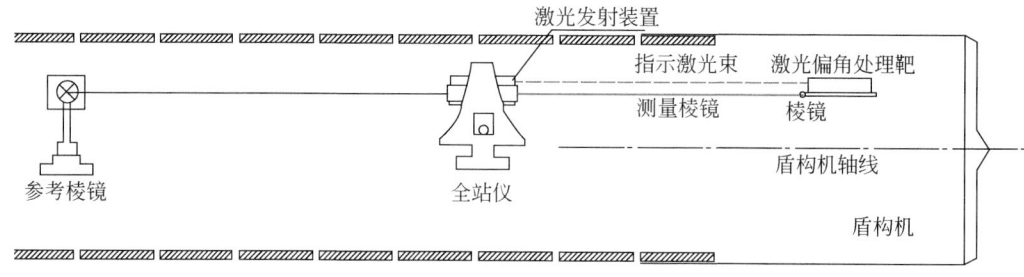

图 1.8　激光导向系统的基本布置

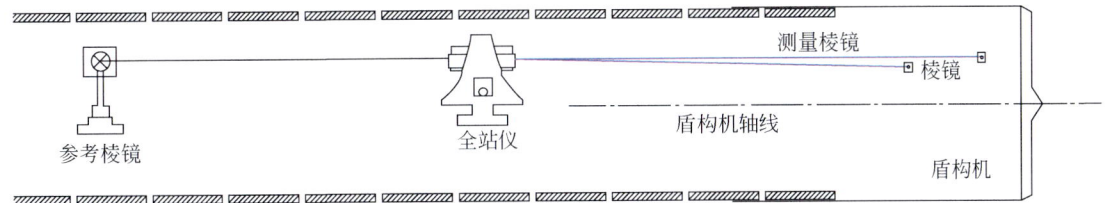

图 1.9 棱镜导向系统的基本布置

两种导向系统的布置均存在参考棱镜(图 1.10)和全站仪(图 1.11),参考棱镜和全站仪是固定安装在隧道管片上的,并不随盾构掘进移动,其中全站仪是一种自动跟踪测量的仪器,它可以在程序的控制下,监控测量棱镜或激光靶(安装于盾体内)的位置,再根据它们与盾构的关系,计算出盾构的位置。

图 1.10 参考棱镜

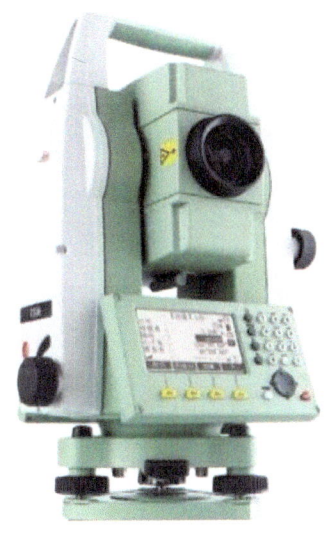

图 1.11 全站仪

2) 管片拼装系统

管片拼装系统(安装机)有机械抓取式和真空吸盘式两种形式,主要完成管片的安装,由油缸、行走梁、支承架、旋转架及抓举头等组成,如图 1.12 所示。

3) 数据采集系统

数据采集系统用于"采集、处理、储存、显示、评估出现的与盾构施工有关的数据"。采用此系统,可输出环报、日报、周报等数据;有各种参数的设定、测量、掘进、报警以及历史曲线和动态曲线。所有采集数据均能保存下来,供日后分析、判断和参考。

盾构机设计功能完备的数据采集系统,对盾构施工有关的参数进行收集、记录,所有的数据应实现数据库保存,并可以转移存储。盾构施工数据能传输至地面监控电脑,并能够在地面监控室对盾构施工进行实时监控,如图 1.13 所示。

图 1.12 管片拼装系统图

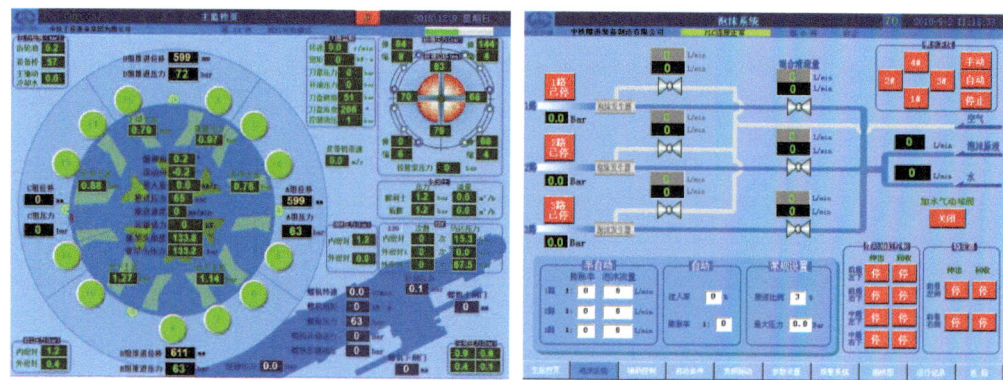

图 1.13 数据采集系统示意图

1.1.2 土压平衡盾构工作原理与技术特点

1. 工作原理

开挖土仓由刀盘、切口环、隔板及螺旋输送机进土口组成。土压平衡盾构就是将刀盘开挖下来的渣土填满土仓，在切削刀盘后面及隔板上各焊有能使土仓内渣土强制混合的搅拌棒，借助盾构推进油缸的推力通过隔板进行加压，产生泥土压力，这一压力作用于整个作业面，保持作业面稳定，刀盘切削下来的渣土量与螺旋输送机向外输送量相平衡，维持土仓内土压力稳定在预定的范围内。

土仓内土压力通过土压传感器进行测量，并通过控制推力、推进速度、螺旋输送机转速来控制。

盾构在粉质黏土、粉质砂土和砂质粉土等黏性土层中掘进时，由刀盘切削下来的土体进入密封土仓后，可对开挖面地层形成被动土压力，与开挖面上的主动土压力相抗衡。在密封土仓和螺旋输送机内有足够多的切削土体时，产生的土仓内土压力即可与开挖面上的主动土压力大致相等，使开挖面的土层处于稳定。在密封土仓内土压力与开挖面的土压力保持平衡的状态下，盾构向前推进的同时，启动螺旋输送机排土，使排土量等于开挖量，即可使开挖面的地层始终保持稳定。排土量一般通过调节螺旋输送机的转速和出土闸门的开度予以控制。

在黏性土层推进时，当含砂量超过某一限度，泥土的流塑性明显变差，土仓内的土体因固结作用而被压密，导致渣土难以排送，可向土仓内注水或泡沫、泥浆等，以改善土体的流塑性。

在砂性土层施工时，由于砂性土流动性差、砂土的摩擦力大、渗透系数高、地下水丰富等原因，土仓内的压力不易稳定，所以需进行渣土改良。向开挖的土仓里注入膨润土或泡沫剂，然后进行强制搅拌，使砂质土泥土化，具有塑性和不透水性，使土仓内的压力保持稳定。

土压平衡盾构开挖面的稳定由下列各因素的综合作用而维持：

（1）利用土仓内土压力平衡掌子面的地层压力和水压力；
（2）运用螺旋输送机调节排土量；
（3）始终保持泥土的流塑性，根据需要调节添加剂的注入量。

当土仓内土压力大于掌子面的地层压力和水压力时，地表将隆起（图1.14）；当土仓内土压力小于掌子面的地层压力和水压力时，地表将下沉（图1.15）。因此土仓内土压力应尽量与地层压力和水压力保持平衡。

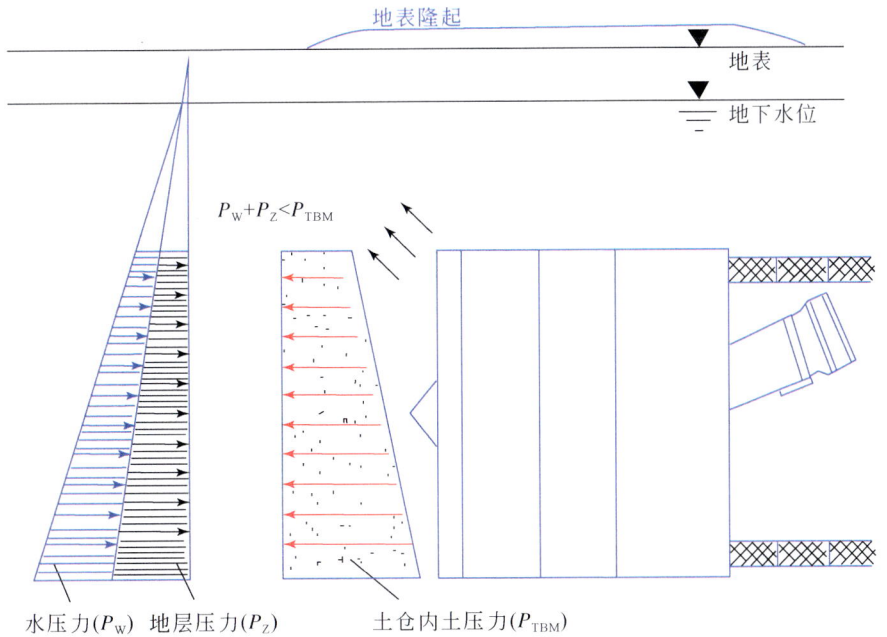

图1.14　土仓内土压力>水压力+地层压力时地表隆起原理图

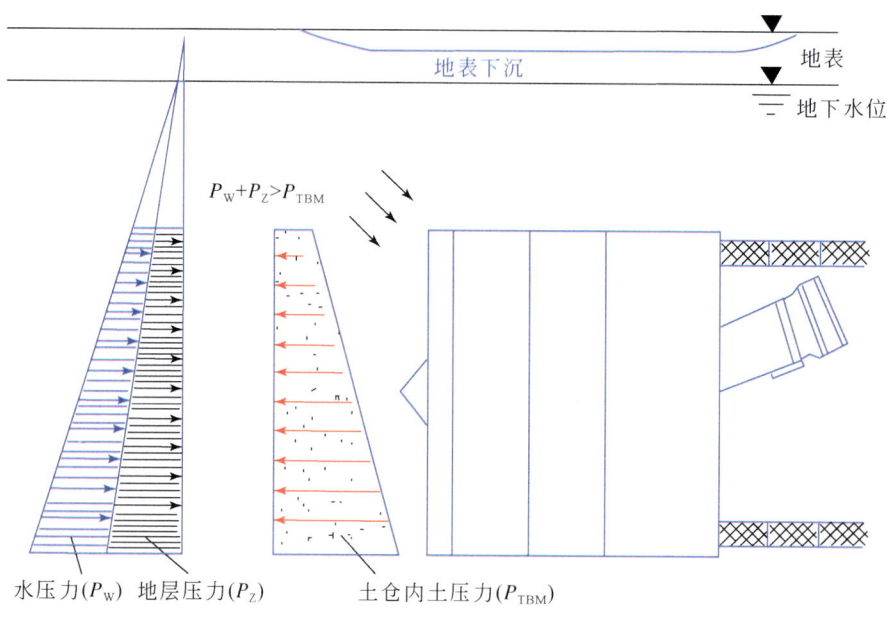

图 1.15 土仓内土压力<水压力+地层压力时地表下沉原理图

2. 技术特点

土压平衡盾构根据土压力的状况进行开挖和推进，通过检查土仓内土压力不但可以控制开挖面的稳定，还可以减少对周围建（构）筑物的影响。土压平衡盾构一般不需要实施辅助工法。其过程技术特点为：

（1）由刀盘切削下来的土体进入土仓后由螺旋输送机输出，在螺旋输送机内形成压力梯降，保持土仓内土压力稳定，使开挖面土层处于稳定。

（2）盾构向前推进的同时，螺旋输送机排土，使排土量等于开挖量，即可使开挖面的地层始终保持稳定。

（3）排土量通过调节螺旋输送机的转速和出土闸门的开度予以控制。

（4）从螺旋输送机出来的渣土通过皮带输送机转运，通过皮带输送机将渣土卸到停在皮带机下方的渣车上。

（5）渣车通过电瓶车牵引运至盾构隧道的竖井，通过地面上的门吊将渣车吊到地面，并卸在渣坑内，使用挖掘机将渣土装至自卸汽车上外运，如图 1.16 所示。

1.1.3 土压平衡盾构适用范围

土压平衡盾构主要应用在黏性土壤中，该类型土壤富含黏土、亚黏土或淤土，渗透性低。这种土质在螺旋输送机内压缩形成防水土塞，使土仓和螺旋输送机内部产生土压力来平衡掌子面的地层压力和水压力。

土压平衡盾构用开挖出的渣土作为支撑开挖面稳定的介质，对作为支撑介质的渣土要求具有良好的流塑性、合适的黏稠度、小的内摩擦角以及低的渗透率。一般土壤不完全具

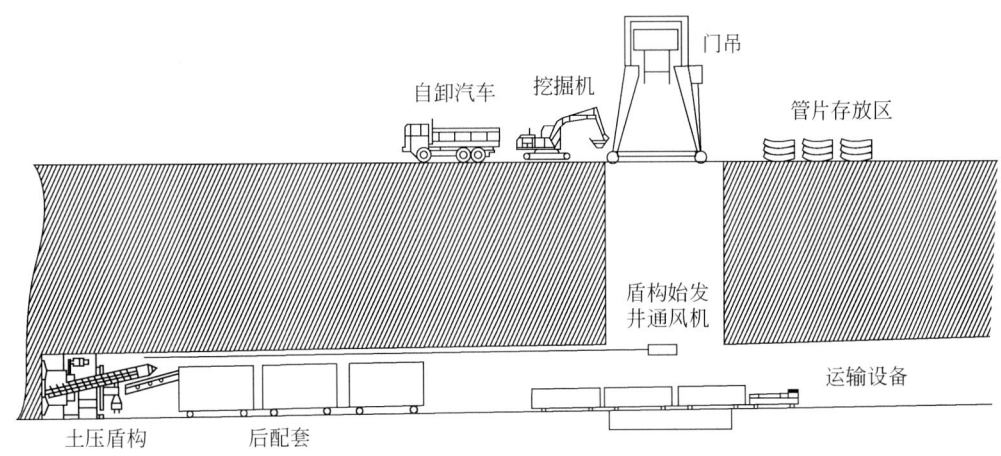

图 1.16 土压平衡盾构工法示意图

有这些特性，需进行改良。改良的方法通常为加水、膨润土、黏土、羧甲基纤维素（carboxy methyl cellulose，CMC）、聚合物或泡沫等，根据土质情况选用。

具有合适黏稠度的黏质粉土是最适合使用土压平衡盾构的土层。根据土层的稠度，有时不需要水或只需要加很少量的水，通过搅拌装置在土仓内的搅拌，即使十分黏着的土层也能变成塑性的泥浆。

随着含砂率的增加，单加水的改良效果不够好，因为它不能减小渣土的内摩擦角。考虑到增大的渗透性，必须解决好螺旋输送机的栓塞密封问题。细土粒的缺乏可以通过加入黏土和膨润土悬浮液来补偿，对非黏透水性土层可以通过注射泡沫进行改良处理。粒状结构中的气泡可以降低渣土密度，减小颗粒摩擦，使渣土混合物在较宽的形变范围内有最理想的弹性，以利于控制开挖面支撑压力。

泡沫是用特殊发泡剂、泡沫添加剂和压缩空气通过泡沫发生器制成的 30~400nm 的细小齿状气泡。特殊发泡剂由各种表面活性剂经过特别调配制成，泡沫添加剂是以矿浆为主要原料的高分子水溶液。特殊发泡剂的水溶液称为 A 型特殊发泡材料，如果将特殊发泡剂的比例降低，代之以泡沫添加剂，所形成的水溶液称为 B 型特殊发泡材料。泡沫剂的主要技术特点为：

（1）在砂土及砂卵石地层中，泡沫的支撑作用使切削土体的流塑性增强，土仓内的渣土不会因压密而固结，不会产生拥堵，刀盘或螺旋输送机的驱动扭矩减小、刀具磨损减小。

（2）微细泡沫置换了土颗粒中的孔隙水，降低了渣土的渗透系数、增强了渣土的止水性，能较容易地开挖强渗透性或地下水位较高的砂卵石地层，有效地防止螺旋输送机喷涌。

（3）在黏性土地层中，泡沫起着界面活性剂的作用，可有效地防止切削下来的黏性土附着于刀盘和土仓内壁，防止结泥饼现象。

（4）泡沫的可压缩性，使开挖面的土压力波动减小，有利于开挖面的稳定。

（5）泡沫的 90% 是空气，排出渣土中的泡沫在短时间内会逐渐消除，很快就可以恢复到注入泡沫前的状态,不造成环境污染。

泡沫剂的适用范围如图 1.17 所示,图中 I 区为 A 型特殊发泡材料的适用范围;II 区既可使用 A 型特殊发泡材料,也可使用 B 型特殊发泡材料;III 区为 B 型特殊发泡材料的适用范围;IV 区为泡沫剂与聚合物混合的适用范围。A 型特殊发泡材料,主要用于黏性土及含水量较少的砂质土;B 型特殊发泡材料制成的泡沫比 A 型特殊发泡材料制成的泡沫更稳定,尤其是止水性能更佳,主要用于含水砂砾地层及地下水位较高的砂质土。

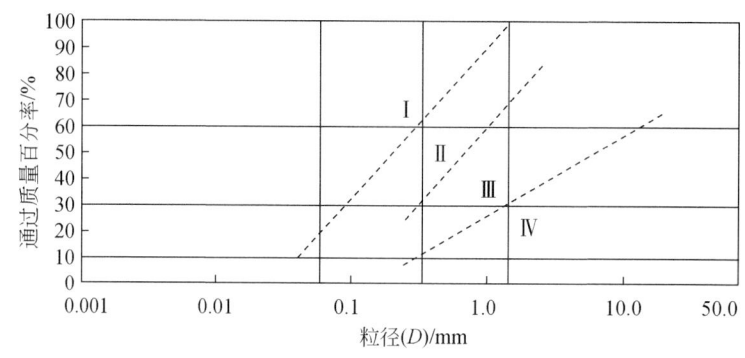

图 1.17 泡沫剂适用范围

I. A 型特殊发泡材料适用范围;II. A 或 B 型特殊发泡材料适用范围;III. B 型特殊发泡材料适用范围;
IV. 泡沫剂与聚合物混合适用范围

土压平衡盾构主要适用于黏土、粉土、粉质黏土、淤泥质粉土、粉砂层等黏稠土层的施工。根据前述分析,土压平衡盾构主要分为两种:一种是适用于含水量和粒度组成比较适中的土体,开挖渣土可直接进入土仓及螺旋输送机内,从而维持开挖面稳定的土压平衡式盾构;另一种是对应于砂粒含量较多而不具备良好流塑性的土体,需通过添加水、泡沫、泥浆等材料使泥土压力可以很好地传递到开挖面的加泥式土压平衡盾构。

土压平衡盾构根据土压力的状况进行开挖和推进,通过检查土仓压力不但可以控制开挖面的稳定,还可以减少对周围土体的影响。

1.1.4 盾构施工引起地层变形研究面临的主要问题

盾构隧道施工技术在我国的水利水电、铁路、交通、城市地下工程、油气管道以及国防等隧道建设中已经得到广泛应用,与传统的浅埋暗挖法(或钻爆法)相比,盾构工法的优势和特点是非常明显的。根据北京地铁已有的建设经验及地铁建设规划,盾构工法已成为区间隧道的主要工法。与传统的浅埋暗挖法相比,盾构工法引起的地层移动和地面沉降量相对较小,因此在城市中心区域修建地下隧道,在条件允许的情况下,一般首选盾构工法施工,具有生产过程相对安全、机械化程度高、掘进速度快、开挖扰动小等特点,信息化的生产手段使得施工过程的信息化控制和实时管理得以实现,从而达到对盾构施工过程风险和环境安全的实时管理与控制。随着盾构施工近距离下穿既有线或重要建(构)筑物工程越来越多,对地层内部分层位移控制要求越来越严格,但是盾构施工引起地层分层位移的测试、地层位移的时空分布与发展规律、地层位移的控制技术等领域的研究仍存在不足：

(1) 既有地层位移测试技术及设备无法满足精细化控制的要求，针对不同深度地层位移的实时、高效及精准测试技术有待深入研究。国内外专家和学者对城市地铁修建过程中引起的地层位移的监测和控制以地表沉降为主，对地层深部位移的研究较少，尤其是对地层不同深度位移的测试技术目前还不能满足不同条件测试的要求。目前，以磁环为主的测试设备和技术普遍存在安装复杂、测试精度低等一系列问题。在岩石地层应用普遍的多点位移计由于自身安装、构造的原因，也很难用于盾构施工引起的土质地层分层位移的监测。

(2) 盾构隧道开挖引起的地层位移及临近既有结构的变形是三维的，具有明显的时空效应，盾构施工引起地层位移在横向、纵向和竖向的分布与发展规律对研究盾构交叉穿越问题至关重要。目前，对盾构穿越问题的研究主要以既有结构的监测为主，对其根源的研究还不够系统、充分。

(3) 地层位移在盾构推进过程中的发展历程及实时分布特征，对揭示盾构施工引起的地层位移主要阶段和次要阶段意义重大，是控制相关地层位移的重要基础，模拟地层位移的动态分布与发展规律进而实时采取切实可靠的施工手段确保盾构施工安全非常重要，盾构施工对临近地层及结构位移和变形产生影响的主要体现形式（亦即能够监测到的物理量）是地层位移的三个分量，但目前尚未有研究提出或论证地层位移三个分量之间的主次关系。

(4) 盾构同步注浆只能实现时间上的同步，未能形成时间和空间上的双同步，而同步注浆对地层位移控制至关重要，急需开展系统、深入研究。目前，多数只是针对盾尾空隙实施注浆充填以控制地层变形，对盾体周围的开挖间隙实施注浆充填尚未进行充分研究或实施。

1.2 地层位移的发生机理

1.2.1 盾构构造特征

盾构通过后在原有地层中形成近圆形的孔洞，由于盾构施工工法的特点，开挖外径与管片支护外径相比要大一些，造成一定的地层空隙（传统上称为地层损失），造成土体变形。与此同时，盾构前方刀盘作用在土体上的推进压力（又称盾构土压力）也会对土体产生一定影响，而盾壳摩擦作用和同步注浆压力也会促使地层土体发生变形。盾构施工所诱发的土体变形是由多方面因素引起的，因此对所涉及的盾构施工过程中土体变形机理进行研究，有助于摸清盾构施工引起的地层土体变形规律。

基于土压平衡盾构的结构特征及盾构工法的施工特点，如图 1.18 所示，盾构推进过程中会在盾体与隧道之间形成开挖间隙，以及在管片盾尾脱出后管片与隧道之间形成盾尾空隙，盾尾空隙包括开挖间隙和盾尾间隙。开挖间隙和盾尾间隙，二者哪个对地层变形贡献程度更大，以及有无对开挖间隙进行充填和相应新型注浆材料研究的必要性，是接下来要回答的问题。

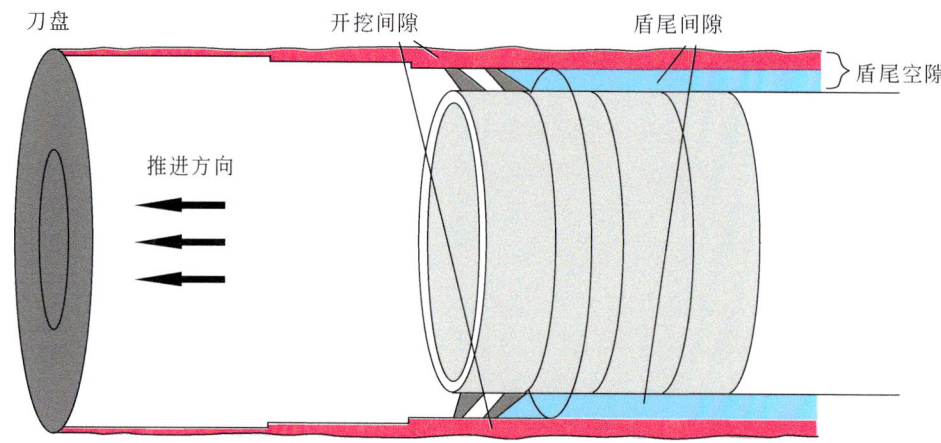

图 1.18　盾构开挖面临的间隙充填问题

1.2.2　盾构与地层的相互作用机理

1）土体开挖与开挖面支护

对于土压平衡盾构设备，刀盘上配置有各种刀具，主要目的为切削土体。切削下来的土体首先进入刀盘后面的土仓，形成一定压力，可以抵抗掌子面的压力，维持稳定。进入土仓的土体通过螺旋输送机排出，以保持开挖和排土的动态平衡。

2）盾构推进与盾壳摩擦

盾构向前推进时需要借助外力以完成施工，其主要动力为安置在盾构上的千斤顶推力。前进过程中存在各种阻力，其中对盾构周围土体造成影响的主要有盾壳外表面与土体接触产生的摩阻力、刀盘推力以及贯入力。

3）开挖间隙与盾尾空隙

由于盾构设备的构造特点，在盾构设备各部分中，刀盘开挖直径最大，前盾、中盾以及盾尾的直径依次减小（或者相同）。在盾构推进过程中，设备各部分直径的减小不可避免地造成建筑空隙，该部分建筑空隙为开挖间隙，该间隙如果得不到及时有效的充填，将引起地层损失导致周围土体发生变形。随着盾构的前进，管片衬砌逐渐从盾尾脱出，由于盾尾直径大于管片衬砌外径，形成的建筑空隙称为盾尾间隙（包括盾壳厚度和盾尾密封刷厚度），该间隙如果得不到及时有效的充填，将会引起地层损失，使周围土体继续发生变形。开挖间隙与盾尾间隙合在一起，在盾构管片外侧形成的地层空间称为盾尾空隙，是引起盾构隧道周围地层变形的根源，也是我们采取措施控制地层变形的有效切入点。

对于盾尾空隙，目前最普遍的方法是采用壁后注浆进行填充，包括同步注浆填充和二次补浆填充。两者都是在管片衬砌外的盾尾空隙进行注浆填充，但对于开挖间隙，由于盾体开挖的运动特性对填充材料的要求很高，目前相对有效的方法就是同步充填克泥效或衡盾泥材料。

1.2.3　地层位移形成过程

盾构隧道开挖后，隧道周边土体受到扰动，受扰动地层开始由原始应力状态进行应力重分布逐渐到达新的应力状态，同时产生相应的变形。最先受到扰动的隧道周边土体由于前述"地层损失"向着开挖产生的临空面移动，隧道侧方土体产生水平位移，隧道上方土体产生竖向位移，即沉降，在地层内形成弯曲沉降并沿着地层逐渐往上传递至地表形成沉降槽形态，隧道上方两侧土体竖向位移以一定的角度（即地层移动角）往上传递至地表。地层位移在本质上是地层受到扰动后产生应力和变形的最终累加效果。

1.3　国内外研究现状

1.3.1　地层位移分布研究

对于盾构施工引起的地层位移，目前已有大量文献进行研究，采用的研究方法和手段众多，现简单总结如下：

（1）理论分析法。假定地层是均质的、各向同性的材料，通过弹塑性力学理论求得地层中各点的位移和变形等。该法的优点是借助弹塑性理论可以获得地层中任意一点的位移，可以描绘出隧道开挖后在其周边地层中形成的位移场分布形态；缺点是地层假设与实际存在较大偏差，实际地层大多是非连续非均匀的各向异性土体材料，理论结果存在很大的局限性，特别是开挖间隙的渐次扩大以及与盾尾间隙的叠加效应在理论分析法中无法反映。但可以作为一种参考和借鉴，在对弹塑性理论进行适当的修正和假设时仍然能够得到较为理想的结果。

（2）模型实验法。通过建立符合现场地层的模型并布置相关测点来研究隧道开挖之后在地表或地层中引起的地层位移，又可分为数值模型法和相似材料模型试验两类。数值模型法是借助目前岩土工程领域常用的数值模型软件（如 ABAQUS、FLAC3D 等）来模拟隧道开挖与地层位移，相似材料模型试验是通过在相似模型试验平台铺设预先配好的相似材料来模拟实际地层开挖情况，一般是用三维的模型平台和盾构模型来模拟实际地层的盾构推进过程。开挖间隙渐次扩大与盾尾间隙叠加的影响也同样无法模拟。

（3）现场试验法。在盾构施工现场地表或地下布置相应测点，通过监测仪器记录沉降或水平位移等数据来研究地层位移规律。该法通过实时监测较为真实地反映了实际地层在开挖之后产生的位移情况，具有一定的代表性和说服力；但由于是针对特定工程的具体地质条件得出的地层位移规律，当地质条件改变时，所得位移规律的适用性有待验证。

（4）经验分析法。通过大量工程案例的实测数据进行综合分析而拟合得到的地层位移曲线，包括沉降曲线和水平位移曲线等。该法基于大量工程数据拟合，所得结果具有一定的普遍适用性，较为定性地揭示了地层位移的分布形态；但由于拟合模型中所含参数很多且较难确定，因此所得的拟合公式在预测或描述特定地层的位移时存在一定的差异。

以上关于地层位移的研究方法在实际中更多的是研究地层沉降,即地层竖向位移,而开挖引起的地层中某一点产生的位移在空间是三维的位移矢量,即地层位移在空间可分解为横向位移、纵向位移和竖向位移,目前的众多文献中主要是偏向研究地层的竖向位移,对于地层横向位移和纵向位移较少涉及。

1.3.2 地层竖向位移对临近结构物产生的影响研究

盾构掘进不可避免地会对周围土体产生扰动,当地层产生的变形较大时,往往又会引起邻近建构筑物的沉降、倾斜甚至开裂等问题,这些已成为盾构施工过程中最值得关注及研究的问题。地层变形对建构筑物产生的影响研究最早是针对煤矿采动区进行的,不少学者对煤矿采动区域房屋的变形、损害情况作了深入研究。

目前对盾构隧道掘进对邻近建构筑物影响研究中,国内外也形成了大量研究成果。现阶段盾构隧道施工对邻近建构筑物的影响研究一般可分为三个方面:理论分析、数值模拟和现场实测。

1. 理论分析方面

Skempton 和 MacDonald[1]总结了90多个相关工程实例,确定了地表变形允许的差异沉降和总沉降,认为结构物产生裂缝的主要原因是地表沉降曲线的曲率半径过大,但沉降曲线的曲率半径较难测量,而变形角却较容易测得,因此一般情况下可以把测得的变形角作为结构物变形的主要判断根据。Burland[2]和 Mair 等[3]用挠度比和水平应变定义了建筑物的破坏级别,取得了较为广泛的使用。Boone[4]假定基础是与地表运动一致的柔性基础,运用材料力学、结构力学计算分析了框架墙体的拉、剪应变,并和已有的结构材料临界拉、剪应变进行对比分析,从而可较好地评定结构物受损情况。Poulos 和 Chen[5,6]应用两阶段方法研究了隧道施工引起的桩基变形特性。Loganathan 和 Poulos[7]利用离心模型试验对因隧道施工引起的单桩和群桩应力与变形特性的影响进行了初步研究。

韩煊等[8]对英国地铁 JLE(Jubilee Line extension)工程中建筑物沉降进行了拟合,在计算地表横向沉降的 Peck 公式基础上提出了体型简单、结构刚度均一的多层建筑物沉降的高斯分布模型。但实际上在隧道开挖面还未达到建筑物地基处,其引起的地表纵向变形已经对建筑物产生影响。

Ding 等[9]基于弹性半空间的 Boussinesq 解,对邻近建筑物盾构施工引起的地表沉降影响进行了理论分析。在扰动荷载的基础上引入建筑物荷载模型,求解了邻近建筑物工况下的盾构施工引起的地表横向沉降。

欧阳文彪等[10]考虑了建筑物刚度影响,将建筑物看作上覆硬壳层,采用等效刚度原理对建筑物硬壳层进行分析,将盾构隧道穿越建筑物引起的变形问题转变成均质半无限空间内的 Verraijt 和 Booker 解问题,从而推出考虑建筑物刚度时盾构隧道穿越建筑物引起的地表横向沉降计算公式。

2. 数值模拟方面

盾构隧道掘进对邻近建筑物影响因素比较复杂,现有理论分析方法在研究建筑物变形及内力变化上还较为欠缺，所以有限元法及有限差分法数值模拟仍是国内外学者进行研究的主要方法。

Mroueh 和 Shahrour[11]对隧道开挖引起的地表建筑物变形进行了三维数值模拟，认为忽略建筑物的自重会导致沉降计算结果明显偏小，但其并没有考虑建筑物结构的特点，使得地表沉降在独立基础连接处产生明显的变化。

Jenck 和 Dias[12]对邻近建筑物盾构施工进行了三维数值模拟，并考虑了土体损失的影响，研究了建筑物刚度变化对地表变形的影响。认为建筑物的存在对地表沉降有明显的影响，在盾构施工过程中需引起重视。

姜忻良等[13]采用有限元程序 ABAQUS 对盾构掘进过程进行了动态模拟，进一步分析了盾构掘进对邻近建筑物的影响。认为建筑物离隧道越近，受到盾构掘进的影响越大，当距离在 3 倍半径以外时影响已经很小，距离大于 4 倍半径时，影响可以忽略不计。

丁祖德等[14]结合深圳地铁隧道下穿某框架结构物实例，利用有限元软件 MIDAS GTS 建立了三维数值模型，考虑了隧道与建筑物夹角成 90°、60°、45°和 30°四种不同工况，分析了隧道与建筑物不同夹角条件下隧道开挖对地表建筑物基础沉降和结构受力变形的影响。

姚爱军和杨学嘉[15]结合北京地铁 10 号线盾构隧道侧穿筏板基础建筑物的工程实例，采用有限差分软件 FLAC3D 进行了三维数值计算，研究了盾构到达建筑物前、通过建筑物及离开建筑物三个阶段的地表横向及纵向变形规律，并依据规范提出该建筑物地基基础变形控制标准。

刘波和陶龙光[16]基于沉降预测理论及 FLAC3D 研究了地铁盾构隧道穿越建筑基础诱发地层变形的空间效应问题。

方勇和何川[17]采用三维有限元方法对盾构隧道近接桩基施工进行模拟，分析盾构动态掘进时既有桩基位移的变化规律。

颜勤[18]以朝天门地下互通式下穿隧道为研究背景，采用有限元软件 MIDAS GTS 分别对正交隧道和斜交隧道中"先下后上"和"先上后下"两种施工方案下围岩及支护结构的位移、应力和洞周塑性区范围等综合对比分析，得出"先上后下"施工方案更为合理。

莫崇杰[19]以北京地铁 4 号线盾构隧道中动物园—白石桥区间"小角度、近间距、长距离"上穿 9 号线矿山法隧道为工程背景，采用有限元数值分析方法 ANSYS 确定出矿山法隧道二次衬砌结构的施工时机及相应的施工方案，并对盾构隧道穿越施工过程中对既有矿山法隧道的影响进行研究。

靳晓光和张宪鑫[20]结合重庆市渝中区朝天门大型互通式地下下穿工程进行可行性研究，通过三维弹塑性有限元数值模拟，对地下下穿的平交（15°）和上下正交两种情况钻爆法动态施工力学进行研究，以检验可行性研究提出的方案的合理性，为地下下穿施工方案优化提供科学依据。

白海卫[21]以北京地铁 10 号线国贸站—双井站区间隧道（南北向）正交下穿 1 号线国贸站—大望路站区间隧道为背景，采用 FLAC3D 软件对下穿施工过程进行研究，得出对既有隧道周围地层进行注浆加固比加强既有隧道衬砌结构本身能更有效地控制既有隧道的沉降变形。

3. 现场实测方面

Breth 和 Chambosse[22]分析了盾构在砌体结构和框架结构建筑物下方掘进时引起的地面沉降,发现实际测得的地面沉降槽宽度比未考虑建筑物刚度时的预测结果宽得多,认为在预测盾构掘进对建筑物影响时必须考虑建筑物的刚度。

杨兴富等[23]对上海轨道交通 M8 线盾构下穿一砖混结构民房进行了现场监测,认为土体损失对地表的沉降量影响最大,在盾构推进过程中应合理控制掘进速度、土仓压力、出土量等施工参数。

李海[24]对苏州地铁 1 号线下穿新区实验中学食堂进行了实测,总结了苏州粉土地层中盾构下穿独立基础建筑物关键技术,系统提出了盾构掘进参数控制、跟踪注浆以及地面加固保护的方法。

孙宇坤和关富玲[25]结合杭州地铁 1 号线某区间盾构隧道下穿砌体结构住宅群的实例,通过对左、右线隧道整个施工期间建筑物沉降的监测及分析,研究了盾构隧道掘进对地表邻近砌体结构建筑物沉降的影响规律。

徐泽民等[26]对天津地铁 3 号线某区间下穿风貌大楼进行了实测,研究了盾构掘进过程中建筑物变形规律及特点,认为合理的控制盾构掘进参数能有效减少建筑物的沉降,淤泥质土层下方注浆可抬升自重较小的建筑物,但注浆引起的孔压消散则会导致建筑物工后沉降。

李东海等[27]通过实测数据分析总结既有车站结构变形规律,一端斜交下穿使得既有结构变形由垂直下沉变为扭转下沉,结构侧墙半槽形沉降曲线表明结构变形对列车的行车安全造成很不利的影响。

邵华和张子新[28]、胡群芳和黄宏伟[29]结合上海地铁 M4 线盾构隧道近距离穿越地铁 M2 线工程,综合分析下穿施工过程中既有运营隧道的监测数据,总结了盾构下穿施工对周围地层及已运营隧道影响规律。

黄腾、张书丰、陶建岳等[30]结合南京地铁 1 号线区间盾构隧道下穿公路隧道的具体工程实践,探讨了两种不同类型隧道互交穿越的施工监测技术。

崔天麟等[31]、张成平等[32]对北京地铁 5 号线崇文门站下穿地铁隧道工程实例,采用远程自动监测系统对既有地铁结构进行实时监控,详细阐述了隧道沉降、道床沉降、轨道横向高差和水平间距以及结构变形缝的监测方法和结果,应用效果良好,对该工程实施了有效监控。

随着国内地铁建设的蓬勃开展,基于现场实测分析的案例与研究也越来越多,此类研究对指导今后的盾构施工具有一定的工程意义。但现场监测试验一般会花费较大的人力、财力、物力,同时还可能会受到实际施工条件的限制而不能全方位地开展,因而不同地区的地铁盾构施工引起的建构筑物变形实测数据还需进一步归纳与分析。

1.4 地层位移控制面临的技术难题

盾构工法已经成为我国城市地铁区间隧道建设的主要工法,国内典型代表性城市地铁区间隧道建设中盾构工法的占比北京约为 74.8%,天津、上海达到 100%。地铁线网加密、线路交叉导致盾构近接工程越来越多,近接施工引起的既有结构变形问题日益凸显。北京 2015~2021 年地铁建设规划中,盾构施工近接穿越多达 82 处。盾构设备的构造特征和盾构工法特点决定盾构掘进会引发地层位移,地层位移进一步传递给既有建(构)筑物,严重时会诱发环境安全风险或地下工程安全事故,后果十分严重。因此,地层位移控制是盾构施工首要解决的问题。

目前国内外对盾构施工相关领域进行了大量研究,获得了许多成果,但盾构施工诱发的地层位移尚有"难测、难辨、难控"这三大技术难题。

1) 地层位移测试方法缺失,深层位移难测

目前缺乏高精、实时、可靠的地层位移测试系统。目前,地层位移测试以地表监测为主,既有多点位移计仅适用于岩石地层,磁环位移计精度不足(精度为 2mm),尚无满足土质地层盾构隧道近接施工所需的高精度地层位移测试系统,特别是近距离穿越既有线施工,位移总是按照 3~5mm 控制的情况下,精准、实时、可靠的地层位移监测显得十分重要。

2) 地层位移时空发展不清,时空规律难辨

工程界尚未清晰辨识盾构施工引起地层位移的时空发展规律。世界知名盾构设备厂商——德国海瑞克公司创始人海瑞克博士在其专著《机械化盾构掘进》中,特别指出"由于盾构间隙的存在及在盾构掘进过程中的时空变化,使得地层位移异常复杂",且"该问题仍未得到有效解决"。

3) 地层位移时空规律复杂,工程风险难控

由于地层位移规律尚未测定和辨识,导致工程上难以采取有效控制措施。且盾构穿越环境复杂多变,近接工程很难采取地层和结构加固措施,难以保障近接建构筑物的工程安全。

为解决以上三个难题,编者及相关研究人员对盾构施工引起地层深部位移开展深入研究[33~45],寻找其发生机理与发展规律以及需采取的工程控制措施,并取得了一定成果。

第 2 章 地层位移分量及其主次关系研究

地层位移在本质上是地层受到扰动后产生变形的最终累加效果，地层内任意一点产生的位移可分解为空间三个方向的分量。为研究方便，以隧道中心为原点建立坐标系将地层位移沿着空间三个方向进行分解，依次称为横向位移（S_x）、纵向位移（S_y）及竖向位移（S_z）。在盾构推进的不同阶段，地层位移的三个分量在时间和空间上都存在明显的差异。为刻画这种差异，本章对这三个分量进行对比分析研究，通过分析和研究三个地层位移分量之间的相互关系，得到关于地层变形的相关规律和特征。

2.1 地层位移的空间分布概述

隧道开挖引起的周围土体任意一点的位移本质上是一个空间位移矢量，其可沿着空间坐标系分解为横向、纵向、竖向三个分量，只是在不同空间区域，这三个分量之间的主次程度不同，如在某些区域，其中某一分量可能会出现远远大于其他分量的情形。本节旨在找出地层位移在空间不同区域各个分量之间的主次关系。

地层内任意一点位移之所以要做三维分解，是因为我们要测得任意一点的绝对位移，只能测得其在三个方向上的分量。由于地质条件、推力、土仓压力等施工参数等是变化的，任意一点的地层位移矢量均不相同，地层位移相对复杂，为方便表述，以隧道中心为原点建立坐标系将地层位移沿着空间三个方向进行分解，即垂直于隧道轴线的水平方向（x 轴，横向）、平行于隧道轴线的水平方向（y 轴，纵向）和垂直于隧道轴线的竖直方向（z 轴，竖向），地层位移 S 沿着 x 轴、y 轴、z 轴的分量依次表示为 S_x、S_y、S_z（或 u、v、w），依次称为横向位移、纵向位移、竖向位移，如图 2.1 所示。其中横向位移和竖向位移均是水平分量，竖向位移是竖向分量。为叙述方便，地层位移的三个分量在后文中采用 u、v、w 进行表述。

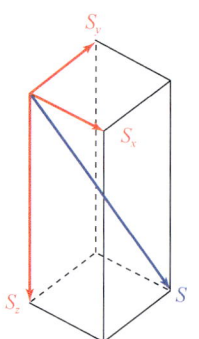

图 2.1 地层位移矢量的分解

为描述地层位移的形成过程及分解方法，先从地层剖面图的二维情形进行阐述，如图 2.2 所示，隧道开挖后在地表形成沉降槽形态。地表上依次有编号为 1~9 的 9 个测点，在发生位移后依次到达 1′~9′，这些测点不是直接产生下沉即竖向位移（测点 5 除外），而是呈现倾斜的位移矢量，即 1-1′，2-2′，…，9-9′，这些矢量沿着横向（x 轴）和竖向（z 轴）可分解为横向位移和竖向位移。在地层均匀分布，土体材料连续、均匀、各向同性等的理想情况下，各位移矢量均指向隧道中心位置。

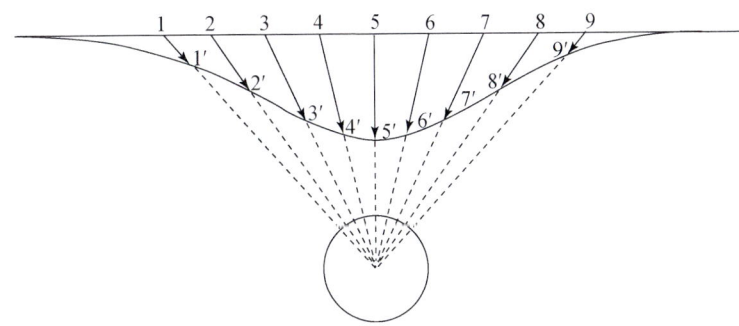

图 2.2　地表位移曲线上各点的位移轨迹示意图

现将地层位移矢量拓展到三维地层情形，如图 2.3 所示。由于受到盾构推力及摩擦力等多种复杂力作用，地层位移沿着隧道轴线方向还有一分量，即纵向位移，该位移是地层某一点的位移在纵向上的投影，即分量。为表述清晰，将图 2.3 中的地层位移矢量分解图进行放大，如图 2.4 所示。

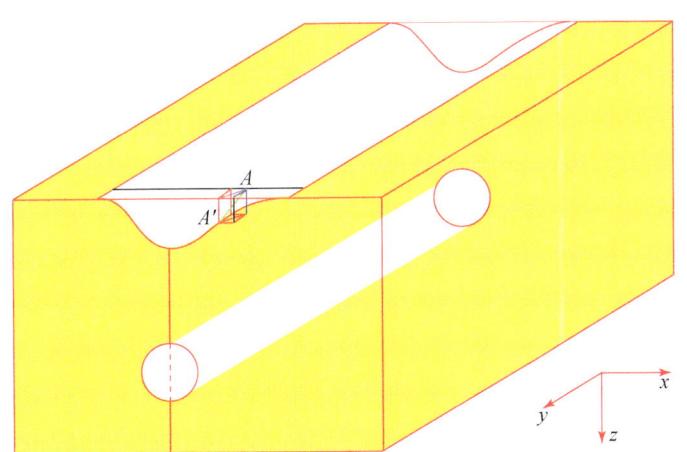

图 2.3　地表沉降槽的形成效果和地层位移矢量的空间分解

地层中任意一点位移的三个分量在盾构推进过程中在时间和空间上表现出明显的差异。以数值计算结果为基础，对三个分量进行两两对比研究。如前所述，对横向位移、纵向位移、竖向位移分别用 u、v、w 表示，下节将分别研究竖向位移与横向位移比值（w/u）、竖向位移与纵向位移比值（w/v）、横向位移与纵向位移比值（u/v）。

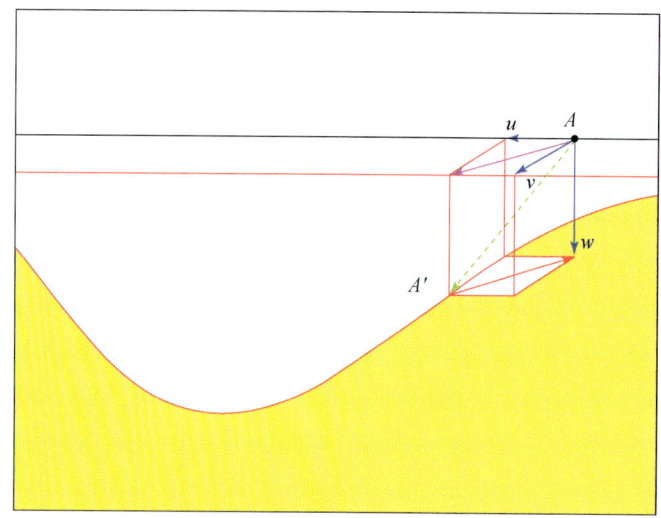

图 2.4 地层位移矢量的空间分解（局部放大）

2.2 地层位移分量的主次关系

2.2.1 数值模拟模型建立

由于岩土介质具有非线性特征，使得地下工程的开挖问题具有非线性的路径相关性，因此只有充分考虑施工过程和路径才能相对准确反映隧道施工过程中围岩和结构的应变、应力状态，也才能相对准确地预测地层的位移。数值方法作为一种现代化的计算方法，具有计入各种影响因素、描述材料非线性和几何非线性等特点，突破了经典弹塑性理论介质连续、均质、各向同性和小变形等假定的限制，使得分析方法及其结果更加接近工程实际。国内外目前能够模拟地下工程开挖过程的计算软件主要有 FLAC/FLAC3D、ABAQUS、ADINA、ANSYS、MARC、2D-SIGMA、3D-SIGMA、同济曙光等。

以北京地铁 14 号线方庄站—十里河站区间盾构隧道工程为背景，采用数值模拟软件 ABAQUS 对盾构施工引起的地层分层位移进行研究，摸清地层位移分量的主次关系。

1. 模型建立

根据盾构施工引起地层分层位移研究的目的，基于有限元软件建模功能，模拟材料弹塑性及盾构施工的适用性特征，研究采用有限元软件建立盾构施工三维数值计算模型进行数值分析。

数值模型中，土体、管片及盾构均采用三维实体八节点缩减积分单元（C3D8R），土体本构关系选用 Mohr-Coulomb 模型。基于非关联流动法则，采用非对称求解器，计算分析步中同时打开大变形和非对称求解选项，避免可能出现的计算不易收敛的情况。x 方向为垂直于隧道轴线的水平方向，y 方向为竖直深度方向，z 方向为盾构推进方向。模型具体尺寸为：x方向取70m，y方向取30m，z方向取72m（60环）。开挖直径为6.18m，管片外径为6m，内径为5.4m，开挖后管片与土体间间隔0.09m厚的圆环用同步注浆等代层填充，忽略浆液的硬化过程，直接考虑浆液终凝状态的性质。模拟中采用单元死活法，逐步起用开挖区域中的土体单元死，同时激活衬砌单元和浆液等代层单元。模型建立及网格划分如图2.5所示。

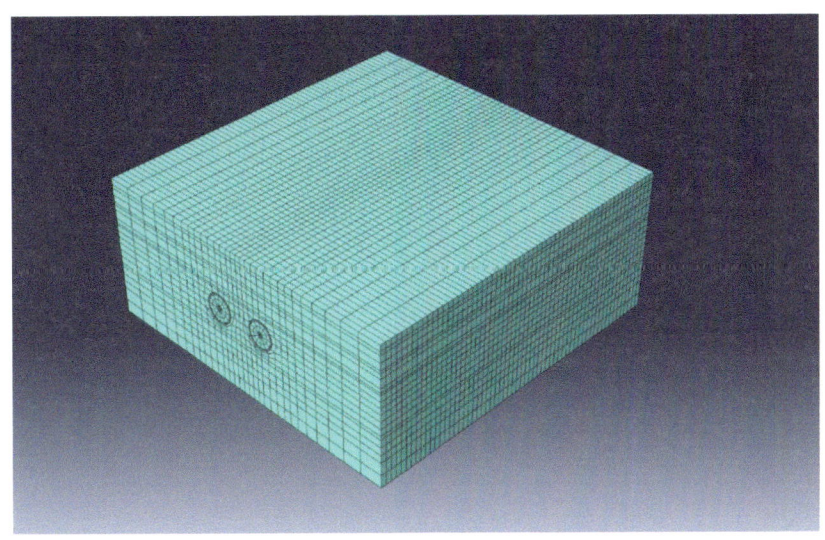

图2.5 ABAQUS有限元模型的建立及网格划分

2. 本构模型的选择

数值计算过程中，应力-应变关系和强度准则能否较好地模拟土体的力学行为和变形特点，直接决定数值模拟的精度，特别是反映在开挖中典型的应力路径下土体的本构关系。有限元计算中相对简单实用的塑性模型，如莫尔-库仑（Mohr-Coulomb）模型和Drucker-Prager模型应用最多，在岩土工程中应用最为广泛。

通常在模拟摩擦角较小的软黏土时，Drucker-Prager模型相比Mohr-Coulomb模型更加合适，但是Drucker-Prager模型并不广泛适合于岩土工程材料，将它用在有限元计算中进行模拟主要是用来同其他数值计算本构模型进行对比。相反Mohr-Coulomb模型则是广泛适合于各种岩土工程材料，通常作为进行数值计算的首选本构模型，Mohr-Coulomb模型的最大优点是它不仅能反映岩土材料的抗压强度不同的强度差（strength different，S-D）效应与对静水压力的敏感性，而且简单实用，材料参数c和φ可以通过不同的常规试验仪器和方法测定。

Mohr-Coulomb准则作为一种传统的反应固体材料弹塑性力学性质的本构模型而得到广泛应用，室内试验与大量计算结果表明，该准则与实际试验结果非常接近，其反应的岩土材料的剪切破坏特性也与材料的实际破坏情况较为吻合。在连续介质显式差分计算中，材料的本构方程求解都采用增量的形式，一旦塑性变形发生后，则应变增量中只有弹性部分引起应力增量的改变。Mohr-Coulomb模型潜在包含了一定程度恒定的、依赖于路径的非线性应力-应变关系，其描述主要通过屈服函数、硬（软）化函数及流动法则体现出来。屈服函数定义了一定应力状态下的塑性流动发生与否,它表示了应力空间中一个或数个极限面,应力点在该面的上部或下部表示了该点处于弹性或塑性状态,应力计算中除了假定总应变可以分解为弹性应变和塑性应变外,二者的增量认为与当前的应力主轴是同轴的。流动法则定义了塑性应变增量矢量与势函数表面主方向的关系,对相关流动法则而言,塑性势函数与屈服函数重合,相反,则为不相关联流动法则。

Mohr-Coulomb 模型上单一受力面上可表示为

$$\tau = c - \sigma\tan\varphi \tag{2.1}$$

式中,σ 为正应力;τ 为剪应力;c 为土体黏聚力;φ 为内摩擦角。计算中 σ 拉为正,屈服函数(F)可表示为

$$F = \frac{1}{2}(\sigma_1 - \sigma_3) + (\sigma_1 + \sigma_3)\sin\varphi - c\cos\varphi = 0 \tag{2.2}$$

忽略中主应力的影响时,如图 2.6 所示,有

$$\frac{1}{2}(\sigma_1 - \sigma_3) = \left[\frac{1}{2}(\sigma_1 + \sigma_3) - \frac{c}{\tan\varphi}\right]\sin\varphi \tag{2.3}$$

式中,σ_1 和 σ_3 分别为最小和最大主应力。

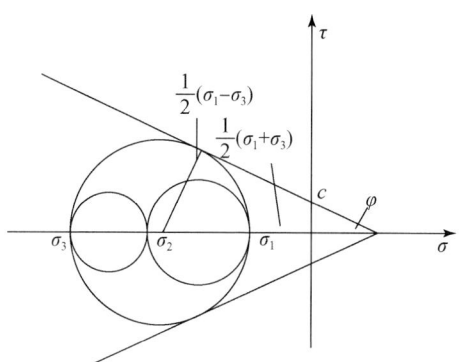

图 2.6 Mohr-Coulomb 模型计算简图

假设主应力 $\sigma_1 \leqslant \sigma_2 \leqslant \sigma_3$,则

$$\varepsilon = \varepsilon^e + \varepsilon^p$$

式中,ε 为总应变;ε^e 为可恢复的弹性应变;ε^p 为不可恢复的塑性应变。

基于主应力的假定,Mohr-Coulomb 破坏准则如图 2.7 所示。Mohr-Coulomb 屈服函数分别定义了直线 AB 和 BC 的破坏包络线 f^s 和 f^t,具体表达式为

$$AB \text{ 线}: f^s = \sigma_1 - \sigma_3 N_\varphi + 2c\sqrt{N_\varphi} \tag{2.4}$$

$$BC \text{ 线}: f^t = \sigma_t - \sigma_3 \tag{2.5}$$

$$N_\varphi = \frac{1 + \sin\varphi}{1 - \sin\varphi} \tag{2.6}$$

式中,c、φ 分别为土体黏聚力和内摩擦角;σ_t 为土体的抗拉强度。

本次采用线弹性模型模拟土体弹性变形阶段,采用 Mohr-Coulomb 模型模拟土体塑性变形,利用有限元软件研究分层沉降。

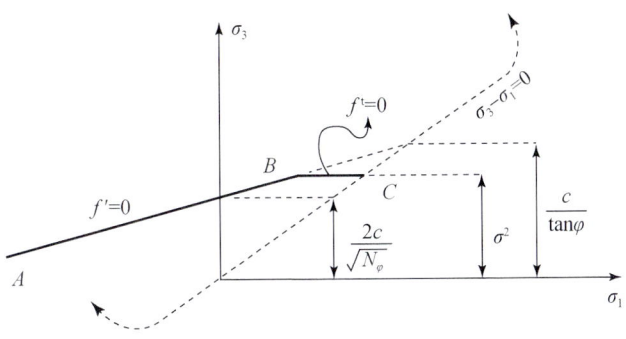

图 2.7 Mohr-Coulomb 破坏准则

3. 边界条件及模型参数的确定

对于三维问题，每点均具有六个单独的自由度（xyz 三个方向的平动自由度及绕 xyz 坐标轴的转动自由度），为了减少边界效应，并且能够更好地模拟工程实际情况，分析时采用齐次边界条件，在模型 x 方向边界施加 x 向位移约束和绕 y、z 轴转动约束，在模型 z 方向边界施加 z 向位移约束和绕 x、y 轴转动约束；模型 y 方向（竖直方向）的上部边界取为自由边界，下部边界取为固定边界，如图 2.8 所示。

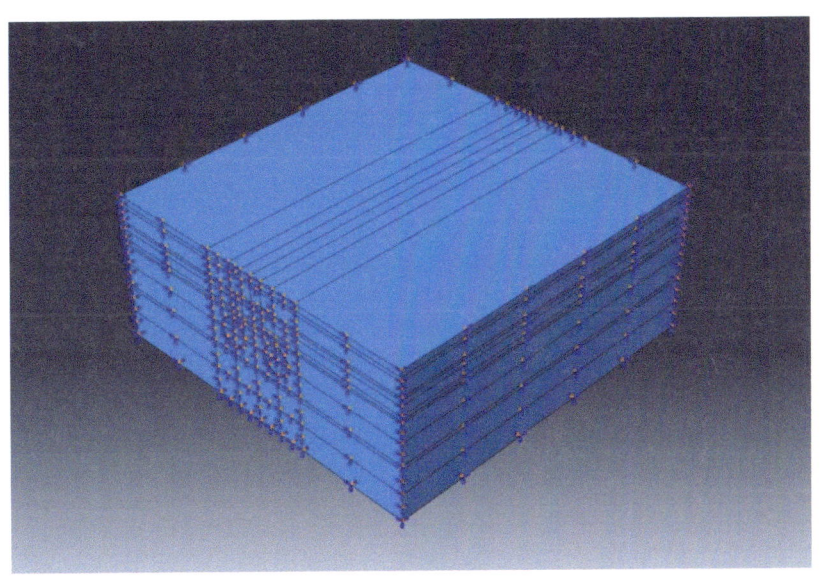

图 2.8 模型边界条件

盾体、管片和注浆等代层选用线弹性材料，其中，盾体容重为 78kN/m³，弹性模量为 206GPa，泊松比为 0.28；管片容重为 26kN/m³，弹性模量为 35GPa，泊松比为 0.25；注浆等代层容重为 15kN/m³，泊松比为 0.2。实际工程中，先、后行盾构施工参数选取差异等因素引起地层损失率不同，左、右线对注浆层材料取不同的弹性模量，其中先行（右线）线弹性模量取 2MPa，后行（左线）线弹性模量取 30MPa。土体选用 Mohr-Coulomb 模型，具体模拟计算参数见表 2.1，土层厚度根据地质勘察报告中提供的地质断面图确定。

表 2.1　三维数值模拟中材料的计算参数

土层名称	土层编号	土的容重/(kN/m³)	变形模量/kPa	内摩擦角/(°)	黏聚力/kPa
粉土素填土	①	17.5	3500	12	5
粉土	③	19.9	38500	24	15
粉质黏土	③₁	20	24850	15	27
黏土	④₁	19.3	31500	11	34
粉细砂	④₃	19.5	63000	29	0
粉质黏土	⑥	21.1	53550	15	31
中粗砂	⑦₁	20.5	98000	33	0
粉质黏土	⑧	20	51800	13	31

4. 数据提取点布置

为分析盾构掘进引起的地层位移规律，数值模型中布置了一个垂直于 x 方向的数据提取断面，该断面包含多个数据提取点，提取点布置位置如图 2.9 所示，其中红色提取点与现场实测布置的测点一一对应。

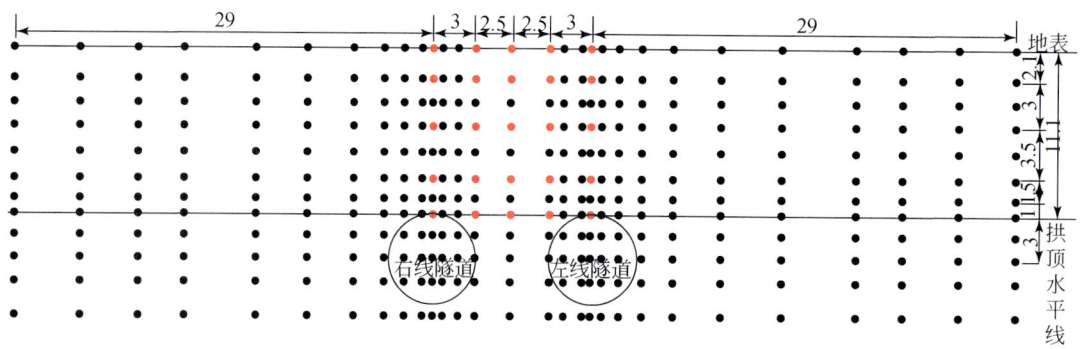

图 2.9　数值模型数据提取点布置图（单位：m）

5. 工况条件

根据双线盾构隧道施工进度不同选用四种工况，研究不同位置地层竖向、横向和纵向三个位移分量的主次关系。四种工况详情如下所述：

工况一：右线（先行）隧道刀盘即将到达提取断面（右线盾构刀盘距提取断面 2.4m）；

工况二：右线隧道盾构至断面影响区范围以外，左线尚未开挖；

工况三：左线（后行）隧道刀盘即将到达提取断面（左线盾构刀盘距提取断面 2.4m）；

工况四：双线隧道盾构至断面影响区范围以外。

分别对上述四种工况下的地表数据提取点及埋深 5.1m 处的数据提取点位移进行分析，如图 2.10 所示。

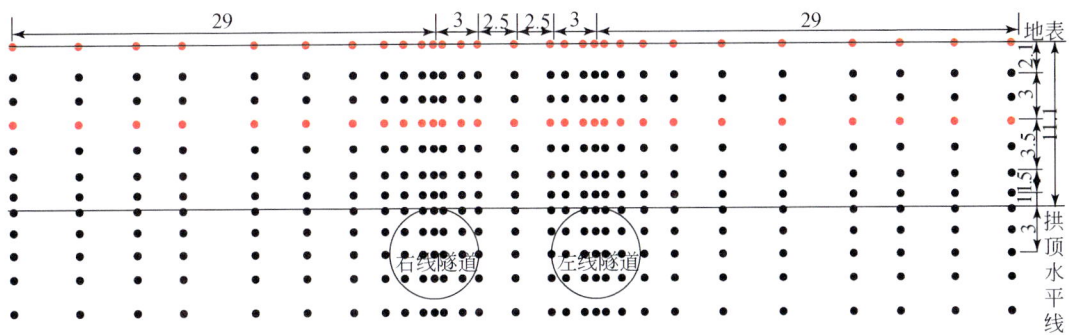

图 2.10 地表数据提取点及地层数据提取点示意图（标红；单位：m）

2.2.2 竖向位移与横向位移的对比

将每种工况下地表及埋深 5.1m 处地层的竖向位移（w）与横向位移（u）进行对比分析，竖向位移（w）与横向位移（u）的位移分量曲线及 w/u 值分布图如图 2.11～图 2.18 所示。

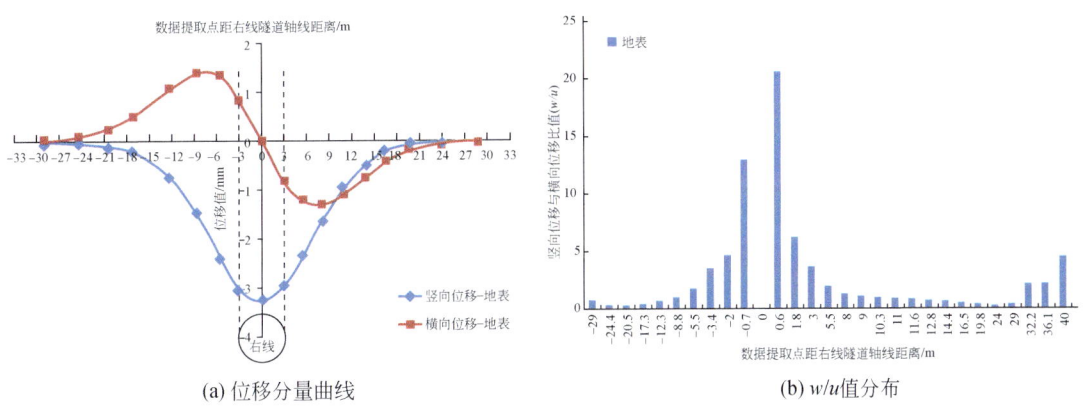

图 2.11 工况一地表数据提取点位移分量曲线及 w/u 值

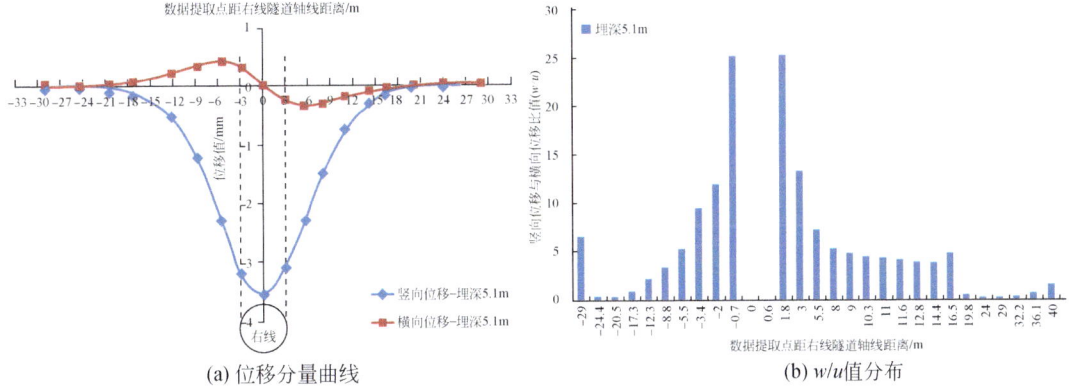

图 2.12 工况一埋深 5.1m 处数据提取点地层位移分量曲线及 w/u 值

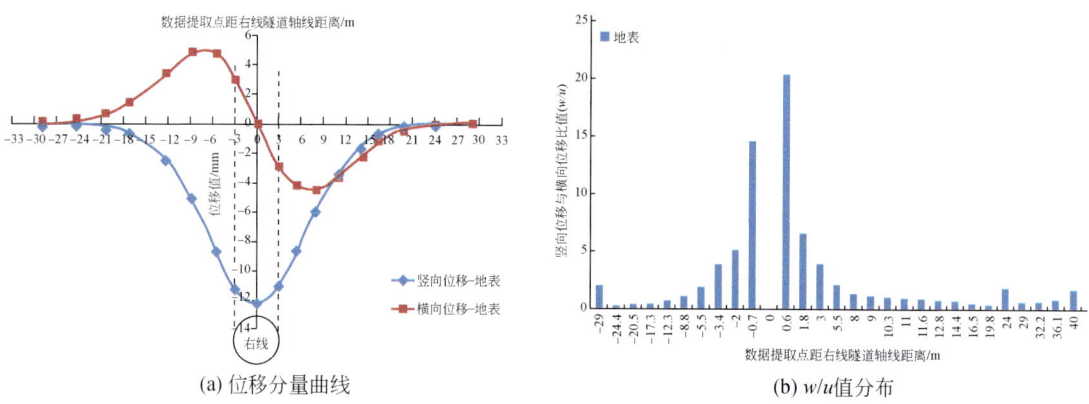

图 2.13 工况二地表数据提取点位移分量曲线及 w/u 值

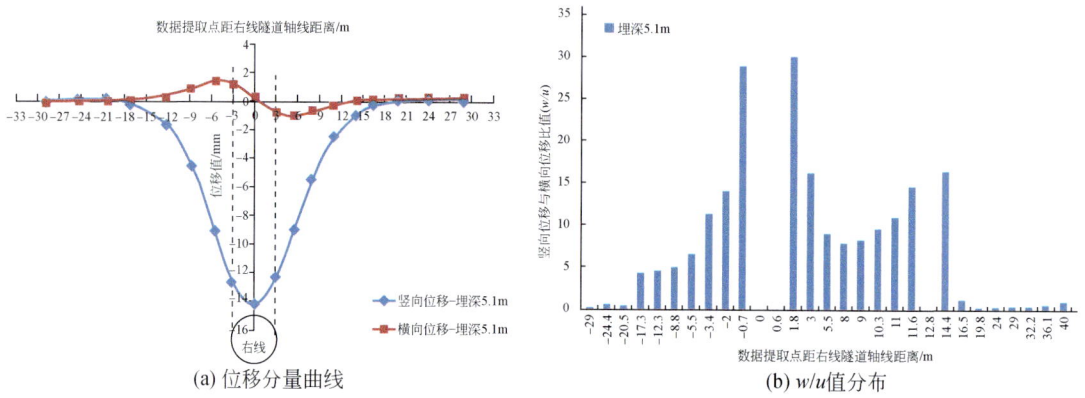

图 2.14 工况二埋深 5.1m 处数据提取点地层位移分量曲线及 w/u 值

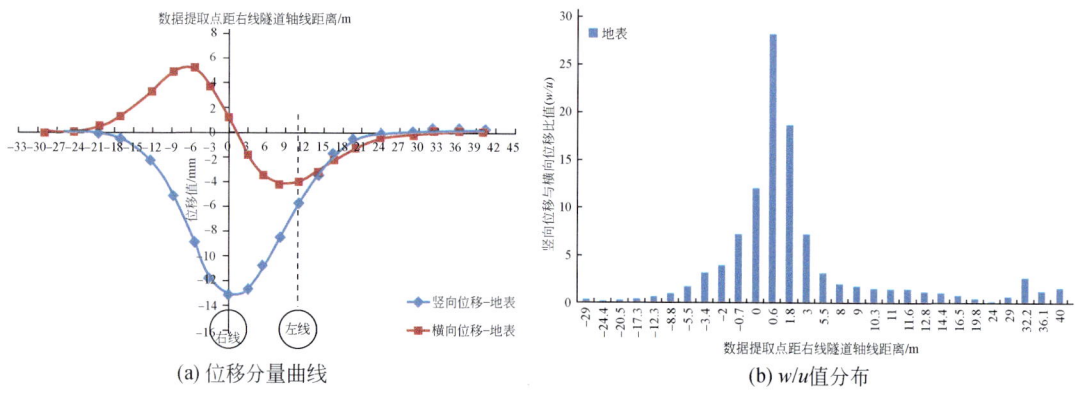

图 2.15 工况三地表数据提取点位移分量曲线及 w/u 值

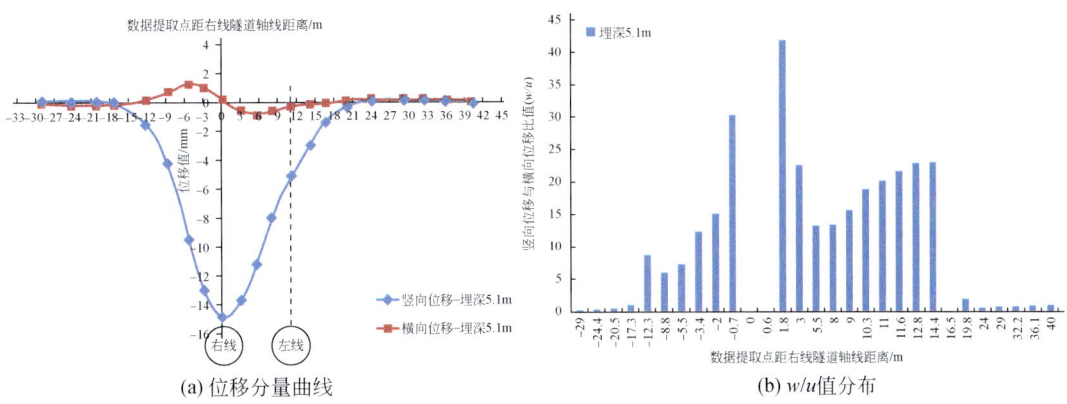

图 2.16　工况三埋深 5.1m 处数据提取点地层位移分量曲线及 w/u 值

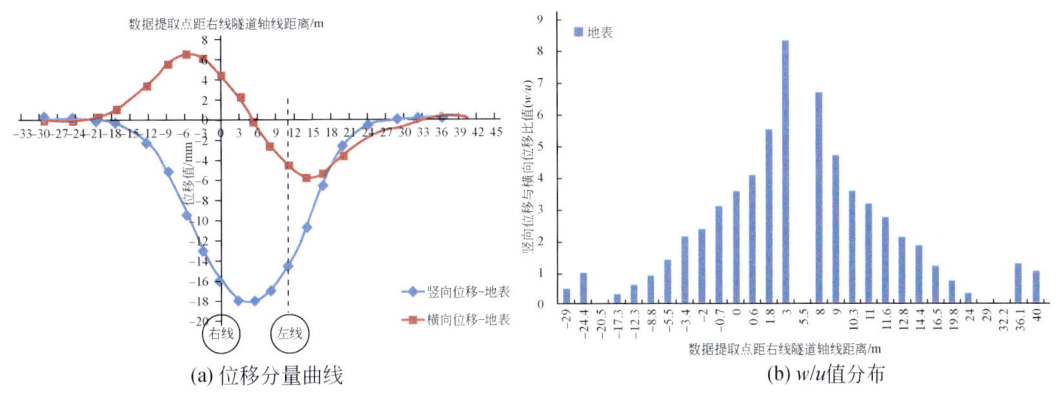

图 2.17　工况四地表数据提取点位移分量曲线及 w/u 值

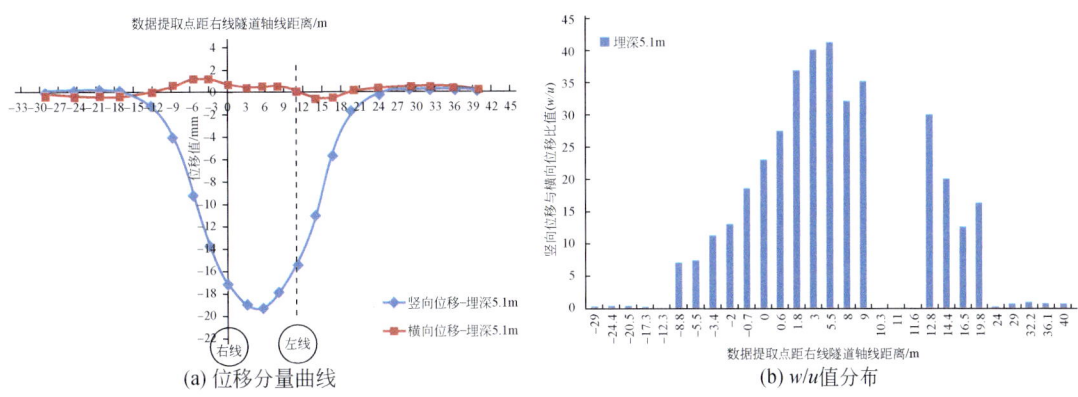

图 2.18　工况四埋深 5.1m 处数据提取点地层位移分量曲线及 w/u 值

为全面摸清双线隧道开挖引起周边地层位移分量比值关系，对数值模型提取点布置图中所有测点的竖向位移与横向位移比值（w/u）进行计算，结果如表 2.2 所示，该表只给出工况一提取点位移分量比值（w/u）分布表，对于其他工况，为便于直观比较，画出三维图与二维等高线图，分别如图2.19~图2.22所示。

表2.2 工况一数据提取点位移分量比值（w/u）分布表

		数据提取点埋深/m										
		0	2.1	3.6	5.1	6.9	8.6	10.1	11	12.5	14	15.5	17.9
数据提取点距右线隧道轴线距离/m	−29	0.7	0.6	0.9	6.6	1.3	0.8	0.9	1.0	1.3	1.7	2.0	2.4
	−24.4	0.3	0.2	0.1	0.3	0.5	0.4	0.5	0.6	0.7	1.0	1.3	1.6
	−20.5	0.3	0.2	0.2	0.3	0.6	0.3	0.4	0.5	0.6	0.8	1.1	1.4
	−17.3	0.4	0.4	0.4	0.9	1.6	0.5	0.4	0.5	0.5	0.7	0.9	1.2
	−12.3	0.7	0.8	1.2	2.2	19.2	1.3	0.8	0.6	0.5	0.5	0.7	0.8
	−8.8	1.0	1.5	2.1	3.3	10.6	7.8	1.9	1.0	0.6	0.5	0.5	0.5
	−5.5	1.7	2.7	3.8	5.2	7.7	6.9	13.2	2.7	1.1	0.5	0.2	1.5
	−3.4	3.5	5.5	6.1	9.5	9.7	8.1	43.0	24.0	3.2	0.1	9.3	14.6
	−2	4.7	7.2	9.8	11.9	13.8	10.0	43.0	—	3.2	0.1	2.3	21.0
	−0.7	13.0	18.7	22.3	25.2	26.9	21.7	58.1	—	30.5	0.2	—	23.0
	0	95.1	78.3	61.0	59.4	54.4	49.7	78.6	—	65.8	0.7	54.1	44.4
	0.6	20.6	48.8	—	—	—	—	—	—	14.7	0.1	15.5	—
	1.8	6.2	11.2	17.9	25.3	34.8	26.9	—	33.8	2.7	0.1	1.8	—
	3	3.7	6.3	9.4	13.3	20.4	15.2	80.7	11.1	1.9	0.5	1.7	19.7
	5.5	1.9	3.1	4.7	7.1	21.2	21.6	10.1	2.8	0.9	0.5	0.1	1.1
	8	1.3	1.9	3.0	5.3	40.0	6.4	1.9	1.1	0.6	0.4	0.4	0.2
	9	1.1	1.6	2.5	4.8	11.1	3.1	1.2	0.8	0.5	0.4	0.4	0.3
	10.3	0.9	1.3	2.1	4.4	5.7	1.8	0.9	0.7	0.5	0.4	0.5	0.5
	11	0.9	1.2	1.9	4.3	4.4	1.4	0.8	0.6	0.5	0.5	0.5	0.6
	11.6	0.8	1.1	1.7	4.1	3.2	1.1	0.7	0.6	0.5	0.5	0.5	0.7
	12.8	0.7	0.9	1.3	3.9	1.9	0.8	0.5	0.5	0.4	0.5	0.6	0.8
	14.4	0.6	0.8	1.0	3.8	1.2	0.6	0.5	0.5	0.4	0.6	0.7	0.8
	16.5	0.5	0.5	0.7	4.9	0.6	0.4	0.4	0.5	0.5	0.6	0.7	1.0
	19.8	0.3	0.2	0.2	0.5	0.2	0.2	0.2	0.4	0.5	0.7	0.8	1.0
	24	0.2	0.1	11.1	0.2	0.1	0.2	0.2	0.3	0.5	0.7	0.8	1.0
	29	0.4	6.5	0.6	0.2	0	0.2	0.2	0.3	0.5	0.6	0.8	0.9
	32.2	2.2	1.0	0.6	0.3	0.1	0.1	0.2	0.3	0.4	0.6	0.7	0.8
	36.1	2.2	1.3	0.9	0.6	0.3	0.1	0	0.1	0.2	0.4	0.5	0.6
	40	4.5	2.9	2.1	1.6	1.0	0.7	0.5	0.3	0.1	0.1	0.2	0.3

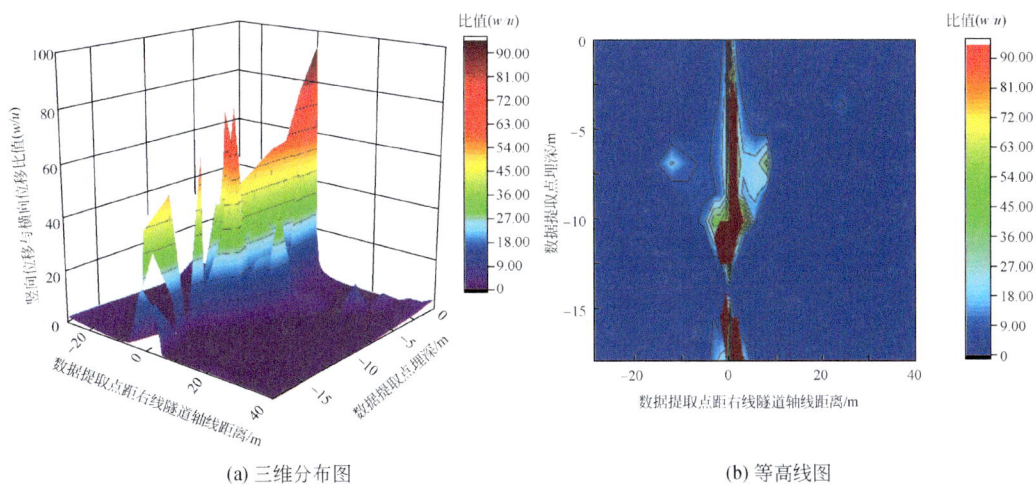

图 2.19　工况一数据提取点位移分量比值（w/u）分布与等高线图

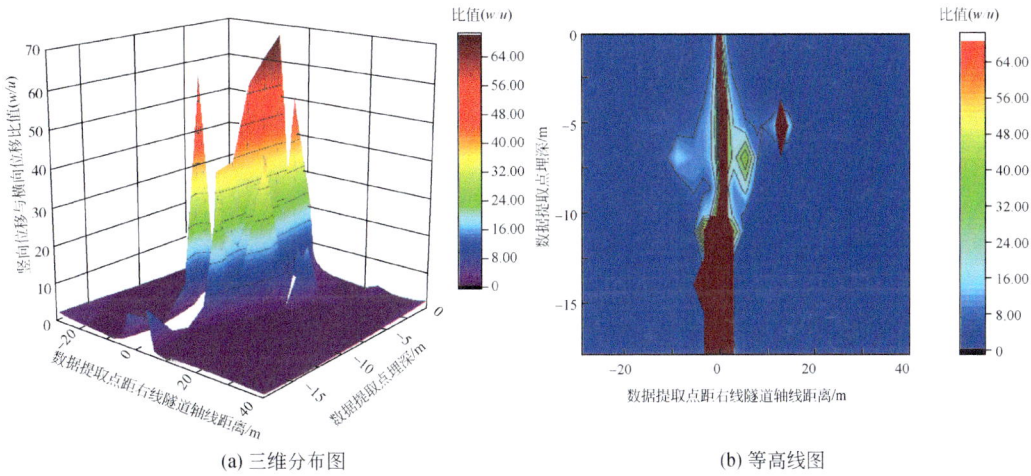

图 2.20　工况二数据提取点位移分量比值（w/u）分布与等高线图

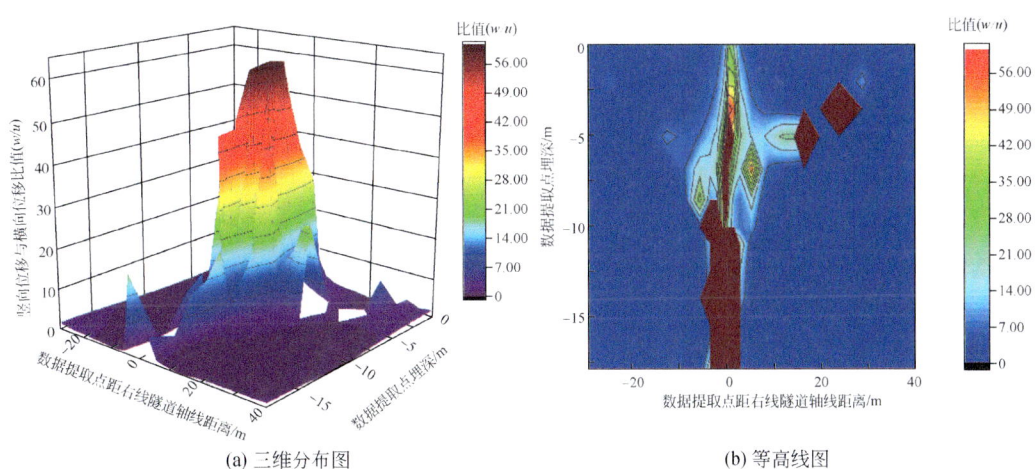

图 2.21　工况三数据提取点位移分量比值（w/u）分布与等高线图

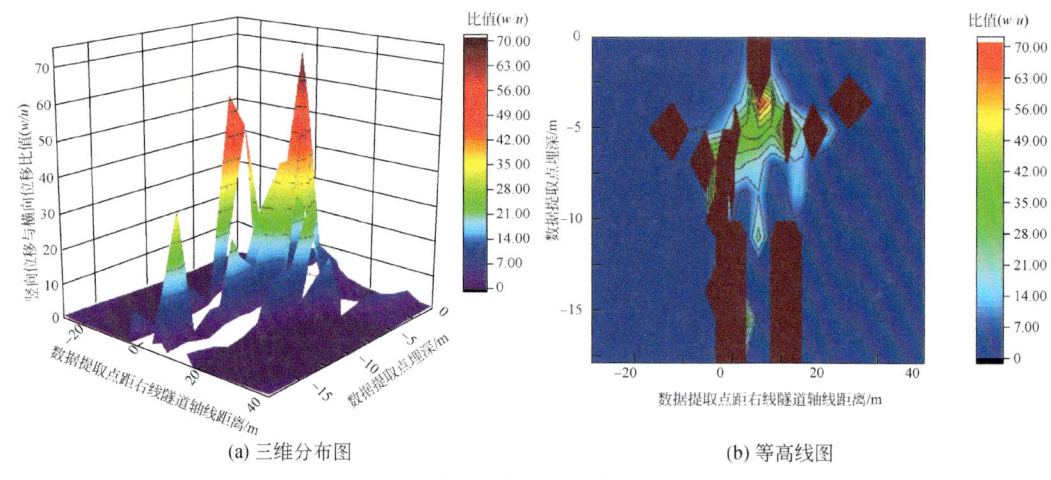

(a) 三维分布图　　　　　　　　　　(b) 等高线图

图 2.22　工况四数据提取点位移分量比值（w/u）分布与等高线图

由图 2.19～图 2.22 可知：隧道开挖后在一定范围内，对于拱顶上方不同深度处土体，几乎所有数据提取点的竖向位移与横向位移比值大于 1，甚至高达 19.1。例如，对于地表位移，距右线隧道轴线 9m 的数据提取点竖向位移与横向位移比值为 1.07，其范围内的所有数据提取点竖向位移与横向位移比值均大于 1；距右线隧道轴线 3m 的数据提取点竖向位移与横向位移比值为 3.8，对于沉降槽中心的数据提取点，由于其横向位移几乎为 0，竖向位移与横向位移比值更大，高达 172，而理论上沉降槽中心数据提取点横向位移为 0，故该点竖向位移与横向位移比值不做统计；而距右线隧道轴线 9m 以外的数据提取点，竖向位移与横向位移比值小于 1 并有减小趋势。对于埋深 5.1m 的地层，距右线隧道轴线 18m 的数据提取点竖向位移与横向位移比值为 4.3，其范围内所有数据提取点竖向位移与横向位移比值均大于 1；距右线隧道轴线 3m 的数据提取点竖向位移与横向位移比值更是高达 16.1；而对距右线隧道轴线 18m 以外的数据提取点，竖向位移与横向位移比值小于 1 并同样有减小趋势。对比 5 个不同深度地层上数据提取点竖向位移与横向位移比值，得到相同的结论。说明隧道开挖后其上方地层的竖向位移与横向位移存在如下规律：

（1）在开挖影响范围内，盾构掘进引起拱顶上方地层位移主要以竖向位移为主，其竖向位移平均是横向位移的 1.1～19.1 倍。

（2）沉降槽中心的竖向位移达到最大，横向位移几乎为 0。随着数据提取点距右线隧道轴线距离加大，竖向位移与横向位移比值呈减小趋势。在地表沉降槽反弯点处竖向位移与横向位移比值大于 1，随地层埋深增大，反弯点处竖向位移与横向位移比值呈先增大后减小的趋势。

（3）随着埋深增加，数据提取点竖向位移与横向位移比值增大，说明深部地层位移主要取决于竖向位移的大小。

2.2.3　竖向位移与纵向位移的对比

将上述四种工况下地表及埋深 5.1m 地层的竖向位移（w）与纵向位移（v）进行对比

分析，竖向位移（w）与纵向位移（v）的位移分量曲线及 w/v 值分布图如图 2.23 ~ 图 2.30 所示。

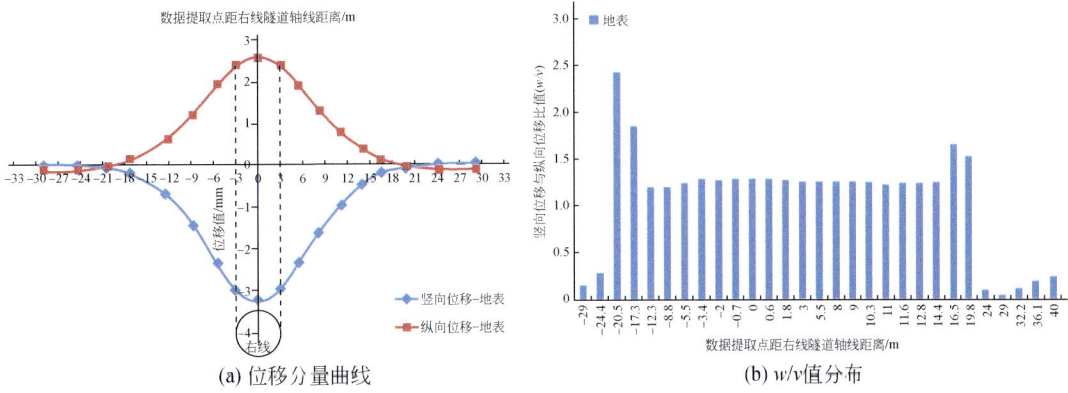

图 2.23　工况一地表处数据提取点位移分量曲线及 w/v 值

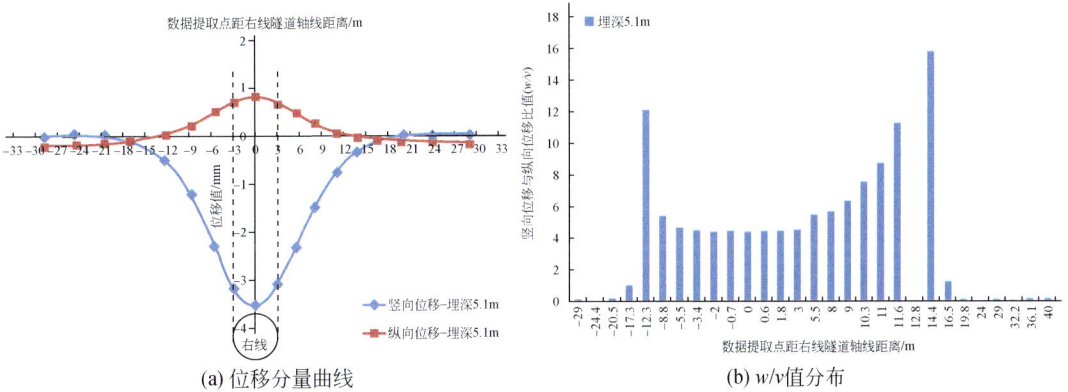

图 2.24　工况一埋深 5.1m 处数据提取点地层位移分量曲线及 w/v 值

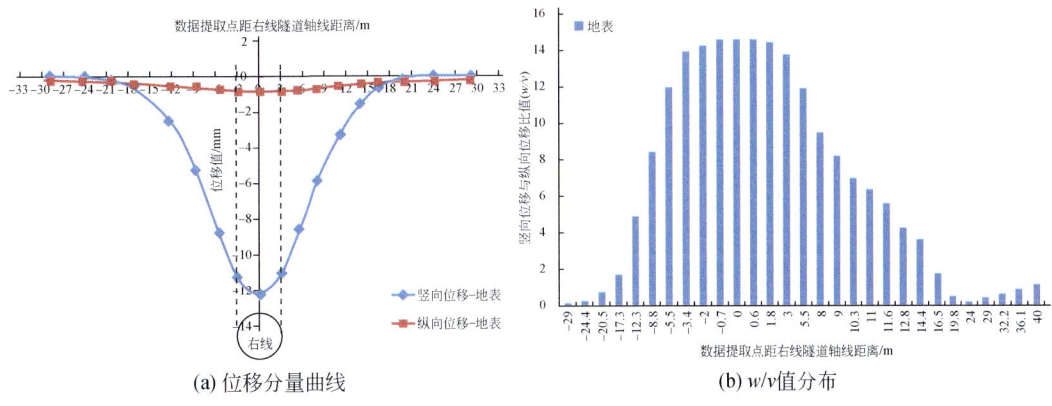

图 2.25　工况二地表数据提取点位移分量曲线及 w/v 值

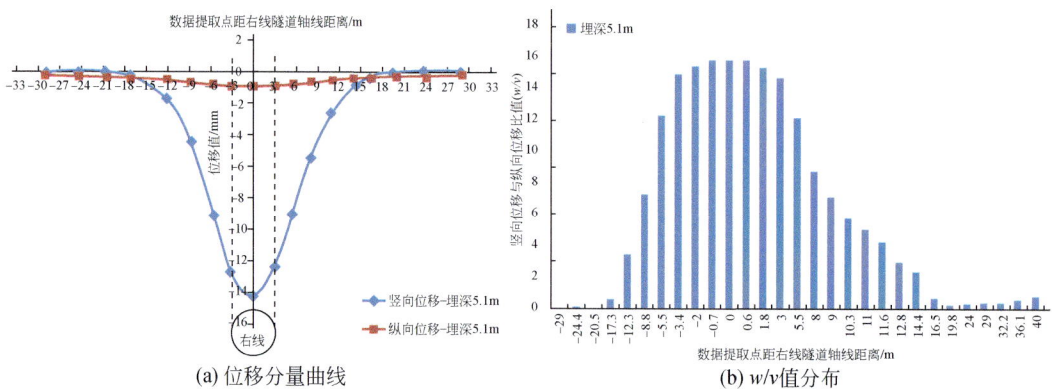

图 2.26 工况二埋深 5.1m 处数据提取点地层位移分量曲线及 w/v 值

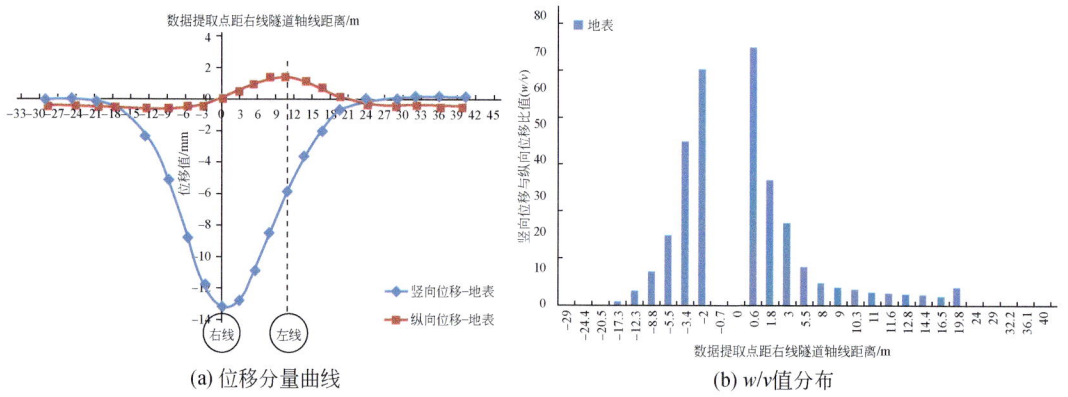

图 2.27 工况三地表处数据提取点位移分量曲线及 w/v 值

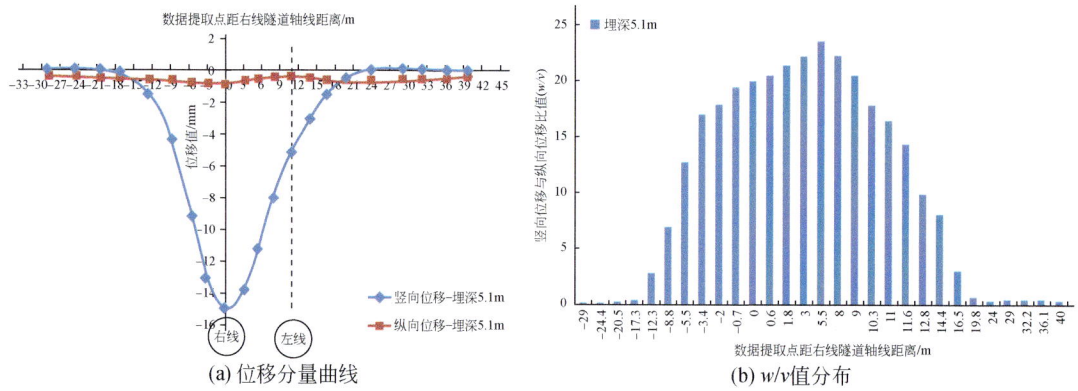

图 2.28 工况三埋深 5.1m 处数据提取点地层位移分量曲线及 w/v 值

第 2 章 地层位移分量及其主次关系研究

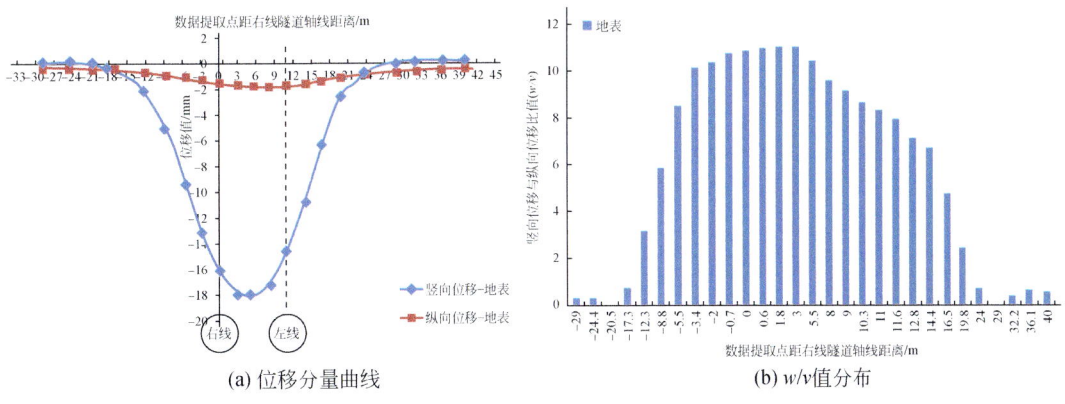

(a) 位移分量曲线　　　　　　　　(b) w/v 值分布

图 2.29　工况四地表处数据提取点位移分量曲线及 w/v 值

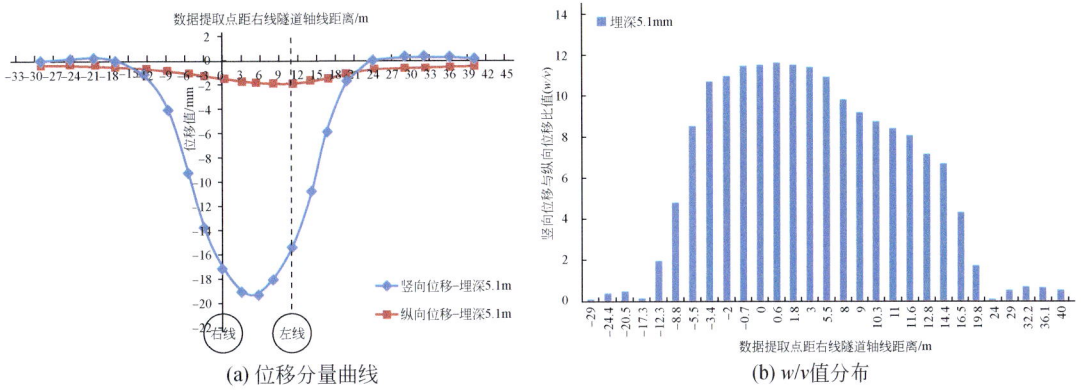

(a) 位移分量曲线　　　　　　　　(b) w/v 值分布

图 2.30　工况四埋深 5.1m 处数据提取点地层位移分量曲线及 w/v 值

为全面摸清双线隧道开挖引起周边地层位移分量比值关系，对模型中数据提取点的竖向位移与纵向位移比值（w/v）进行计算，结果如表 2.3 所示，该表只给出工况一数据提取点位移分量比值（w/v）分布表，对于其他工况，为便于直观比较，画出三维图与二维等高线图分别如图 2.31~图 2.34 所示。

表 2.3　工况一数据提取点位移分量比值（w/v）分布表

		数据提取点埋深/m											
		0	2.1	3.6	5.1	6.9	8.6	10.1	11	12.5	14	15.5	17.9
数据提取点距右线隧道轴线距离/m	−29	0.1	0.1	0.1	0.1	0.1	0.2	0.3	0.3	0.4	0.5	0.6	0.6
	−24.4	0.3	0.1	0	0	0.1	0.2	0.3	0.4	0.5	0.6	0.7	0.8
	−20.5	2.4	0.6	0.2	0.1	0.1	0.2	0.3	0.4	0.5	0.7	0.8	1.0
	−17.3	1.8	2.8	8.1	1.0	0.5	0.4	0.4	0.4	0.5	0.7	0.8	1.0
	−12.3	1.2	1.5	2.5	12.1	2.7	0.9	0.7	0.6	0.6	0.7	0.8	0.8
	−8.8	1.2	1.7	2.6	5.4	15.5	2.3	1.2	0.8	0.6	0.5	0.4	0.4
	−5.5	1.2	1.9	2.8	4.6	12.9	—	3.1	1.4	0.7	0.4	0.1	0.5

续表

	数据提取点埋深/m											
		0	2.1	3.6	5.1	6.9	8.6	10.1	11	12.5	14	15.5	17.9
数据提取点距右线隧道轴线距离/m	−3.4	1.3	2.0	3.0	4.4	8.0	6.3	11.5	3.5	2.3	0.1	1.0	10.5
	−2	1.3	2.0	3.0	4.4	7.1	5.8	13.6	4.6	2.3	0.1	0.9	19.0
	−0.7	1.3	2.1	3.0	4.4	7.0	5.3	14.3	6.9	3.8	0	1.9	—
	0	1.3	2.1	3.0	4.4	7.1	5.2	15.5	6.7	2.5	0	1.9	—
	0.6	1.3	2.1	3.1	4.4	7.3	6.1	16.8	7.0	3.8	0.1	1.9	—
	1.8	1.3	2.1	3.0	4.4	7.5	8.8	21.7	4.6	2.2	0.1	0.9	10.3
	3	1.2	2.0	3.0	4.5	10.8	14.6	11.9	3.2	1.0	0.3	0.7	4.0
	5.5	1.2	1.9	2.9	4.9	—	15.1	3.0	1.5	0.6	0.3	0.1	0.6
	8	1.3	1.9	2.8	5.6	10.1	3.1	1.3	0.9	0.6	0.4	0.3	0.1
	9	1.2	1.8	2.8	6.3	5.9	2.1	1.0	0.7	0.5	0.4	0.4	0.3
	10.3	1.2	1.7	2.7	7.6	4.0	1.5	0.8	0.7	0.5	0.5	0.5	0.5
	11	1.2	1.7	2.7	8.7	3.3	1.2	0.7	0.6	0.5	0.6	0.6	0.6
	11.6	1.2	1.6	2.6	11.2	2.6	1.1	0.7	0.6	0.5	0.5	0.6	0.8
	12.8	1.2	1.6	2.7	—	1.7	0.8	0.6	0.5	0.5	0.6	0.7	0.9
	14.4	1.2	1.6	3.1	—	1.1	0.7	0.5	0.5	0.5	0.6	0.8	0.9
	16.5	1.6	2.2	—	1.2	0.5	0.4	0.4	0.5	0.6	0.7	0.9	1.1
	19.8	1.5	0.4	0.1	0.1	0.2	0.3	0.3	0.4	0.6	0.8	0.9	1.1
	24	0.1	0	0.1	0	0	0.2	0.3	0.4	0.5	0.6	0.8	0.9
	29	0	0.1	0.1	0.1	0	0.1	0.2	0.3	0.4	0.5	0.6	0.7
	32.2	0.1	0.1	0.1	0.1	0	0	0.1	0.2	0.3	0.3	0.4	0.5
	36.1	0.2	0.2	0.1	0.1	0.1	0	0	0	0.1	0.2	0.2	0.3
	40	0.2	0.2	0.2	0.2	0.1	0.1	0.1	0.1	0	0	0	0.1

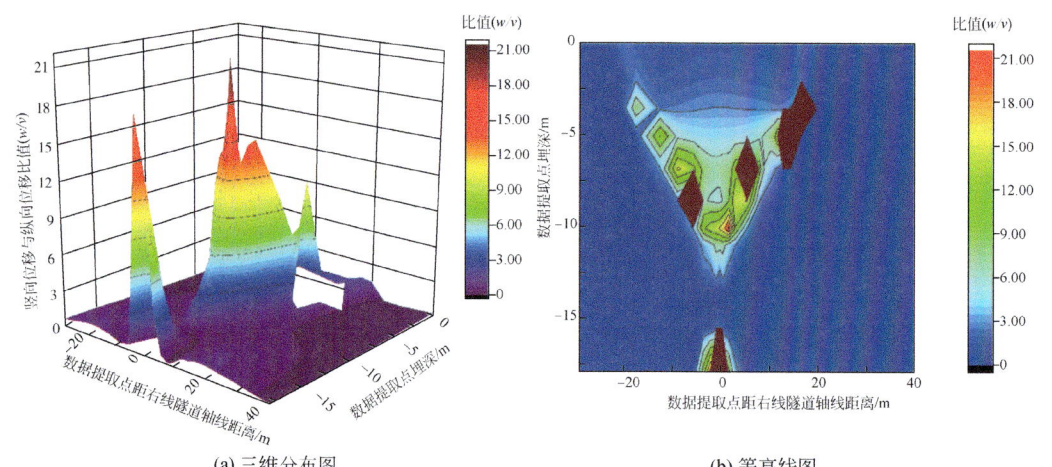

(a) 三维分布图　　　　　　　　　　　　(b) 等高线图

图 2.31　工况一数据提取点位移分量比值（w/v）分布与等高线图

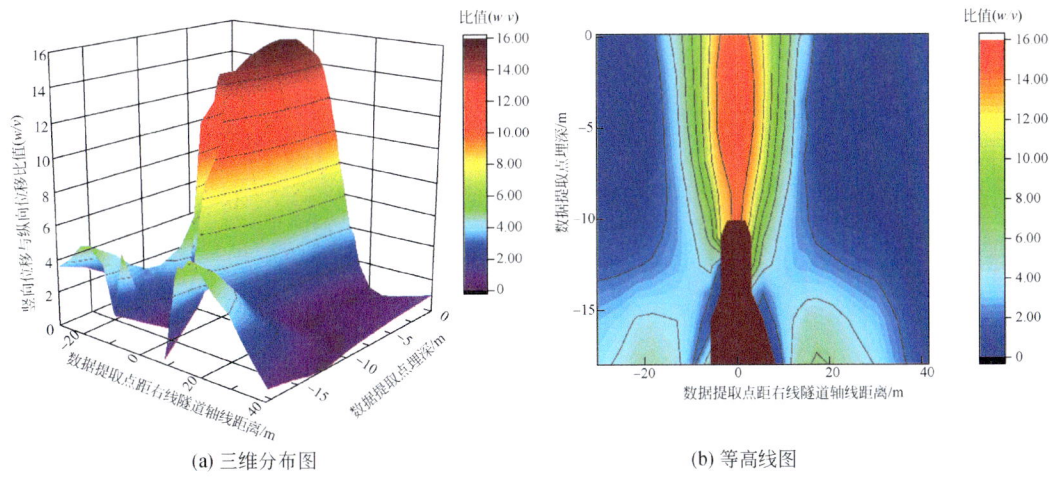

(a) 三维分布图　　　　　　　　　　　　(b) 等高线图

图 2.32　工况二数据提取点位移分量比值（w/v）分布与等高线图

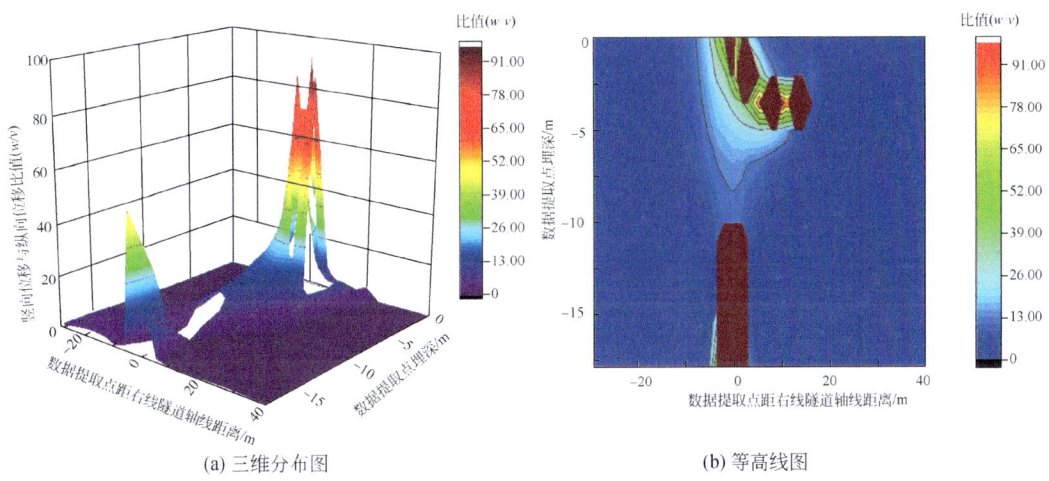

(a) 三维分布图　　　　　　　　　　　　(b) 等高线图

图 2.33　工况三数据提取点位移分量比值（w/v）分布与等高线图

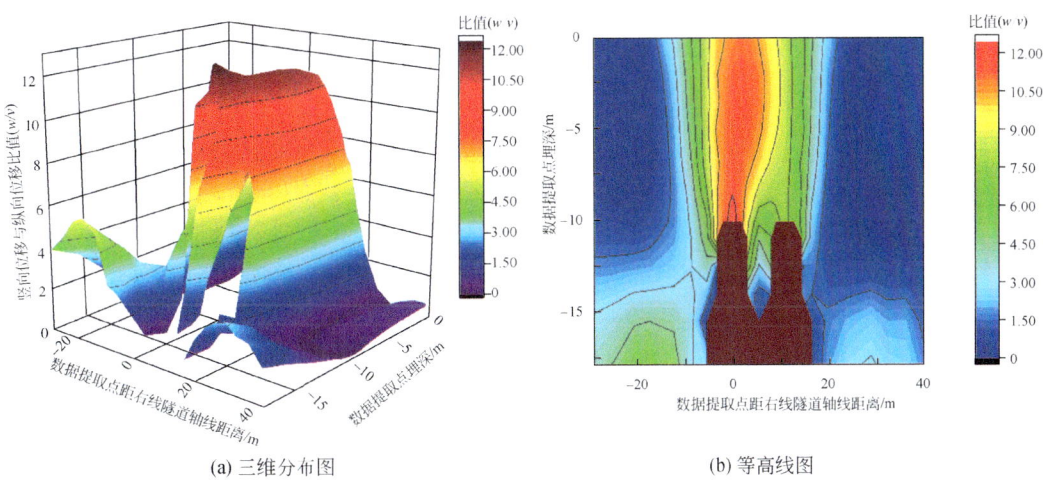

(a) 三维分布图　　　　　　　　　　　　(b) 等高线图

图 2.34　工况四数据提取点位移分量比值（w/v）分布与等高线图

由图 2.31～图 2.34 分析可知：隧道开挖后在一定范围内，对于拱顶上方不同深度处，几乎所有点的竖向位移与纵向位移比值都大于 1，甚至高达 79.5。例如，对于右线隧道轴线正上方点，地表点的竖向位移与纵向位移比值为 5.1，随着埋深增加其比值也增大，埋深 10.1m 即隧道拱顶正上方 1m 点处的该比值高达 79.5。又如，距右线隧道轴线 5.5m 的竖向测线（即数值模型中数据提取断面或现场实测中监测断面上水平距离距右线隧道轴线 5.5m 的多个点的集合，下同），其地表点处竖向位移与纵向位移比值为 4.9，随着埋深增加该比值也增大，埋深 8.6m 时该比值高达 42.0，随后埋深增加至 10.1m 时该比值降低到 11.3。通过对比距离右线隧道轴线不同距离的 5 条竖向测线的竖向位移与纵向位移比值，得到类似结论。这说明隧道开挖后其上方地层的竖向位移与纵向位移存在如下规律：

（1）隧道开挖结束其上方地层在开挖影响范围内主要以竖向位移为主（与 2.2.2 节的结论一致），其竖向位移平均是纵向位移的 4.3～79.5 倍。

（2）隧道轴线正上方点纵向位移比远离右线隧道轴线点纵向位移要大，也就是说，随着数据提取点距右线隧道轴线距离加大，点的纵向位移呈减小趋势。这主要是由于右线隧道轴线正上方点受到盾构的正面推力作用而产生较为明显的纵向位移，而远离轴线点受到盾构推力的作用效果要弱。

（3）随着埋深增加，地层纵向位移逐渐减小，且方向发生变化。也就是说，地表点的纵向位移大且与推进方向相反，而深部点（埋深 10.1m）的纵向位移小且与推进方向相同。同时随着埋深增加，地层竖向位移与纵向位移比值呈逐渐增大趋势；而随着点距右线隧道轴线距离增加，数据提取点的竖向位移与纵向位移比值呈逐渐减小趋势。这说明了越是深部地层，其纵向位移效果越弱；而数据提取点越是远离右线隧道轴线，尽管竖向位移的绝对值是大于纵向位移的，但前者的减小程度要远大于后者的。

2.2.4 横向位移与纵向位移的对比

将上述四种工况下地表及埋深 5.1m 处地层的横向位移（u）与纵向位移（v）进行对比分析，横向位移（u）与纵向位移（v）的位移分量曲线及 u/v 值分布图如图 2.35～图 2.42 所示。

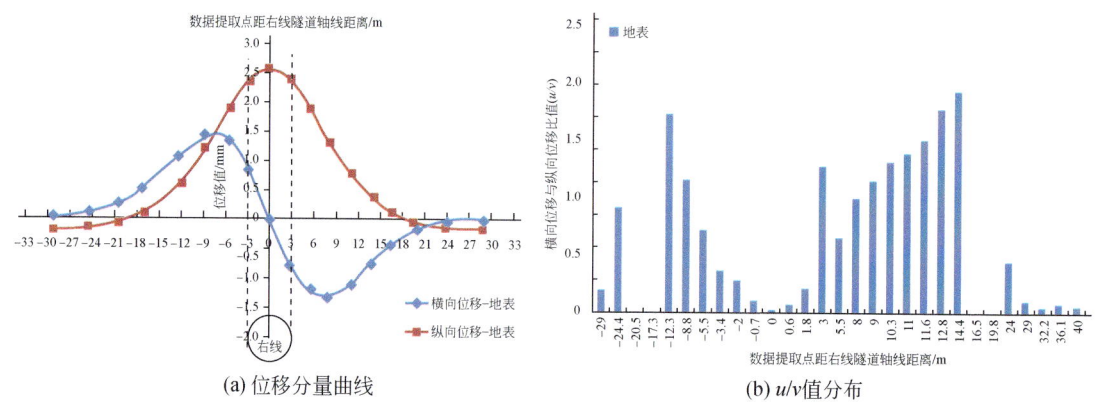

图 2.35 工况一地表数据提取点位移分量曲线及 u/v 值

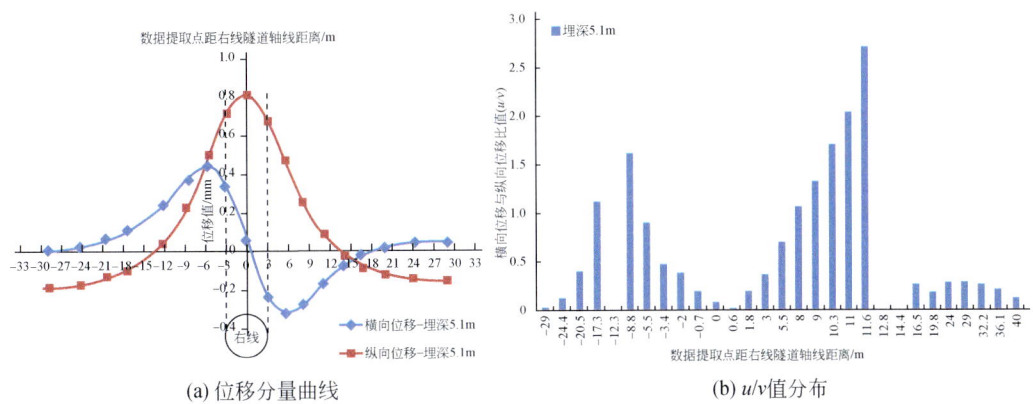

(a) 位移分量曲线　　(b) u/v 值分布

图 2.36　工况一埋深 5.1m 处数据提取点地层位移分量曲线及 u/v 值

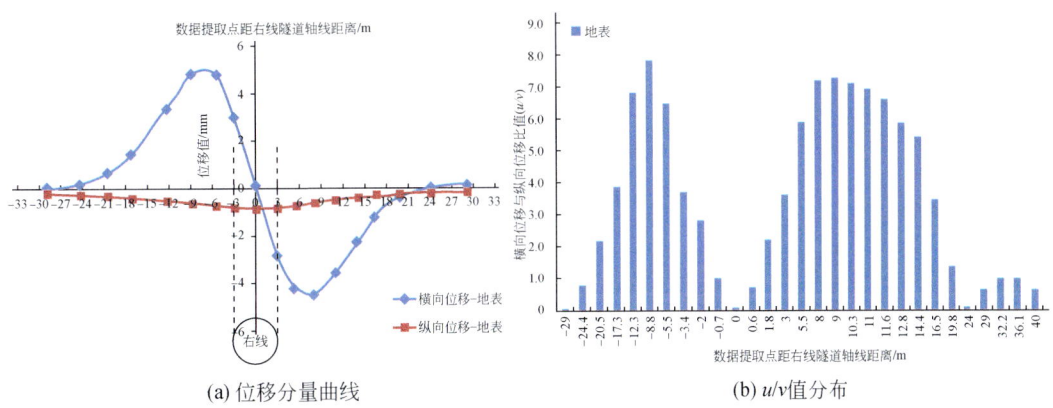

(a) 位移分量曲线　　(b) u/v 值分布

图 2.37　工况二地表数据提取点位移分量曲线及 u/v 值

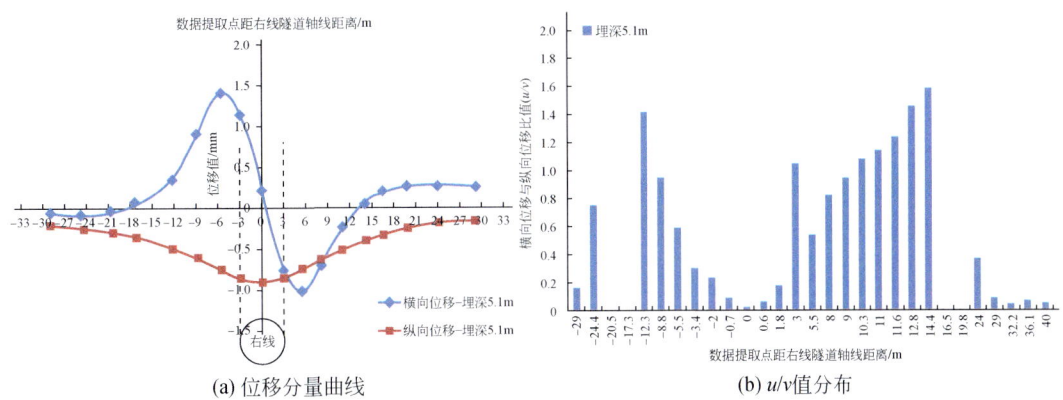

(a) 位移分量曲线　　(b) u/v 值分布

图 2.38　工况二埋深 5.1m 处数据提取点地层位移分量曲线及 u/v 值

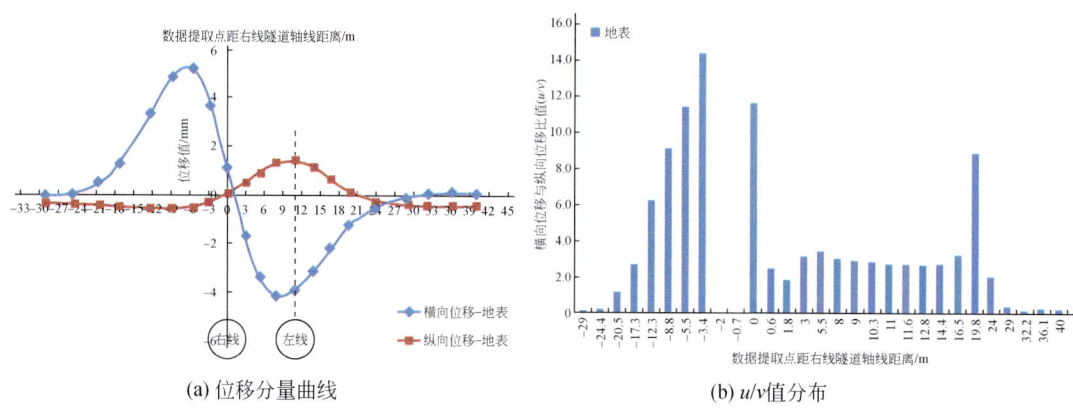

图 2.39　工况三地表数据提取点位移分量曲线及 u/v 值

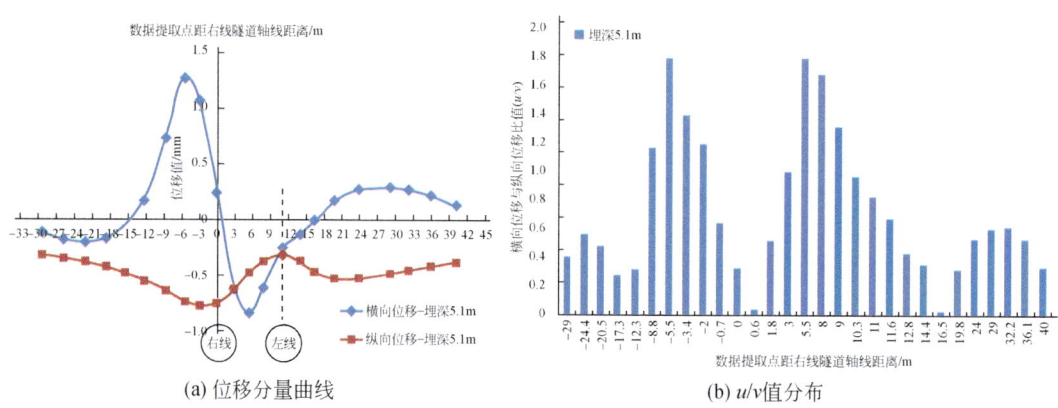

图 2.40　工况三埋深 5.1m 处数据提取点地层位移分量曲线及 u/v 值

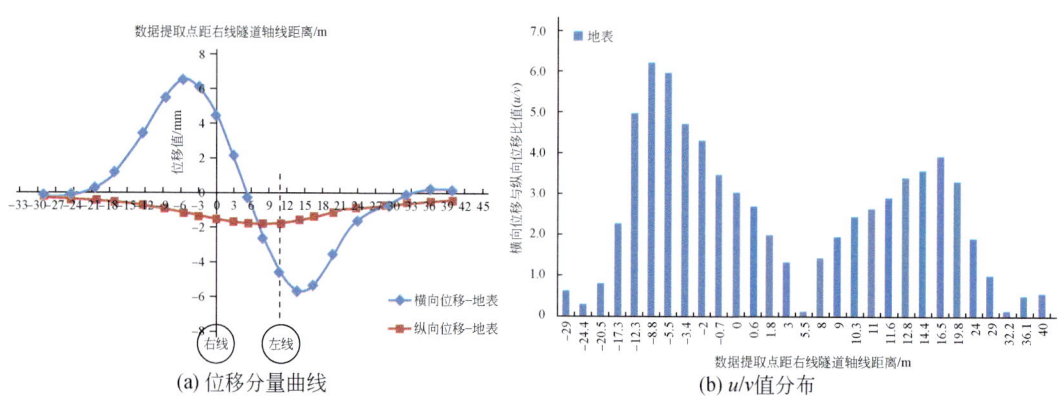

图 2.41　工况四地表处数据提取点位移分量曲线及 u/v 值

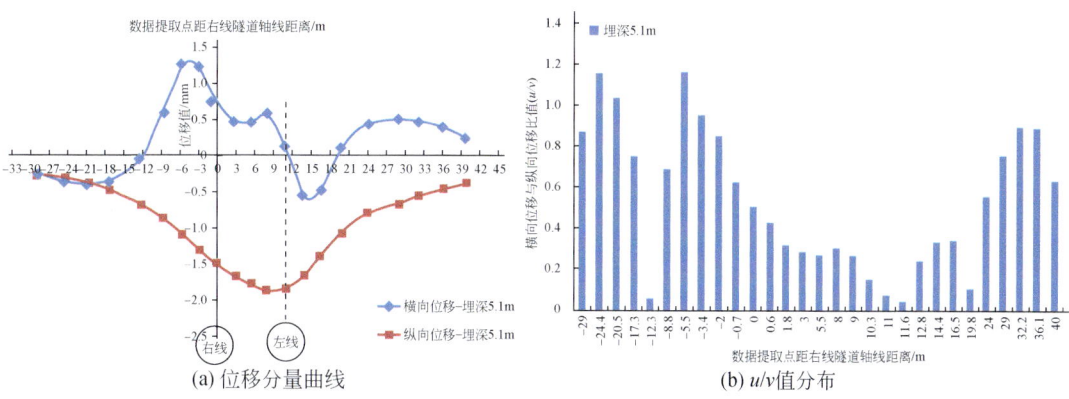

(a) 位移分量曲线　　　　　　　　　　(b) u/v值分布

图 2.42　工况四埋深 5.1m 处数据提取点地层位移分量曲线及 u/v 值

为全面摸清双线隧道开挖引起周边地层的位移分量比值关系，对数据提取点布置图中所有数据提取点的横向位移与纵向位移比值（u/v）进行计算，结果如表 2.4 所示，该表只给出工况一数据提取点位移分量比值（u/v）分布表，对于其他工况，为便于直观比较，画出三维图与二维等高线图分别如图 2.43～图 2.46 所示。

表 2.4　工况一数据提取点位移分量比值（u/v）分布表

		数据提取点埋深/m											
		0	2.1	3.6	5.1	6.9	8.6	10.1	11	12.5	14	15.5	17.9
数据提取点距右线隧道轴线距离/m	−29	0.2	0.2	0.1	0	0.1	0.3	0.3	0.3	0.3	0.3	0.3	0.3
	−24.4	0.9	0.7	0.4	0.1	0.2	0.5	0.6	0.6	0.6	0.6	0.6	0.5
	−20.5	—	—	1.5	0.4	0.3	0.7	0.8	0.8	0.8	0.8	0.8	0.7
	−17.3	—	—	—	1.1	0.3	0.8	0.9	1.0	1.0	1.0	1.0	0.9
	−12.3	1.7	1.8	2.1	—	0.1	0.7	0.9	0.9	1.0	1.1	1.0	0.9
	−8.8	1.1	1.2	1.2	1.6	1.5	0.3	0.6	0.8	0.9	0.9	0.9	0.7
	−5.5	0.7	0.7	0.7	0.9	1.7	—	0.2	0.5	0.7	0.6	0.6	0.3
	−3.4	0.4	0.4	0.5	0.5	0.8	0.8	0.3	0.1	0.7	0.7	0.7	0.7
	−2	0.3	0.3	0.4	0.4	0.5	0.3	0.2	0	0.7	0.7	0.4	0.9
	−0.7	0.1	0.1	0.1	0.2	0.3	0.2	0.2	0.1	0.1	0.2	0	—
	0	0	0	0	0.1	0	0.1	0.2	0	0	0	0	—
	0.6	0.1	0	0	0	0	0	0.1	0.1	0.3	0.4	0.1	0.8
	1.8	0.2	0.2	0.2	0.2	0.2	0	0.2	0	0.4	0.5	0	
	3	0.3	0.3	0.3	0.3	0.5	1.0	0.1	0.3	0.5	0.6	0.4	0.2
	5.5	0.6	0.6	0.6	0.7	—	0.7	0.3	0.5	0.7	0.7	0.7	0.5
	8	1.0	1.0	0.9	1.1	0.3	0.5	0.7	0.8	0.9	0.9	0.9	0.8
	9	1.1	1.1	1.1	1.3	0.5	0.7	0.8	0.9	1.0	1.0	1.0	0.8
	10.3	1.3	1.3	1.3	1.7	0.7	0.8	0.9	1.0	1.1	1.1	1.1	1.0

续表

	数据提取点埋深/m											
		0	2.1	3.6	5.1	6.9	8.6	10.1	11	12.5	14	15.5	17.9
数据提取点距右线隧道轴线距离/m	11	1.4	1.4	1.4	2.0	0.8	0.9	1.0	1.0	1.1	1.1	1.1	1.0
	11.6	1.5	1.5	1.6	—	0.8	0.9	1.0	1.1	1.1	1.2	1.1	1.1
	12.8	1.8	1.8	2.0	—	0.9	1.0	1.1	1.1	1.2	1.2	1.2	1.1
	14.4	1.9	2.0	—	—	0.9	1.1	1.1	1.2	1.2	1.2	1.2	1.1
	16.5	—	—	—	0.2	0.9	1.1	1.2	1.2	1.3	1.3	1.2	1.1
	19.8	—	—	0.6	0.2	0.7	1.0	1.1	1.2	1.2	1.2	1.1	1.1
	24	0.4	0.2	0	0.3	0.6	0.8	0.9	1.0	1.0	1.0	0.9	0.9
	29	0.1	0	0.1	0.3	0.5	0.7	0.8	0.8	0.8	0.8	0.8	0.8
	32.2	0	0.1	0.2	0.3	0.4	0.5	0.6	0.6	0.6	0.6	0.6	0.6
	36.1	0.1	0.1	0.2	0.2	0.3	0.3	0.4	0.4	0.4	0.4	0.4	0.5
	40	0.1	0.1	0.1	0.1	0.1	0.2	0.2	0.2	0.2	0.2	0.2	0.2

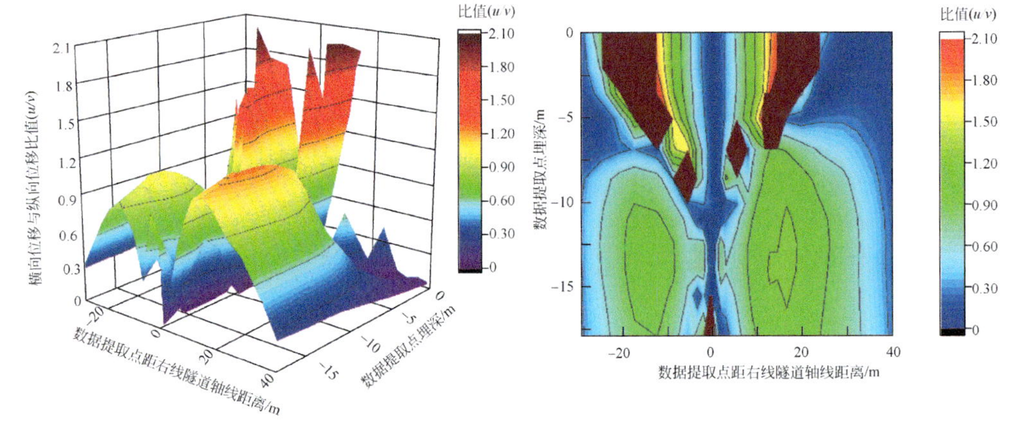

(a) 三维分布图　　　　　　　　　　(b) 等高线图

图 2.43　工况一数据提取点位移分量比值（u/v）分布与等高线图

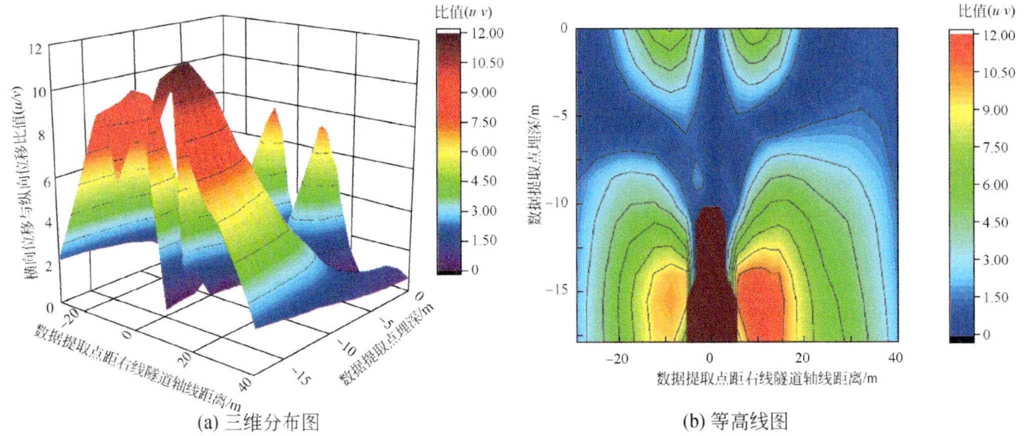

(a) 三维分布图　　　　　　　　　　(b) 等高线图

图 2.44　工况二数据提取点位移分量比值（u/v）分布与等高线图

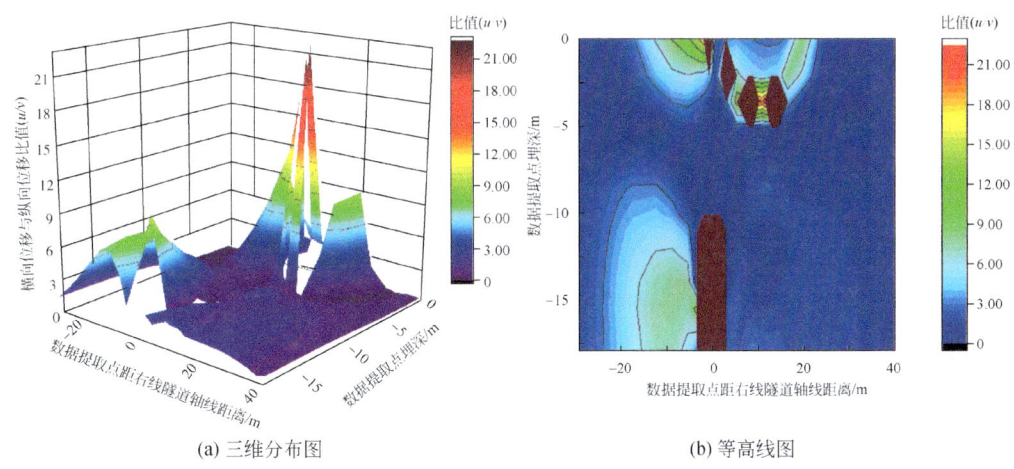

图 2.45 工况三数据提取点位移分量比值 (u/v) 分布与等高线图

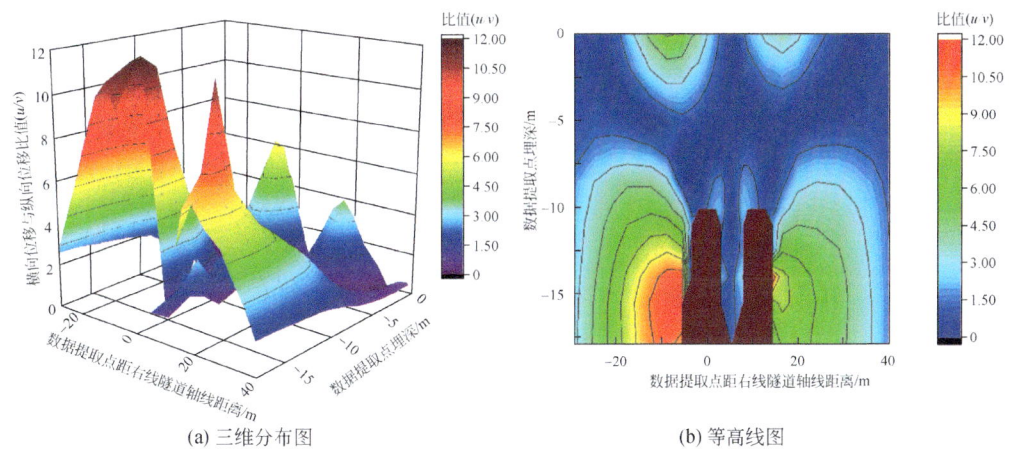

图 2.46 工况四数据提取点位移分量比值 (u/v) 分布与等高线图

由图 2.43~图 2.46 分析可知,隧道开挖后,对于拱顶上方不同深度不同区域的地层,其横向位移与纵向位移比值有一定的区别。在右线隧道轴线正上方地层,其横向位移与纵向位移比值平均小于 1 (仅埋深 8.6m 的测点比值为 1.3),这表明拱顶正上方地层的纵向位移普遍大于横向位移。对于距右线隧道轴线 5.5m 的竖向测线,其横向位移与纵向位移比值在 2.0~2.4,即横向位移较纵向位移略偏大,且随着埋深增加,该比值呈现逐渐减小的趋势。通过对比距右线隧道轴线不同距离的五条竖向测线的横向位移与纵向位移比值可以发现,距右线隧道轴线 3m 范围以内的竖向测线,其数据提取点的横向位移与纵向位移比值小于 1,而在此范围以外的测点,该比值大于 1,这表明隧道开挖后其上方地层的横向位移与纵向位移存在如下规律:

(1) 右线隧道开挖结束其上方地层在隧道开挖边线范围以内横向位移小于纵向位移,在隧道开挖边线范围以外的地层横向位移大于纵向位移,且该比例一般为 1.2~4.8 倍,但较竖向位移分别与横向位移、纵向位移的比例小得多,这表明隧道开挖结束在其上方形成的最大地层位移分量是首先是竖向位移,其次是横向位移,最后是纵向位移(在开挖边线范围以内纵向位移大于水平位移)。

(2)随着埋深增加,数据提取点的横向位移逐渐增加、纵向位移逐渐减小,在同一深度处,随着提取点距右线隧道轴线距离增加,数据提取点的横向位移先增加后减小,纵向位移一直呈减小趋势。

(3)在同一深度处,随着数据提取点距右线隧道轴线距离增加,横向位移与纵向位移比值呈现增加趋势;而距右线隧道轴线距离一定的竖向测线上,随着埋深增加,横向位移与纵向位移比值出现波动但基本变化不大。

2.2.5 三个分量的主次程度分析

通过前述几节的分析和研究可以得出,地层位移的三个分量在地层不同区域呈现出明显的规律性变化,主要体现在:

(1)隧道开挖引起土体变形影响区内的土体向着隧道方向临空面位移,不同区域的土体在向着临空面产生位移的过程中,由于不同点处地层位移矢量的方向不一样,其产生的各个分量大小也不一样,从整体来看,地层位移的三个分量大小关系依次为:竖向位移最大、横向位移次之、纵向位移最小。

(2)随着埋深增加,地层竖向位移与横向位移比值(w/u)呈现增大趋势,本次研究中该比值为 1.1~19.1;竖向位移与纵向位移比值(w/v)也呈现增大趋势,本次研究中该比值为 2.3~79.5。而对于横向位移与纵向位移比值(u/v),在隧道开挖边线范围以内,随着埋深增加该比值呈现增加趋势,平均小于 1,即隧道拱顶正上方地层的纵向位移普遍大于横向位移,在隧道开挖边线范围以外的地层,随着埋深增加,该比值呈现减小趋势,范围在 1.2~4.8,即开挖边线范围以外地层的横向位移大于纵向位移。

(3)随着数据提取点距右线隧道轴线距离的增加,竖向位移与横向位移比值(w/u)呈现减小趋势。竖向位移与纵向位移比值(w/v)在埋深较浅的地层(埋深 0~2.1m)基本差别不大,在中部埋深的地层(埋深 5.1m)呈现轻微增加的趋势,在埋深较大的地层(埋深 8.6~10.1m)呈现减小趋势。横向位移与纵向位移的相对变化关系比较复杂。

2.3 地层位移主控分量

通过分析与研究地层位移分量之间的相互关系发现地层位移分量之间的主次程度为地层竖向位移最大、横向位移次之、纵向位移最小,主要结果如下:

(1)对地层位移的三个分量综合对比分析表明:刀盘到达测点时,地层位移的三个分量之间在数值上差异较小,而在右线隧道开挖结束后,三个分量之间存在明显的大小差异,具体而言,地层位移最终稳定时,竖向位移最大、横向位移次之、纵向位移最小。纵向位移的显现过程被盾构推进过程所掩盖,横向位移对横向沉降槽有所贡献,但显现不明显,最主要的显现形式还是竖向沉降,又称地层位移的主控分量。

(2)随着埋深增加,埋深越大的数据提取点其竖向位移与横向位移比值越大,这说明深部地层的竖向位移越大,而水平位移逐渐减小;同时,埋深越大的数据提取点其竖向位移与横向位移比值较浅部地层更大,这说明深部地层位移主要取决于竖向位移的大小。

(3) 在同一深度处,随着数据提取点距右线隧道轴线距离增加,竖向位移与横向位移比值呈现增加趋势;在地表沉降槽反弯点处竖向位移与横向位移比值大于1,随地层埋深增大,反弯点处竖向位移与横向位移比值呈先增大后减小的趋势。

第3章 地层竖向位移新型测试方法及系统

第2章分析研究了地层位移分量之间的相互关系,得出盾构施工引起地层竖向位移最大、横向位移次之、纵向位移最小的特征,为监测盾构施工引起的地层位移奠定了基础。本章通过文献调研总结了目前地表位移和深层位移的主要测试方法,对地层位移测试技术存在的问题进行了分析,针对目前的地层位移测试技术存在的问题,提出了由静力水准仪系统、单点位移计系统和平台锚固系统组成的新型地层分层位移测试系统;对地层位移差异因素进行了分析,排除了系统因素造成的沉降差异,实现了地层位移的空间坐标转换。

3.1 地层竖向位移测试现状及传统测试技术

3.1.1 地层竖向位移研究综述

1. 理论分析

国内外学者对隧道开挖引起的地层位移进行了深入研究并取得了大量成果。在国际研究方面:Peck教授于1969年运用大量隧道开挖施工引起的地表沉降实测数据,系统地提出了地层损失的概念和估算隧道开挖引起地表下沉的实用方法,即Peck[46]公式,此后,Peck及其他不少学者和工程技术人员做了大量工作,使之成为目前应用最为广泛的预测隧道施工引起地表沉降的方法;英国O'Reilly和New[47]针对不同地层研究了采用不同施工方法所引起的地表沉降问题,在大量实测资料的基础上提出了实际沉降槽宽度、地层损失和地表沉降的预测公式;Rowe和Kack、Lee等、Rowe和Lee[48~50]在理论模型中引入了间隙参数(gap parameter)的概念,并将其定义为隧道周围形成的等效二维间隙集度,反映隧道开挖面推进和隧道施工引起的地层损失;Kimura和Mair[51]通过离心模型试验对伦敦几种地层中隧道施工所产生的地表沉降预测参数进行了探讨并得到了地表位移的计算公式,经过大量的实测结果的验证取得了较好的效果;Attewell[52]提出了采用累计概率曲线公式计算隧道轴线上方的纵向地面沉降;英国学者Clough和Schimidt在其关于软黏土隧道工程的著作中,提出了饱和含水塑性黏土中的地面沉降槽宽度系数i的求解公式[53];日本藤田按盾构型式和围岩情况的不同对最大沉降量进行分析,列出了实测最大沉降量的分类统计结果,并将统计结果与有限元计算结果进行对比,给出了最大沉降量的分类估计值[54];Sagaseta假设土层各向同性和不可压缩,提出地表三维沉降公式[55];Loganathan和Poulos[56]提出了等效损失的概念,认为地表位移是由地层损失引起的,但是隧道的径向位移不是均匀的,其形状近似椭圆形,且地层的沉降主要发生在隧道轴线与水平方向夹角为45°的范围内;Verruijt和Booker[57]采用了Sagaseta的方法,提出了均质弹性半空间中隧道变形引起的地表沉降的解析解;Resendiz和Romo[58]考虑土体径向位移的影响,得出了软土隧道施工引起的地表沉降的解析解；Stille 等[59]考虑岩土屈服后的剪胀效应，对隧道衬砌支护和围岩进行了位移分析，计算中没有考虑岩石的蠕变效应。

国内对隧道施工引起的地表沉降问题也进行了大量理论研究。

部分学者以 Peck 公式为基础对其进行修正：刘建航和侯学渊[60]结合上海地区饱和土与盾构的特点，考虑土体扰动后固结沉降的变化规律，加入时间因素，提出了考虑时效的沉降修正 Peck 法；沈培良等[61]通过对盾构隧道实测地面沉降的分析，给出了 Peck 公式参数的取值范围，提出了一个盾构法隧道纵向地面沉降曲线的数学拟合公式；Fang 等[62]实测了台北市污水管道盾构施工中的地面沉降后得出，沉降的绝大部分发生在盾构通过后的前四天内，而最终的沉降槽形状类似于 Peck 曲线。

部分学者以随机介质理论为基础研究隧道开挖引起的地层变形：刘宝琛和张家生[63]应用随机介质理论，研究了近地表开挖引起的地表移动及变形问题；朱忠隆等[64]、施成华和彭立敏[65]运用随机介质理论，导出了能运用于实际隧道施工引起的纵向地表沉降理论计算公式；孙洪涛[66]根据软土盾构法隧道工程中大量观测资料的统计分析，利用模糊概率测度理论，建立了隧道开挖地层移动预测和评价的模糊数学模型。

还有不少学者引入神经网络法和层次分析法对地层沉降变形进行分析及预测：孙钧和袁金荣[67]将人工智能神经网络引入预测和分析盾构法隧道施工引起的地表沉降；周文波和胡岷[68]提出了一种利用多级神经网络构建盾构法隧道施工中主要施工参数与地面沉降之间关系的数学模型；Cheng 研究了神经网络在盾构隧道自动土压平衡控制中的应用，研制了盾构施工土压力平衡控制的神经网络软件系统，并在台北市一个隧道工程中加以应用检验，取得了很好的效果[69]；张金菊[70]运用径向基函数网络理论，以 Matlab 软件为工具，对盾构隧道施工后长期沉降进行了预测；侯学渊和廖少明①以上海地铁 1 号线为背景，开发了针对盾构施工的专家系统；刘建航[71]也对软土隧道盾构施工技术专家系统进行了叙述；周文波[72,73]以上海隧道施工经验为基础，编制了盾构法施工对周围环境影响和防治专家系统，而后又对该系统进行了一定的改进和完善。

以上理论分析方法或从理论解析解角度，或从经验公式角度，或从人工学习角度对隧道施工引起地层位移进行全面研究，但受限于实际工程中的复杂情况，单一理论模型很难将众多影响因素一并考虑在内。因此，理论分析可以作为一种参考和借鉴，在基于实际工程情况对理论模型进行适当的修正后，仍然能够得到较为理想的结果。

2. 数值模拟

数值模拟是目前研究盾构施工引起周围环境变化的一种重要手段，国外 Kasperz 和 Meschke 在对软土盾构掘进进行模拟的过程中[74]，考虑了土体性质、盾体与土体摩擦，地下水、盾尾注浆等相关因素；Mrouch 和 Shahrour[75]在数值模型中提出非衬砌区和部分应力释放区可以用隧道直径和经验拟合系数两个参数表示，该模型应用于浅埋隧道时效果很好。

---

① 侯学渊，廖少明，1994，施工段优化盾构施工参数的研究成果——信息化施工，上海软土盾构施工专家系统课题研究报告之四。

我国在隧道施工数值模拟研究方面也取得了大量成果。

众多学者应用有限元软件对盾构施工引起地层位移进行研究：孙钧和刘洪洲[76,77]应用有限元软件对交叠隧道进行了模拟，分析了隧道土层位移及地表沉降槽的变化过程，并讨论了注浆、建筑空隙、开挖面推进力等对地面沉降的影响；王敏强和陈胜宏[78]采用三维有限元应用迁移法模拟盾构推进，将盾构前行看成刚度和载荷的迁移过程，用来模拟盾构连续掘进的过程；张云等[79]将建筑空隙、注浆填充程度以及盾体对土体扰动等对地层位移有影响但难以量化的因素统一以"等代层"的概念表示，等代层为隧道周围土体扰动、隧道外侧土体向盾尾空隙的移动及回填注浆作用的抽象概括，将其作为线弹性材料看待；李小青和朱传成[80]通过有限元分析软件，分析了盾构通过造成的土体应力场、位移场变化，探讨了地层损失变化、土体本构模型变化、土体排水和不排水情况下的地表沉降规律，并考虑了不同影响因素对地表沉降的贡献大小；马可栓等[81]在建立数值模型时考虑了衬砌结构与土体变形耦合作用，并分析了单洞、双洞开挖，得出了 Peck 公式的预测值较有限元分析偏大这一结论。

也有不少学者应用有限差分法软件对盾构施工引起地层位移进行研究：石杰红等[82]以盾构平行推进为背景，通过 FLAC3D 软件模拟了四种不同施工方案下，盾构推进所引起的地表沉降，并提出了最佳工况；李曙光等[83]通过 FLAC3D 分析了在考虑盾构一些影响因素下，盾构掘进引发的地面沉降，认为有限差分法可以较好地模拟盾构施工引起的地层沉降。

通过数值模拟研究盾构施工引起的地层位移十分便捷，但存在一定缺点。首先，数值模拟采用单一的土体本构模型，不同本构模型的适用性及准确性尚未明确，且通常假定土体为连续均匀介质，由此得到的地层位移是理想情况下的结果；其次，数值模拟对盾构这种复杂的施工条件模拟不够准确，可能导致无法准确模拟实际地层位移。因此在采用数值计算这种手段对地层位移进行研究时，需与现场实测结果相结合共同分析。

3. 现场实测方面

国内较早进行地铁现场测试是在 20 世纪 70 年代于上海地铁区间隧道试验段，主要是针对地铁盾构施工引起的地表沉降进行监测，并在现场实测的基础上对 Peck 公式进行了一定程度的修正和改进，提出了考虑土体扰动固结下的地面沉降计算公式。近年来，也有众多学者基于现场实测，对 Peck 公式做进一步深入研究，如璩继立和许英姿[84]对上海地铁 2 号线龙东路站—世纪公园站区间隧道进行了现场实测，研究了隧道埋深与地表最大沉降、地表沉降槽宽度系数之间的关系，并给出了不同埋深下的沉降槽实测形状。

随着近年来穿越邻近既有构筑物的案例逐步增加，深部地层位移分布与发展规律成为越来越多学者关注的研究方向。例如，赵志民[85]对天津地铁 1 号线新华路—下瓦房区间隧道进行了现场实测，主要研究盾构施工对周围土体的影响，分别监测了土体深层横向位移、竖向位移及地表土体变形，给出了盾构掘进过程中土体的位移变化规律；胡群芳和黄宏伟[29]对上海地铁 M4 线某区间隧道近距离下穿已运营 M2 线工程进行了施工监测，对比分析了盾构两次近距离下穿施工的既有隧道变形特点，并研究了 M2 线周围土体的变形规律，认为盾构掘进过程需满足缓慢掘进、均匀转弯、保持压力、适当注浆的施工条件；姜忻良等[86]对广州地铁 2、8 号延长线某区间进行现场实测，研究了盾构掘进过程中引起的两相水平深层位移,并将实测结果与数值模拟相结合进行了进一步计算,认为在盾构通过的不同阶段,平行于隧道方向的水平位移与垂直于隧道方向的水平位移呈现出不同的变化规律,两相水平深层位移均不可忽略;魏新江等[87]对杭州地铁1号线土压平衡盾构隧道施工进行了现场监测,监测内容包括地表沉降、土体深层水平位移、超孔隙水压力及盾构实时工作参数,研究了盾构参数对土体变形的影响,认为正确选择掘进参数可有效保持开挖面稳定、减少土体变形。

然而深部位移的研究主要以测斜管监测地层水平位移为主,涉及深部地层沉降研究所采用的传统多点位移计测试技术仍存在可实施性差、自动化程度低、可靠性差、数据采集耗时长等缺点,难以满足城市地铁盾构下穿施工引起变形的监测要求。

3.1.2 现行规范要求的地表竖向位移测试

1. 盾构工程周围环境监测点布设

很多工程只要求观测地表沉降或地表以上某点的沉降,这些沉降统称为地表沉降。依据《城市轨道交通工程监测技术规范》(GB 50911—2013),盾构法隧道的周边地表沉降监测断面及监测点布设应符合下列规定:

(1) 监测点应沿盾构隧道轴线上方地表布设,且监测等级为一级时,监测点间距宜为5~10m;监测等级为二级、三级时,监测点间距宜为10~30m,始发和接收段应适当增加监测点;

(2) 应根据周边环境和地质条件布设垂直于隧道轴线的横向监测断面,且监测等级为一级时,监测断面间距宜为50~100m;监测等级为二级、三级时,监测点间距宜为100~150m;

(3) 在始发和接收段、联络通道等部位及地质条件不良易产生开挖面塌陷和地表过大变形的部位,应有横向监测断面控制;

(4) 横向监测断面的监测点数量宜为7~11个,且主要影响区的监测点间距宜为3~5m,次要影响区的监测点间距宜为5~10m。

2. 监测点埋设要求

监测规范规定高速公路、城市道路的路基竖向位移监测点的埋设(图3.1),应符合下列规定:

(1) 高速公路、城市道路的路基竖向位移监测点宜采用钻孔方式埋设,钻孔深度应到原状土层,钻孔直径不宜小于80mm,螺纹钢标志点直径宜为18~22mm,底部将螺纹钢标志点用混凝土与周边原状土体固定,底端混凝土固结长度宜为50mm,孔内用细砂回填;

(2) 路基竖向位移监测点的保护井壁宜采用钢质材料,井壁厚度宜为10mm,井底垫圈宽度宜为50mm,井深宜为200~300mm;井盖宜采用钢质材料,井盖直径宜为150mm,井口标高宜与道路地表标高相同;

(3) 井底垫圈面距监测点顶部高度不宜小于井深长度的1/2,且不宜小于预计的路基最大沉降量。

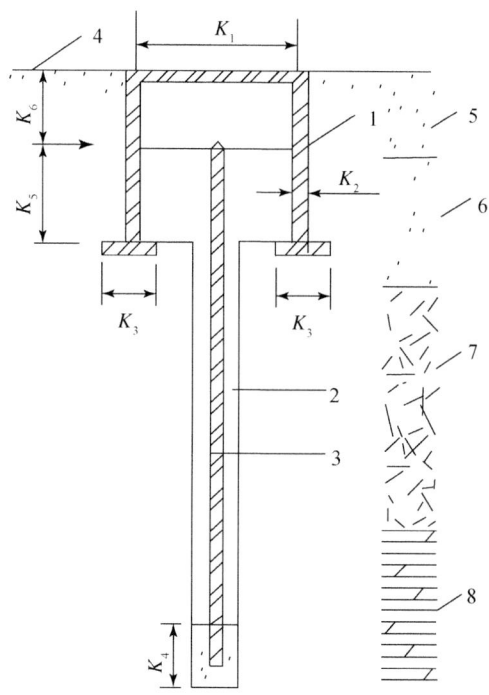

图 3.1 路基竖向位移监测点

1. 保护井；2. 钻孔回填细砂；3. 螺纹钢标志；4. 路面；5. 面层；6. 基层；7. 垫层；8. 原状土；K_1. 保护井井盖直径；K_2. 保护井井壁厚度；K_3. 井底垫圈宽度；K_4. 底端混凝土固结长度；K_5. 井底垫圈面距监测点顶部高度；K_6. 监测点顶部距井盖顶高度

3.1.3 深层位移测试现状

土体深层（分层）沉降主要通过在土体内埋设沉降标（深层标、分层标）进行观测。其中，深层标沉降监测原理与地表沉降监测基本相同，即采用水准高程测量方法进行观测；不同之处在于测量部位不同，深层标是根据工程实际需求埋设于某土层底面，测定其下土体沉降量。分层标埋设深度可贯穿整个土层，在同一根测管上分别观测沿深度方向各个土层，或者某一层土体的不同深度的土体沉降情况。

土体深层（分层）竖向位移的观测方法主要有深标点水准仪法、磁环式沉降仪法、不动杆法及串联分层沉降计法等几种，目前规范中多推荐采用磁环式沉降仪法进行深层土体竖向位移的监测。

1. *深标点水准仪法*

深标点水准仪法通常采用以下两种测试方法：

（1）在预定位置采用钻机形成沉降观测孔，孔内放置测杆（附有小沉降盘），采用套管保护将测杆引出地面，采用水准高程测量方法进行观测，测量精度可达±1.0mm。

（2）在预定位置采用钻机形成沉降观测孔，对钻孔加护管，以防止钻孔坍落；在孔底埋设磁锤式回弹标,采用专用钢尺(毫米刻度)由磁铁吸在磁锤式回弹标上引出地面,采用水准高程测量方法进行观测。

由于一个钻孔只能布置一个深标点,故深标点水准仪法一般适用于较硬土层且只有一个测点的情况。

2. 磁环式沉降仪法

磁环式沉降仪由磁环、导管、测头三个部分组成。其工作原理是在土体中垂直埋设竖管,在竖管上按一定间距埋设磁环,磁环与土体同步沉降,利用电磁测头测出磁环的初始位置和沉降后位置,二者相比较即可计算出土层的分层沉降量,观测精度可达 1~2mm。《城市轨道交通工程监测技术规范》(GB 50911—2013) B.0.8 中详述了土体分层竖向位移监测点的埋设要求,如图 3.2 所示。

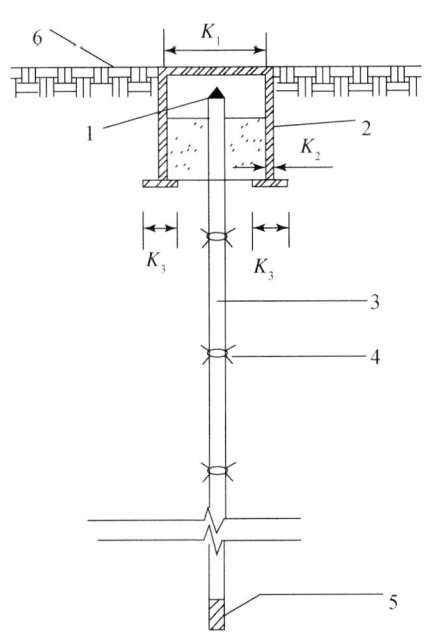

图 3.2 土体分层竖向位移监测点

1. 分层沉降管保护盖;2. 保护井;3. 分层沉降管;4. 磁环;5. 分层沉降管封堵端;6. 地表;
K_1. 保护井盖直径;K_2. 保护井井壁厚度;K_3. 井底垫圈宽度

磁环式沉降仪埋设步骤如下:

(1) 准确定位观测孔位,钻孔至预定高程。

(2) 沉降管连接,沉降管连接处应特别注意接头处理,防止泥水进入沉降管,以保证管外壁光滑,便于沉降环安设到预定高程。

(3) 安设沉降环,沉降环的数量应根据土层的厚度来决定。当沉降环下沉至预定高程后打开叉簧片,使其牢牢地插在土壁上,保证磁环与土体同步变形。

(4) 沉降环埋设好后,采用中粗砂回填,重复步骤(3),直至磁环埋完为止。

(5) 沉降环埋设完成后,应立即测量一次,确认沉降环的数量、初始位置及孔口高程。

3.1.4　目前地层位移测试技术存在的问题

土体分层沉降监测主要是对土体不同深度、不同层位的沉降进行监测，整个监测系统由沉降仪、沉降管、沉降环及其他配套设备构成。其中，沉降仪是土体分层沉降监测的核心设备，按传感方式的不同分为水管式、电磁式和横臂式等。在土体分层沉降监测方面，最初以多点位移计沉降仪作为主要的监测仪器。

多点位移计是在 20 世纪 60 年代发展起来的，20 世纪 70 年代在我国推广，应用于隧道（洞）的施工与运行安全监测，20 世纪 80 年代之后又逐渐应用于边坡的稳定性监测。多点位移计大多应用于水利大坝、煤矿深部地层的分层位移监测，以岩石地层为主，在盾构隧道周围的土质地层分层位移中很难实施。城市土质地层分层位移测试多采用磁环式分层位移计，但精度较低（2mm），在城市地铁盾构下穿既有线等敏感结构施工时引起的周围土体或结构变形控制通常为毫米级（一般为 3~5mm），故磁环计法无法满足精度要求。

总体而言，多点位移计沉降仪仍是传统的地下沉降测试方法，但存在着分层沉降测量能力有限、仪器自动化程度低、可靠性差、数据采集耗时长等缺点；同时还存在周围岩土体变形过大引起设备损坏，导致无法正常观测的问题，需要一种新型地层位移测试技术，以满足城市地铁盾构下穿施工引起变形的监测要求。

3.2　地层竖向位移新型测试方法的基本原理

3.2.1　新型地层竖向位移测试系统设计

为了解决现有地层位移测试技术存在的精度不足与多点同孔布设的问题，做到准确地测得不同深度地层的竖向位移，研发了一套新型地层分层位移测试系统，如图 3.3 所示。该系统包括静力水准仪系统、单点位移计系统和孔口端平台锚固系统。

孔口端平台锚固系统由混凝土和钢套筒构成。钢套筒前期用作钻孔定位和护壁，后期作为支架安装静力水准仪。混凝土平台作为锚固系统，用来锚固钢套筒和单点位移计传感器，使静力水准仪系统、单点位移计系统成为一体，孔口端平台平面及剖面布置图如图 3.4 所示。

静力水准仪系统由一系列含有液位传感器的容器组成，容器间由充液管互相连通。基准点（影响区外不动点处）容器安装在一个稳定的位置，其他测点容器位于同参照点容器标高大致相同的不同位置，如图 3.5 所示。任何一个测点容器与参照容器间的高程变化都将引起相应容器内的液位变化，从而获取测点相对于参照点高程的变化，测出地表沉降，简称水准沉降。此处选用 BGK-4675 静力水准仪作为测量设备，BGK-4675 静力水准仪主要技术规格如表 3.1 所示，组成如图 3.5 所示。

第 3 章 地层竖向位移新型测试方法及系统

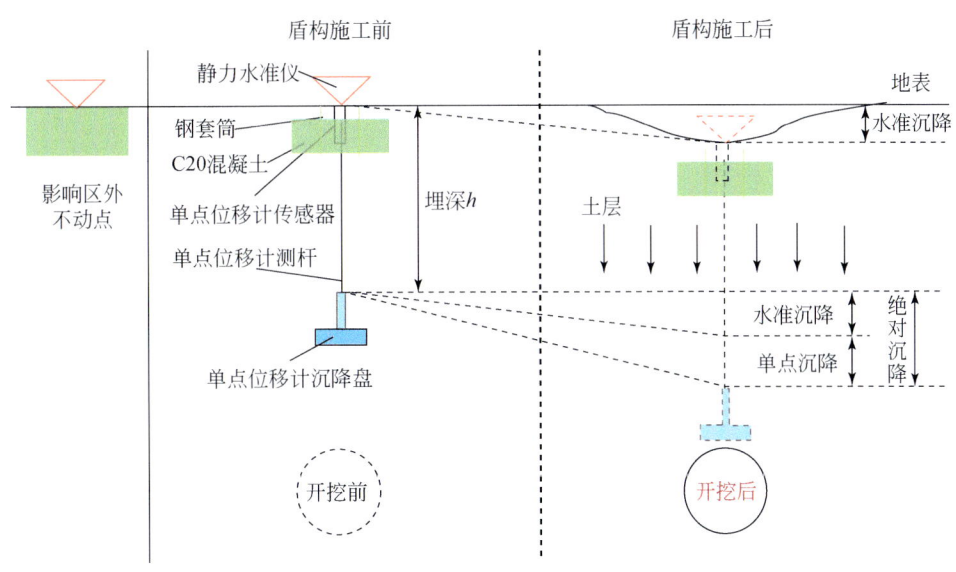

图 3.3 地层分层位移测试系统示意图

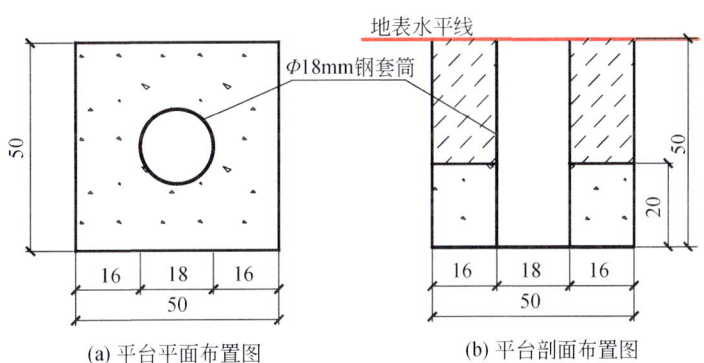

(a) 平台平面布置图　　　(b) 平台剖面布置图

图 3.4 孔口端平台平面及剖面布置图（单位：cm）

表 3.1 BGK-4675 静力水准仪技术规格

配套传感器型号	BGK-4675
测量范围	50mm
传感器精度	0.1% FS
传感器灵敏度	0.025% FS
温度范围	−20 ~ +80℃（使用防冻液）

注：FS. 全量程（full scale）。

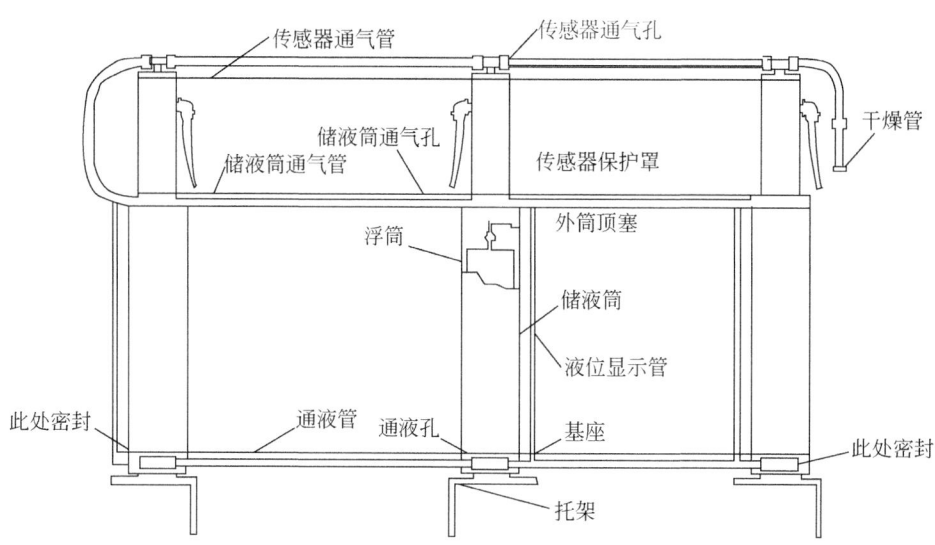

图 3.5 BGK-4675 静力水准仪组成示意图

单点位移计系统由若干个单点位移计组成。单点位移计由传感器、测杆和沉降盘组成。盾构施工引起地层位移使得沉降盘沿着测杆相对于固定在孔口端的传感器产生位移，从而测出地层间位移，简称单点沉降，如图 3.3 所示。不同长度的测杆实现不同埋深处单点沉降的测量。此处选用 BGK-A3-B 单点位移计作为地层深部测点的测量设备。单点位移计的测量精度为 0.05mm（0.1% FS），整套仪器可安装在直径 90mm 的钻孔中，具备一次成孔，安装便捷的优点，位移计规格如表 3.2 所示。

水准沉降和单点沉降的和为该测点埋深 h 处的绝对沉降，实现了某点某深度的地层分层位移的测量。

表 3.2 BGK-A3-B 单点位移计技术规格

配套传感器型号	BGK-A3-B
测量范围	50mm
分辨率	0.025% FS
线性	<0.5% FS
精度	0.1% FS
工作温度	−20 ~ +80℃
传递杆长度	1 ~ 50m 可选
沉降盘直径	300mm
推荐钻孔尺寸	90mm

3.2.2 地层位移差异因素修正

针对盾构掘进进行差异因素的排除，即由于实际施工过程中各环施工控制水平有一定差异,因此不同测点的沉降会存在一定差异。为了增加监测数据转化的可行性,必须在对监测数据进行坐标转换之前分析影响测点沉降的原因,并排除这些因素造成的沉降差异。

1. 多元回归分析

多元回归分析是一种传统的应用性较强的数据分析方法,是现代应用统计学的一个重要分支,在各个科学领域都得到了广泛的应用。它不仅能够把隐藏在大规模原始数据群体中的重要信息提炼出来,把握住数据群体的主要特征,从而得到变量间相关关系的数学表达式,利用概率统计知识对此关系进行分析,以判别其有效性,而且可以利用关系式,由一个或多个变量值去预测和控制另一个因变量的取值,从而知道这种预测和控制达到的程度,并进行因素分析。

2. 多元线性回归的数学模型

设可预测的随机变量为 y,它受到 p 个非随机因素的影响 x_1,x_2,…,x_{p-1},x_p 和不可预测的随机因素 ε 的影响。多元线性回归的数学模型为

$$y=\beta_0+\beta_1 x_1+\beta_2 x_2+\cdots+\beta_{p-1} x_{p-1}+\beta_p x_p+\varepsilon,\ \varepsilon \sim N(0,\sigma^2) \tag{3.1}$$

式中,β_0,β_1,…,β_p 为回归系数。

对 y 和 x_1,x_2,…,x_{p-1},x_p 分别进行 n 次独立观测,取得 n 组数据(样本):

$$y_i, x_{i1}, x_{i2}, \cdots, x_{ip}\ (i=1,2,3,\cdots,n)$$

则有

$$\begin{cases} y_1=\beta_0+\beta_1 x_{11}+\beta_2 x_{12}+\cdots+\beta_{p-1} x_{1p-1}+\varepsilon_1 \\ y_2=\beta_0+\beta_1 x_{21}+\beta_2 x_{22}+\cdots+\beta_{p-1} x_{2p-1}+\varepsilon_2 \\ \vdots \\ y_n=\beta_0+\beta_1 x_{n1}+\beta_2 x_{n2}+\cdots+\beta_{p-1} x_{np-1}+\varepsilon_n \end{cases} \tag{3.2}$$

其中,ε_1,ε_2,…,ε_n 相互独立,且服从 $N(0,\sigma^2)$ 分布。

令

$$Y=\begin{bmatrix} y_1 \\ y_2 \\ \vdots \\ y_n \end{bmatrix},\ \boldsymbol{\beta}=\begin{bmatrix} \beta_1 \\ \beta_2 \\ \vdots \\ \beta_n \end{bmatrix},\ \boldsymbol{\varepsilon}=\begin{bmatrix} \varepsilon_1 \\ \varepsilon_2 \\ \vdots \\ \varepsilon_n \end{bmatrix},\ \boldsymbol{x}=\begin{bmatrix} 1 & x_{11} & x_{12} & \cdots & x_{1p-1} \\ 1 & x_{21} & x_{22} & \cdots & x_{2p-1} \\ \vdots & \vdots & \vdots & \vdots & \vdots \\ 1 & x_{n1} & x_{n2} & \cdots & x_{np-1} \end{bmatrix}$$

则式(3.2)用矩阵表示为

$$Y=x\boldsymbol{\beta}+\boldsymbol{\varepsilon} \tag{3.3}$$
$$\varepsilon \sim N(0,\sigma^2)$$

3. 模型参数 β 的最小二乘法估计与误差方差 σ^2 估计

β 的最小二乘法估计即选择 β 使误差项的平方和为最小值,这时 β 的值 $\hat{\beta}$ 作为 β 点的点估计。

$$S(\beta)=\boldsymbol{\varepsilon}^T\boldsymbol{\varepsilon}=(y-x\beta)^T(y-x\beta) \tag{3.4}$$

为了求 β,由式(3.4)将 $S(\beta)$ 对 β 求导,并令其为零,得

$$\frac{dS(\beta)}{d\beta} = \frac{d[(y-x\beta)^T(y-x\beta)]}{d\beta} = \frac{d[(y^Ty - \beta^Tx^Ty - y^Tx\beta + \beta^Tx^Tx\beta)]}{d\beta} = 0 \quad (3.5)$$

由式（3.5）可解出

$$\hat{\beta} = (x^Tx)^{-1}(x^Ty) \quad (3.6)$$

对残差向量 ε

$$\varepsilon = y - \hat{y} = y - x\beta = [I - x(x^Tx)^{-1}x^T]y \quad (3.7)$$

则残差平方和为

$$\varepsilon^T\varepsilon = \varepsilon^T[I - x(x^Tx)^{-1}x^T]y = y^Ty - \hat{\beta}^Tx^Ty \quad (3.8)$$

又因为 $E(y) = x\beta$，因此

$$E(\varepsilon^T\varepsilon) = \sigma^2(n-p)$$

$$\sigma^2 = \frac{1}{n-p}(\varepsilon^T\varepsilon) \quad (3.9)$$

4. 模型检验

多元线性回归数学模型建立后，是否与实际数据有较好的拟合度，其模型线性关系的显著性如何等，还需通过数理统计进行检验。常用的统计检验有 R 检验、F 检验和 T 检验。

（1）R 检验。R 是复相关系数，用于测定回归模型的拟合优度，构造统计量为

$$R = \sqrt{1 - \frac{\sum_{i=1}^{n}(y_i - \hat{y}_i)^2}{\sum_{i=1}^{n}(y_i - \bar{y}_i)^2}} \quad (3.10)$$

R 越大，说明 Y 与 $x_1, x_2, \cdots x_{p-1}, x_p$ 的线性关系越显著，$\bar{y}_i$ 为 y_i 的平均值，R 取值范围为 $0 < |R| \leq 1$。

（2）F 检验。用来检验整个回归系数是否有意义，构造统计量为

$$F = \frac{U/m}{Q/(n-m-1)} \sim F(m, n-m-1) \quad (3.11)$$

式中，$Q = \sum(y_i - \hat{y}_i)^2$；$U = \sum(\hat{y}_i - \bar{y}_i)^2$；$m$ 为自变量个数；n 为数据个数

F 服从 $F(m, n-m-1)$ 分布，取显著性水平为 α，如果 $F > F(m, n-m-1)_\alpha$，表明回归模型显著，可用于预测；否则不显著，不可用于预测。

（3）T 检验。用来对每个回归系数是否有意义进行的检验，构造统计量为

$$T_j = \frac{\beta_j}{\sqrt{c_{jj}}\sigma} \quad (3.12)$$

式中，c_{jj} 为矩阵 $(X^TX)^{-1}$ 主对角线的第 j 个元素。T_j 服从自由度为 $n-m-1$ 的 t 分布。

当给定显著性水平为 α，如果

$$|T| = t_{\alpha/2}(n-m-1)$$

则认为 x_i 对 y 有显著影响，否则认为无影响，应将相应的无影响因素去掉。

3.3 地层位移的空间坐标转换

3.3.1 坐标转换的基本假定

假定一：

监测断面即盾构沿推进方向某一确定监测断面的地层为均匀地层，各土层连续分布，厚度均匀。均匀地层的假定是为了排除盾构机推进过程中由于地质条件的变化而引起的沉降差异对沉降规律分析的影响。

假定二：

盾构推进过程均匀。推进过程均匀具体指每环的掘进、管片拼装、停机三个时间段中各种施工参数和时间参数对应相差无几。施工参数包括盾构机推进过程中土压、扭矩、推力等；时间参数包括每环的推进时间、管片拼装时间和停机时间。对于存在差异的推进过程如何处理的问题，3.4.1 节会详细阐述。

地层分层位移测试系统包括静力水准仪系统、单点位移计系统和孔口端平台锚固系统。如图 3.3 所示。

3.3.2 坐标转换的实现

3.2 节描述的测试系统仅可以实现某坐标点某个深度的位移测量，并不能实现某坐标点多个深度的测量。真正的多点测量是依靠不同坐标点多孔测点的布置和测量实现的。而这种试验方法需要进行坐标转换。

以刀盘中心为零点，以隧道轴线为 L 轴，掘进方向为正；以铅垂线为 y 轴，向上为正；以垂直于 L 轴、y 轴所组成的平面的水平线为 x 轴，向右为正；如图 3.6 所示建立动坐标系。

在以上假定一和假定二的成立的前提条件下，盾构施工影响范围内测点的沉降和测点距离隧道轴线的水平投影距离（x）、垂直投影距离（y）和沿轴线方向的水平投影距离（L）这三个因素有关，令沉降 $S=f(L,x,y)$。当盾构位于位置 1 时，已知 A 点坐标为 (L_{A1}, x_{A1}, y_{A1})，B 点坐标为 (L_{B1}, x_{B1}, y_{B1})，两点在轴线方向相距 ΔL，则此时 A 点沉降 (S_{A1}) 和 B 点沉降 (S_{B1}) 分别为

$$S_{A1}=f(L_{A1},x_{A1},y_{A1}) \tag{3.13}$$
$$S_{B1}=f(L_{B1},x_{B1},y_{B1}) \tag{3.14}$$

其中，$L_{A1}-L_{B1}=\Delta L$，因为 A、B 两点在 xOy 平面上位置相同，所以 $x_{A1}=x_{B1}$，$y_{A1}=y_{B1}$。当盾构沿隧道轴线推进 ΔL 距离，位于位置 2 时，B 点坐标的 x 和 y 值未变化，L 值增加 ΔL，坐标为 ($L_{B1}+\Delta L$, x_{B1}, y_{B1})，则此时 B 点沉降 (S_{B2}) 为

$$S_{B2}=f(L_{B1}+\Delta L,x_{B1},y_{B1})=f(L_{A1},x_{A1},y_{A1})=S_{A1} \tag{3.15}$$

所以，证得 $S_{B2}=S_{A1}$，即位置 1 处 A 点的沉降等于位置 2 处 B 点的沉降，通过测量 B 点的

沉降实现 A 点沉降的间接测量。

例如,需要测量盾构隧道附近 A 坐标点埋深为 h_1、h_2、h_3、h_4 四处的沉降,在盾构机推进过程中,可以测出 B 点、C 点、D 点对应位置处当各自 L 值与 A 相同时的沉降数值,就测出了 A 点不同深度处测点沉降。

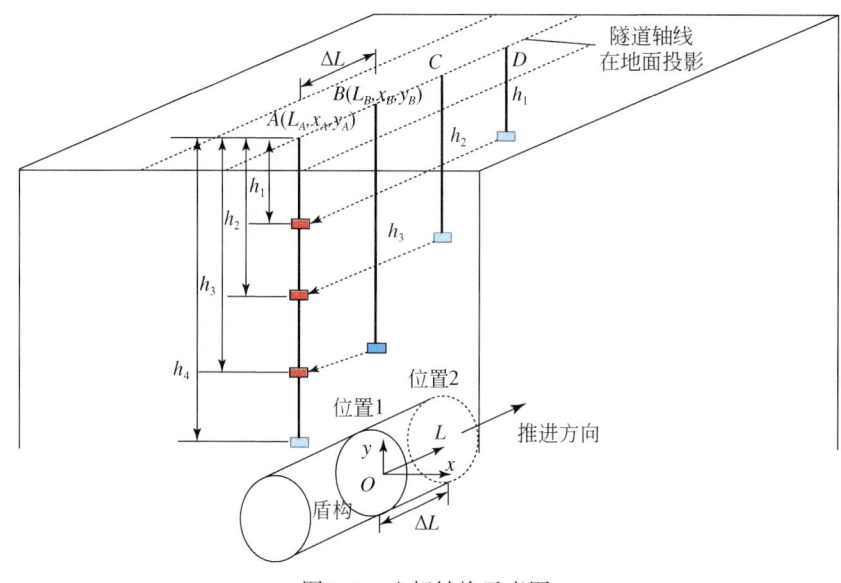

图 3.6 坐标转换示意图

针对假定二进行差异因素的排除,即由于实际施工过程中各环施工控制水平有一定差异,因此不同测点的沉降会存在一定差异。为了增加监测数据转化的可行性,必须在对监测数据进行坐标转换之前分析影响测点沉降的原因,并排除这些因素造成的沉降差异。

1. 多元回归分析

采用多元回归分析的方法修正施工参数不同造成的差异,具体方法见 3.4.1 节。

2. 选取监控平台监测数据

在盾构施工记录及盾构可编程逻辑控制器(programmable logic controller,PLC)数据采集系统中的数据中选取土压力、刀盘扭矩、推力、单环掘进用时、同步注浆量、二次补浆量作为影响地层位移差异的主要施工参数。由于决定盾构隧道沉降的主要是盾体通过时和盾尾拖出后两个阶段,为保证能够详细得出盾构推进过程中施工参数对土体分层沉降产生的影响,第一监测断面和第二监测断面施工参数各取监测断面所在环数前后 50 环。

3. 差异因素排除

1)回归模型的构建

采用多元回归模型,以盾构施工参数、地质条件等因素为自变量,单点沉降为响应变量。单点沉降影响因素的函数表示为

$$S = \beta_0 + \beta_1 x_1 + \beta_2 x_2 + \cdots + \beta_n x_n + \mu \tag{3.16}$$

式中,S 为单点沉降;β_0,β_1,β_2,$\cdots$,β_n 为回归系数;x_1,x_2,$\cdots$,x_n 为盾构施工参数等

变量，变量的选取将在 3.4.1 节中阐述。

2）数据选取

选取与盾构隧道空间位置相同的测点数据组作为分析对象，分析对象要尽可能多，以提高回归分析可靠性。

3）找出最合适的回归形式

运用数据回归原理对数据进行回归分析。多元线性回归数学模型建立后，还需通过数理统计进行检验。检验包括 R 检验、F 检验、T 检验。经过模型自变量的反复分析、检验和排除，由最终确定的回归模型得出数学表达式。

4）数据修正

针对回归分析结果，对需要进行坐标转换的单点沉降数据进行修正。

3.4 新型测试技术系统的现场应用

3.4.1 北京地铁 14 号线方庄站—十里河站区间基本情况

1. 工程概况

1）设计概况

北京地铁 14 号线方庄站—十里河站区间左线起止里程 K24+095.300—K25+464.172，长度为 1374.247m（其中有一长链：K24+794.375—K24+789.000，长度为 5.375m）；区间右线起止里程 K24+095.300—K25+480.150，长度为 1384.85m。区间轨顶标高为 17.305~24.987m，覆土厚度约为 7.8~17.4m；线路平面有三处曲线（$R=2500/1500$m、$R=450$m、$R=440/460$m），线路纵向坡度呈"V"型坡，最大纵坡为 2.5%。

区间采用两台盾构分别开挖左、右隧道。先掘进右线隧道，盾构由十里河站分体始发，到达方庄站后接收。左线隧道从十里河站盾构始发井利用十里河车站整体始发，进行左线隧道掘进施工，最终到达方庄站接收。盾构区间施工示意图如图 3.7 所示。本区间在里程 K24+400 及 K24+915 处各设置一处联络通道。

图 3.7 方庄站—十里河站盾构区间施工示意图

据勘察资料显示，隧道区间穿越地层有粉质黏土④层、黏土④$_1$层、粉土④$_2$层、粉细砂④$_3$层、粉质黏土⑥层及卵石⑦层。

2）监测试验场地的选取与区间沿线风险工程

根据对北京地铁 14 号线方庄站—十里河站盾构区间现场实际踏勘，并参考盾构区间沿线平面图，在区间隧道范围内选择一处绿化带为监测场地，监测场地平面位置如图 3.8

图 3.8 监测场地平面示意图（单位：m）

所示,因为该监测场地处于十里河村庄内部,外侧有围墙,受外界环境影响较小,便于设备仪器的安装调试及长期监测,场地概况如图 3.9 所示。

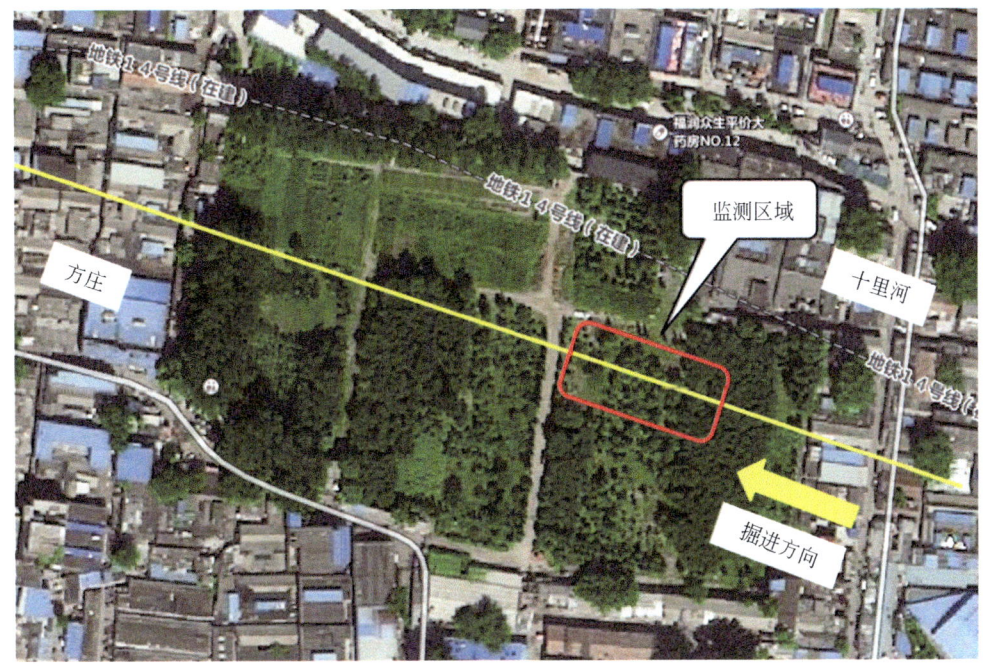

图 3.9　现场监测场地概况

区间隧道自方庄站开始,下穿蒲芳路及侧穿路北侧芳城东里 22 层的 9 号楼、广顺园 22 层的 1 号楼、芳林园的 22 层的 2 号楼后,下穿京津唐高速路范围内的大片民房区,向东北方向下穿京成 138 酒店(十里河店),侧穿京津快轨 65、66 号墩后,到达十里河站,图 3.10 为方庄站—十里河站盾构区间线路示意图。

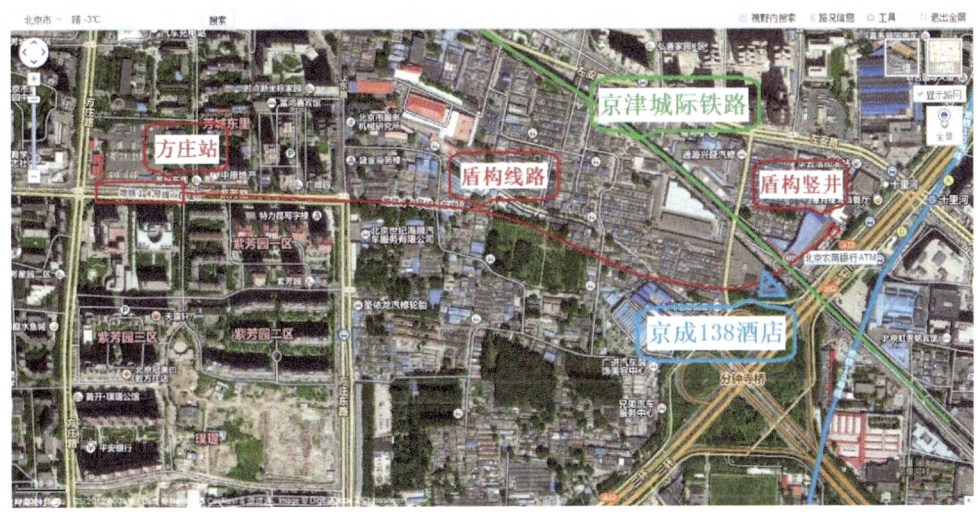

图 3.10　方庄站—十里河站盾构区间线路示意图

2. 工程地质

根据"北京地铁 14 号线工程方庄站—十里河站区间（02 合同段）岩土工程勘察报告"详细勘察（勘察编号：KC1-2010-179），绘制监测场地范围内土体三维地质模型如图 3.11 所示，场地范围内工程地质描述如下：

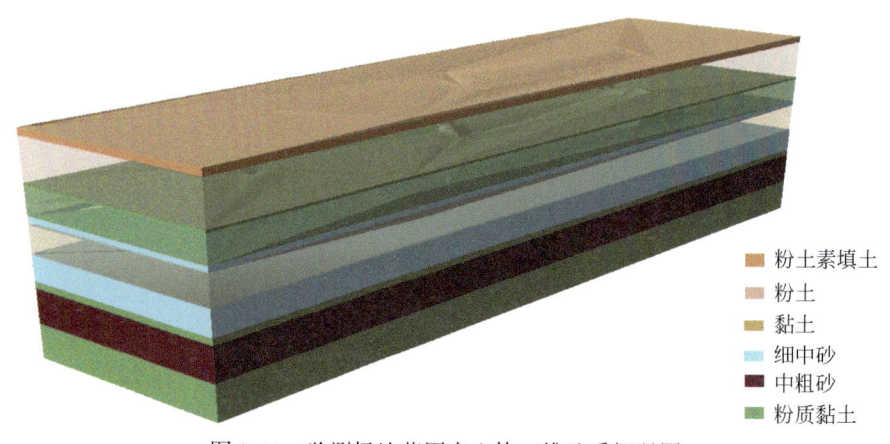

图 3.11　监测场地范围内土体三维地质概况图

1）地形、地貌

区间隧道位于永定河冲洪积扇中下部，地貌类型为第四纪冲洪积平原，第四纪沉积韵律较为明显。地层由人工堆积层和第四纪沉积的黏性土、粉土、砂土、碎石土构成，基岩埋深大于 50m。

2）工程地质

监测场地地层分布较为均匀，如图 3.12 所示。勘察范围地面以下 40m 深度范围内的地层按其沉积年代及工程性质可分为人工堆积层、第四纪沉积层，现从上至下分别描述如下：

粉土素填土①层：黄褐色，松散–稍密，稍湿，以粉土为主，含少量白灰、草根、砖渣、灰渣。夹杂填土①$_1$层及粉质黏土素填土①$_4$层透镜体。

杂填土①$_1$层：杂色，松散–稍密，稍湿，以建筑垃圾为主，含碎石块、碎砖块、混凝土块、灰渣等。

粉土③层：褐黄色，中密–密实，稍湿–湿，含云母、氧化铁，夹粉质黏土③$_1$层、黏土③$_2$层、粉细砂③$_3$层、中粗砂③$_4$层、褐灰色粉质黏土③$_5$层及褐灰色粉土③$_6$层透镜体。中压缩性。

粉质黏土③$_1$层：褐黄色，可塑，含氧化铁，中压缩性。

粉细砂③$_3$层：褐黄色，中密，稍湿–湿，主要矿物成分是石英、长石、云母。

中粗砂③$_4$层：褐黄色，中密，稍湿–湿，主要矿物成分是石英、长石、云母。

粉质黏土④层：褐黄色，可塑，含氧化铁、钙质结核，夹黏土④$_1$层、粉土④$_2$层、粉细砂④$_3$层、中粗砂④$_4$层及细中砂④$_5$层透镜体。中压缩性。

粉土④$_2$层：褐黄色，密实，湿，含云母、氧化铁，中–低压缩性。

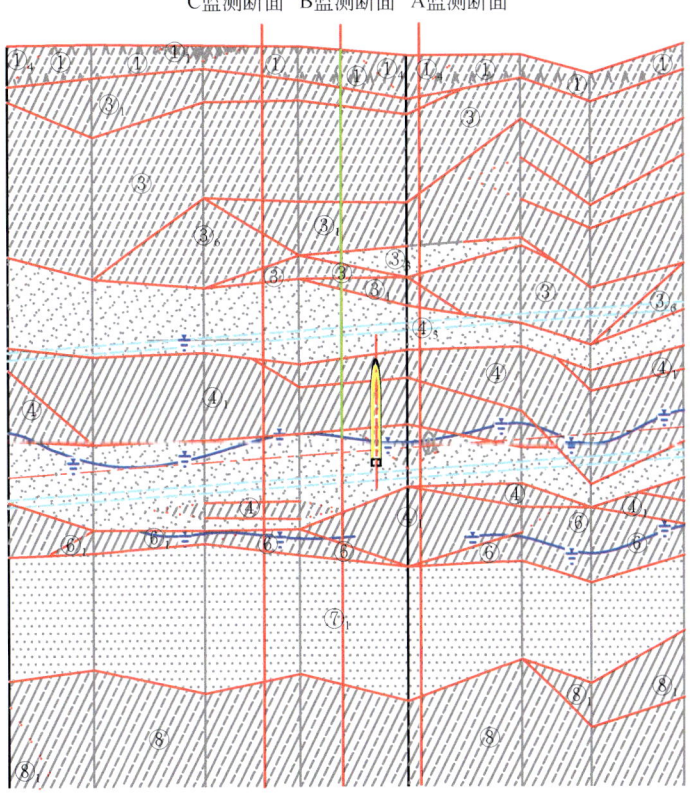

图 3.12 监测场地地质剖面图

粉细砂④$_3$层：褐黄色，中密，湿-饱和，主要矿物成分是石英、长石、云母。

粉质黏土⑥层：褐黄色，可塑，含氧化铁，夹黏土⑥$_1$层、粉土⑥$_2$层透镜体及细砂薄层。中压缩性。

卵石⑦层：杂色，密实，饱和，最大粒径为80mm，一般粒径为20~40mm，粒径大于20mm颗粒含量约为总质量的60%~70%，亚圆形，母岩成分主要为石英砂岩、辉绿岩、安山岩、白云岩，中粗砂充填，夹中粗砂⑦$_1$层、粉土⑦$_3$层、粉质黏土⑦$_4$层及黏土⑦$_5$层透镜体。

中粗砂⑦$_1$层：褐黄色，中密-密实，饱和，含少量卵石，主要矿物成分是石英、长石、云母，局部含少量圆砾、卵石。

粉质黏土⑧层：褐黄色，可塑-硬塑，含氧化铁、钙质结核，夹黏土⑧$_1$、粉土⑧$_2$层及细中砂⑧$_3$层透镜体。中-低压缩性。

其中，盾构隧道主要上覆土层从上到下依次为粉土素填土①层、粉质黏土③$_1$层、粉土③层、粉细砂④$_3$层。粉细砂④$_3$层沿盾构推进方向，土层厚度有所增加，并处于隧道拱顶以上位置，对土体位移有较大影响。局部出现粉质黏土③$_1$层、粉细砂③$_3$层及褐灰色粉土③$_6$层。

盾构隧道开挖范围内主要土层从上到下依次为粉质黏土④层、黏土④$_1$层、粉细砂④$_3$

层。局部出现粉细砂④₃层，位于隧道拱顶部位。

盾构隧道主要下卧土层从上到下依次为粉质黏土⑥层、中粗砂⑦₁层、粉质黏土⑧层。

以下是方庄站—十里河站区间 A、B、C 三个监测断面处具体地质条件。根据勘察报告，绘制 A、B、C 三个监测断面的土体剖面图如图 3.13（a）～（c）所示。

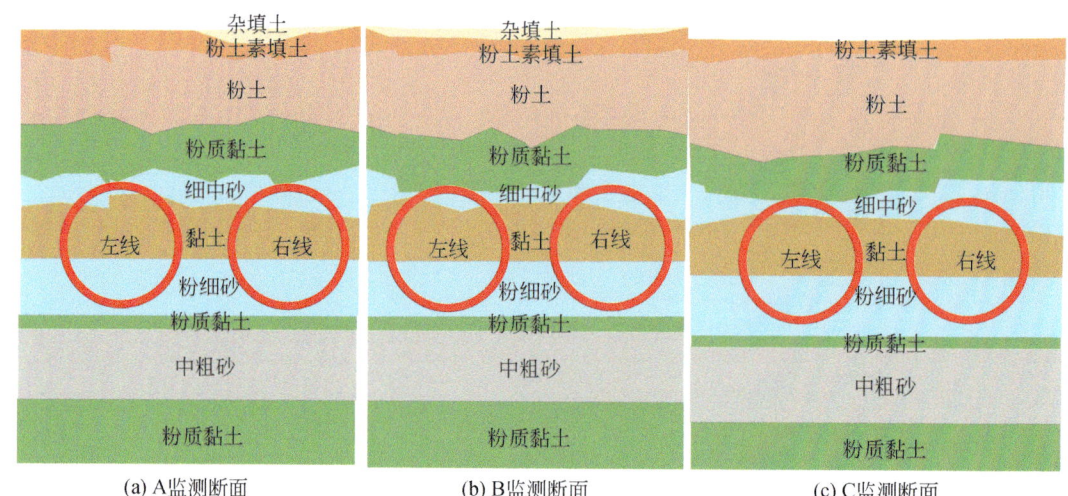

图 3.13 监测场地 A、B、C 三个监测断面土体剖面图

从图 3.13 可以看出，A、B、C 三个监测断面隧道上方的土层厚度不均，局部存在较大的差异，如 C 监测断面右线隧道上方细中砂层厚度较其左线隧道上方明显偏大，而且比 A、B 监测断面隧道上方细中砂层厚度都要厚。

3. 水文地质

1）地下水分布情况

盾构区间位于古漯水河与古金沟河之间的河间地块，勘察深度内实测到四层地下水，地下水的类型分别为上层滞水（一）、潜水（二）、层间水-承压水（三）和承压水（四）。

上层滞水（一）：初见水位深度为 2.20～11.50m，标高为 27.18～34.99m；稳定水位深度为 2.00～11.40m，标高为 27.28～35.19m；水位不连续，无明显含水层；主要接受大气降水、管沟渗漏补给，以蒸发为主要排泄方式。

潜水（二）：含水层主要为粉土④₂层、粉细砂④₃层，初见水位深度为 14.20～18.50m，标高为 19.59～24.62m；稳定水位深度为 13.50～17.80m，标高为 20.29～24.72m；主要接受降水及侧向径流补给，以侧向径流和向下越流为主要排泄方式，部分钻孔未观测到该层水的稳定水位。

层间水-承压水（三）：含水层主要为卵石⑦层、中粗砂⑦₁层及粉土⑥₂层，初见水位深度为 18.80～23.20m，标高为 14.24～19.38m；稳定水位深度为 18.20～22.50m，标高为 15.50～20.19m；主要接受侧向径流补给，以侧向径流和越流的方式排泄为主，部分钻孔未能观测到该层水的稳定水位。

2）地下水的腐蚀性

经验判定，场地在地下水长期浸水的情况下对钢筋混凝土结构中的钢筋不具腐蚀性，

第3章 地层竖向位移新型测试方法及系统

在干湿交替的情况下对钢筋混凝土结构中的钢筋具有弱腐蚀性。

4. 盾构设备与性能参数

1）盾构设备及刀盘结构

区间左、右线隧道均采用日立公司生产的土压平衡盾构。右线隧道盾构刀盘型式为辐条式，刀盘开口率为63%；左线隧道盾构刀盘型式为面板式，刀盘开口率为43%。

2）盾构设备性能参数

左、右线隧道所用盾构设备除刀盘型式有所差别外，总体设备性能指标较为接近，细微的差别主要体现在：右线隧道盾构设备长度为8435mm，左线隧道盾构设备长度为8405mm；右线隧道刀盘驱动最大扭矩为5770kN·m，左线隧道刀盘驱动最大扭矩为5333kN·m；右线隧道螺旋输送机输土能力为350m³/h，左线隧道螺旋输送机输土能力为250m³/h。具体盾构设备的性能参数如表3.3所示。

表3.3 盾构设备性能参数

序号	参数	右线（和谐号）隧道	左线（先锋号）隧道
1	盾构设备长度/mm	8435	8405
2	盾尾壳厚度/mm	45	45
3	盾尾直径/mm	6150	6150
4	刀盘型式	辐条式	面板式
5	推进总推力/kN	38500	38500
6	推进速度/(mm/min)	0~80	0~80
7	刀盘直径/mm	6180	6170
8	刀盘开口率/%	63	43
9	刀盘转速/(r/min)	0~1.51	0~1.51
10	刀盘驱动最大扭矩/(kN·m)	5770	5333
11	螺旋输送机输土能力/(m³/h)	350	250

5. 场地测点布置

北京地铁14号线方庄站—十里河站区间工程采用两台土压平衡盾构分别开挖左、右线隧道。其中，右线隧道为先行隧道，左线隧道为后行隧道。在方庄站—十里河站区间一共布置A、B、C三个监测断面，其测点布置三维效果图与平面位置分别如图3.14、图3.15所示。

由于A、B、C三个监测断面的测点布置情况完全一致，故仅对A监测断面的测点布置情况详细说明如下，B、C监测断面类推。

现场布置测点分为地层深部测点和地面测点两种。沿着盾构推进方向布置5列测点，每列深部测点的平面间距均为1m。首先，布置地层深部测点，a1列位于右线盾构隧道正上方，包含a11、a12、a13、a14共四个测点；a2列位于右线盾构隧道右侧（面对掘进方向）边缘上方，包含a21、a22、a23、a24、a25共五个测点；a3列位于左、右两线盾构隧道正中间，包含a31、a32、a33、a34、a35、a36共六个测点；a4列和a5列测点布置同a2

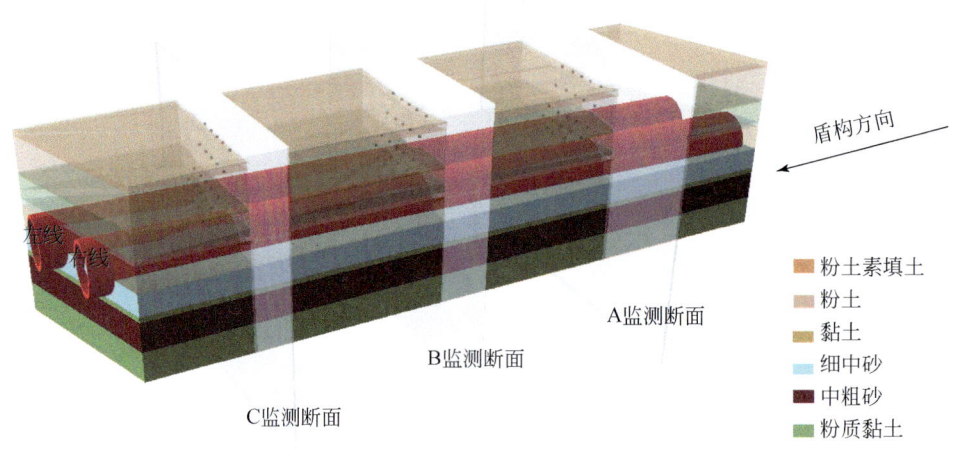

图 3.14 方庄站—十里河站区间监测断面测点布置三维效果图

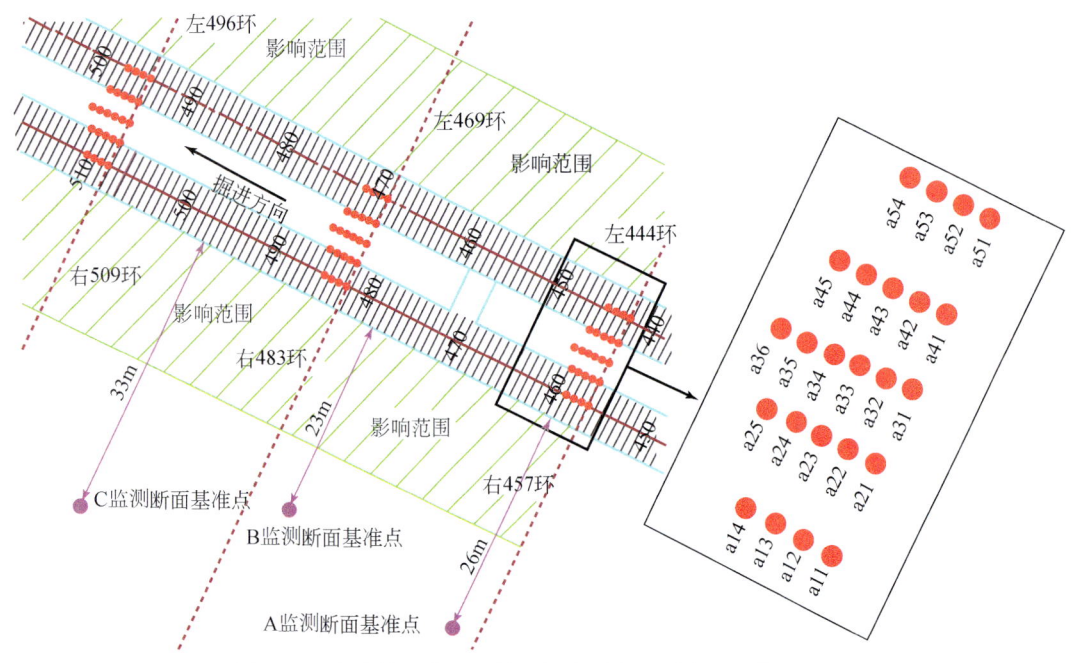

图 3.15 方庄站—十里河站区间监测断面测点平面位置图

列和 a1 列。

然后,在各列测点的最深孔处设置一组地面测点 a10、a20、a30、a40、a50,这组测点平面位置和最深测点重合,即布置在最深测点 a14、a25、a36、a45、a54 的正上方地面位置。各个测点在平面上和剖面上的布置情况如图 3.16、图 3.17 所示。

A 监测断面为两个隧道施工中盾构最先到达的监测断面,盾构隧道下穿 A 监测断面区域覆土厚度约为 10.3m,分层沉降监测测点布置于左、右两条隧道轴线之间,具体布置情

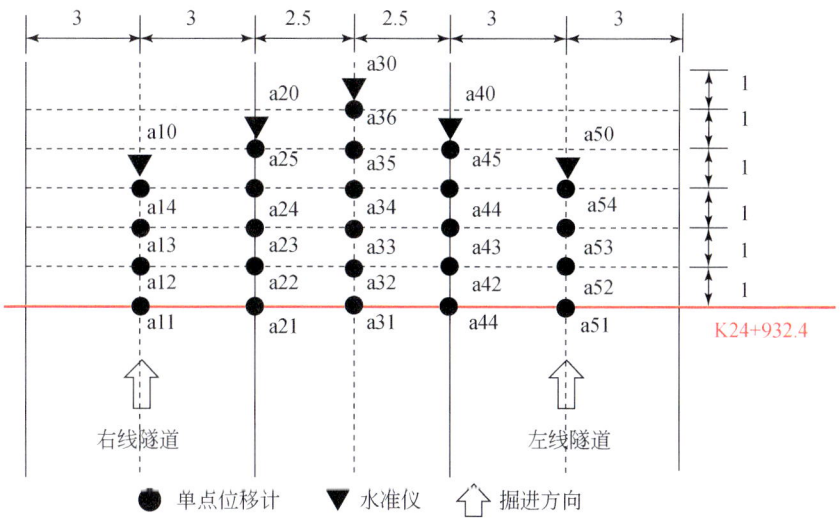

图 3.16 测点平面布置图（单位：m）

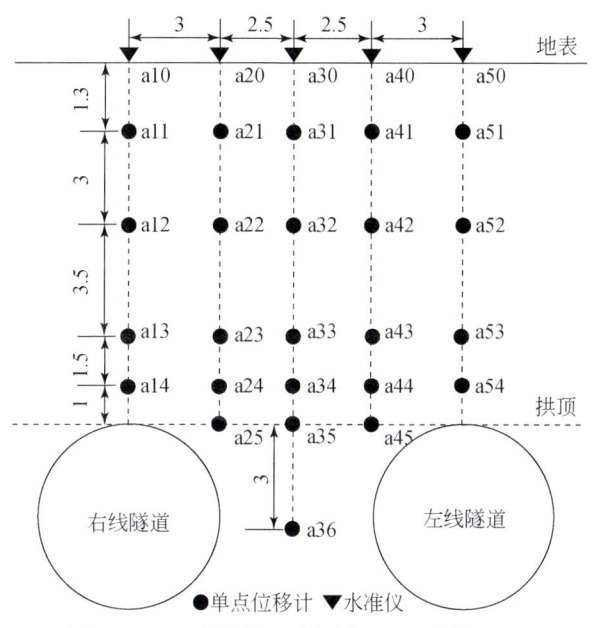

图 3.17 A 监测断面测点剖面图（单位：m）

况如图 3.17 所示。根据测点与先行（右线）隧道轴线之间水平距离的大小，对分层沉降测点进行划分如下：

（1）测点 a11～a14（与右线隧道轴线水平距离 0m），与隧道拱顶竖向距离依次为 9m、6m、2.5m、1m；

（2）测点 a21～a25（与右线隧道轴线水平距离 3m），与隧道拱顶竖向距离依次为 9m、6m、2.5m、1m、0m；

（3）测点 a31～a36（与右线隧道轴线水平距离 5.5m），与隧道拱顶竖向距离依次为 9m、6m、2.5m、1m、0m、-3m；

(4) 测点 a41～a45（与右线隧道轴线水平距离 8m），与隧道拱顶竖向距离依次为 9m、6m、2.5m、1m、0m；

(5) 测点 a51～a54（与右线隧道轴线水平距离 11m），与隧道拱顶竖向距离依次为 9m、6m、2.5m、1m。

B、C 监测断面测点布置情况与 A 监测断面完全一致，具体测点布置剖面图如图 3.18、图 3.19 表示。

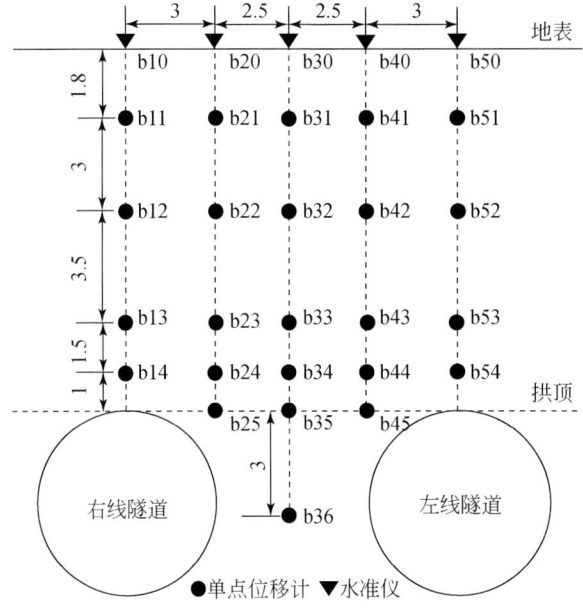

图 3.18　B 监测断面测点剖面图（单位：m）

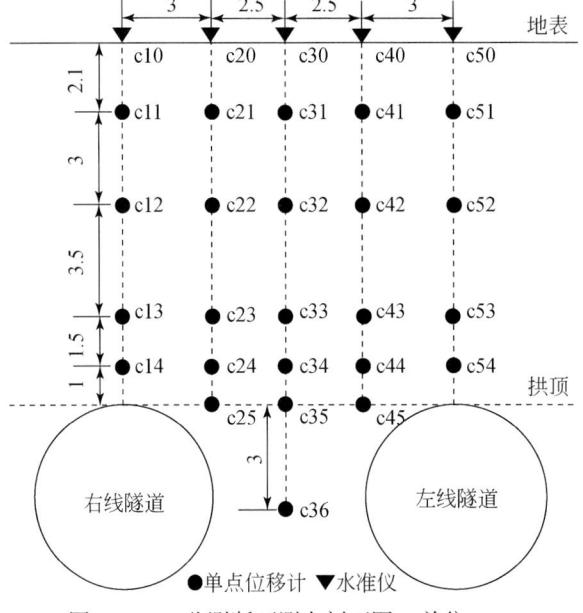

图 3.19　C 监测断面测点剖面图（单位：m）

基于假定一和假定二，在多次现场考察的基础上，选定北京地铁 14 号线 11 标方庄站—十里河站区间作为监测载体，在方庄站—十里河站盾构区间里程右线里程 K24+870、K24+901.2 及 K24+932.4 三处选取 A、B、C 三个基准监测断面进行分层位移监测试验，隧道埋深分别约为 11.10m、10.80m 和 10.30m，监测断面为相对均匀地层，以粉土为主，拱顶及拱顶以上部位存在约 1~2m 厚的粉细砂层，其余各土层连续分布，厚度均匀，地层中无地下水。如图 3.20 所示，自上而下依次为粉土素填土、粉土、粉细砂、粉质黏土等。粉土层中存在局部粉质黏土夹层，主要物理力学参数如表 3.4 所示。

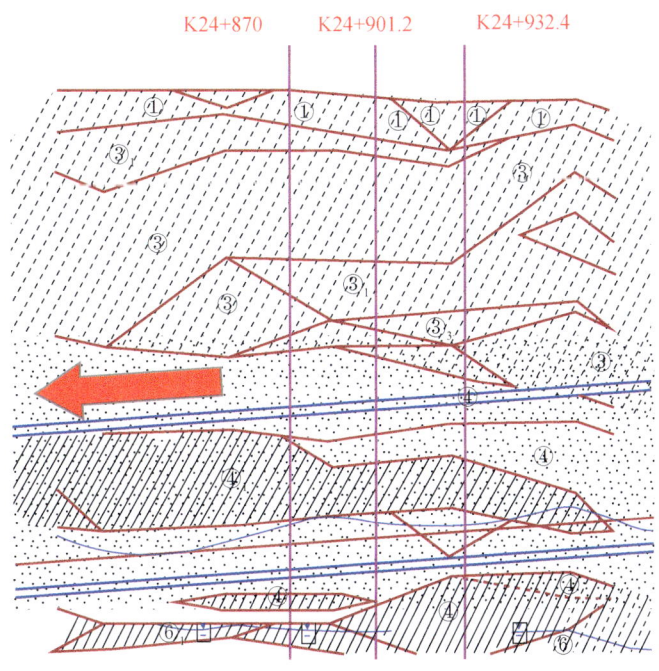

图 3.20 监测断面典型地质剖面图

表 3.4 主要物理力学参数

土层编号	土层类型	孔隙比	液性指数	凝聚力/kPa	摩擦角/(°)
①	粉土素填土	0.655	0.37	12.7	31.2
③	粉土	0.599	0.13	10.5	31.2
③₃	粉细砂	—	—	0	28
④	粉质黏土	0.875	0.51	28.9	19.3

将静力水准仪不动点的位置确定在沉降影响范围之外。影响范围可以初步由 Peck 沉降槽经验公式计算得到，沉降槽宽度系数为

$$i = \frac{Z}{\sqrt{2\pi \tan\left(45° - \frac{\varphi}{2}\right)}} \tag{3.17}$$

式中，Z 为隧道中心深度；φ 为隧道周围地层土体内摩擦角。而沉降槽宽度 $B = 2.5i$，A、

B、C 监测断面沉降槽宽度分别为 12.3m、12.9m、13.2m。

为了进一步了解该地层条件下盾构开挖对地层的扰动情况，采用 FLAC3D 对双线隧道开挖过程进行了数值模拟。数值模拟结果表明：地层沉降最大位置发生在隧道拱顶，拱顶以上 1m 范围内扰动最大，沿拱顶往上，地层变形逐渐减小。隧道两侧的影响范围约为隧道外侧 8m，单线和双线隧道开挖位移等值线如图 3.21、图 3.22 所示。盾构隧道开挖后，围岩的塑性区主要在隧道外侧 3m 范围内，如图 3.23 所示。

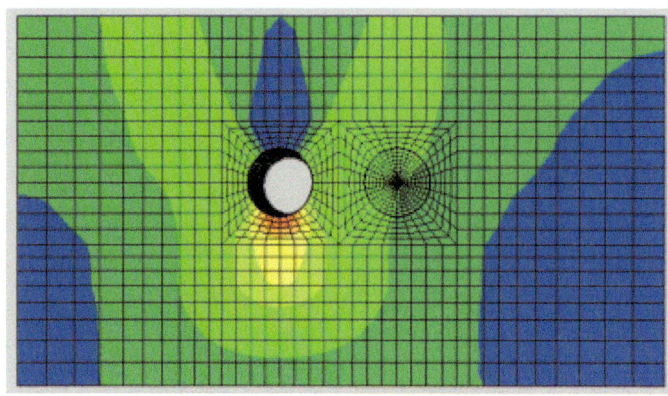

图 3.21 单线隧道开挖位移云图

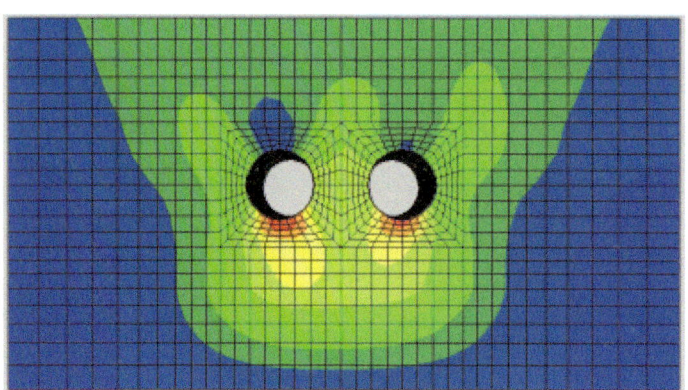

图 3.22 双线隧道开挖位移云图

综合考虑理论分析和数值模拟结果，测点布置总体上分 A、B、C 三个基准监测断面，三个监测断面在隧道轴线方向上相互间隔 31.2m，如图 3.24 所示。

根据理论计算结果，在 A 监测断面的盾构施工沉降影响区域以外的地面设置一个基准点 a00。该基准点安装同样型号的静力水准仪，和 a10～a50 联合，用于监测各列点地表（水准）沉降。

6. 测试仪器及数据采集现场实现

1）孔口硬化平台的设置

在测点的地表位置设置孔口硬化平台，以便于监测。孔口硬化平台是以测点坐标为中

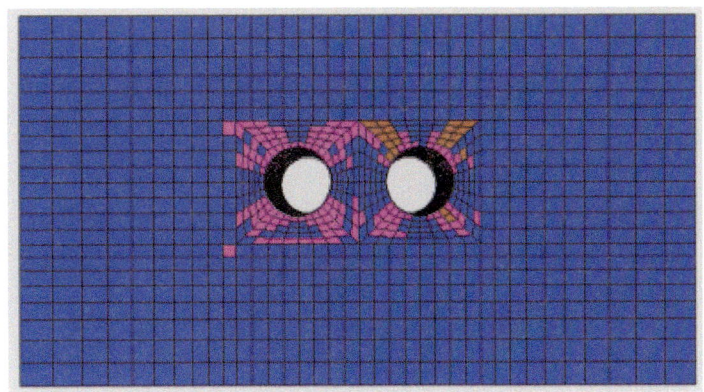

图 3.23 双线隧道开挖后的塑性区域

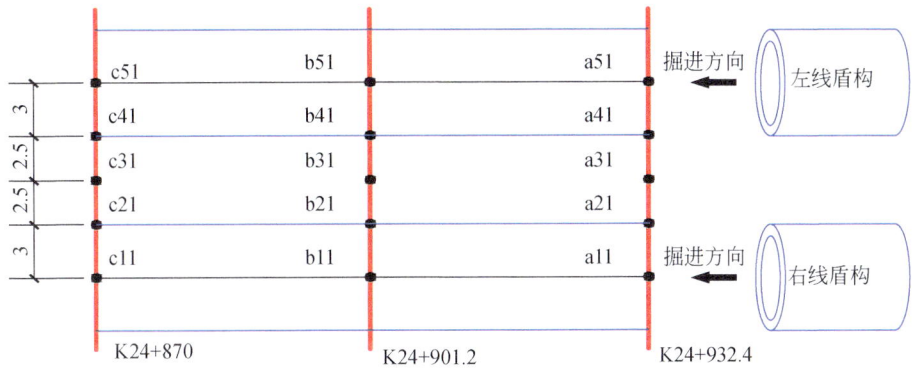

图 3.24 监测断面平面布置示意图（31.2m）间距（单位：m）

心，开挖宽度为 50cm、长度为 50cm、深度为 50cm 的正方体。正方体中心预留直径为 18cm、高度为 50cm 的圆形槽（使用钢桶护壁），周边浇筑高度为 20cm 的 C20 混凝土以硬化地表平台，同时便于钻机定位、钻孔。孔口平台施工完成后使用原土回填密实，如图 3.25 所示。

图 3.25 平台施工完成图

2) 钻孔

BGK-A3-B 可安装在最小直径为 75mm 的钻孔中，为便于安装，钻孔直径应该≥90mm。针对这种要求，在土体比较密实完整的条件下，对于钻孔不算很深的测点，采用洛阳铲来进行人工钻孔。钻孔较深的点由 SH30 钻机通过套管护壁、冲击钻进的方式来完成。这种钻机具有设备简单、整体性能良好，可在不同深度取原状样的优点。钻孔过程中注意保护原状土样。钻孔施工如图 3.26 所示，钻孔高度为在计划孔深基础上加 0.5m，以便于单点位移计下放。钻孔采用先深后浅的钻孔布设原则，详细顺序如下：

孔深 13.3m：a36；

孔深 10.3m：a25、a35、a45；

孔深 9.3m：a14、a24、a34、a44、a54；

孔深 7.8m：a13、a23、a33、a43、a53；

孔深 4.3m：a12、a22、a32、a42、a52；

孔深 1.3m：a11、a21、a31、a41、a51。

图 3.26　钻孔施工图

3）BGK-A3 单点土体沉降仪安装

单点位移计安装前需要使用相关的工具或设备将孔底振捣密实。由于采用冲击钻进的钻孔方法，此处不需要振捣。现场安装情况如图 3.27 所示。

（1）首先应确定沉降仪的安装深度（或高程），安装在现场直接进行组装。

（2）将底部锚固盘与第一根传感器杆进行连接。传递杆与底部锚固盘之间采用螺纹连接，将传递杆旋入底部锚固盘后，使用大力钳类的工具将传递杆拧紧，防止松脱。

（3）在测杆上安装减摩环。减摩环可保持传递杆在保护管内的居中，同时减少传递杆与管壁间的摩擦，以提高位移传递精度。根据土体的密实情况，减摩环在传递杆中的安装间距为 0.5~1.0m，对于大多数已经碾压密实的回填土体中安装时，间距为 1m 即可。安装时在确定减摩环的安装位置后，将配套的尼龙绑扎在减摩环的底部位置作为支撑，然后剪去多余的绑扎带，将减摩环放置在绑扎带的上方，然后在其上方再绑扎一根扎带并剪去多余部分（对于垂直安装，上部的减摩环也可以不安装）。

（4）使用配套的传递杆包含管接头与底部的保护管进行连接。将管接头与第一节保护

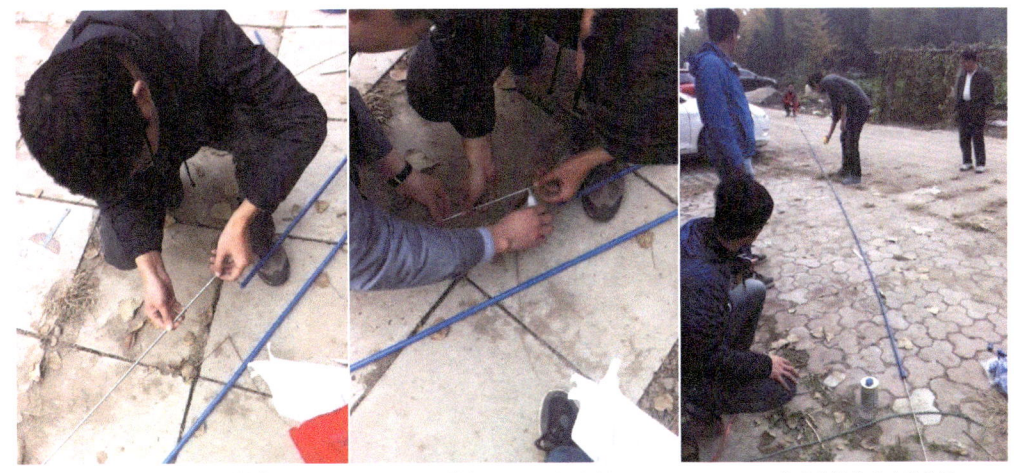

(a) 单点位移计测杆连接　　(b) 单点位移计测杆胶封　　(c) 完成安装的单点位移计

图 3.27　现场单点位移计安装情况

管进行黏结，同时连接下一根保护管。

（5）用长度大于安装深度约 2m 的铁丝或尼龙绳通过底部锚固盘上的孔进行固定，作为安全绳，以使传递杆组件在安装时逐步放入孔中。

（6）将已经连接的部分缓慢放入钻孔中，当传递杆或传递杆的上端接近孔口位置时停止下放，逐步连接下一根传递杆，安装减摩环以及连接外保护管。直到预定深度。

（7）当确认达到预定深度后，安装连接基座，将基座先插入传感器，使传感器连接端露出在伸缩套管外，然后将传感器与传递杆进行连接。连接传感器与传递杆时应注意传感器与传感器的滑动杆之间不得有相对旋转的操作，应保持定位销始终卡在定位槽内，当拧紧后将伸缩套慢慢套入保护管，套入的深度通常为 5cm。

（8）将三颗尼龙定位螺丝拧紧，以初步固定伸缩管与保护管的连接。

（9）配合读数仪将传感器缓慢向上拉出预定的量程，最后将传感器锁定螺栓拧紧。

（10）安装保护罩，并将电缆出口处的密封卡套拧紧。

（11）将整个组件放至孔底，或保持保护罩的顶部与安装孔口平齐。

4）回填与锚固

传感器组件安装完毕后，进行砂土回填，回填至仪器孔口以下 20cm 处，后浇筑细石混凝土至仪器顶端用于锚固仪器。

5）BGK-4675 静力水准仪安装

（1）安装储液筒：将所有容器安装在相同的标高，这在监测程序开始前是非常重要的。安装前在测点的护筒上用水准仪找到同一水平面。将各托架用焊接的方法固定于护筒的水平面上。托架可为"L"形钢板，一面有三孔，另一面有两孔。两孔的一面用于和护筒相联，三孔的一面用于和储液筒底部相连。托架安装完毕后，再在托架上安装储液筒。托架和储液筒用三螺纹支撑杆相连，在储液筒上面放一水平尺来找平，调节螺纹支撑杆上的螺帽使储液筒水平。

（2）联接通液管：通常在每个储液筒的底部有两通液孔（在出厂时用两螺纹堵头封

住，如果此点只和两个测点相连，可只卸一个通液孔），卸下螺纹堵头，在原孔上安装三通阀门（此配件已随仪器配置）。在安装三通阀门时应保证它和储液筒的密封，可在三通阀门螺纹上缠生料带或涂密封硅胶。安装完三通阀门后，根据各测点间的距离，裁取通液管的长度。然后用通液管和三通上的界面相连，把各测点串联在一起。

（3）系统充液：在系统内应充入纯净水，通过任意储液筒对系统充液，考虑到施工期间系统所处的环境温度有可能下降到零度以下，应在纯净水中加入一定比例的防冻液。操作时，应小心排除管内的空气和气泡。加液时应缓慢不间断加入，可通过水位显示管观察系统内液位的高度。当液位距储液筒口有 10cm 左右时，停止充液。检查系统的密封性能，观察各接头部位有无液体渗出，如无渗漏可进行下一步操作。

（4）安装传感器：这一操作步骤要求相当高，并且应极为小心地操作完成。在安装期间，任何草率或者不当的操作都可能导致传感器损坏。传感器本体与挂钩之间的连接螺母必须松开，直到使其不再与传感器本体相连（这些螺母仅仅是为运输安全而装上的）。根据传感器保护罩上的编号，找出与其相对应的浮筒（二者编号应一致）。拿着浮筒上的挂钩，把浮筒放入储液筒，当浮筒底部和储液筒内液体接触时，用传感器的挂钩挂住浮筒的挂钩，下降浮筒进入容器内，手握传感器保护罩，安装于储液筒顶部。现在使传感器保护罩上的孔与储液筒上的螺丝孔对正，将传感器保护罩下部的台阶缓慢下降装入储液筒内。当传感器保护罩按上述方式就位后，将三颗螺丝拧紧（不要过紧）。把水位显示管和传感器保护罩上螺帽相连。对所有的储液筒重复该操作步骤。

（5）连接通气管：通气的作用是使所有容器内液面以上压力保持恒定，整个通气系统应相互连通并仅在一点和大气连通。先用配置的通气管把各传感器通气孔串联，再用储液筒通气管把各储液筒通气孔串联。松开干燥管一端的螺帽，使其和大气导通，然后再在干燥管上套一气球，对其进行保护。现场水准仪安装如图 3.28 所示。

 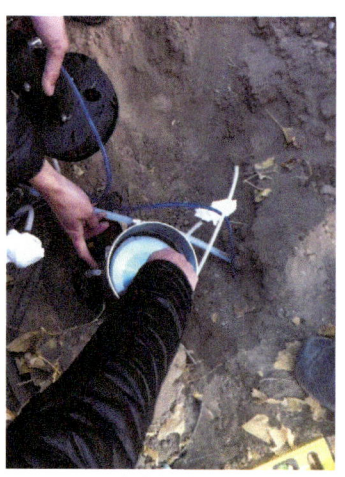 

(a) 水准仪加液前　　　　　　(b) 水准仪放液调平　　　　　　(c) 完成安装的水准仪

图 3.28　现场水准仪安装情况

（6）读数：BGK-4675 读数时使用 BGK-408（或 GK-403）读数仪的"B"档。系统中任意一个特定容器（储液筒）液位变化可按下式计算：

$$\Delta E_{LX} = (R_{1X} - R_{0X})G_X - (R_{0Ref} - R_{1Ref})G_{Ref} \tag{3.18}$$

式中，ΔE_{LX} 为容器 X 的液位变化，负值表示降低，正值表示升高；R_{1X} 为容器 X 当前读数；R_{0X} 为容器 X 初始读数；G_X 为容器 X 传感器系数（每支传感器有一张率定表，给出该系数）；R_{0Ref} 为参照容器的初始读数；R_{1Ref} 为参照容器的当前读数；G_{Ref} 为参照容器传感器系数。

例如，一套四点系统的初始读数和当前读数（3点活动、1点为参照点）如表 3.5 所示。

表 3.5 计算初始读数和当前读数举例

容器	初始读数/mm	当前读数/mm	传感器系数
1（参照点）	7118	7163	-0.045670
2	7858	7813	-0.045335
3	7967	8628	-0.045441
4	8082	7637	-0.045199

容器2、3、4的升降变化为：

① 容器2：
$$\Delta E_{L2} = (R_{12} - R_{02})G_2 - (R_{01} - R_{11})G_1$$
$$= (7813 - 7858) \times (-0.045335) - (7118 - 7163) \times (-0.045670)$$
$$= -0.015075 \text{mm 基本无变化}$$

② 容器3：
$$\Delta E_{L3} = (R_{13} - R_{03})G_3 - (R_{01} - R_{11})G_1$$
$$= (8628 - 7967) \times (-0.045441) - (7118 - 7163) \times (-0.045670)$$
$$= -32.091651 \text{mm 降低}$$

③ 容器4：
$$\Delta E_{L4} = (R_{14} - R_{04})G_4 - (R_{01} - R_{11})G_1$$
$$= (7637 - 8082) \times (-0.045199) - (7118 - 7163) \times (-0.045670)$$
$$= 15.617659 \text{mm 升高}$$

（7）温度变化修正：在正常工作范围内温度的变化对振弦传感器本身影响不大，通常情况下均可忽略温度对传感器的影响，当需考虑温度影响时可按下式计算：

$$\Delta T = R_1 G(1 - 0.0002T_1) - R_0 G(1 - 0.0002T_0) \tag{3.19}$$

式中，T 是水温，℃；R_1 为传感器当前读数；R_0 为传感器初始读数；T_1 为传感器当前温度，℃；T_0 为传感器初始温度，℃。

（8）故障排除。如果装置读数出问题，应采取以下步骤：

检查线圈电阻，正常情况下线圈电阻是 180±10Ω 加上电缆电阻（标准22号规格的铜导线电阻：每300m 约15Ω）。

① 如果电阻太大或无穷大，应怀疑电缆断路；
② 如果电阻太低或接近于0，应怀疑是短路；
③ 如果电阻正常而任何一个传感器都没有读数，应怀疑是读数仪有问题，这时应向厂

家咨询;

④如果所有的电阻都正常仅其中一个传感器没有读数,应怀疑传感器有问题,这时应向厂家咨询;

⑤如果发现电缆是断路或短路,可按推荐的步骤重新接上。

6) 设备保护

由于现场环境恶劣,条件复杂,在安装完单点位移计和水准仪后需要对各个仪器进行保护。建议采用内径10mm的PVC管进行保护电缆,水准仪保护采用内径300mm的PVC管进行保护,上部加盖塑料盖。

7) 数据采集器安装

每个监测断面布设一个采集器,数据采集仪为32信道BGK-MICRO分布式网络测量系统(自动数据记录仪或称测量单元),测量系统由计算机(用于安装BGK-MICRO安全监测系统软件)、分布式网络测量单元(内置BGK-MICRO-40系列测量模块)、BGK-MICRO-WD智能式仪器(可独立作为网络节点的仪器)等部分组成,通过相应配套的软件可完成对各类工程安全监测仪器的自动测量、数据处理、图表制作、异常测值报警等工作。K24+932.4、K24+901.2、K24+870三个监测断面分别设置一个32通道的数据采集仪进行数据采集,如图3.29所示,数据采集过程主要分为两个阶段:

数据采集仪通过有线的方式自动采集各测点的监测数据;通过无线传输的方式,将数据采集仪上记录的各个测点的监测数据传输至服务器上。

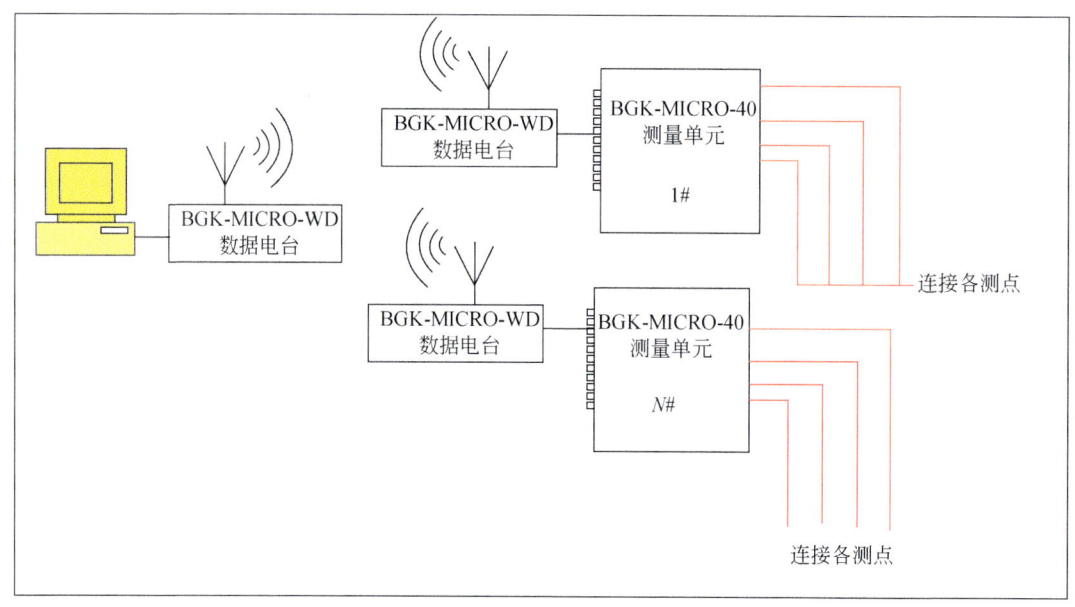

图3.29 监测数据采集流程图

8) 设备调试

确保在盾构机到达第一个监测断面前一周安装完所有监测仪器。通过旋转水准仪下部螺母来调节水准仪高度,进行测量调试,看测量精度是否满足要求。

(1) 沉降监测数据采集频率。

①自动化监测：

A 监测断面（K24+932.4）：

试验段（刀盘距 A 监测断面 62.4m 开始，400~426 环）：18min/次；

正式段（刀盘距 A 监测断面 31.2m 开始至刀盘离开 A 监测断面 31.2m，427~478 环）：6min/次；

工后段（刀盘离 A 监测断面 31.2m 至刀盘离开 A 监测断面 62.4m，479~304 环）：18min/次；

长期监测（刀盘离开 A 监测断面 62.4m 后）：60min/次。

B 监测断面（K24+901.2）：

试验段（刀盘距 B 监测断面 62.4m 开始，426~452 环）：18min/次；

正式段（刀盘距 B 监测断面 31.2m 开始至刀盘离开 B 监测断面 31.2m，453~504 环）：6min/次；

工后段（刀盘离 B 监测断面 31.2m 至刀盘离开 B 监测断面 62.4m，505~530 环）：18min/次；

长期监测（刀盘离开 B 监测断面 62.4m 后）：60min/次。

C 监测断面（K24+870）：

试验段（刀盘距 C 监测断面 62.4m 开始，452~478 环）：18min/次；

正式段（刀盘距 C 监测断面 31.2m 开始至刀盘离开 C 监测断面 31.2m，479~530 环）：6min/次；

工后段（刀盘离开 C 监测断面 31.2m 至刀盘离开 C 监测断面 62.4m，531~556 环）：18min/次；

长期监测（刀盘离开 C 监测断面 62.4m 后）：60min/次。

②人工监测：

正常段：9h/次。

由采集仪采集各单点位移计的数值作为各测点的相对沉降，即地中沉降；由采集仪采集的各水准仪的数值经处理后得该测点的地表沉降。

(2) 施工参数数据采集。

仪器采集得出的是时间-沉降关系，并不能体现刀盘位置-沉降关系，所以需要使用盾构 PLC 数据采集系统采集的数据来一一对应掘进时间和刀盘位置，采集频率为 10s/次。另外结合盾构施工记录，收集各项盾构施工参数。

7. 监测数据处理（差异因素排除）

1）选取监控平台监测数据

选取右线盾体通过时共 7 环和盾尾脱出后至二次补浆结束共 10 环，两个部分共 17 环的数据进行施工参数的对比分析。以 B 监测断面为例，将 24 个测点按照刀盘到达的先后分在六个垂直于轴线的横断面上：

第一横断面：b11、b21、b31、b41、b51；

第二横断面：b12、b22、b32、b42、b52；

第三横断面：b13、b23、b33、b43、b53；

第四横断面：b14、b24、b34、b44、b54；

第五横断面：b25、b35、b45；

第六横断面：b36。

各横断面间隔1m，近似按照一环1.2m计算。第一至第六横断面所选取的17环数据分别如表3.6~表3.11所示。

表3.6 第一横断面处施工参数

环数	用时/h	单环注浆量/m³	土压力/bar	扭矩/(kN·m)	推力/MN	二次补浆量/m³
483	0.78	2.7	0.75	2500	19	0
484	0.67	2.7	0.77	2000	17.8	3
485	0.94	2.6	0.86	2000	17	0
486	0.70	2.9	0.98	1900	16	3
487	0.65	2.6	0.76	1900	16	0
488	0.68	2.6	0.90	1800	15.5	2
489	0.69	2.6	0.74	1900	15.5	3
490	1.21	2.7	0.68	2000	15	0
491	0.98	2.7	0.85	1900	15.5	3
492	5.46	3	0.67	1800	15	0
493	1.27	2.8	0.79	1700	17.5	2
494	0.93	2.8	0.63	1900	16.5	0
495	1.13	3	0.67	2000	16	3
496	1.32	2.9	0.55	2300	16.5	0
497	6.44	2.9	0.36	2300	16.5	2
498	0.83	2.5	0.62	2100	17.5	0
499	1.31	2.5	0.66	1600	16.5	2

表3.7 第二横断面处施工参数

环数	用时/h	单环注浆量/m³	土压力/bar	扭矩/(kN·m)	推力/MN	二次补浆量/m³
484	0.67	2.7	0.77	2000	17.8	3
485	0.94	2.6	0.86	2000	17	0
486	0.70	2.9	0.98	1900	16	3
487	0.65	2.6	0.76	1900	16	0
488	0.68	2.6	0.90	1800	15.5	2
489	0.69	2.6	0.74	1900	15.5	3
490	1.21	2.7	0.68	2000	15	0
491	0.98	2.7	0.85	1900	15.5	3
492	5.46	3	0.67	1800	15	0

续表

环数	用时/h	单环注浆量/m³	土压力/bar	扭矩/(kN·m)	推力/MN	二次补浆量/m³
493	1.27	2.8	0.79	1700	17.5	2
494	0.93	2.8	0.63	1900	16.5	0
495	1.13	3	0.67	2000	16	3
496	1.32	2.9	0.55	2300	16.5	0
497	6.44	2.9	0.36	2300	16.5	2
498	0.83	2.5	0.62	2100	17.5	0
499	1.31	2.5	0.66	1600	16.5	2
500	1.73	2.8	0.49	1300		0

表 3.8　第三横断面处施工参数

环数	用时/h	单环注浆量/m³	土压力/bar	扭矩/(kN·m)	推力/MN	二次补浆量/m³
485	0.94	2.6	0.86	2000	17	0
486	0.70	2.9	0.98	1900	16	3
487	0.65	2.6	0.76	1900	16	0
488	0.68	2.6	0.90	1800	15.5	2
489	0.69	2.6	0.74	1900	15.5	3
490	1.21	2.7	0.68	2000	15	0
491	0.98	2.7	0.85	1900	15.5	3
492	5.46	3	0.67	1800	15	0
493	1.27	2.8	0.79	1700	17.5	2
494	0.93	2.8	0.63	1900	16.5	0
495	1.13	3	0.67	2000	16	3
496	1.32	2.9	0.55	2300	16.5	0
497	6.44	2.9	0.36	2300	16.5	2
498	0.83	2.5	0.62	2100	17.5	0
499	1.31	2.5	0.66	1600	16.5	2
500	1.73	2.8	0.49	1300		0
501	1.25	2.9	0.70	1700	15.5	3

表 3.9　第四横断面处施工参数

环数	用时/h	单环注浆量/m³	土压力/bar	扭矩/(kN·m)	推力/MN	二次补浆量/m³
486	0.70	2.9	0.98	1900	16	3
487	0.65	2.6	0.76	1900	16	0
488	0.68	2.6	0.90	1800	15.5	2
489	0.69	2.6	0.74	1900	15.5	3

续表

环数	用时/h	单环注浆量/m³	土压力/bar	扭矩/(kN·m)	推力/MN	二次补浆量/m³
490	1.21	2.7	0.68	2000	15	0
491	0.98	2.7	0.85	1900	15.5	3
492	5.46	3	0.67	1800	15	0
493	1.27	2.8	0.79	1700	17.5	2
494	0.93	2.8	0.63	1900	16.5	0
495	1.13	3	0.67	2000	16	3
496	1.32	2.9	0.55	2300	16.5	0
497	6.44	2.9	0.36	2300	16.5	2
498	0.83	2.5	0.62	2100	17.5	0
499	1.31	2.5	0.66	1600	16.5	2
500	1.73	2.8	0.49	1300		0
501	1.25	2.9	0.70	1700	15.5	3
502	0.89	2.7	0.66	2100	17	2

表3.10 第五横断面处施工参数

环数	用时/h	单环注浆量/m³	土压力/bar	扭矩/(kN·m)	推力/MN	二次补浆量/m³
487	0.65	2.6	0.76	1900	16	0
488	0.68	2.6	0.90	1800	15.5	2
489	0.69	2.6	0.74	1900	15.5	3
490	1.21	2.7	0.68	2000	15	0
491	0.98	2.7	0.85	1900	15.5	3
492	5.46	3	0.67	1800	15	0
493	1.27	2.8	0.79	1700	17.5	2
494	0.93	2.8	0.63	1900	16.5	0
495	1.13	3	0.67	2000	16	3
496	1.32	2.9	0.55	2300	16.5	0
497	6.44	2.9	0.36	2300	16.5	2
498	0.83	2.5	0.62	2100	17.5	0
499	1.31	2.5	0.66	1600	16.5	2
500	1.73	2.8	0.49	1300		0
501	1.25	2.9	0.70	1700	15.5	3
502	0.89	2.7	0.66	2100	17	2
503	1.35	2.7	0.75	1800	15	0

表 3.11　第六横断面处施工参数

环数	用时/h	单环注浆量/m³	土压力/bar	扭矩/(kN·m)	推力/MN	二次补浆量/m³
488	0.68	2.6	0.90	1800	15.5	2
489	0.69	2.6	0.74	1900	15.5	3
490	1.21	2.7	0.68	2000	15	0
491	0.98	2.7	0.85	1900	15.5	3
492	5.46	3	0.67	1800	15	0
493	1.27	2.8	0.79	1700	17.5	2
494	0.93	2.8	0.63	1900	16.5	0
495	1.13	3	0.67	2000	16	3
496	1.32	2.9	0.55	2300	16.5	0
497	6.44	2.9	0.36	2300	16.5	2
498	0.83	2.5	0.62	2100	17.5	0
499	1.31	2.5	0.66	1600	16.5	2
500	1.73	2.8	0.49	1300		0
501	1.25	2.9	0.70	1700	15.5	3
502	0.89	2.7	0.66	2100	17	2
503	1.35	2.7	0.75	1800	15	0
504	0.69	2.7	0.69	1700	14.5	0

2）差异因素分析

对以上六组数据的相关因素进行对比分析，汇总结果如表 3.12～表 3.17 所示。

表 3.12　用时对比分析汇总结果表　　（单位：h）

横断面	一	二	三	四	五	六
平均	1.5	1.6	1.6	1.6	1.7	1.7
标准误差	0.4	0.4	0.4	0.4	0.4	0.4
中位数	0.9	1.0	1.1	#N/A	1.2	1.2
标准偏差	1.7	1.7	1.7	1.7	1.7	1.6
方差	2.9	2.8	2.8	2.8	2.7	2.7
峰度	5.6	5.3	5.4	5.4	5.4	5.4
偏度	2.6	2.5	2.5	2.5	2.5	2.5
区域	5.8	5.8	5.8	5.8	5.8	5.8
最小值	0.7	0.7	0.7	0.7	0.7	0.7
最大值	6.4	6.4	6.4	6.4	6.4	6.4
求和	26.0	26.9	27.5	27.5	28.1	28.2
观测数/环	17	17	17	17	17	17

表 3.13 单环注浆量对比分析汇总结果表 （单位：m^3）

横断面	一	二	三	四	五	六
平均	2.74	2.74	2.75	2.76	2.75	2.75
标准误差	0.04	0.04	0.04	0.04	0.04	0.04
中位数	2.70	2.70	2.80	2.90	2.70	2.70
标准偏差	0.16	0.16	0.17	0.16	0.16	0.15
方差	0.03	0.03	0.03	0.03	0.03	0.02
峰度	−1.06	−1.12	−1.31	−1.12	−0.96	−0.76
偏度	0.25	0.13	−0.06	−0.13	0.06	0
区域	0.50	0.50	0.50	0.50	0.50	0.50
最小值	2.50	2.50	2.50	2.50	2.50	2.50
最大值	3.00	3.00	3.00	3.00	3.00	3.00
求和	46.50	46.60	46.80	46.90	46.70	46.80
观测数/环	17	17	17	17	17	17

表 3.14 土压力对比分析汇总结果表 （单位：bar）

横断面	一	二	三	四	五	六
平均	0.72	0.70	0.70	0.69	0.68	0.67
标准误差	0.03	0.04	0.04	0.04	0.03	0.03
中位数	0.74	0.68	0.68	#N/A	0.67	0.67
标准偏差	0.14	0.15	0.15	0.15	0.13	0.13
方差	0.02	0.02	0.02	0.02	0.02	0.02
峰度	1.42	0.40	0.43	0.83	1.31	1.48
偏度	−0.60	−0.39	−0.31	−0.17	−0.68	−0.62
区域	0.62	0.62	0.62	0.62	0.54	0.54
最小值	0.36	0.36	0.36	0.36	0.36	0.36
最大值	0.98	0.98	0.98	0.98	0.90	0.90
求和	12.23	11.97	11.90	11.71	11.49	11.42
观测数/环	17	17	17	17	17	17

表 3.15 扭矩对比分析汇总结果表 （单位：$kN \cdot m$）

横断面	一	二	三	四	五	六
平均	1976	1906	1888	1894	1888	1876
标准误差	55	58	59	60	60	61
中位数	1900	1900	1900	1900	1900	1900
标准偏差	225	238	242	246	247	251
方差	50662	56838	58603	60588	61103	63162

续表

横断面	一	二	三	四	五	六
峰度	1	2	1	1	1	1
偏度	1	−1	0	0	0	0
区域	900	1000	1000	1000	1000	1000
最小值	1600	1300	1300	1300	1300	1300
最大值	2500	2300	2300	2300	2300	2300
求和	33600	32400	32100	32200	32100	31900
观测数/环	17	17	17	17	17	17

表 3.16　推力对比分析汇总结果表　　　　（单位：MN）

横断面	一	二	三	四	五	六
平均	16.4	16.3	16.1	16.1	16.1	16.0
标准误差	0.3	0.2	0.2	0.2	0.2	0.2
中位数	16.5	16.3	16.0	15.5	16.0	15.8
标准偏差	1.1	0.9	0.8	0.8	0.8	0.9
方差	1.1	0.8	0.6	0.6	0.7	0.8
峰度	0.5	−0.8	−0.7	−0.7	−0.9	−1.0
偏度	0.8	0.3	0.4	0.4	0.4	0.3
区域	4	2.8	2.5	2.5	2.5	3
最小值	15	15	15	15	15	14.5
最大值	19	17.8	17.5	17.5	17.5	17.5
求和	279.3	260.3	258	258	257	255.5
观测数/环	17	17	17	17	17	17

表 3.17　二次补浆量对比分析汇总结果表　　　　（单位：m^3）

横断面	一	二	三	四	五	六
平均	1.35	1.35	1.35	1.47	1.29	1.29
标准误差	0.33	0.33	0.33	0.32	0.32	0.32
中位数	2.00	2.00	2.00	0	2.00	2.00
标准偏差	1.37	1.37	1.37	1.33	1.31	1.31
方差	1.87	1.87	1.87	1.76	1.72	1.72
峰度	−1.98	−1.98	−1.98	−1.89	−1.89	−1.89
偏度	0.10	0.10	0.10	−0.11	0.13	0.13
区域	3	3	3	3	3	3
最小值	0	0	0	0	0	0
最大值	3	3	3	3	3	3

续表

横断面	一	二	三	四	五	六
求和	23	23	23	25	22	22
观测数/环	17	17	17	17	17	17

对 A 监测断面和 C 监测断面的相关数据进行同样的分析。通过参数对比可知，影响沉降的各项参数没有较大差异。但是各个监测断面的施工参数因素是有较小差异的，可以认为是这些较小差异引起了位移的微小变化，需要对微小变化进行修正，使测量方法与结果更具有说服力。

3）差异因素排除（以右线隧道正上方测点为例说明）

（1）回归模型的构建。

定义多项施工参数、用时、埋深为自变量，单点沉降为因变量。单点沉降影响因素的函数表示为

$$S=\beta_0+\beta_1 x_1+\beta_2 x_2+\beta_3 x_3+\beta_4 x_4+\beta_5 x_5+\beta_6 x_6+\beta_7 x_7+\mu \quad (3.20)$$

式中，S 为单点沉降；x_1 为埋深；x_2 为用时；x_3 为单环注浆量；x_4 为土压力；x_5 为扭矩；x_6 为推力；x_7 为二次补浆量；μ 为随机变量；β_i 为回归系数，$i=1,2,\cdots,7$；β_0 为截距。

（2）数据选取。

以右线为例，考虑到自由度越大，误差就越显出其随机性，回归分析的结果就会越精确、越有统计意义，选取 A、B、C 三个监测断面上隧道正上方测点的 12 组数据作为分析对象，如表 3.18 所示。

表 3.18 原始资料统计表

测点	相对沉降/mm	埋深/m	用时/h	单环注浆量/m³	土压力/bar	扭矩/(kN·m)	推力/kN	二次补浆量/m³
a11	−0.05	1.30	2.43	2.65	0.99	2059	17.54	1.12
a12	−0.47	4.30	2.31	2.64	0.99	2047	17.64	1.29
a13	−0.63	7.80	2.27	2.65	0.99	2059	17.69	1.12
a14	−1.02	9.30	2.26	2.68	0.98	2082	17.65	1.29
b11	−0.05	1.80	1.53	2.74	0.72	1976	16.43	1.35
b12	−0.58	4.80	1.59	2.74	0.70	1906	16.27	1.35
b13	−0.06	8.30	1.62	2.75	0.70	1888	16.13	1.35
b14	−0.04	9.80	1.62	2.76	0.69	1894	16.13	1.47
c11	−0.33	2.10	1.24	2.63	0.71	1850	15.36	1.35
c12	−0.68	5.10	1.21	2.63	0.74	1874	15.38	1.18
c13	−1.71	8.60	1.29	2.62	0.76	1932	15.55	1.35
c14	−4.66	10.10	1.29	2.62	0.76	1974	15.81	1.18

(3) 找出最合适的回归形式。

对表 3.18 数据进行回归分析,结果如表 3.19~表 3.21 所示。

表 3.19 回归统计

回归统计指标	数值
线性回归系数	0.953
拟合系数	0.907
调整后的拟合系数	0.746
标准误差	0.652
观测值	12

表 3.20 方差统计及 F 检验

	自由度	离均差平方和	平均平方和	F 统计量	显著性 p 值
回归分析	7	16.701	2.386	5.605	0.058
残差	4	1.703	0.426		
总计	11	18.404			

表 3.21 回归系数及 T 检验

自变量	回归系数	标准误差	T 值	p 值	置信度 95% 下限区间	置信度 95% 上限区间
截距	−85.267	44.244	−1.927	0.126	−208.109	37.576
埋深/m	−0.226	0.070	−3.237	0.032	−0.420	−0.032
用时/h	−3.744	3.735	−1.003	0.373	−14.113	6.625
单环注浆量/m³	44.883	19.244	2.332	0.080	−8.547	98.312
土压力/bar	43.246	18.843	2.295	0.083	−9.070	95.562
扭矩/(kN·m)	−0.020	0.009	−2.070	0.107	−0.046	0.007
推力/MN	−1.697	2.101	−0.808	0.464	−7.530	4.135
二次补浆量/m³	2.838	2.561	1.108	0.330	−4.273	9.949

由表 3.19~表 3.21 中结果可知,截距、用时、单环注浆量、扭矩、土压力、推力、二次补浆量无法通过显著性为 5% 的 T 检验,需要重新更改回归模型。

经过反复分析和排除,最终确定了以埋深、单环注浆量、土压力、扭矩为自变量的回归模型,重新修正进行回归分析的结果如表 3.22~表 3.24 所示。

表 3.22　修正的回归统计

回归统计	数值
线性回归系数	0.912
拟合系数	0.832
调整后的拟合系数	0.736
标准误差	0.664
观测值	12

表 3.23　修正的方差统计及 F 检验

	自由度	离均差平方和	平均平方和	F 统计量	显著性 p 值
回归分析	4	15.316	3.829	8.679	0.008
残差	7	3.088	0.441		
总计	11	18.404			

表 3.24　修正的回归系数及 T 检验

	回归系数	标准误差	T 值	p 值	置信度 95% 下限区间	置信度 95% 上限区间
截距	−24.441	12.284	−1.990	0.087	−53.489	4.607
埋深/m	−0.170	0.063	−2.713	0.030	−0.318	−0.022
单环注浆量/m³	19.876	4.243	4.684	0.002	9.842	29.910
土压力/bar	15.855	4.469	3.548	0.009	5.289	26.422
扭矩/(kN·m)	−0.021	0.007	−3.172	0.016	−0.037	−0.005

即

$$S = -24.44 - 0.17x_1 + 19.88x_3 + 15.86x_4 - 0.021x_5 \tag{3.21}$$

式中，S 为相对沉降；x_1 为埋深；x_3 为单环注浆量；x_4 为土压力；x_5 为扭矩。

（4）统计检验。

R 检验中，$R^2 = 0.832$，说明拟合效果较好，相对沉降在影响因素中 83.2% 的部分可以从模型中得到。

F 检验中，显著性 0.0075 小于 0.01，说明整个回归方程通过了显著性水平为 0.01 的 F 检验，证明回归方程显著，可信度为 99%，但方程整体显著不代表每个自变量都显著，所以需要对每个自变量的回归系数进行 T 检验。

T 检验中，截距的 p 值小于 0.1，回归系数通过了显著性水平为 0.1 的 T 检验，证明截距的可信度为 90%。除此以外，其余各个变量均通过了显著性为 0.05 的 T 检验，说明各个变量对相对沉降的影响是显著的，回归系数的可信度为 95%。

（5）修正。

针对回归分析结果，对需要向同一测点转化的相对沉降进行修正，如 a13 测点值向 a14 测点相同深度位置处的转化，其原理如下：

a13 测点（埋深 7.8m）的沉降（实测数据）：
$$S_{a13} = -24.44 - 0.17x_{1,a13} + 19.88x_{3,a13} + 15.86x_{4,a13} - 0.021x_{5,a13}$$

a14 测点（埋深 7.8m）的沉降（待求数据）：
$$S_{a14} = -24.44 - 0.17x_{1,a14} + 19.88x_{3,a14} + 15.86x_{4,a14} - 0.021x_{5,a14}$$

则有
$$\Delta S = S_{a13} - S_{a14} = -0.17(x_{1,a13} - x_{1,a14}) + 19.88(x_{3,a13} - x_{3,a14})$$
$$+ 15.86(x_{4,a13} - x_{4,a14}) - 0.021(x_{5,a13} - x_{5,a14})$$
$$= -0.17\Delta x_1 + 19.88\Delta x_3 + 15.86\Delta x_4 - 0.021\Delta x_5$$

故
$$S_{a14} = S_{a13} - \Delta S$$

具体计算过程如下：

①第一步，计算因素变化量：

即求 a13 测点相对于 a14 测点的各项参数的差值。由于转化是为了将 a13 测点所在断面埋深的沉降数据向 a14 测点所在断面同一埋深处的沉降数据转化，并不改变埋深，所以取 $\Delta x_1 = 0$。

$$\Delta x_3 = x_{3,a13} - x_{3,a14} = 2.65 - 2.68 = -0.03$$
$$\Delta x_4 = x_{4,a13} - x_{4,a14} = 0.99 - 0.98 = 0.01$$
$$\Delta x_5 = x_{5,a13} - x_{5,a14} = 2058.32 - 2082.35 = -23.53$$

②第二步，计算相对沉降修正量：

将变化量带入回归方程，有
$$\Delta S = -0.17\Delta x_1 + 19.88\Delta x_3 + 15.86\Delta x_4 - 0.021\Delta x_5$$
$$= -0.17 \times 0 + 19.88 \times (-0.03) + 15.86 \times 0.01 - 0.021 \times (-23.53)$$
$$= -0.056 \text{mm}$$

③第三步，计算相对沉降修正值：

修正后 a14 测点（埋深 7.8m）的沉降为
$$S_{a14} = S_{a13} - \Delta S = -0.632 - (-0.056) = -0.576 \text{mm}$$

取 -0.576mm 为 c14 坐标处 7.8m 埋深时的相对沉降，从而实现同一平面测点不同深度的位移测量。

由于数据组数过少（只有 12 个），对于分层位移数值过小（区分度不大）而出现回归分析的修正量比原实测值大的情况，采取放弃修正量，取原值的方法。具体位移监测分析结果将在后面的相关章节讨论。

3.4.2 北京地铁新机场线磁各庄站—1#区间基本情况

1. 工程概况

1）工程设计

本合同段为磁各庄站—1#区间风井区间工程（图 3.30），包含磁各庄站—新发地区间盾构井、盾构井—1#区间风井盾构区间及 1#区间风井。盾构井—1#区间风井盾构区间：全长约为2814m，最小平面曲线半径为2000m；最大坡度为4‰。底板埋深为23.65～30.96m，覆土厚度为14.85～22.16m。本段区间位于现况及规划广平大街下方，规划红线宽度为40m，已部分实现规划。设计里程为右K30+336.653—右K33+188.764，右线长度约为2852.111m，采用盾构法施工，区间中部设联络通道兼泵房一座、独立联络通道三座。盾构始发井采用明挖法施工，总长为130m，标准段宽为27.7m，扩大端宽为33.6m，标准段采用地下单层双柱三跨框架结构，深为21.64m，盾构吊装井及出土口为双层双柱三跨框架结构，结构尺寸：18.2m（长）×33.3m（宽）×18.69m（高），基坑深为23.58m。1#区间风井兼盾构接收井位于广平大街与金星路交叉位置以北的广平大街下方，为明挖地下三层框架结构，南侧通过暗挖二层风道与区间正线连接，风道采用"桩洞法（pile-beam-arc，PBA）施工"，为地下二层直墙拱形结构；1#区间风井南侧兼作盾构接收井，施工期间需为盾构右线侧接收提供条件；同时，广平大街西侧设置独立盾构井，负责施工期间盾构左线侧接收。盾构区间线路整体呈南北走向，出磁各庄站北盾构始发井后，向北依次下穿团河路、兴亦路、规划广平大街、连续300m平房区到达科苑路与广平大街丁字路口，后沿广平大街下方继续向北，并依次下穿金苑路、黄亦路到达1#区间风井。区间采用两台开挖直径9.04m的盾构机先后从盾构始发井右线、左线始发，掘进至盾构接收井暗挖横通道，接收后平移至两侧明开竖井吊出。

图3.30 盾构区间位置示意图

2）区间沿线风险工程概况

工程采用开挖直径为9.04m盾构机，管片外径为8.8m，内径为7.9m，宽为1.5m。盾构大部分穿越砂卵石⑤层、细中砂⑥₃层、砂卵石⑦层，此三类地层对于盾构磨损大，单台盾构机连续掘进距离最长约2km，施工难度高；同时区间隧道沿线还下穿大断面雨水方沟、110kV电力隧道和大面积平房区以及多条现况道路等众多环境风险，施工风险点多，隧道沿线上方情况如图 3.31、图 3.32 所示。

图 3.31　隧道沿线上方情况（一）

图 3.32　隧道沿线上方情况（二）

2. 工程地质

盾构区间穿越主要地层如表 3.25 所示

表 3.25　盾构区间穿越主要地层表

代号	岩性名称	颜色	密实度	湿度	备注
③$_3$	粉细砂	褐黄色	中密–密实	稍湿–湿	主要矿物成分为云母、石英、长石，局部夹砂质粉土薄层
④	粉质黏土	褐黄色	中密–密实	湿–很湿	硬塑–可塑，含钙质结核、氧化铁等，局部夹黏土薄层，本层厚度为 4.2~5.9m，层顶标高为 24.97~26.36m
④$_3$	粉细砂	褐黄色	密实	湿	主要矿物成分为云母、石英、长石，含少量圆砾

续表

代号	岩性名称	颜色	密实度	湿度	备注
⑤	砂卵石	杂色	密实	湿	最大粒径约130mm，一般粒径为20~40mm，亚圆形，粒径大于2cm的颗粒含量60%左右，母岩成分花岗、辉绿岩及白云等，中粗砂充填。重型动力触探：12~83次，平均47次
⑥	粉质黏土	褐黄色	中密-密实	很湿	硬塑-可塑，含钙质结核、氧化铁等。本层厚度为8.0~10.6m，层顶标高为20.12~21.73m
⑥₁	黏土	褐黄色	中密-密实	很湿	可塑，含钙质结核、氧化铁等
⑥₂	砂质粉土黏质粉土	褐黄色	密实	稍湿-湿	氧化铁和少量钙质结核，局部夹粉细砂薄层
⑥₃	细中砂	褐黄色	密实	饱和	主要矿物成分为云母、石英、长石，含少量圆砾
⑦	砂卵石	杂色	密实	湿-饱和	最大粒径约180mm，一般粒径为40~60mm，亚圆形，粒径大于2cm的颗粒含量大于60%

3. 水文地质

磁各庄站—1#区间工程地质范围内地下水类型为上层滞水（一）、层间潜水（三）和层间潜水-承压水（四）。

上层滞水（一）：稳定水位深度为1.50m，含水层主要为砂质粉土黏质粉土⑥₂层。

层间潜水（三）：稳定水位深度为17~29.8m，含水层主要为砂质粉土黏质粉土⑥₂层、细中砂⑥₃层。

层间潜水-承压水（四）：初步勘察钻探揭露该层稳定水位埋深为24.40~29.70m，稳定水位标高为12.15~19.27m，含水层主要为砂卵石⑦层及其夹层及其以下砂土、卵石地层。

其中，层间潜水（三）主要位于隧道中下部，层间潜水-承压水（四）主要分布在盾构隧道底板附近，局部位于底板以上。

区间隧道工程地质与水文地质状况如图3.33所示。

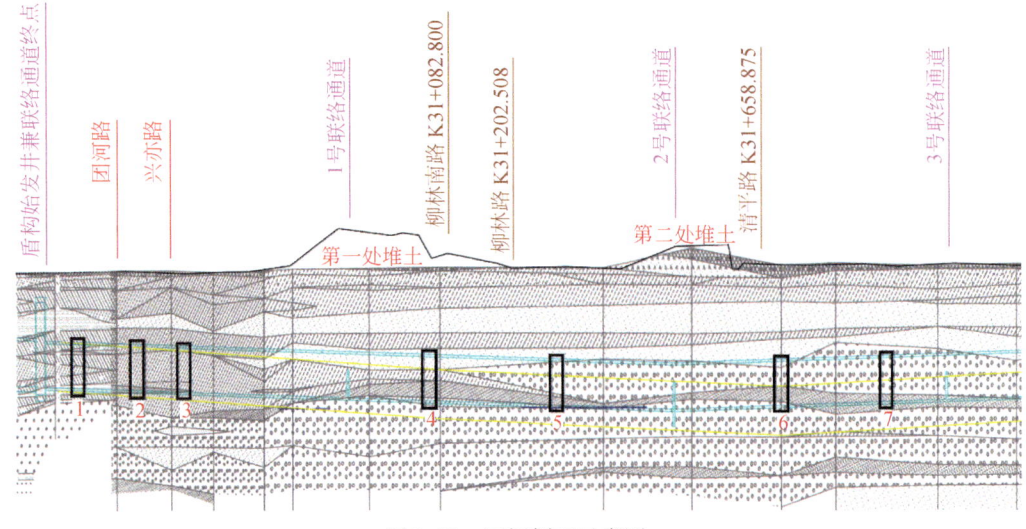

图3.33 区间剖面示意图

4. 监测断面选取

盾构始发井至3号联络通道之间的区域,除3号联络通道处存在一处两层混凝土结构房屋外,无其他建筑物,但地表不平整,存在两处堆土,有可能导致两条隧道覆土厚度不同;地表存在大量居民种植的树木及温室大棚骨架;2号联络通道至3号联络通道之间存在一处正在施工的工地;3号联络通道之后隧道上方建筑物较多,地面无监测场地条件。经过对比分析,选取以下两块场地作为监测断面布置场地。

1) 监测场地一

盾构隧道始发后下穿团河路,之后进入空地,地表情况如图3.34所示,空地位于团河路与兴亦路中间,四周存在临时围墙,空地中存在零星菜地,无建筑物,空地北边墙至南边墙里程为YK30+530—YK30+650(121～196环)。选定监测断面位置为YK30+620(约177环)。

图3.34 团河路与兴亦路中间空地地面情况

由平面图3.35可知,区间隧道位于两空地之间墙体之下,隧道上方有一处电力管线,场地开阔。空地段剖面图如图3.36所示,区间穿越地层以粉土为主,位于隧道底板至隧道高三分之二处,隧道顶板位置主要分布粉质黏土(前半段)、粉细砂(后半段)。本次监测断面选择靠近空地北边墙,隧道穿越底层为粉细砂及粉土,上方覆土由上至下分别为:杂填土、黏土、粉土、粉质黏土、粉细砂、粉质黏土,覆土厚度约15m。

2) 监测场地二

监测场地二选取在首座御园三期幼儿园西侧100m,科苑路与广平大街交汇处的路面上,第一层为10cm的沥青层,第二层为碎石加石灰组成的稳定碎石基层。此场地地表较为平整,能够满足施工要求。地表情况如图3.37所示,地质剖面如图3.38所示。

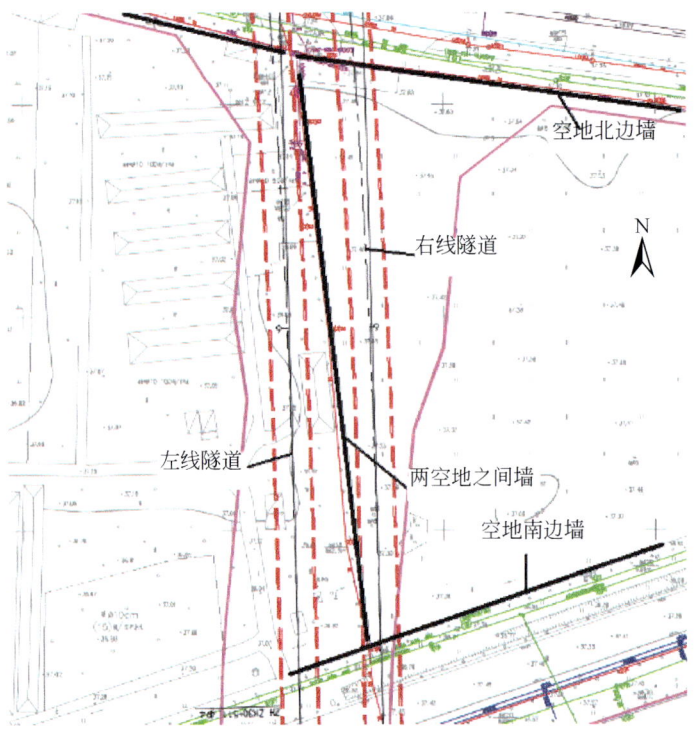

图 3.35 第一监测断面周围平面示意图

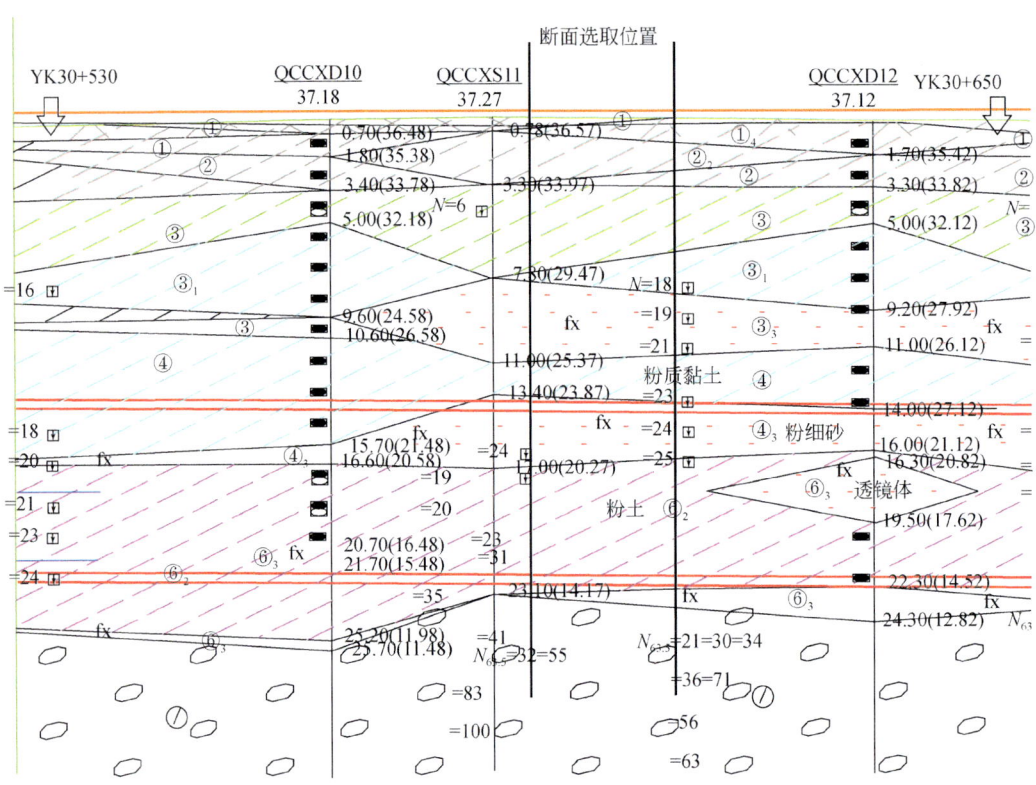

图 3.36 第一监测断面地质剖面图（单位：m）

图 3.37　第二监测断面路面空地地面情况

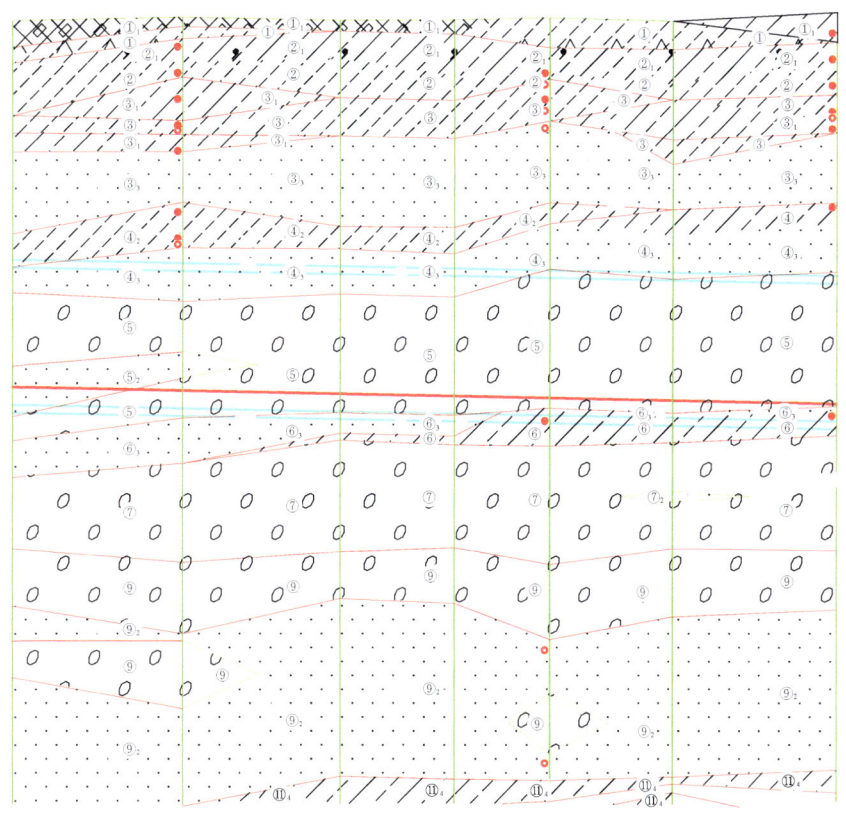

图 3.38　第二监测断面地质剖面图

5. 监测场地的测点布置

为了进一步了解盾构施工对深部土体变形的影响，对两个监测断面处的土体分层沉降、土体水平位移、地表沉降进行监测。

由于第一监测断面和第二监测断面的测点布置情况不一致,故分别对第一监测断面和第二监测断面的测点布置情况加以详细说明。

1) 第一监测断面

现场布置测点分为地层深部测点和地面测点两种。第一监测断面沿着隧道推进方向布置五列测点,每列各深部测点的平面间距均为1.6m,深部测点布置方式采用单孔单点的布置方式,即通过在一个钻孔内布置一支传感器的方式监测地层某个埋深的垂直位移,如图3.39、图3.40所示。首先,布置地层深部测点,其中A11、A21、A31三个测点分别位于右线盾构隧道右上方;A12、A22、A32、A41、A51五个测点分别位于右线盾构隧道右侧边缘上方;A13、A23、A33、A42四个测点分别位于右线盾构隧道中间正上方;A14、A24、A34、A43、A52五个测点分别位于右线盾构隧道左侧边缘上方和A15、A25、A35、A44、A53五个测点分别位于右线盾构隧道左上方。然后,自隧道右线轴线正上方向右38.47m开始向左线方向布置静力水准仪,用于测量地表即埋深为零处的位移,布置地表测点分别为B0、B1、B2、D1、D2、D3、D4、D5、B3、B4、B5。B0和B1的间距为13.72m,B1和B2的测点间距为9m,B2和D1的测点间距为6.25m、D1和D2的间距为5m,其余测点的间距均为4.5m。

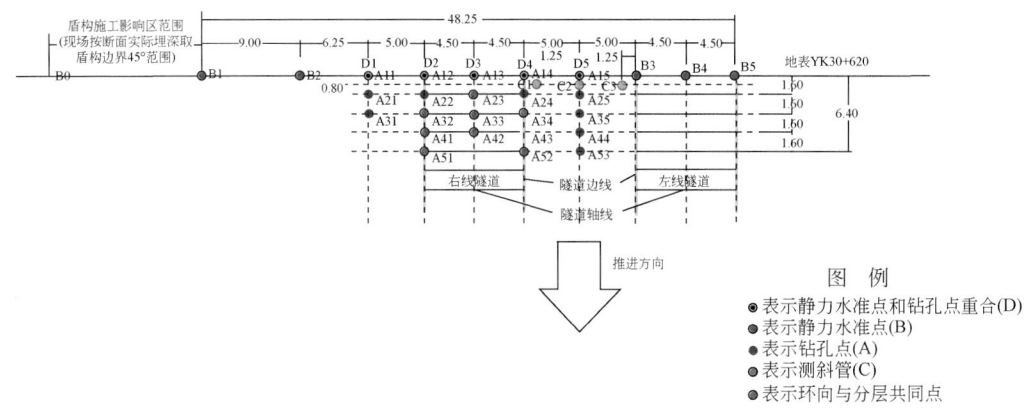

图3.39 第一监测断面测点水平布置图(单位:m)

第一监测断面为两个隧道施工中盾构最先到达的监测断面,盾构隧道下穿第一监测断面区域覆土厚度约为15m,根据测点与先行(右线)隧道轴线之间水平距离的大小,对分层沉降测点进行划分,具体可划分为以下几类:

(1) 测点A11~A31(与右线隧道轴线水平距离9.5m),与隧道拱顶竖向距离依次为8m、4m、2.5m;

(2) 测点A12~A51(与右线隧道轴线水平距离4.5m),与隧道拱顶竖向距离依次为8m、4m、2.5m、1m、-1.34m;

(3) 测点A13~A42(与右线隧道轴线水平距离0m),与隧道拱顶竖向距离依次为8m、4m、2.5m、1m;

(4) 测点A14~A52(与右线隧道轴线水平距离4.5m),与隧道拱顶竖向距离依次为8m、4m、2.5m、1m、-1.34m;

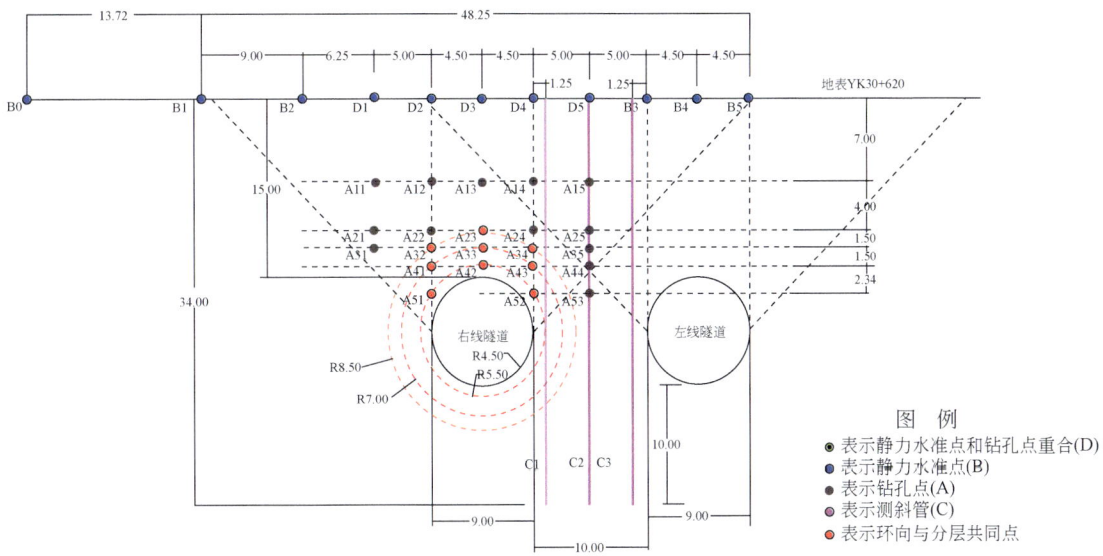

图 3.40 第一监测断面测点剖面布置图（单位：m）

（5）测点 A15～A53（与右线隧道轴线水平距离 9m），与隧道拱顶竖向距离依次为 8m、4m、2.5m、1m、-1.34m。

2）第二监测断面

第二监测断面沿着隧道推进方向布置五列测点，每列各深部测点的平面间距均为 1.6m，如图 3.41、图 3.42 所示。首先，布置地层深部测点，其中 A11、A21、A31 三个测点分别位于右线盾构隧道右上方；A12、A22、A32、A41、A51 五个测点分别位于右线盾构隧道右侧（面对掘进方向）边缘上方；A13、A23、A33、A42 四个测点分别位于左、右两线盾构隧道轴线正上方；A14、A24、A34、A43 四个测点分别位于右线盾构隧道左侧（面对掘进方向）边缘上方和 A15、A25、A35、A44、A53 五个测点分别位于右线盾构隧道轴线向左 9.6m，A16、A26、A36、A45、A54 五个测点分别位于左线盾构隧道右侧（面对掘进方向）边缘上方，距离左线隧道轴线距离 4.6m，A17、A27、A37、A46 四个测点分别位于左线隧道左侧（面对掘进方向）距离左线隧道轴线距离向左 0.7m。然后，地表测点自隧道右线轴线正上方向右 15.75m 开始向左线方向布置，布置测点分别为 B1、B2、D1、D2、D3、D4、D5、D6、D7、B3、B4、B5。

第二监测断面为两个隧道施工中盾构后到达的监测断面，盾构隧道下穿第二监测断面区域覆土厚度约为 20m，根据测点与先行（右线）隧道轴线之间水平距离的大小，对分层沉降测点进行划分，具体可划分为以下几类：

（1）测点 A11～A31（与右线隧道轴线水平距离 9.5m），与隧道拱顶竖向距离依次为 8m、4m、2.5m；

（2）测点 A12～A51（与右线隧道轴线水平距离 4.5m），与隧道拱顶竖向距离依次为 8m、4m、2.5m、1m、-1.28m；

（3）测点 A13～A42（与右线隧道轴线水平距离 0m），与隧道拱顶竖向距离依次为

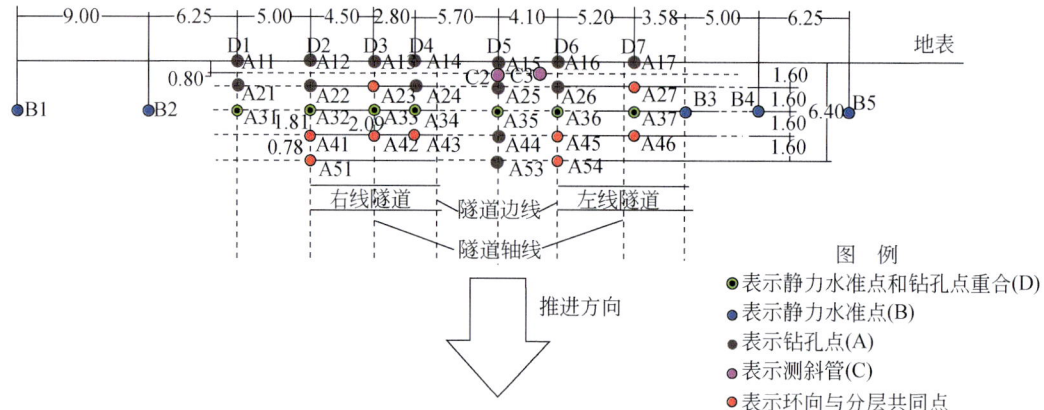

图 3.41 第二监测断面测点水平布置图（单位：m）

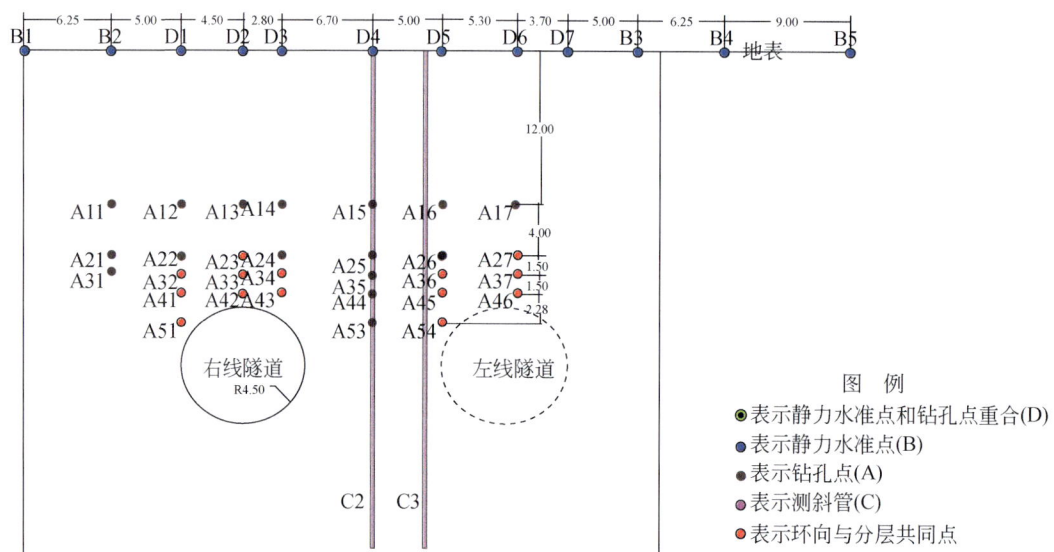

图 3.42 第二监测断面测点剖面布置图（单位：m）

8m、4m、2.5m、1m。

（4）测点 A14～A43（与右线隧道轴线水平距离 2.8m），与隧道拱顶竖向距离依次为 8m、4m、2.5m、1m；

（5）测点 A15～A53（与右线隧道轴线水平距离 9.5m），与隧道拱顶竖向距离依次为 8m、4m、2.5m、1m、−1.28m；

（6）测点 A16～A54（与右线隧道轴线水平距离 14.5m），与隧道拱顶竖向距离依次为 8m、4m、2.5m、1m、−1.28m；

（7）测点 A17～A46（与右线隧道轴线水平距离 19.8m），与隧道拱顶竖向距离依次为 8m、4m、2.5m、1m。

6. 测试仪器及数据采集

新机场线磁各庄站—1#区间风井盾构区间监测测试仪器安装及数据采集与北京地铁 14

号线方庄站—十里河站区间所用方法相同，具体钻孔布置略有差异。钻孔施工如图 3.43 所示，钻孔施工完成后如图 3.44 所示。

（1）第一监测断面钻孔深度详细如下：

孔深 16.34m：A51、A52、A53；

孔深 14m：A41、A42、A43、A44；

孔深 12.5m：A21、A22、A23、A24、A25；

孔深 11m：A31、A32、A33、A34、A35；

孔深 7m：A11、A12、A13、A14、A15。

（2）第二监测断面钻孔深度详细如下：

孔深 21.28m：A51、A53、A54；

孔深 19m：A41、A42、A43、A44、A45、A46；

孔深 17.5m：A31、A32、A33、A34、A35、A36、A37；

孔深 16m：A21、A22、A23、A24、A25、A26、A27；

孔深 12m：A11、A12、A13、A14、A15、A16、A17。

图 3.43　第一监测断面平台施工完成图　　　　图 3.44　第二监测断面平台施工完成图

现场单点位移计及水准仪安装情况如图 3.45、图 3.46 所示。

 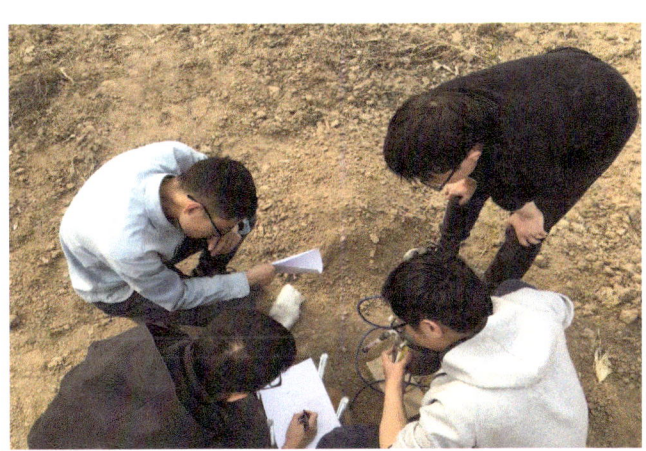

图 3.45　现场单点位移计安装情况　　　　图 3.46　现场水准仪安装

确保在盾构机到达前一周安装完所有监测仪器。通过旋转水准仪下部螺母来调节水准仪高度，进行测量调试，看测量精度是否满足要求。沉降监测数据采集频率如表 3.26 所示。

表 3.26 沉降采集监测频率

监测阶段		监测频率		
起始点	终止点	自动化采集设备	人工采集设备（测斜管）	地表人工复核
监测系统布置完成	盾构距监测断面 50 环前	1 次/30min	3 次/d	2 次/d
盾构距监测断面 50 环后	刀盘进入影响区前	1 次/18min	6 次/d	4 次/d
刀盘进入影响区后	盾尾脱出影响区前	1 次/6min	12 次/d	6 次/d
盾尾脱出影响区后	沉降明显稳定（每天变化值小于1mm）前	1 次/18min	6 次/d	4 次/d
沉降明显稳定（每天变化值小于1mm）后	测点明显稳定前	1 次/h	1 次/d	1 次/d

各监测结果的处理同 3.3.1 节相关内容，其使用会在后面章节中讨论。

第4章 地层竖向位移的空间分布与发展规律

地层分层位移测试方法与系统解决了现有地层位移测试技术存在的问题，能够准确测得不同深度地层的竖向位移，为研究地层位移规律提供了技术支持。在地层分层位移测试方法与系统的支持下，本章对盾构施工引起周围地层位移横向、竖向和纵向分布与发展规律进行研究分析。首先对地层分层位移分布理论做了简要介绍，然后分析了沉降槽的形态，通过理论分析、数值模拟和现场实测相结合的研究手段，以北京地铁14号线方庄站—十里河站区间及新机场线磁各庄站—1#区间盾构工程沉降监测数据为依据，研究了不同时刻和埋深情况下地层位移的变化规律，揭示了地层位移的"横三区、竖两层、纵向五阶段"空间分布与发展规律，建立了相应的数学模型。

4.1 竖向位移沿横向分布特征

地铁隧道对上部结构物产生作用的因素主要是由其施工引起的地层变形，尤其是在近接施工的盾构区间相互穿越、交叉穿越等情况，既有线结构对在建盾构施工变形控制的要求越来越高，又有线、铁路等风险工程要求在建盾构施工引起的变形控制在3mm以内。要计算与评价对既有建（构）筑物的损害，应该先对隧道开挖引起的地层变形规律进行深入研究。地层位移（或变形）主要表现为横向位移（或变形）和竖向位移（或变形），横向位移（或变形）指的是垂直于隧道轴线的竖向剖面，纵向位移（或变形）指的是通过隧道轴线的竖向剖面。本书如无特别说明，地层位移（或变形）指的是竖向位移（或变形），或叫沉降。本章对地层分层位移横向分布理论做简要介绍，然后分析横向沉降槽的形态，通过理论分析、数值模拟和现场实测相结合的研究手段，对盾构施工引起的地层分层位移规律研究进行深入探讨。

4.1.1 基本理论

1. Peck 沉降模型

地下隧道的开挖所引起的地表沉降曲线一般习惯称之为"沉降槽"（settlement trough）。图4.1示意性地表示了一个隧道在开挖过程中引起地表位移的形态。在目前众多的预测地铁隧道开挖引起的地表位移的经验方法中，Peck于1969年提出的方法无疑是其中最简便，也是目前应用最为广泛的方法。

早在1969年墨西哥国际土力学地基基础会议上，就"隧道掘进引起地表沉陷"议题，Peck通过17例由隧道开挖引起的地表沉陷数据及工程资料分析，提出地表沉陷槽类似正态分布曲线（图4.2），认为地层移动由地层损失引起，且地层损失在整个隧道长度上均匀分布，施工引起的沉降是在不排水情况下发生的，所以隧道开挖引起的地面沉降槽体积

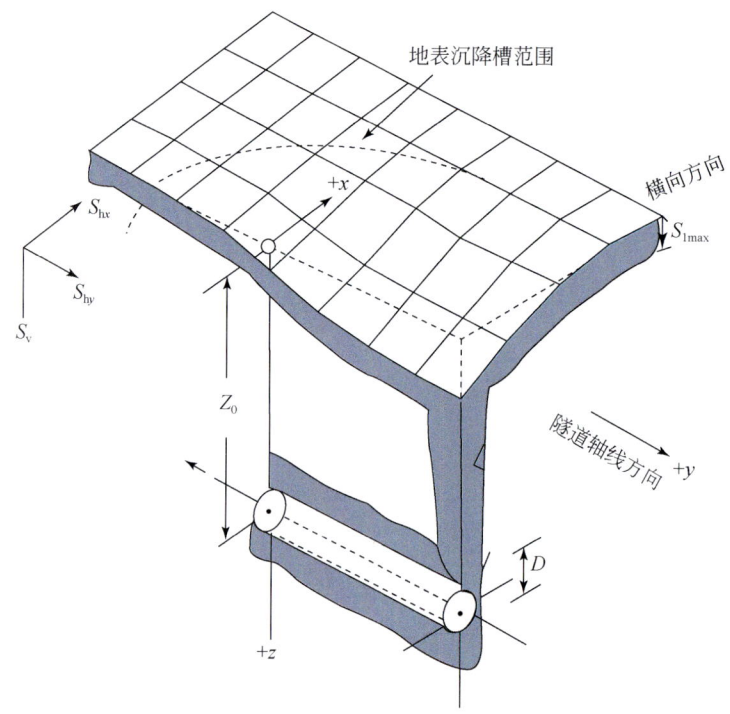

图 4.1 隧道在开挖过程中引起的地表位移形态[52]

应等于地层损失体积,并提出一个地表沉降横向分布的估算公式如下:

$$S(x) = S_{\max}\exp\left(\frac{-x^2}{2i^2}\right) \tag{4.1}$$

式中,$S(x)$ 为距离隧道中心轴线为 x 处的地面沉降,m;$S_{\max}$ 为地表的最大沉降,位于沉降曲线的对称中心上,即隧道轴线位置,m;x 为从沉降曲线中心到所计算点的距离,m;i 为从沉降曲线对称中心到曲线拐点的距离,一般称为沉降槽宽度系数,m。根据 O'Reilly 和 New[47]在伦敦地区的经验,i 和隧道深度(z_0)之间存在简单的线性关系,即

$$i = Kz_0 \tag{4.2}$$

式中,K 为沉降槽宽度参数,主要取决于土的性质。伦敦地区的经验,对于无黏性土 K 值在 0.2~0.3;对于硬黏土,约为 0.4~0.5;粉质黏土则可高达 0.7。

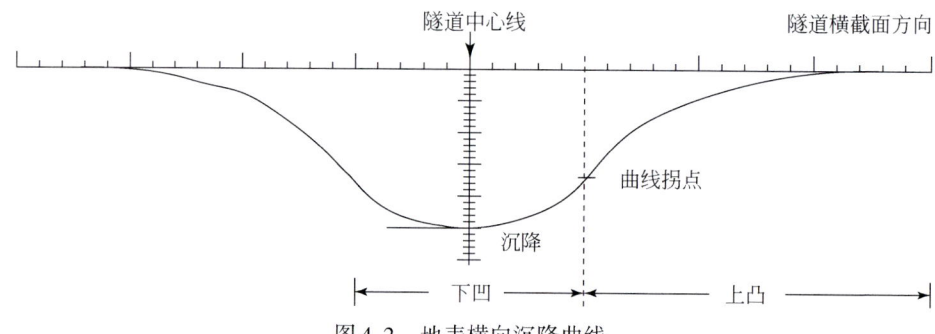

图 4.2 地表横向沉降曲线

定义地层损失率（volume loss，V_l）为单位长度地表沉降槽体积占隧道开挖体积的百分比。对于不排水条件，地层损失率（V_l）与最大位移之间的关系如下：

$$S_{max} = \frac{AV_l}{\sqrt{2\pi}\,i} = \frac{0.313V_l D^2}{i} \qquad (4.3)$$

式中，D 为隧道开挖直径，m；A 为隧道断面面积，m^2；V_l 为地层损失率，%，主要与工程地质情况、水文地质情况、隧道施工方法、施工技术水平及工程管理经验等因素有关。

将式（4.2）、式（4.3）代入式（4.1），就可以得到一个工程实用的预计天然地面沉降的公式，如下：

$$S(x) = \frac{0.313 V_l D^2}{K z_0} \exp\left(\frac{-x^2}{2K^2 z_0^2}\right) \qquad (4.4)$$

根据式（4.4），对于一个确定的工程，隧道深度（z_0）和开挖直径（D）都是确定的，因此地表的位移就取决于地层损失率（V_l）和沉降槽宽度参数（K）。前者决定了沉降的大小，而后者则决定了沉降槽曲线的性状（如宽而浅，或窄而深）。

2. Mair 沉降模型

Mair 等[3]认为地表以下的沉降槽曲线仍然能够用高斯分布来近似描述，如图 4.3 所示，即以前述的式（4.1）来描述，但是应该重新考虑其中的沉降槽宽度系数（i）。

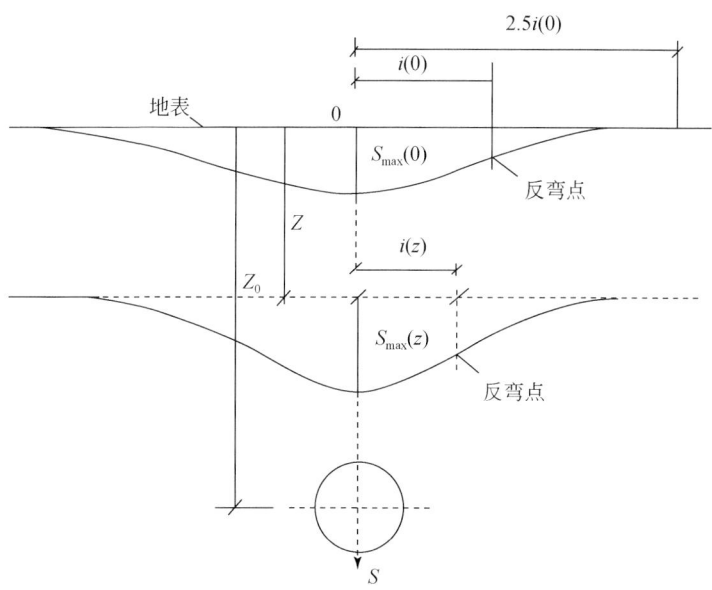

图 4.3 地表和地表以下沉降槽形态[3]

Mair 等将式（4.2）中的 z_0 用 z_0-z 来代替，同时，由于沉降槽宽度参数（K）是深度（z）的函数，因此采用 $K(z)$ 代替式（4.2）中的 K，即

$$i(z) = K(z) \cdot (z_0 - z) \qquad (4.5)$$

式中，若 z 等于 z_0，则 $K(z)$ 即等于式（4.2）中的 K。

根据在硬黏土和软黏土中的有限实测资料（包括部分采用软黏土进行的离心机实验结

果),Mair 等发现沉降槽宽度随观测深度的增加而减小,其中的沉降槽宽度参数为

$$K(z)=\frac{0.50-0.325(z/z_0)}{1-z/z_0} \qquad (4.6)$$

根据 Mair 等给出的工程实测和离心机实验所得到的沉降槽宽度系数 (i) 和相对埋深 (z_0-z) 进行拟合可得出大部分数据符合如下规律:

$$i(z)=0.50z_0-0.325z \qquad (4.7)$$

从式 (4.7) 可以看到,根据 Mair 公式,随着深度 (z) 的增加 i 线性减小,这一规律和实测数据相吻合,联合式 (4.7)、式 (4.1)、式 (4.3),即可估算地表以下、隧道顶部以上任意深度 z 处的沉降槽曲线。

3. 姜忻良沉降模型

姜忻良等[88]假定由隧道开挖在地面以下土层所形成的沉降槽体积等于土体损失体积,各土层沉降槽曲线仍可以采用正态分布函数表示,$S_{max}(z)$ 和 $i(z)$ 成反比,通过回归分析提出了不同深度土层沉降槽宽度系列计算公式如下:

$$S_z(x)=S_{max}(z)\exp\left[\frac{-x^2}{2i(z)^2}\right] \qquad (4.8)$$

$$S_{max}(z)=S_{max}(1-z/h)^{-0.3} \qquad (4.9)$$

$$i(z)=i(1-z/h)^{0.3} \qquad (4.10)$$

式中,$S_{max}(z)$ 为隧道轴线上方离地面 z 深度处土体的最大沉降,m;$i(z)$ 为离地面 z 深度处的土体沉降槽曲线宽度系数,m。

经验公式的提出缺乏理论基础,同时,土体损失是一个经验参数,取决于开挖面的稳定性,与施工时的地质条件、管径、埋深及施工工艺有关,在施工前很难确定,只有通过反算和合理假设才能得到,这使其应用受到了限制。

4. 藤田沉降模型

日本藤田对日本国内 1965 年以来发表的有关盾构施工引起的地表沉降的 94 例资料加以整理[54],发现沉降槽形状与 Peck 所假定的正态分布曲线惊人的一致(图 4.4)。藤田按盾构型式和围岩情况的不同,对最大沉降量进行分析,列出了实测最大沉降量的分类统计结果,并将统计结果与有限元计算结果进行对比。在此基础上,对统计结果进行了整理,给出了最大沉降量的分类估计值。藤田所收集的统计资料涉及的盾构型式包括开胸式、泥水式、土压平衡式等;土层包括黏土、砂性土及互层;隧道型式包括单孔和双孔,其统计结果具有良好的代表性,但其估计值变化范围也很大。具体公式如下:

$$i=\frac{\pi R^2}{\sqrt{2\pi}\cdot S_{max}}\left(\frac{\Delta A}{A}\right) \qquad (4.11)$$

将式 (4.11) 变换后可用土层体积损失率 $\Delta A/A$ 表示最大沉降 (S_{max}) 为

$$S_{max}=\frac{A}{\sqrt{2\pi}i}\left(\frac{\Delta A}{A}\right)=\frac{\pi R^2}{\sqrt{2\pi}i}\left(\frac{\Delta A}{A}\right) \qquad (4.12)$$

式中,ΔA 为沉降槽断面积;A 为隧道断面积;R 为隧道直径;S_{max} 为隧道轴线上方地面的最大沉降。

根据统计资料，土层体积损失率一般为[89]
$$\Delta A/A = 1\% \sim 3\%$$

由图4.5查出沉降槽宽度系数（i）后，代入式（4.9）可求出最大沉降（δ_{max}），再根据式（4.1）即可求出任意点 x 处的地表沉降（δ）。

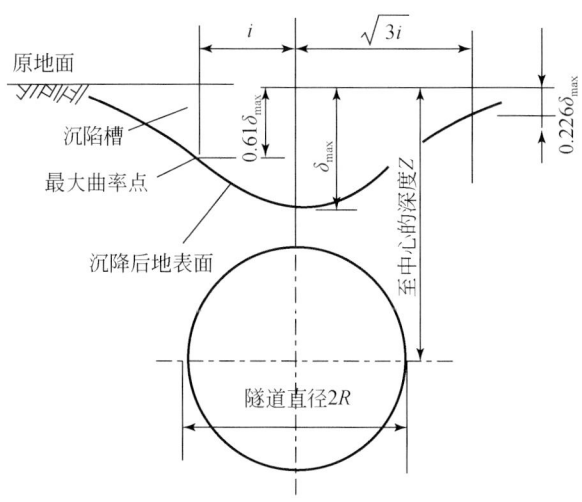

图 4.4　沉降槽示意图

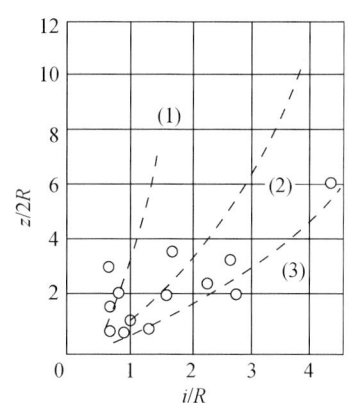

图 4.5　沉降槽宽度系数与隧道埋深的关系

（1）岩层、固结黏土层及地下水位以上的砂层；（2）软–硬黏土层；（3）地下水位以下的砂层

5. 随机介质理论模型

地铁隧道施工产生的地层移动及变形不仅对地表建筑物产生影响，还会对处于隧道上方某一深度处的各种管线、桩基、桥墩等建筑物产生一定危害，因此确定隧道上方某一深度处的地层移动及变形具有十分重要的意义。

根据随机介质理论，隧道开挖对地层的影响可以等效成构成这一开挖的许多无限小微元开挖的影响总和。随机介质理论假定开挖影响范围满足如下的线性关系：

$$r(z) = R + \frac{H-z}{\tan\beta} \tag{4.13}$$

式中，$r(z)$ 为微元开挖在深度为 z 水平方向上的主要影响范围，它取决于开挖所处的地层条件，可以认为与 z 成线性或非线性关系；β 为地层主要影响角。

在随机介质法中，不管是什么地层条件下，地表沉降槽体积与地层损失体积都是相等的，地层某一深度处的沉降曲线也服从高斯曲线。为简化计算求出地层某一深度处的地层沉降及变形等，根据随机介质理论，需做出如下假设：

（1）地层沉降表达式服从高斯曲线分布；
（2）地层任意深度处的沉降槽体积与地层损失体积及地表沉降槽的体积都是相等的；
（3）地层影响范围与地层深度成如式（4.13）所示的线性关系。从而得到地层沉降的表达式为

$$W(z,x) = A(z)\exp\left[-\frac{\pi\tan^2\beta}{(H-z)^2}x^2\right] \tag{4.14}$$

式中，H 为隧道埋深；z 为地表以下某一深度；$W(z,x)$ 为地表以下某一深度处的地层沉降；$A(z)$ 为地表以下深度 z 处隧道中心线上的地层沉降，可以根据前述假设（2）来确定，过程如下：

$$\int_{-\infty}^{+\infty} A(z)\exp\left[-\frac{\pi\tan^2\beta}{(H-z)^2}x^2\right]dx = V \tag{4.15}$$

$$A(z) = \frac{V\tan\beta}{H-z} \tag{4.16}$$

式中，V 为地层损失。将式（4.16）代入式（4.14），得

$$W(z,x) = \frac{V\tan\beta}{H-z}\exp\left[-\frac{\pi\tan^2\beta}{(H-z)^2}x^2\right] \tag{4.17}$$

通过实际计算发现，不管是采用随机介质法还是上述方法，当地层距隧道中心较近时，预测得到的该地层沉降与实际沉降误差较大（表现为隧道中心线上的沉降大于隧道拱顶的沉降），在盾构近距离穿越既有构筑物工况下无法使用该方法对沉降进行预测。

6. Sagaseta 方法

Sagaseta[90] 对近地面以下某深度处由土体损失引起的不可压缩性土体的应变场进行了分析，采用绝对位移作为变量来求解地面以下土体的位移场和应力场。假定土体是各向同性不可压缩的均匀弹性半无限体，土层各向同性采用一个镜像源来消除无限介质情况下产生的虚拟边界条件。将土体损失等效为圆柱体，假定土体损失沿轴线均匀分布，在不排水条件下，得到三维的地面变形计算公式为

$$\delta(x,y) = \frac{V_{\text{loss}}}{2\pi}\frac{H}{x^2+H^2}\left(1-\frac{y}{\sqrt{x^2+y^2+H^2}}\right) \tag{4.18}$$

式中，$\delta(x,y)$ 为隧道上方地表任意一点的沉降，m；V_{loss} 为土体体积损失，即施工引起的隧道单位长度地层损失，m³/m，即 $V_{\text{loss}} = V_1 A$，其中 V_1 为地层损失率，范围在 0.2%~2.5%，A 为隧道断面面积；H 为隧道埋深；x 为离轴线的横向水平距离，m；y 为离开挖面的水平距离（以盾构掘进方向为正），m。

该公式可以计算三维的地面变形,但仅考虑了土体损失,没有考虑其他施工因素,无法解释地面隆起现象。令式 (4.18) 中的 y 趋向于 $-\infty$,即只考察隧道开挖稳定后地表横向的沉降规律,可得沉降曲线如下:

$$\delta(x) = \frac{V_{\text{loss}}}{\pi} \frac{H}{x^2 + H^2} \tag{4.19}$$

式中,$\delta(x)$ 为与隧道走向轴线正交的横向平面内地表沉降。

Schmidt[91] 对 Sagaseta 提出的公式表示了质疑,认为采用该公式计算得出的地面沉降槽宽度要明显大于实测值。Sagaseta 对该讨论作了回复,对横向地面沉降计算公式作了修正如下:

$$\delta_{z=0}(x) = \frac{V_{\text{loss}}}{\pi} \frac{H}{x^2 + H^2} \cdot \frac{1}{(1 + x^2/H^2)^\alpha} \tag{4.20}$$

式中,α 为一个与土体剪胀角相关的参数,对于不可压缩性土体,$\alpha-1$;对于排水变形,α 能够达到约为 2。

此后,Gonzalez 和 Sagaseta 对式 (4.19) 进行了修正:

$$\delta_z(x) = 2\varepsilon R \left(\frac{R}{H}\right)^{2\alpha-1} \cdot \frac{1}{(1+\bar{x}^2)^\alpha} \left(1 + \rho \frac{1-\bar{x}^2}{1+\bar{x}^2}\right) \tag{4.21}$$

式中,R 为隧道半径;ε 为径向应变;x 为距隧道轴线的相对距离;α 为系数;ρ 为相对椭圆度。

以上参数均与土的性质和开挖过程有关。

7. Loganathan 和 Poulos 方法

Verruijt 和 Booker[57] 利用 Sagaseta 提出的"源汇法",假定土体是线弹性材料,认为隧道变形机理主要是隧道表面土体的等量径向位移和长期的隧道椭圆化变形,采用半弹性平面方法,得到土体垂直位移 (u_z) 的理论计算公式如下

$$u_z = -\varepsilon R^2 \left(\frac{z_1}{r_1^2} + \frac{z_2}{r_2^2}\right) + \delta R^2 \left[\frac{z_1(kx^2 - z_1^2)}{r_1^4} + \frac{z_2(kx^2 - z_2^2)}{r_2^4}\right] + \\ \frac{2\varepsilon R^2}{m}\left[\frac{(m+1)z_2}{r_2^2} + \frac{mz(x^2-z_2^2)}{r_2^4}\right] - 2\delta R^2 h \left[\frac{x^2-z_2^2}{r_2^4} + \frac{m}{m+1}\frac{2zz_2(3x^2-z_2^2)}{r_2^6}\right] \tag{4.22}$$

式中,x 为距离轴线的横向水平距离,m;z 为离地面的垂向距离,由地面向下为正,m;ε 为隧道表面相对均匀径向位移参数,$\varepsilon = u_0/R$,u_0 为均匀径向位移,R 为隧道半径;δ 为由于隧道表面椭圆化引起的长期土体变形;$z_1 = z-h$,$z_2 = z+h$;$r_1^2 = x^2 + z_1^2$;$r_2^2 = x^2 + z_2^2$;$m = 1/(1-2\mu)$;$k = \mu(1-\mu)$;μ 为土的泊松比。

对于短期不排水条件,此时 $\delta = 0$,则公式变为

$$u_z = -\varepsilon R^2\left(\frac{z_1}{r_1^2} + \frac{z_2}{r_2^2}\right) + \frac{2\varepsilon R^2}{m}\left[\frac{(m+1)z_2}{r_2^2} + \frac{mz(x^2-z_2^2)}{r_2^4}\right] \tag{4.23}$$

式 (4.23) 对于任意泊松比都适用,但是采用该方法得到的预估沉降槽宽度通常要比实测值大很多,原因主要有:①实际土体不是均匀的线弹性材料,会产生一定的塑性变形;②假定隧道与土体交界面上土体变形是均匀径向移动可能与实际情况不符。

土层的损失包括两个阶段：①开挖面通过后立即产生的不排水状态的损失（裂隙孔隙封闭、弹性压缩等）；②固结和蠕变产生的损失。但是，以往的土体损失仅考虑了第一阶段的损失。该方法对土层损失给出了新的定义，提出了等效损失的概念。Loganathan 和 Poulos[56]认为地表位移是由地层损失引起的，但是隧道的径向位移不是均匀的，其形状近似椭圆形；地层的沉降主要发生在隧道轴线与水平方向夹角为 45°的范围内，其采用椭圆形非等量土体移动模式，利用 Lee 等[49]提出的等效土体损失参数（g），对 Verruijt 和 Booker[57]提出的短期计算式（4.23）进行了修正，并给出地层等效损失如下：

$$\varepsilon_{x,z}=\frac{4gR+g^2}{4R^2}\exp\left\{-\left[\frac{1.38x^2}{(H+R)^2}+\frac{0.69z^2}{H^2}\right]\right\} \quad (4.24)$$

式中，H 为隧道埋深；R 为隧道的半径；g 为等效地层损失参数，包括隧道超挖损失、地层的弹塑性变形与工艺水平的影响三部分之和。

把式（4.24）代入 Verruijt 和 Booker[57]提出的基于地层损失沿隧道径向均匀分布假设的地表沉降短期计算式（4.23）对其进行修正，得到预测土体垂直位移计算公式如下：

$$u(x,z)=R^2\left[-\frac{z-H}{x^2+(z-H)^2}+(3-4\upsilon)\frac{z+H}{x^2+(z+H)^2}-2z\frac{x^2-(z+H)^2}{[x^2+(z+H)^2]^2}\right] \\ \cdot \frac{4gR+g^2}{4R^2}\cdot\exp\left\{-\left[\frac{1.38x^2}{(H+R)^2}+\frac{0.69z^2}{H^2}\right]\right\} \quad (4.25)$$

式（4.25）在硬黏土中的预测值很好，但高估了软黏土中的沉降；预测的沉降槽宽度比实测值大；对各向同性的黏土的地层位移和水平位移的预测与实测值较为吻合。

本节概述了地层竖向位移沿横向分布理论中常见的七种地层沉降模型：Peck 沉降模型、Mair 沉降模型、姜忻良沉降模型、藤田沉降模型、随机介质理论模型、Sagaseta 方法及 Loganathan 和 Poulos 方法，其中前五种模型是基于统计学的沉降公式，它们的共同特征是在本质和形式上都是假定沉降槽形态为高斯分布的概率统计公式；而后两种是基于弹塑性理论的沉降公式，从纯力学角度解释了地层变形的沉降规律。

4.1.2 地层竖向位移沿横向分布的数值模拟研究

本节拟采用 ABAQUS 分析软件模拟隧道开挖后其上方地层的位移动态传递过程，数值模型和测点布置参见 2.2.1 节，不再赘述。

1. 地层竖向位移在空间传递的动态过程分析

盾构刀盘距数据提取断面距离不同，对应着不同的沉降槽形态。接下来对盾构位于具有代表性的不同位置时的沉降槽形态进行分析。

1）单线开挖

数值模拟中先开挖的是右线隧道。选取刀盘相对右线（先行）隧道监测断面的特定位置，即刀盘与提取断面距离 0m（刀盘位于数据提取断面正下方）、8.4m（盾构尾部位于数据提取断面正下方）、21.6m（传统意义上的盾构施工对数据提取断面不产生影响的距离）、50.4m（盾构通过后监测结束的距离）四个时刻进行分析，如图 4.6 所示。可以得出：刀盘到达提取断面时（0m），已掘隧道拱顶正上方产生较大沉降，沉降槽刚开始形成，在地表形成一定超前影响范围的沉降槽；刀盘通过提取断面8.4m，沉降槽继续扩展，沉降进一步增加；刀盘通过提取断面21.6m，沉降槽沿着盾构推进方向继续扩展，在隧道横向断面上影响范围加大；刀盘通过提取断面50.4m，沉降槽基本稳定，沉降不再增加，沉降槽呈现对称分布。

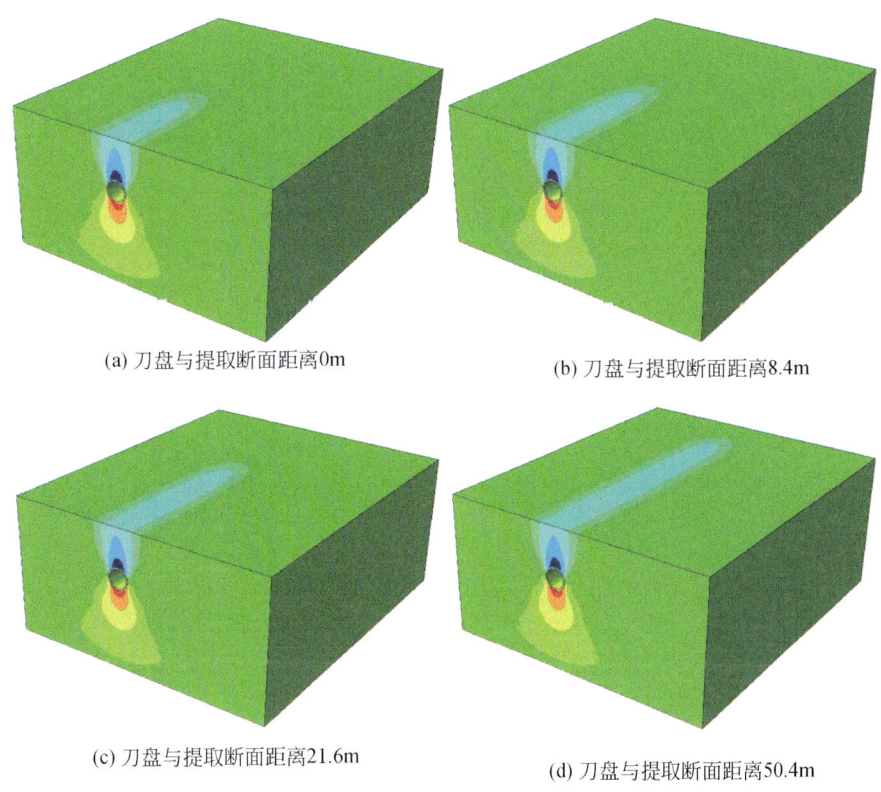

(a) 刀盘与提取断面距离0m (b) 刀盘与提取断面距离8.4m

(c) 刀盘与提取断面距离21.6m (d) 刀盘与提取断面距离50.4m

图4.6 先行隧道地表横向沉降槽三维动态形成过程

2) 双线开挖

数值模拟中后开挖的是左线隧道。由于先行（右线）隧道已经开挖结束且沉降稳定，因此后行（左线）隧道开挖时，右线隧道上方地层将产生二次扰动并对左线隧道上方的地层位移产生一定的影响，主要表现在双线开挖形成的沉降槽形态跟单线开挖相比出现一些差别。

与研究单线开挖相同，仍然选取前述几个特征位置进行分析，如图4.7所示。可以得出：双线开挖时，沉降槽较各自单线开挖有明显的叠加效应，且盾构通过和盾尾脱出提取断面过程中，沉降槽在右线隧道正上方超前左线隧道正上方形成，且沉降槽对称轴偏向右线隧道，当盾构通过距提取断面50.4m位置，即监测结束时，最终形成的沉降槽基本对称分布。

2. 先行隧道开挖沉降槽形成过程分析

根据如图2.9所示的数据提取点布置图，选取地表和埋深5.1m的提取点作为研究对象，分别研究右线隧道开挖时，盾构刀盘距提取断面-30m（刀盘到达提取断面前）、

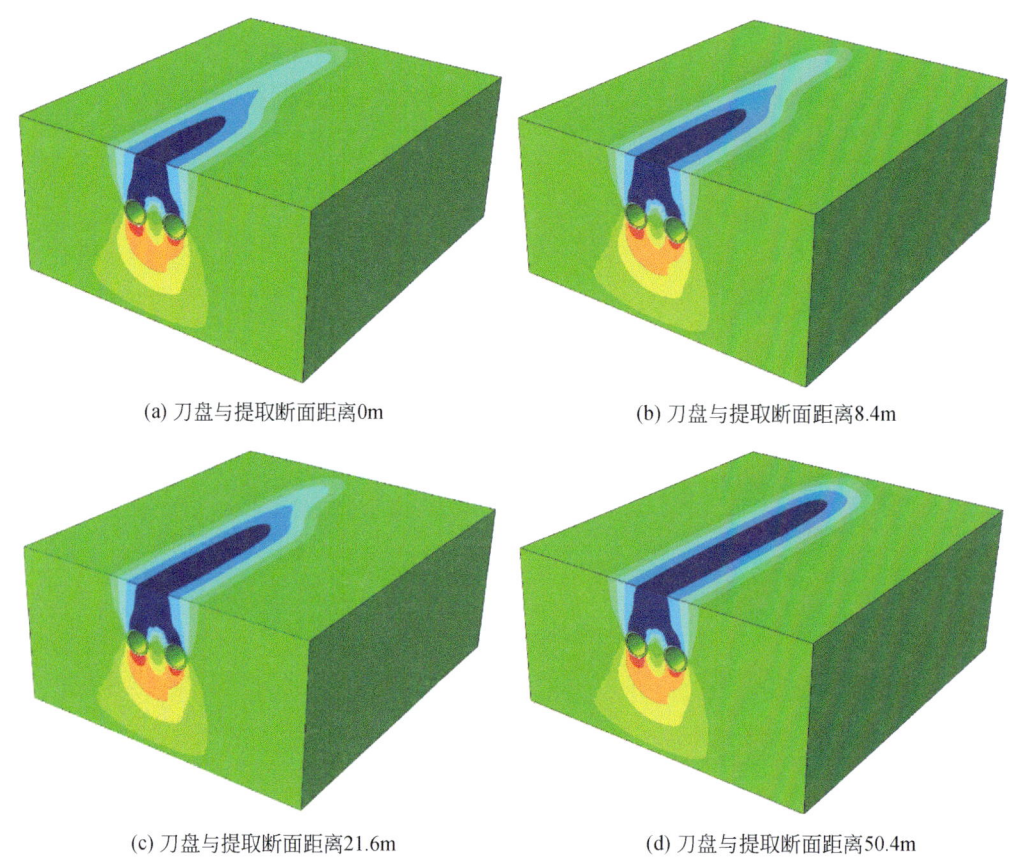

(a) 刀盘与提取断面距离0m　　　　　　(b) 刀盘与提取断面距离8.4m

(c) 刀盘与提取断面距离21.6m　　　　　(d) 刀盘与提取断面距离50.4m

图4.7　后行隧道地表横向沉降槽三维动态形成过程

-15.6m（刀盘到达提取断面前）、0m（刀盘到达提取断面）、8.4m（盾尾位于提取断面）、21.6m（提取断面不受盾构掘进影响）、50.4m（长期沉降稳定）等位置时，在地表和地层内部形成的横向沉降槽影响范围及位移发展规律。为直观研究地表和地层内部沉降槽的形成过程以及分布形态的相似之处，对二者进行对比分析，如图4.8、图4.9所示，由图可知，先行隧道开挖时，地表和地层内部沉降槽在不同阶段形成的规律大致相同，只是在沉降的大小上有所差别：

（1）当刀盘距提取断面-15.6m时，刀盘前方地层产生了轻微的沉降，二者数量级都很小，只有0.1mm级别，沉降槽未形成。

（2）当刀盘距提取断面0m，即刀盘刚好位于提取断面时，测点产生显著沉降，沉降槽已初步形成，相应的地表最大沉降为7.3mm，埋深5.1m的地层最大沉降为8.4mm；且最大沉降均在隧道正上方位置。

（3）当刀盘距提取断面8.4m，即盾尾刚好位于提取断面时，沉降显著增加，沉降槽底部由初期的盆状平底转变为"尖底状"，沉降槽沿着横向继续扩展，相应的地表最大沉降为14.0mm，埋深5.1m的地层最大沉降为16.5mm。

（4）当刀盘距提取断面21.6m，即提取断面不受盾构掘进影响时，沉降继续明显增加,相应的地表最大沉降为19.5mm,埋深5.1m的地层内部最大沉降为22.5mm。

(5)当刀盘距提取断面50.4m,即提取断面处于长期沉降阶段时,沉降基本稳定,沉降槽沿着横向基本不再扩展,沉降槽半槽宽度均约为26m,相应的地表最大沉降为21.1mm,埋深5.1m的地层内部最大沉降为24.1mm。

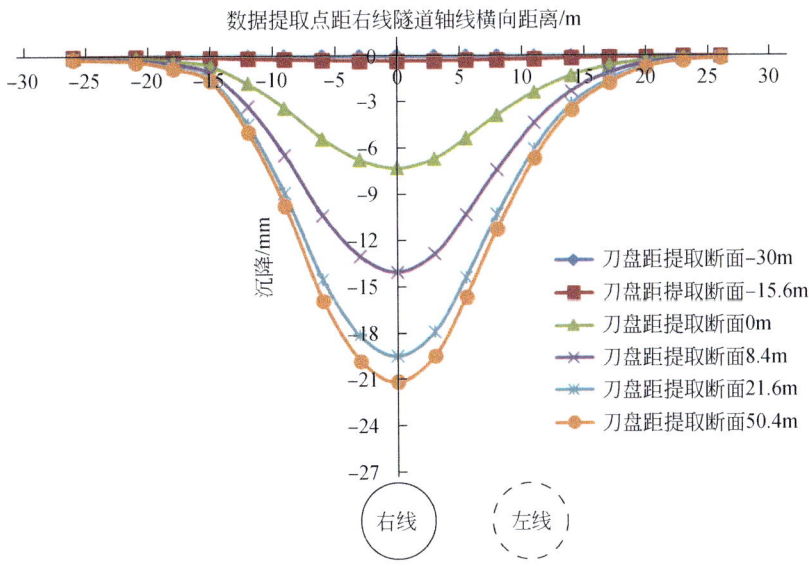

图4.8 先行隧道开挖时地表沉降槽形成过程

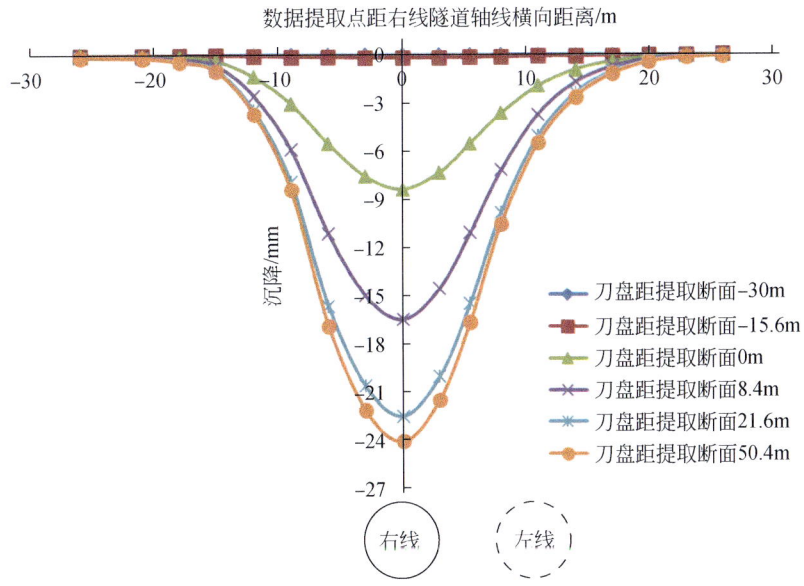

图4.9 先行隧道开挖时地层(埋深5.1m)沉降槽形成过程

从以上分析可以看出,对于地表和地层内部的地层位移分布,即沉降槽形态,先行隧道开挖时二者的沉降槽形成过程和规律基本一致,且对于隧道拱顶正上方的数据提取点,地层埋深越大，沉降越大，即沉降从隧道拱顶衰减传至地表。

3. 后行隧道开挖沉降槽形成过程分析

如前所述，仍然选取地表和埋深5.1m的地层作为研究对象，分别研究左线隧道开挖即后行隧道开挖时，盾构刀盘距提取断面-30m（刀盘到达提取断面前）、-15.6m（刀盘到达提取断面前）、0m（刀盘到达提取断面）、8.4m（盾尾位于提取断面）、21.6m（提取断面不受盾构掘进影响）、50.4m（长期沉降稳定）等位置时，在地表和地层内部形成的横向沉降槽影响范围及位移发展规律。为直观研究地表和地层内部沉降槽的形成过程以及分布形态的相似之处，同样对二者进行对比分析，如图4.10、图4.11所示，由图可知，后行隧道开挖时，地表和地层内部沉降槽在不同阶段形成的规律依然是大致相同的，包括沉降和沉降槽对称轴的变化，只是在沉降的大小上有所差别：

（1）当刀盘距提取断面-15.6m，即刀盘前方15.6m的测点产生轻微沉降，增量0.1mm级，基本保持单线开挖时最终沉降槽的形态。

（2）当刀盘距提取断面0m，即刀盘刚好到达提取断面时，土层产生显著沉降，沉降槽已初步形成，相应的地表最大沉降为24.3mm，埋深5.1m的地层最大沉降为26.9mm，同时沉降槽对称轴由右线轴线位置偏离其3m，即对称轴位于右线开挖边线位置。

（3）当刀盘距提取断面8.4m，即盾尾刚好脱出提取断面时，沉降显著增加，沉降槽沿着横向继续扩展，相应的地表最大沉降为27.0mm，埋深5.1m的地层内部最大沉降为29.3mm，沉降槽对称轴位置保持不变。

（4）当刀盘距提取断面21.6m，即提取断面不受盾构掘进影响时，沉降继续明显增加，相应的地表最大沉降为29.3mm，埋深5.1m的地层最大沉降为31.3mm，同时对称轴位置继续发生偏转，此时偏离右线轴线5.5m，即两隧道中心线连线中心位置。

（5）当刀盘距提取断面50.4m，即提取断面处于长期沉降阶段时，沉降基本稳定，沉降槽沿着横向基本不再扩展，沉降槽半槽宽度均约为31.5m，相应的地表最大沉降为30.1mm，埋深5.1m的地层内部最大沉降为32.0mm，沉降槽对称轴位置保持不变。

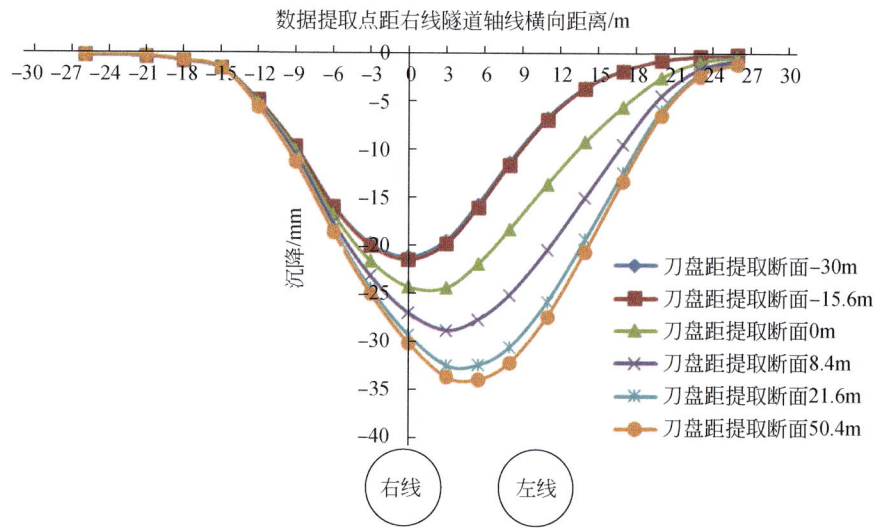

图4.10 后行隧道开挖时地表的沉降槽形成过程

第4章 地层竖向位移的空间分布与发展规律 · 111 ·

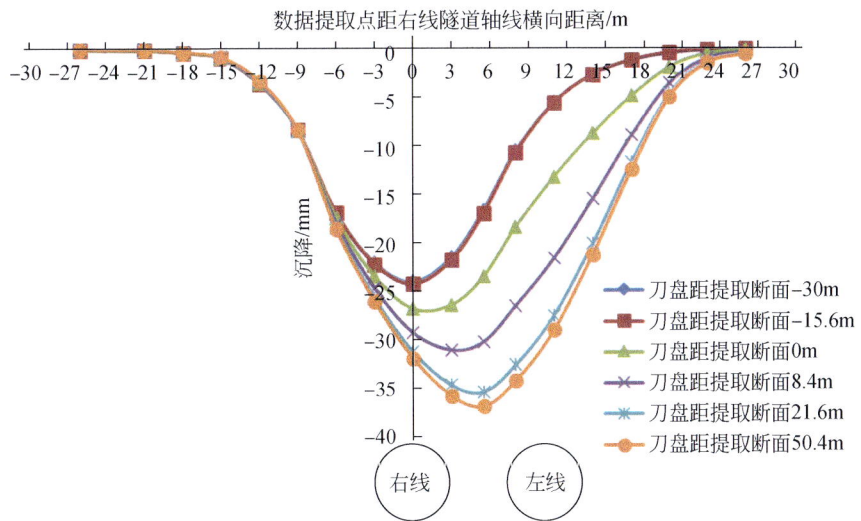

图 4.11 后行隧道开挖时地层（埋深 5.1m）沉降槽形成过程

从以上分析可以看出，对于地表和地层内部的地层位移分布，即沉降槽形态，双线开挖时二者的沉降槽形成过程和规律仍然保持基本一致，且对于隧道拱顶正上方的测点，地层埋深越大，测点沉降越大，且后行（左线）隧道开挖时，沉降槽对称轴逐渐偏离先行（右线）隧道至两隧道连线中心位置。

4. 不同深度地层沉降槽形成过程分析

前述对地表和地层内部的沉降槽形成全过程分别进行分析，可以看出二者沉降槽形成规律高度一致，接下来对不同深度的地层沉降槽分布形态进行详细分析，将先行隧道开挖和后行隧道开挖时，提取断面不同埋深（地表、埋深 2.1m、埋深 5.1m、埋深 8.6m、埋深 10.1m）的五个沉降槽最终形态进行对比分析，如图 4.12、图 4.13 所示，可以看出：

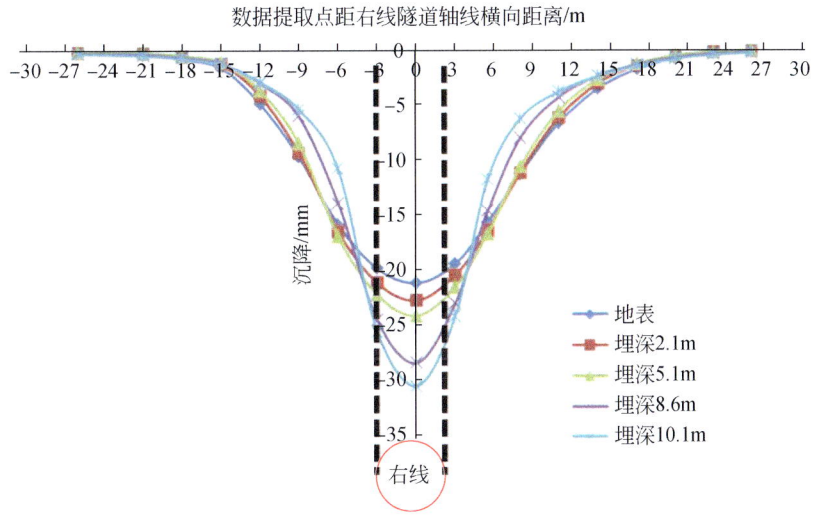

图 4.12 先行隧道开挖不同深度地层沉降槽最终形态

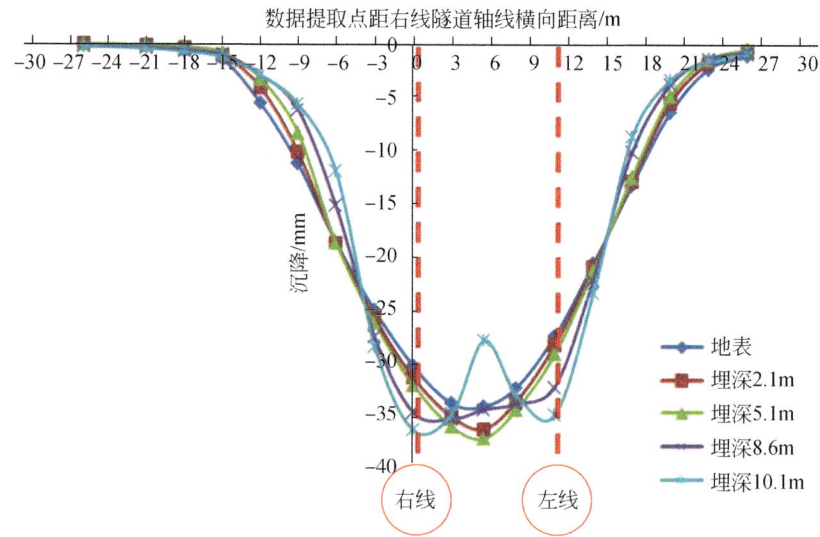

图 4.13 后行隧道开挖不同深度地层沉降槽最终形态

（1）提取断面上埋深较浅地层（如地表、埋深 2.1m、埋深 5.1m）沉降槽"宽而浅"，埋深较深的地层（如埋深 8.6m、埋深 10.1m）沉降槽"窄而深"；

（2）提取断面不同埋深的沉降槽呈现明显的沉降差异，主要表现为埋深较深的地层沉降槽（如埋深 8.6m、埋深 10.1m）在开挖边线以内沉降明显大于埋深较浅的地层（如埋深 2.1m、埋深 5.1m），而在开挖边线以外，埋深较大的地层沉降反而小于埋深较浅的地层，且沉降主要集中在开挖边线以内；

（3）两隧道先后开挖时，埋深 10.1m，即拱顶正上方 1m 的地层，沉降主要受各自隧道独立开挖影响，沉降槽呈现 W 型；而其上的地层沉降则受两隧道的叠加影响，沉降槽呈 U 型；

（4）先行隧道开挖时沉降槽对称轴即隧道轴线位置，后行隧道开挖时沉降槽对称轴偏离先行隧道轴线至两隧道中心线连线中心位置。

从以上分析可以看出，无论是先行隧道开挖还是后行隧道开挖，不同深度地层位移存在明显的沉降差异，在沉降槽分布形态上，埋深较深和埋深较浅的地层也存在明显的区别，且拱顶上方 1m 地层受各线开挖独立影响，其上地层受双线开挖叠加影响。

5. 沉降槽形成的叠加效应

前述分别从先行隧道开挖和后行隧道开挖的角度，对不同深度和不同阶段的地表或地层内部沉降槽形态进行分析，接下来对两个隧道先后开挖时，各自形成的沉降槽叠加效应进行分析，以研究两隧道在该间距下相互叠加影响的程度。

对右线和左线隧道先后开挖的全过程形成的地表沉降槽形态（图 4.14）进行分析，并以两隧道先后开挖后的地表最终沉降剔除先行隧道单线开挖引起的沉降，得到后行隧道单线开挖引起的地表沉降槽（图 4.15），可以得出：

（1）由先行隧道开挖到后行隧道开挖，沉降槽对称轴由右线轴线偏移至梁隧道连线中心位置。

（2）右线和左线单线开挖引起的地层最大沉降分别为 21.12mm 和 20.96mm，二者最大沉降基本相同且均位于各自隧道正上方位置，二者沉降槽形态基本一致。

（3）两隧道先后开挖引起地表的最大沉降为 33.90mm，位于两隧道中心线连线中心位置，且较各自单线开挖最大沉降均增加 61%。

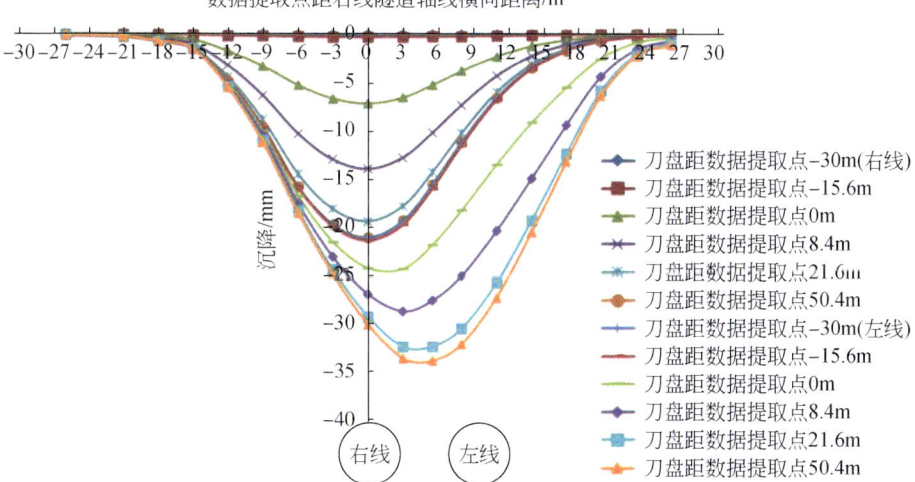

图 4.14　右线和左线隧道先后开挖的沉降槽形成全过程

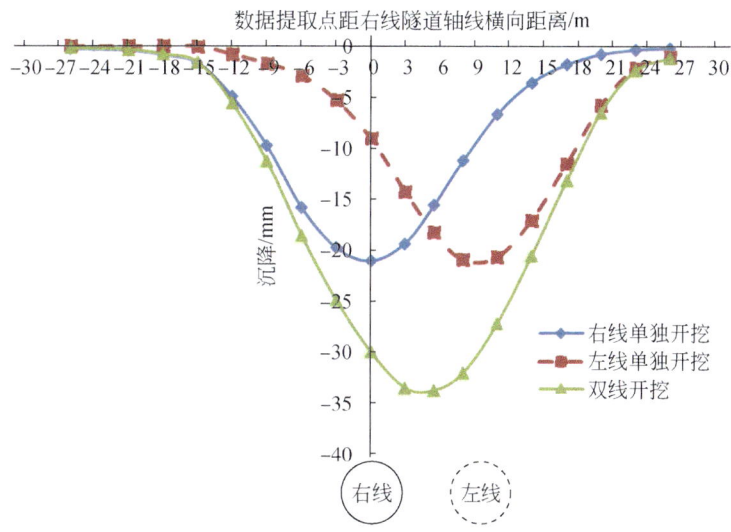

图 4.15　右线和左线隧道最终各自沉降槽形态以及叠加效果

从以上的分析可以看出，两隧道间距 11m（即 1.8D，D 为隧道直径）时，先、后行隧道开挖时沉降产生明显的叠加效应；而数值模拟反映左、右线单线开挖时沉降大致相同，结果是较为理想情况。

6. 数值模拟结果的优缺点讨论

以上通过数值模拟详细分析了先、后行隧道顺序开挖下地表和地层内部沉降槽的形成全过程，以及不同深度地层沉降槽分布形态和沉降槽的叠加效应，较为全面地揭示了地层位移沿横向分布的基本规律，数值模拟结果具有如下优点：

（1）数据提取点可以任意布置，可以尽可能多地从不同角度分析问题；

（2）结果具有普适性，在一定程度上反映了地层位移的基本规律。

但根据数值模拟得到的位移曲线形态以及模拟参数选取等遇到的问题，发现数值模拟同时也存在如下缺点：

（1）数值模拟采用弹塑性的土体模型，假定土体为连续均匀介质，由此得到的地层位移是理想情况下的结果，因此沉降槽曲线很平缓，看不出曲线内部变化规律；

（2）数值模拟对复杂的施工条件模拟不够准确，且对部分特殊地层单元的本构模型研究不足，导致无法准确模拟实际地层位移。

由于数值模拟结果存在一定的理想化和单一化，因此需要结合现场实测数据和特定地层条件具体问题具体分析。

4.1.3 地层竖向位移沿横向分布的现场实测研究

1. 地层竖向位移沿横向变化规律的相关指标

前述通过数值模拟基本揭示了地层位移沿横向分布的基本规律，本节将结合方庄站—十里河站区间 A、B、C 三个监测断面的现场实测数据，对地层位移的在实际施工地层中的分布与发展规律进行研究和探讨。为更加深入地从现场实测的角度继续分析地层位移沿横向变化规律，主要采用了以下四个指标：从时间角度看，即盾构通过监测断面前后全过程，主要有各阶段沉降所占比例（%）和各阶段平均沉降速率（mm/d）两个指标；从空间角度看，即盾构远离监测断面使得沉降基本稳定时的地层位移，主要包含沉降沿横向变化率（mm/m）和沉降槽半槽宽度（m）两个指标。

2. 盾构相对监测断面位置对应典型阶段的划分

为研究和叙述方便，关于盾构相对监测断面位置对应的典型阶段，进行如下简单的说明：在盾构距监测断面相对较远而地表已产生轻微隆起或沉降的这一阶段称为超前影响阶段，在盾构接近监测断面而产生沉降或隆起的这一阶段之为盾构到达前阶段。之所以对盾构到达监测断面之前还分为两个阶段是因为这两个阶段的地层位移机理不同，前者是由于开挖面卸载地层孔隙水压力消散等形成的位移，几乎不受推力影响，后者是受盾构推力直接影响而形成的地层位移。刀盘到达监测断面至盾尾脱出监测断面这一阶段成为盾体通过阶段，盾尾脱出后盾构继续前进至监测断面不受盾构施工影响，这一阶段称之为盾尾脱出后阶段，再往后的阶段即是长期沉降阶段，如图 4.16 所示。

为直观地看出各阶段的具体节点位置，给出一组节点定义值：超前影响阶段的起始点为距监测断面 −30m（25 环）的位置，刀盘到达前阶段的起始点为距监测断面 −15m（12 环）的位置；盾体通过阶段的起始点为距监测断面 0m（0 环）的位置，盾尾脱出后阶段的起始点为距监测断面 9m（约盾构长度）的位置，长期沉降阶段的起始点为距监测断面 36m（30 环）的位置，其终点为距监测断面 51m（42 环）的位置。当然实际工程中，这些节点的值会随隧道的埋深而变化。

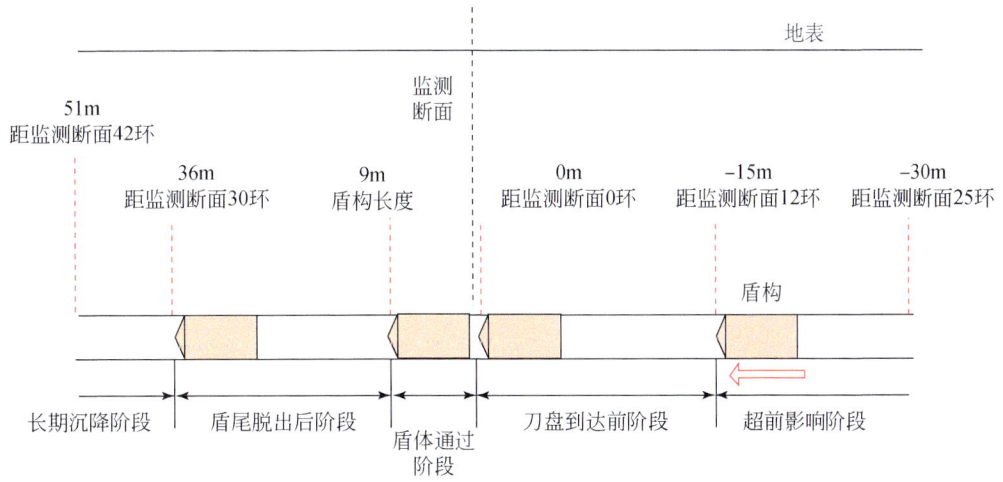

图 4.16 相对监测断面位置对应典型阶段的划分

3. 不同深度地层沉降形态的实测分析

根据既有文献，盾构隧道开挖后在地表和地层中形成沉降槽形态，地层中沉降槽形态与地表相似，但其最大沉降和影响范围等与地表存在明显差异。为揭示地表和地层沉降槽的分布形态差异，选取刀盘刚好到达监测断面和先行隧道开挖结束两种工况下的沉降槽形态进行分析。其中，右线隧道是先行隧道，即为单线开挖，左线隧道是后行隧道，即开挖左线隧道引起的沉降是双线开挖的叠加影响，故分析左线隧道单线开挖时引起的地层沉降采用双线开挖的沉降数据减去右线开挖产生的既有沉降。实际监测测点布置在两隧道之间地层，对任意隧道而言，未布置测点的一侧地层沉降实际上是未知的，在假定地层分布均匀、地层内无管线等构筑物、忽略施工参数变化对地层沉降的影响等条件下，认为隧道上方地层沉降是关于隧道轴线对称的。

前文已对 A、B、C 三个监测断面的测点布置情况进行了详细的阐述。为叙述方便，对监测断面上地表至拱顶上方 1m 的五个不同深度测点依次列为第一行至第五行测点，并给出各断面不同深度测点埋深与到拱顶距离之间的关系，如表 4.1 所示。

表 4.1 各监测断面测点埋深与到拱顶距离的关系

系列	测点埋深/m			测点到拱顶距离/m
	A 监测断面	B 监测断面	C 监测断面	
第一行（地表）	0	0	0	10.3/10.8/11.1（A/B/C）
第二行	1.3	1.8	2.1	9
第三行	4.3	4.8	5.1	6

续表

系列	测点埋深/m			测点到拱顶距离/m
	A 监测断面	B 监测断面	C 监测断面	
第四行	7.8	8.3	8.6	2.5
第五行	9.3	9.8	10.1	1
拱顶（无测点）	10.3	10.8	11.1	0

基于此，分别对 A、B、C 三个监测断面进行分析，结果如图 4.17 ~ 图 4.22 所示。

1) A 监测断面

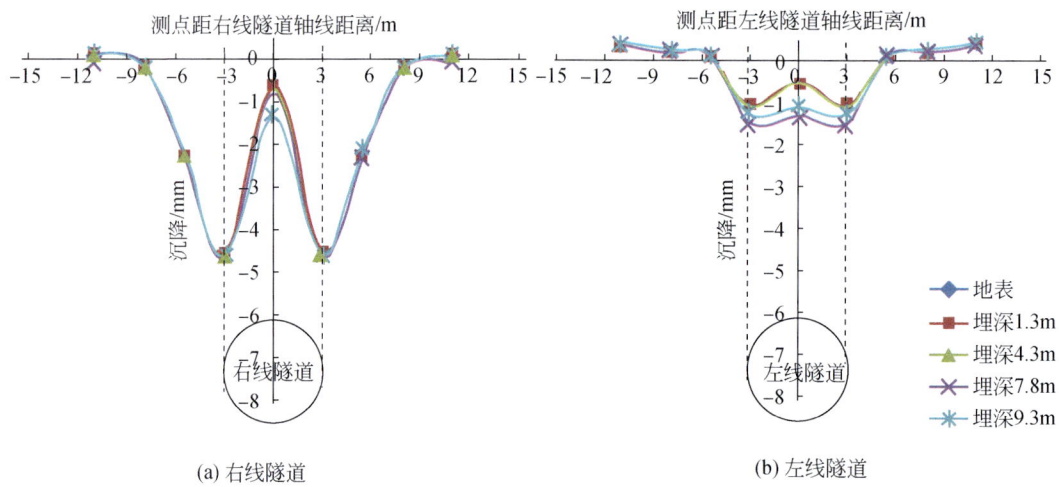

图 4.17 A 监测断面右、左线刀盘到达测点时地层沉降分布

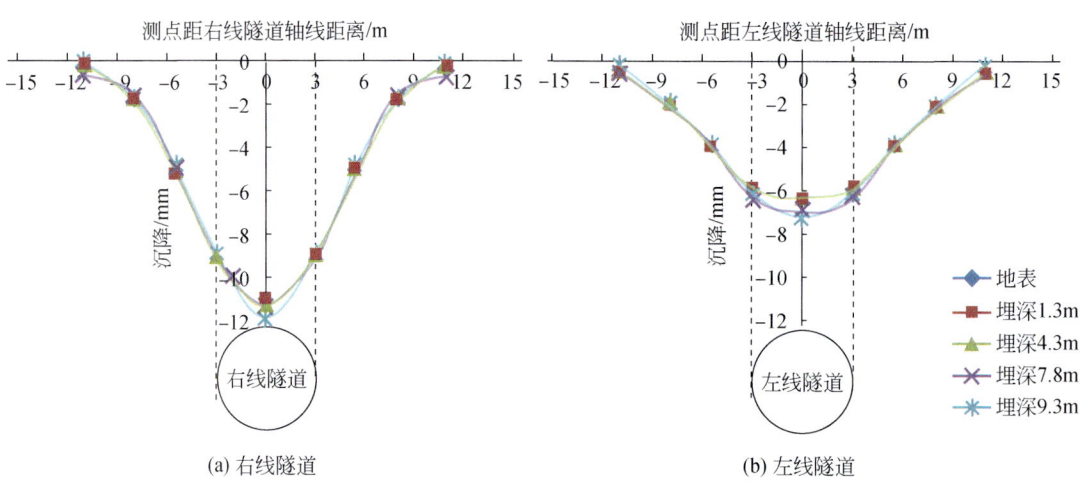

图 4.18 A 监测断面右、左线盾构通过且变形稳定后开挖结束时地层沉降分布

2) B 监测断面

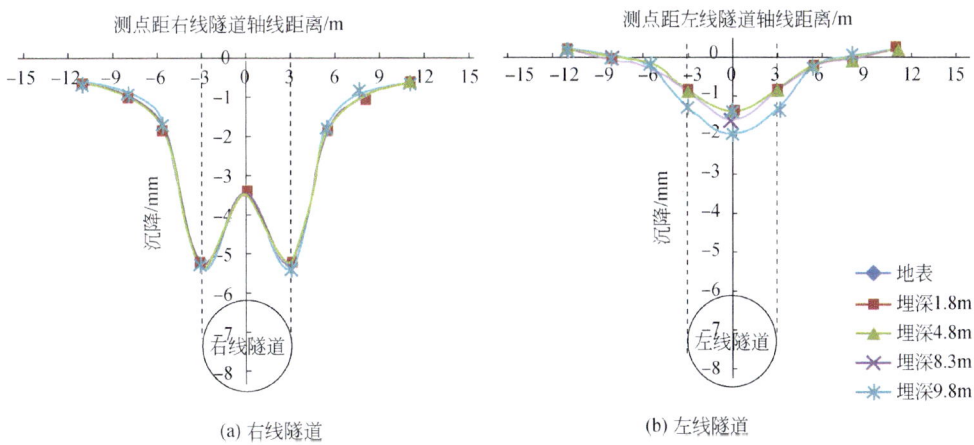

图 4.19　B 监测断面右、左线刀盘到达测点时地层沉降分布

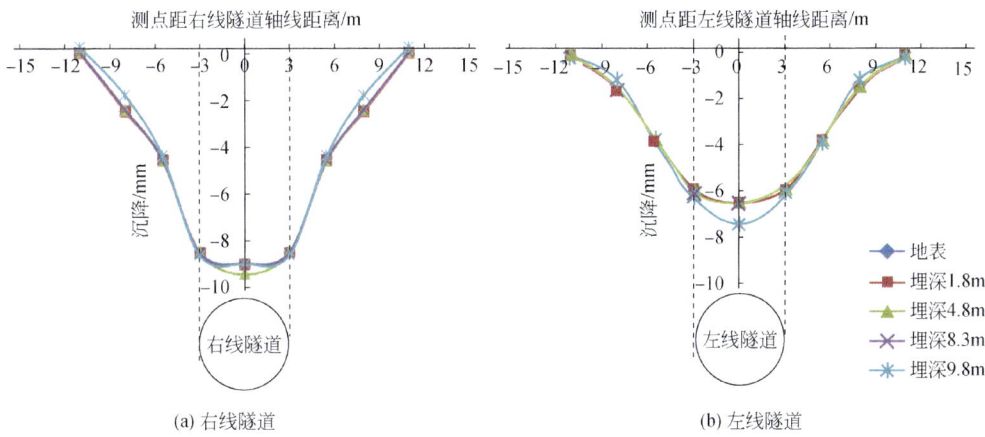

图 4.20　B 监测断面右、左线盾构通过且变形稳定后开挖结束时地层沉降分布

3) C 监测断面

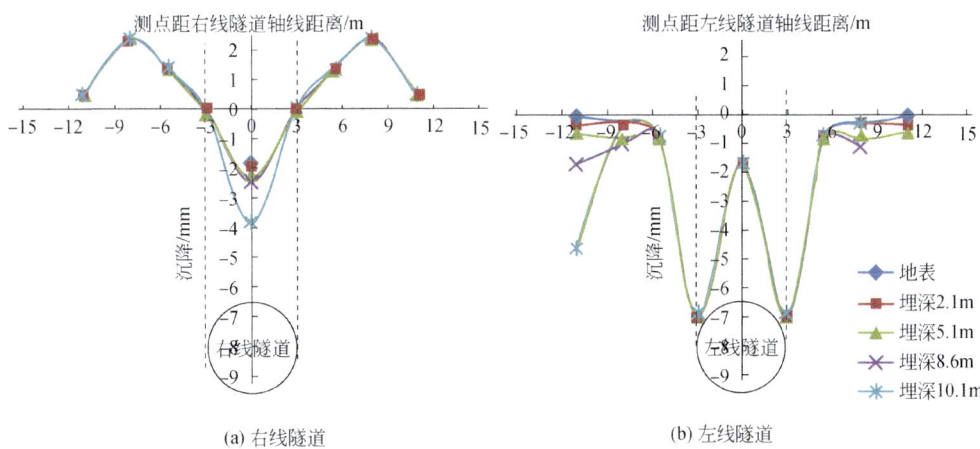

图 4.21　C 监测断面右、左线刀盘到达测点时地层沉降分布

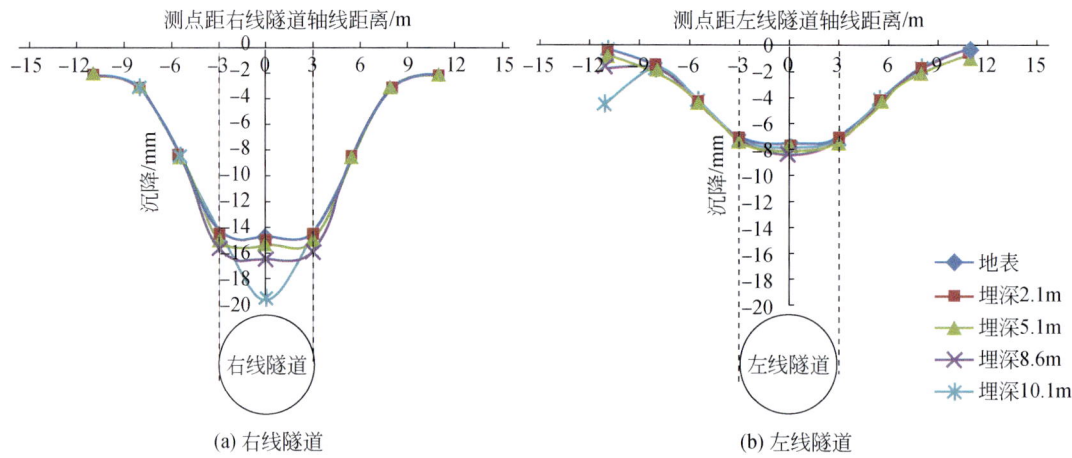

图 4.22 C 监测断面右、左线盾构通过且变形稳定后开挖结束时地层沉降分布

通过对以上 A、B、C 三个监测断面不同深度地层沉降曲线的分布形态进行分析可以得出如下初步结论：

（1）不同深度的地层沉降曲线在形态上基本相似，随着埋深增加，拱顶轴线正上方测点的沉降出现明显差异。沉降曲线在地层埋深上存在明显的分界差异，以 C 监测断面为例，埋深较浅的地层（小于 5.1m）与埋深较大的地层（大于 5.1m）的沉降曲线形态上开始存在明显的差异，而各自埋深范围内的沉降曲线形态基本一致的。

（2）隧道开挖边线范围内的不同深度地层沉降差异较为明显，在开挖边线范围外的地层，沉降趋于同步，沉降差异不显著。

（3）隧道开挖引起的地表最大沉降，右线开挖结束时，A、B、C 三个监测断面分别为 -10.98mm、-9.23mm、-14.75mm，左线开挖结束时，三个监测断面分别为 -6.30mm、-6.75mm、-7.57mm，前者较后者分别大 74.3%、36.7%、94.8%，这表明两隧道先后开挖时，先行隧道开挖引起的最终沉降所占比例较后行隧道大很多。

（4）刀盘到达监测断面测点时，部分地层沉降槽底部呈现明显的变形滞后现象，以 A 监测断面右线隧道为例，刀盘到达测点时，地表沉降槽底部测点沉降为 -0.58mm，而其两侧隧道开挖边线上方测点（距隧道轴线 3m）沉降达 -4.51mm，沉降槽底部测点沉降出现明显的变形滞后效应，推测这是由于受盾构推力及注浆压力等影响，隧道轴线正上方测点沉降出现回弹现象，相比其他测点出现变形滞后，其余深度沉降槽也有同样结果。对于 A 监测断面的右线或左线、B 监测断面的右线及 C 监测断面的左线隧道均出现类似现象，这表明在盾构推进过程中沉降槽底部出现变形滞后现象是正常规律。

（5）相比 A、B 监测断面右线隧道的最终沉降（分别为 -10.98mm、-9.23mm），C 监测断面右线隧道的最终沉降最大（-14.75mm），这主要与 C 监测断面右线隧道的地层有关。C 监测断面右线隧道正上方存在一层较厚的砂层，在盾构推进过程中出现较为明显的沉降，这表明砂层对沉降的影响较大，这从 C 监测断面左线隧道开挖时引起的沉降可以看出，C 监测断面左线开挖结束后，右线拱顶正上方 1m 和 2.5m 的测点沉降分别为 -4.53mm 和 -1.68mm，较其地表测点沉降（-0.24mm）明显偏大，这表明左线开挖结束后,右线拱顶正上方砂层出现较大的"垮塌式"沉降,因此对于存在特殊地层时,隧道开挖引起的地层沉降不能关于隧道轴线进行简单的对称处理。

4. 地表和地层沉降发展历程的实测分析

在分析地表和地层不同深度的沉降发展历程之前,本小节第三部分已对盾构推进过程中经历的几个阶段进行简单的划分。

分别对A、B、C三个监测断面右线隧道和左线隧道分别单线开挖情况下,地表和拱顶以上2.5m测点的位移发展历程进行分析,其中左线隧道单线开挖时引起的地层沉降采用双线开挖的沉降数据减去右线开挖产生的既有沉降,结果如图4.23~图4.28所示。

1) A 监测断面

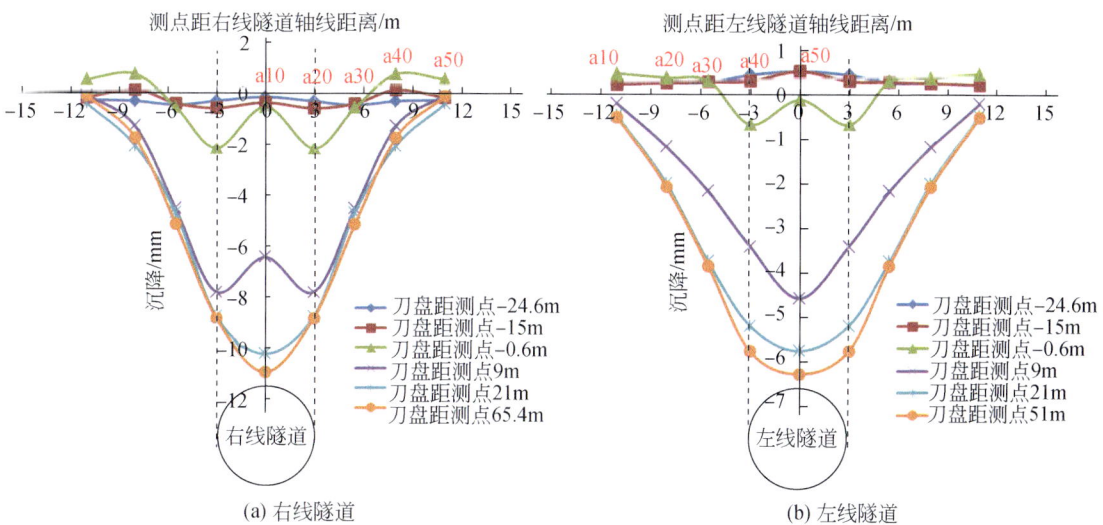

图 4.23 A 监测断面右、左线隧道分别单线开挖时地表测点位移发展历程

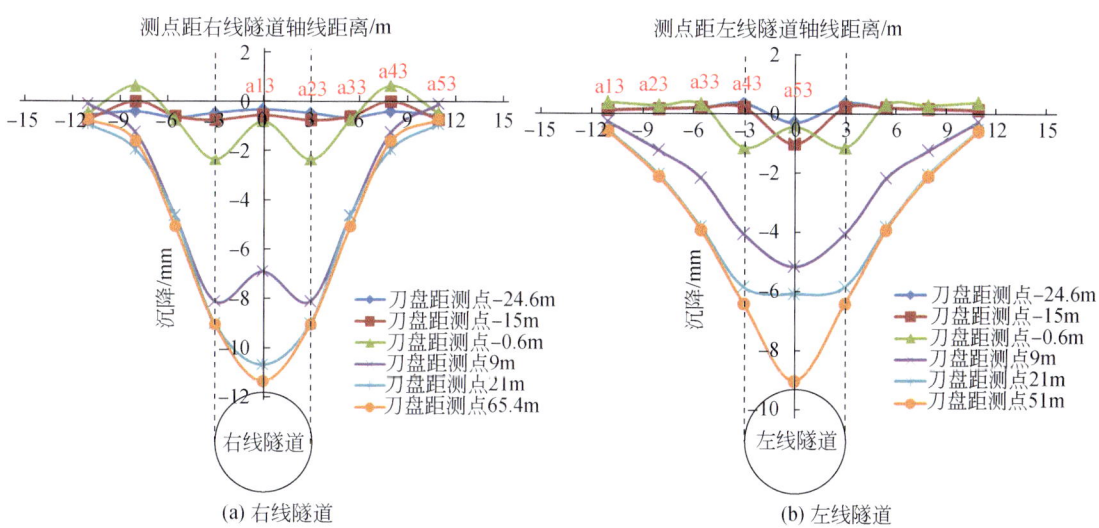

图 4.24 A 监测断面右、左线隧道分别单线开挖时拱顶以上 2.5m 测点位移发展历程

2) B 监测断面

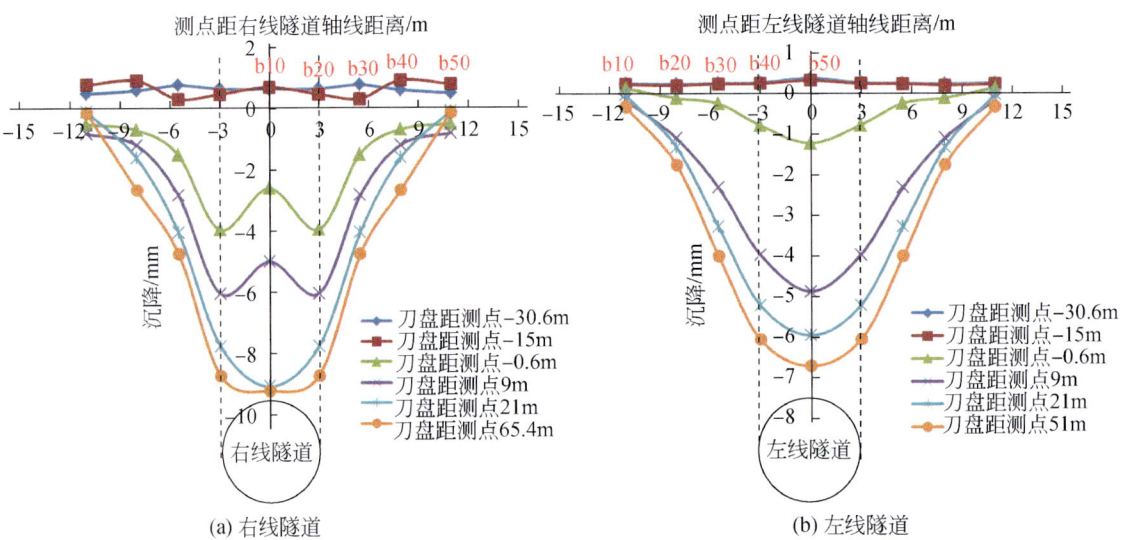

图 4.25 B 监测断面右、左线隧道分别单线开挖时地表测点位移发展历程

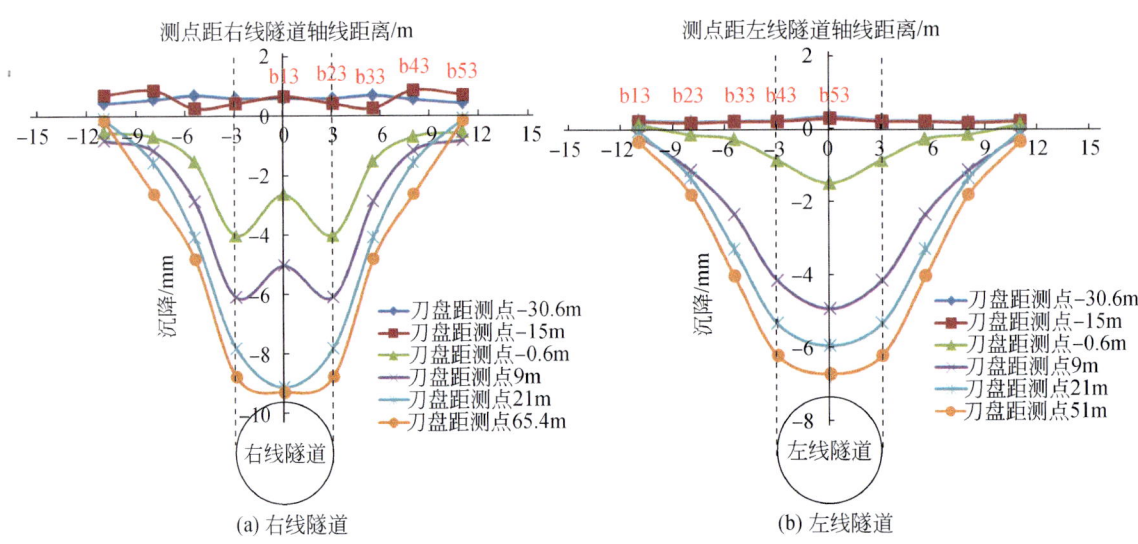

图 4.26 B 监测断面右、左线隧道分别单线开挖时拱顶以上 2.5m 测点位移发展历程

3) C 监测断面

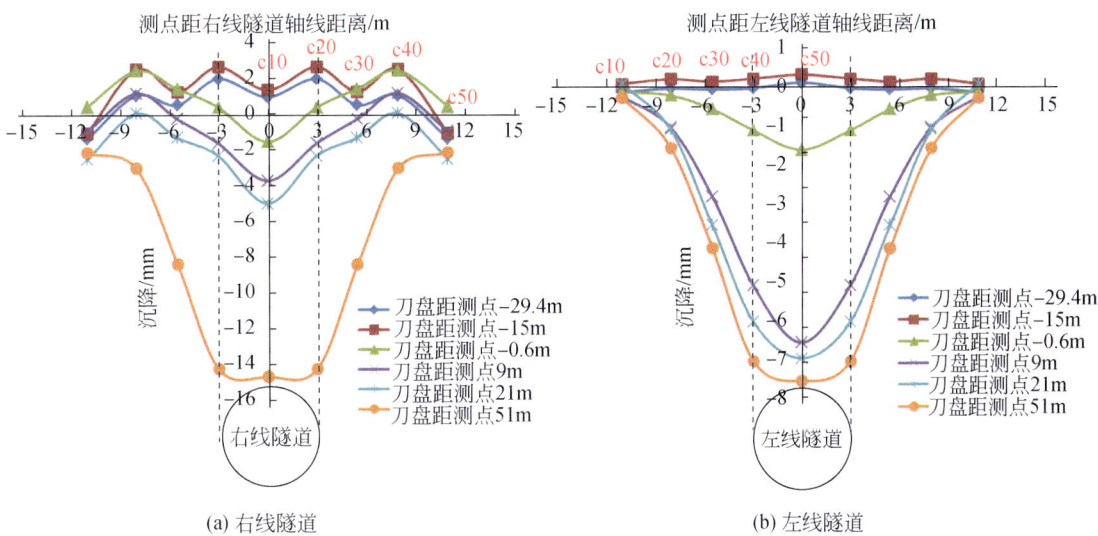

图 4.27 C 监测断面右、左线隧道分线单独开挖时地表测点位移发展历程

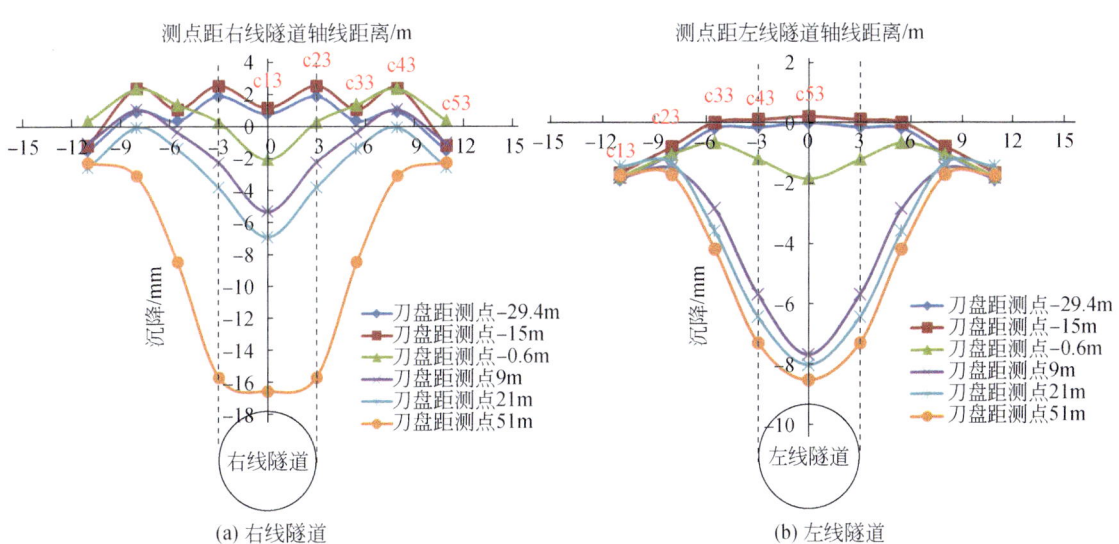

图 4.28 C 监测断面右、左线隧道分别单线开挖时拱顶以上 2.5m 测点位移发展历程

通过对以上 A、B、C 三个监测断面不同深度地层沉降曲线的分布形态进行分析可以得出如下初步结论：

（1）同一监测断面不同深度地层沉降曲线呈现类似的变化规律，沉降曲线在形态和特征上基本一致。例如，A 监测断面右线隧道单线开挖时，地表测点和拱顶以上 2.5m 测点位移发展历程曲线形态非常相似，仅是在最大值上产生区别，地表沉降曲线最大值为 −11.1mm，拱顶以上 2.5m 地层最大沉降为 −11.7mm。

（2）不同监测断面的沉降曲线发展历程呈现较为明显的差异，A 监测断面的右线或左线隧道单线开挖，以及 B 监测断面的右线隧道单线开挖，无论是地表还是拱顶以上 2.5m 地层，沉降曲线在形成过程中，在沉降槽底部两侧的沉降明显大于底部沉降，即沉降槽底部的沉降在形成过程中出现明显的滞后或回弹相应，在刀盘距测点 9m（即盾尾脱出断面）后沉降槽底部的沉降才逐渐恢复。而 B 监测断面的左线隧道、C 监测断面的右线和左线隧道在开挖时均未出现沉降槽底部的回弹效应，对比分析可以发现，A 监测断面的右线和左线，以及 B 监测断面的右线隧道上方地层较为均一，而 B 监测断面左线、C 监测断面的右线和左线隧道上方地层地层分布不均，尤其 C 监测断面右线隧道上方存在较厚的砂层，因此引起较大的沉降而未出现明显的回弹效应。

（3）对于 A、B 监测断面以及 C 监测断面的左线隧道，盾尾脱出监测断面后的长期沉降是逐渐缓慢发展的，而对于 C 监测断面的右线隧道，由于其拱顶上方存在较厚的粉细砂层导致其沉降较大，因而引起较大的后期沉降。

5. 各阶段沉降所占比例分析

为寻找盾构通过监测断面前后引起沉降的主要阶段，采用隧道轴线上方测点在不同阶段沉降所占该监测断面总沉降比例进行阐述，其定义如下：

$$不同阶段沉降所占总沉降 = \frac{隧道轴线上方测点在各阶段内沉降}{隧道轴线上方测点最终沉降值(m)} \times 100\%$$

1）A 监测断面

根据 A 监测断面的测点布置情况，选取 A 监测断面的地表测点（图 4.29），对 A 监测断面右线隧道和左线隧道单线开挖时其沉降槽形成过程和不同阶段沉降所占比例进行分析，其中左线沉降指的是双线开挖之后叠加产生的沉降减去右线开挖引起的沉降，如图 4.30、图 4.31 所示。

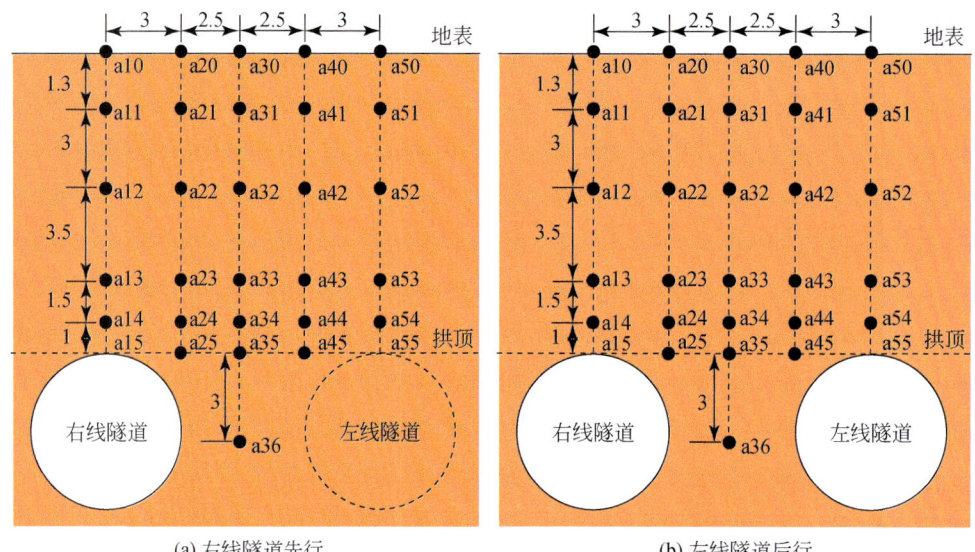

(a) 右线隧道先行　　　　　　　　　　(b) 左线隧道后行

图 4.29　A 监测断面测点布置（单位：m）

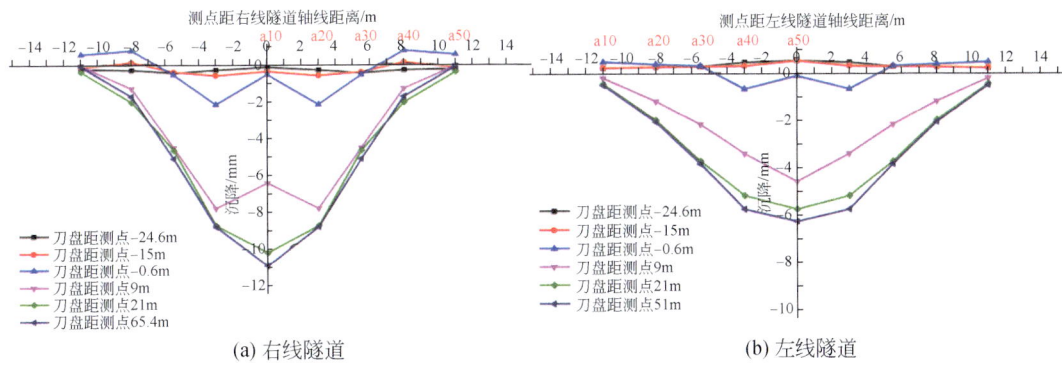

图 4.30 A 监测断面沉降槽形成过程

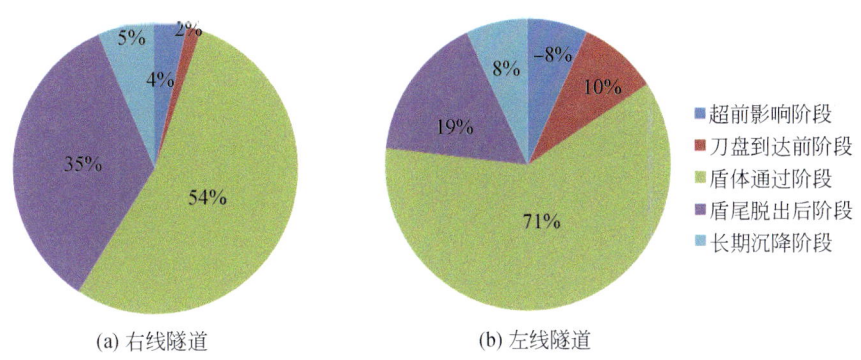

图 4.31 A 监测断面不同阶段沉降所占总沉降比例

由图 4.29～图 4.31 可知:

(1) 刀盘到达前(包括超前影响),右线沉降很小(0.5mm),所占比例累计 6%;左线地层产生隆起(0.5mm),隆起所占比例为 8%;

(2) 刀盘到达时,右线沉降明显产生,沉降槽两侧产生轻微隆起(0.6mm);左线地层隆起逐渐消失进而转为沉降(0.1mm),隆起转沉降累计所占比例为 10%;

(3) 盾体通过时,右线沉降显著增加至 5.9mm,所占比例为 54%;左线沉降显著增加至 4.6mm,所占比例为 71%;

(4) 盾尾脱出后,右线沉降继续明显增加,最大沉降至 10.3mm,所占比例为 35%;左线沉降继续明显增加,最大沉降至 5.7mm,所占比例为 19%;

(5) 盾构远离测点,右线长期沉降发展基本稳定,最大沉降至 11mm,所占比例很小(5%);左线长期沉降发展也基本稳定,最大沉降至 6.3mm,所占比例很小(8%)。

由以上统计分析可以看出,对于右线(先行)隧道开挖,刀盘到达时,地层由隆起转为沉降,累计占比为 2%,而盾体通过时所占比例为 54%,盾尾脱出后沉降所占比例为 35%。对于左线(后行)隧道开挖,刀盘到达时,地层由隆起转为沉降,累计占比为 10%,而盾体通过时所占比例高达 71%,占总沉降比例最大,盾尾脱出后所占比例为 19%。根据先、后行隧道开挖引起地层沉降在不同阶段的占比分析可知,盾体通过与盾尾脱出两阶段引起的地层变形占总变形的比例约90%，对地层位移影响极为显著。

2）B 监测断面

根据 B 监测断面的测点布置情况，选取 B 监测断面的地表测点（参考图4.29，B 监测断面与 A 监测断面测点布置完全相同），对 B 监测断面右线隧道和左线隧道单线开挖时其沉降槽形成过程和不同阶段沉降所占总沉降比例进行分析，其中左线沉降指的是双线开挖之后叠加产生的沉降减去右线开挖引起的沉降，如图4.32、图4.33 所示。

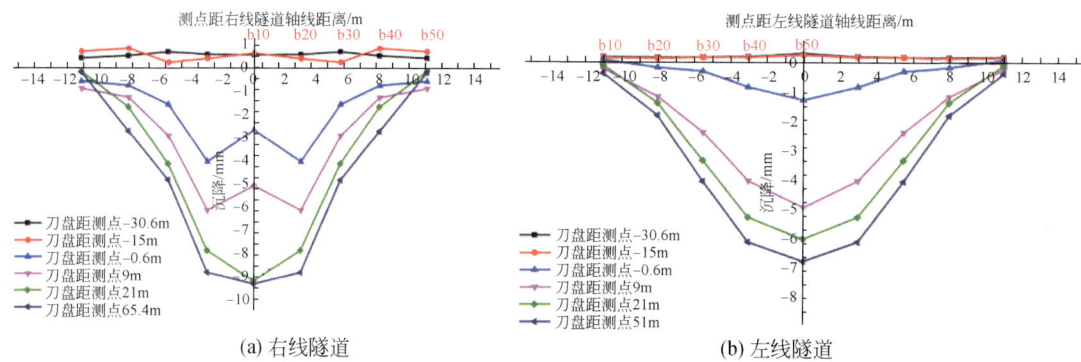

图 4.32　B 监测断面沉降槽形成过程

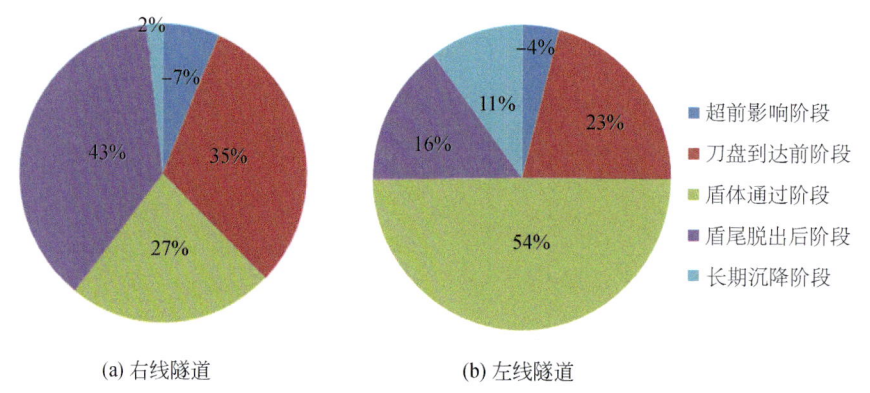

图 4.33　B 监测断面不同阶段沉降所占总沉降比例

由图4.32、图4.33 可知：

（1）刀盘到达前（包括超前影响），右线沉降槽两侧产生轻微隆起（0.6mm），所占比例累计 7%（负值代表隆起，下同）；左线地层沉降槽两侧亦产生轻微隆起（0.3mm），隆起所占比例为 4%；

（2）刀盘到达时，右线地层由隆起转为沉降，沉降明显产生至 2.6mm，沉降累计所占比例为 28%；左线地层隆起逐渐消失进而转为沉降至 1.2mm，隆起转沉降累计所占比例为 19%；

（3）盾体通过时，右线沉降显著增加至 5.0mm，所占比例为 27%；左线沉降显著增加至 4.9mm，所占比例为 54%；

（4）盾尾脱出后，右线沉降继续明显增加，最大沉降至 8.9mm，所占比例为 43%；

左线沉降继续明显增加，最大沉降至 6.0mm，所占比例为 16%；

（5）盾构远离监测断面测点，右线长期沉降发展基本稳定，最大沉降至 9.1mm，所占比例很小（2%）；左线长期沉降发展也基本稳定，最大沉降至 6.8mm，所占比例为 11%。

由以上分析可以看出，对于右线（先行）隧道开挖，刀盘到达时，地层由隆起转为沉降累计比例为 28%，而盾体通过时所占比例为 27%，占据了相当的沉降比例，盾尾脱出后沉降所占比例为 43%，成为沉降比例最大的阶段。对于左线（后行）隧道开挖，刀盘到达时，地层由隆起转为沉降累计比例为 19%，而盾体通过时所占比例为 54%，占总沉降比例最大，盾尾脱出后沉降所占比例为 16%。根据先、后行隧道开挖引起地层沉降在不同阶段的占比分析，盾体通过与盾尾脱出两阶段共占约 70%，对地层位移影响显著。

3）C 监测断面

选取 C 监测断面的地表测点（参考图 4.29，C 监测断面与 A 监测断面测点布置完全相同），对 C 监测断面右线隧道和左线隧道单线开挖时其沉降槽形成过程和各阶段沉降所占比例进行分析，其中左线沉降指的是双线开挖之后叠加产生的沉降减去右线开挖引起的沉降，如图 4.34、图 4.35 所示。

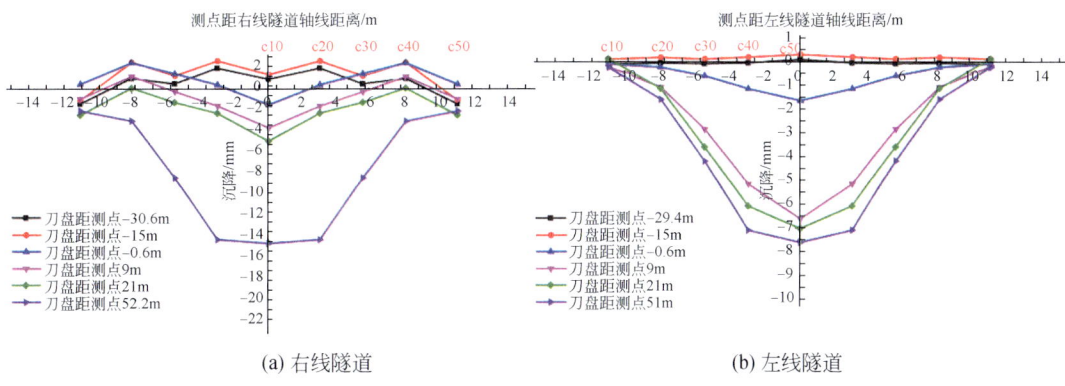

图 4.34 C 监测断面沉降槽形成过程

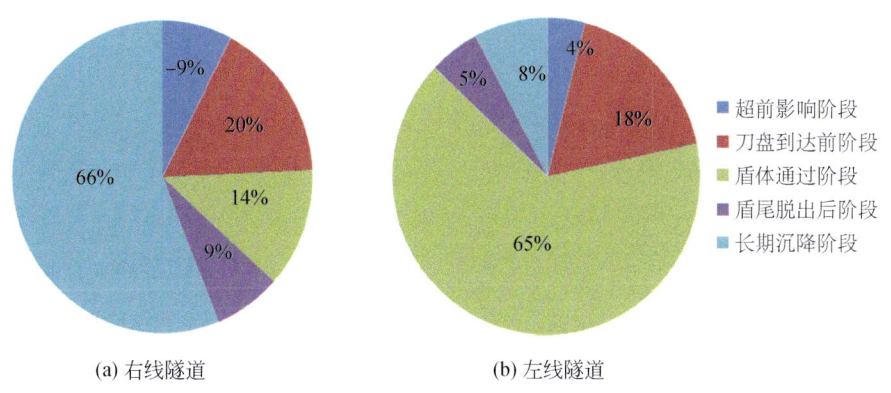

图 4.35 C 监测断面各阶段沉降所占比例

由图 4.34、图 4.35 可知：

(1) 刀盘到达前（包括超前影响），右线沉降槽两侧产生轻微隆起（1.1mm），所占比例累计 9%（负值代表隆起，下同）；左线地层沉降槽两侧产生轻微沉降（0.3mm），沉降所占比例为 4%；

(2) 刀盘到达时，右线地层由隆起转为沉降，沉降明显产生至 1.9mm，沉降累计所占比例为 11%；左线地层沉降至 1.7mm，所占比例为 18%；

(3) 盾体通过时，右线沉降有所增加至 4.0mm，所占比例为 14%；左线沉降显著增加至 6.5mm，所占比例为 65%；

(4) 盾尾脱出后，右线沉降继续增加，最大沉降至 5.0mm，所占比例为 9%；左线沉降继续增加，最大沉降至 7.0mm，所占比例为 5%；

(5) 盾构远离监测断面测点，右线长期沉降发展基本稳定，最大沉降至 14.7mm，所占比例高达 66%；左线长期沉降发展也基本稳定，最大沉降至 7.7mm，所占比例为 8%。

由以上分析可以看出，对于右线开挖，长期沉降占据了相当高的沉降比例（66%），原因在于 C 监测断面右线正上方有较厚砂层影响，盾体通过阶段也占据了相应的沉降比例；对于左线开挖，盾体通过阶段所占比例最大（65%），该阶段成为左线地层位移影响最主要的阶段。

6. 各阶段平均沉降速率分析

前述讨论的各阶段沉降所占总沉降比例只考虑了沉降的最终情况，没有考虑时间因素影响，本小节给出考虑时间因素的各阶段平均沉降速率，它是用不同阶段内沉降（mm）比上盾构通过各阶段所用时间（d）来计算的，采用隧道轴线上方测点在各阶段内单位时间的沉降增量进行阐述，其定义如下：

$$\text{不同阶段平均沉降速率} = \frac{\text{不同阶段内沉降}}{\text{盾构通过各阶段所用距离(m)}} \times 100\%$$

把前述的右线和左线隧道不同阶段沉降比例考虑时间因素后得到 A、B、C 三个监测断面的各阶段平均沉降速率如图 4.36 所示，从图中可以看出：

(1) 对于 A 监测断面，无论是右线隧道还是左线隧道，盾体通过和盾尾脱出后阶段平均沉降速率最大，其中盾构通过阶段的平均沉降速率（右线 12.8mm/d、左线 6.9mm/d）分别是盾尾脱出后阶段（右线 3.5mm/d、左线 2.0mm/d）的 3.7 倍和 3.5 倍，是其他各阶段的平均 20~30 倍；

(2) 对于 B 监测断面，盾体通过阶段的两隧道平均沉降速率均达到最大，而刀盘到达前阶段和盾尾脱出后阶段的平均沉降速率大小相当；

(3) 对于 C 监测断面，盾体通过阶段的两隧道平均沉降速率依然是最大的，而右线在长期阶段的平均沉降速率高达 8.1mm/d，原因在于 C 监测断面右线隧道上方存在较厚的砂层所致。

通过以上分析，可认为盾体通过阶段和盾尾脱出后阶段是沉降主要阶段，而前者是沉降关键阶段。

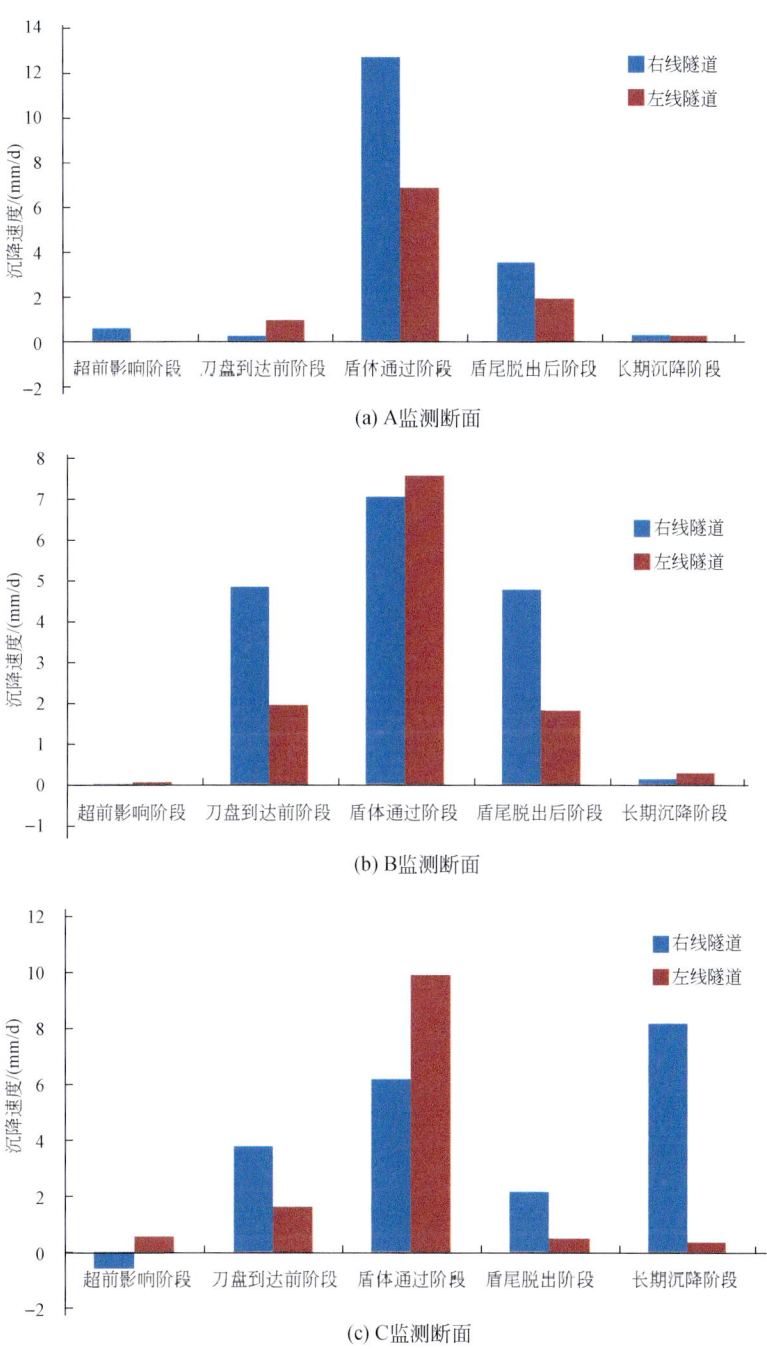

图 4.36　A、B、C 三个监测断面两隧道各阶段平均沉降速率

7. 各阶段沉降沿横向变化率分析

由前述分析可知，地层位移（沉降）有重要阶段，现在来研究是否有重要分区。

图 4.37 为 A 监测断面右线不同深度地层的横向沉降槽最终分布形态，对其进行一个简单的分区划分，即以隧道开挖边线范围以内为Ⅰ区；以沉降槽两侧出现沉降明显转折点与开挖边线所围区域为Ⅱ区；以沉降转折点至沉降边界点所围区域为Ⅲ区。从图 4.37 中可以看出Ⅱ、Ⅲ区分界，即沉降转折点较为明显；Ⅰ、Ⅱ区分界，即开挖边界，沉降转折不是很明显。但对于 B、C 监测断面则非常明显，这个在后面讨论。同时给出不同分区的判别指标：地层沉降沿横向变化率（mm/m），其定义为分区上下限沉降之差（mm）比上分区沿横向分布范围（m），即

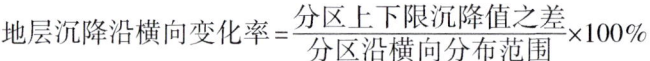

$$地层沉降沿横向变化率 = \frac{分区上下限沉降值之差}{分区沿横向分布范围} \times 100\%$$

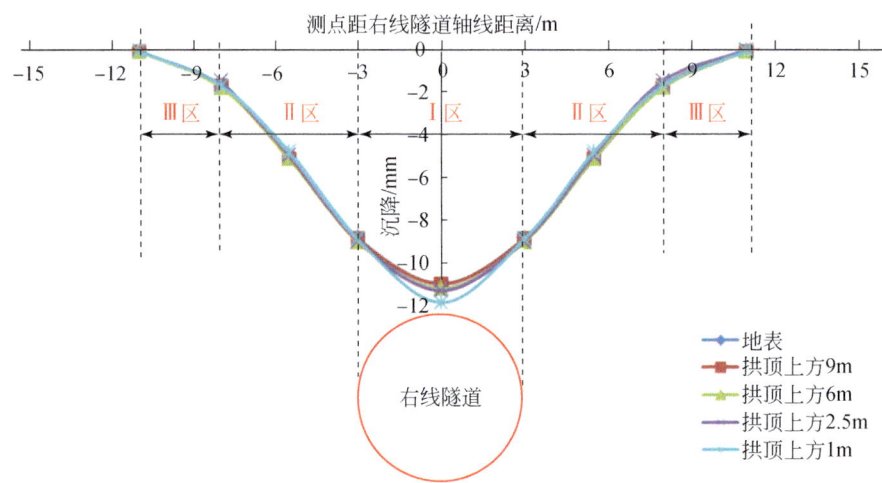

图 4.37 A 监测断面右线隧道沉降沿横向分区示意图

1) A 监测断面

对 A 监测断面右线开挖引起地层位移沿横向变化率进行统计分析，结果如图 4.38 所示，由图可以看出：

（1）不同深度的地层沉降槽曲线分布形态基本一致，所处的分区划分范围一致；

（2）不同深度的地层沉降槽在同一分区（如Ⅰ区）的沉降沿横向变化率差异不大；

（3）Ⅰ区是沉降最大区域（9～12mm），该区不同深度的沉降沿横向变化率平均为 0.75mm/m，易形成近似整体沉降，因此处于该区的刚性结构物易整体下沉；

（4）Ⅱ区是沉降范围变化最大的区域（2～9mm），该区不同深度的沉降沿横向变化率平均为 1.42mm/m，达到最大值，因此对布置在其中的水平长条形敏感结构物需加强保护；

（5）Ⅲ区是沉降边界区域（0～2mm），该区不同深度的沉降沿横向变化率平均为 0.54mm/m，一般沉降很小，但对特定地层，仍会产生较大差异。

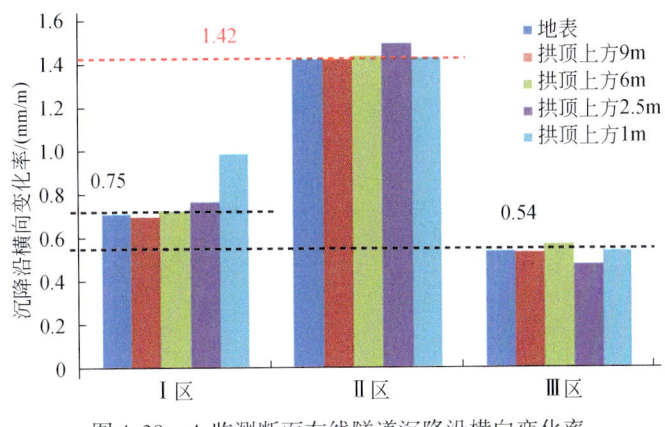

图 4.38　A 监测断面右线隧道沉降沿横向变化率

2) B 监测断面

对 B 监测断面右线开挖引起地层位移沿横向变化率进行统计分析,结果如图 4.39、图 4.40 所示,由图可以看出:

(1) 与 A 监测断面相似,B 监测断面不同深度的地层沉降槽曲线分布形态基本一致,所处的分区划分范围一致;

(2) 与 A 监测断面相似,不同深度的地层沉降槽在同一分区(如 I 区)的沉降沿横向变化率差异不大;

(3) I 区是沉降最大区域(9~10mm),该区呈现明显的"平底状沉降",不同深度的沉降沿横向变化率平均为 0.18mm/m,处于三个分区的最小值;

(4) II 区是沉降范围变化最大的区域(4.8~9mm),该区不同深度的沉降沿横向变化率平均为 1.22mm/m,达到最大值;

(5) III 区是沉降边界区域(0~4.8mm),该区不同深度的沉降沿横向变化率平均为 0.83mm/m,其值一般偏小,但对于该区偏大,说明沉降槽在边界快速收敛,沉降影响范围较小。

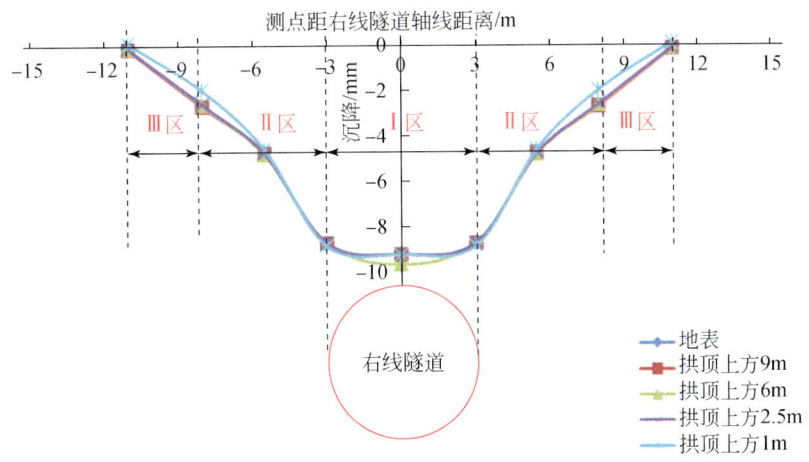

图 4.39　B 监测断面右线隧道沉降沿横向分区示意图

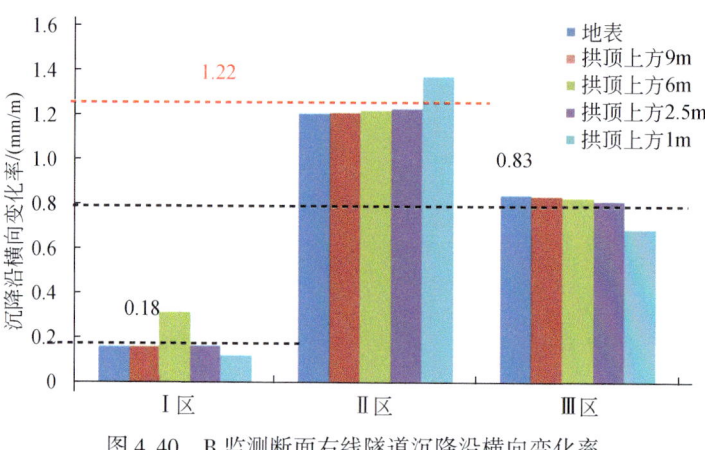

图 4.40 B 监测断面右线隧道沉降沿横向变化率

3）C 监测断面

对 C 监测断面右线开挖引起地层位移沿横向变化率进行统计分析，结果如图 4.41、图 4.42 所示，由图可以看出：

（1）与 A、B 监测断面相似，C 监测断面不同深度的地层沉降槽曲线分布形态基本一致，所处的分区划分范围一致；

（2）与 A、B 监测断面相似，C 监测断面不同深度的地层沉降槽在同一分区（如Ⅱ区）的沉降沿横向变化率差异不大；

（3）Ⅰ区是沉降最大区域（15~17mm，最大 20mm），该区除了拱顶上方 1m 的沉降槽呈现明显的"平底状沉降"，不同深度的沉降沿横向变化率平均为 0.19mm/m，处于三个分区的最小值；

（4）Ⅱ区是沉降范围变化最大的区域（3~15mm），该区不同深度的沉降沿横向变化率平均为 2.36mm/m，达到最大值；

（5）Ⅲ区是沉降边界区域（0~3mm），该区不同深度的沉降沿横向变化率平均为 0.32mm/m，其值一般较小。

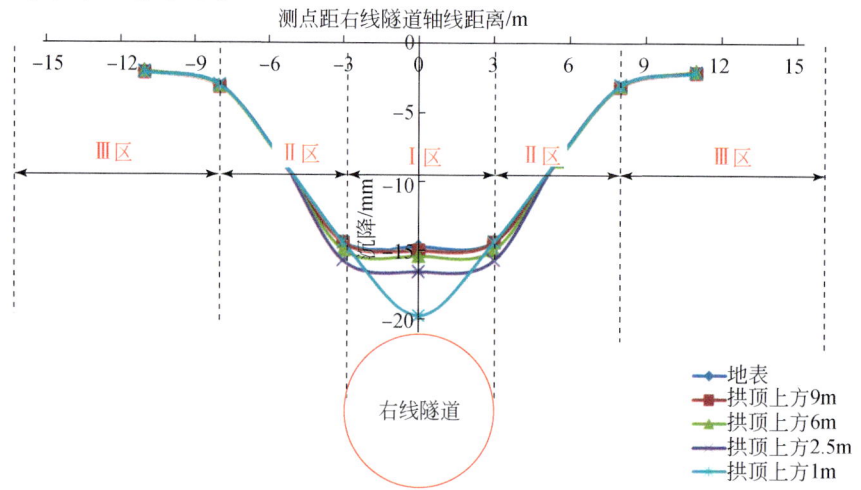

图 4.41 C 监测断面右线隧道沉降沿横向分区示意图

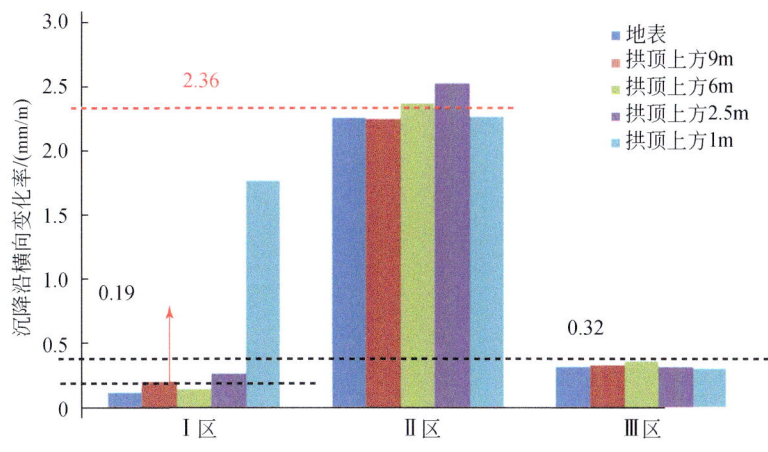

图 4.42 C 监测断面右线隧道沉降沿横向变化率

通过以上对 A、B、C 三个监测断面的 I、II、III 区的沉降沿横向变化率的分析可以看出，通常情况下，I 区，即隧道开挖边线正上方的区域，沉降分布范围较小，但沉降最大，沉降沿横向变化率较小，该区易形成明显的"平底状沉降"，即近似整体沉降；II 区沉降分布范围最大，沉降沿横向变化率较最大，，该区沉降沿着横向快速变化；III 区的沉降较小，其沉降沿横向变化率的大小直接决定了沉降槽的影响范围。

8. 不同深度沉降槽宽度分析

由前文可知，III 区的沉降沿横向变化率的大小直接决定了沉降槽的影响范围，即沉降槽半槽宽度，由此通过 A、B、C 三个监测断面的 III 区沉降沿横向变化率推断各监测断面的沉降槽半槽宽度，其统计结果如图 4.43 所示。

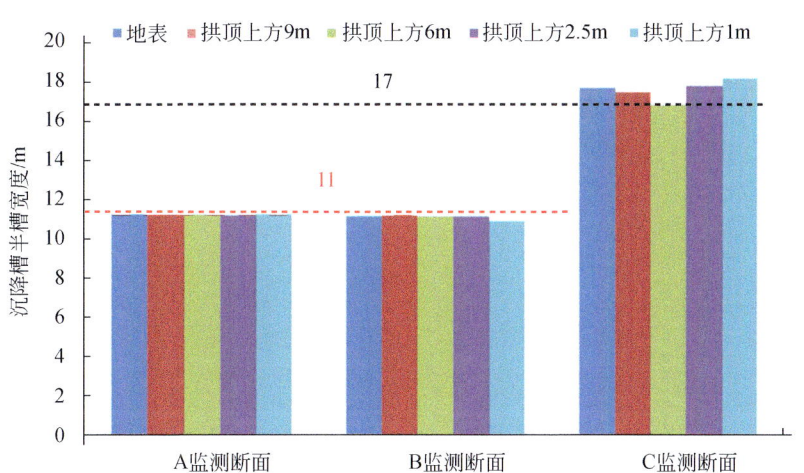

图 4.43 A、B、C 三个监测断面不同深度地层沉降槽宽度统计

由图 4.43 可知：

(1) 对于 A、B 监测断面，沉降槽半槽宽度均为 11m；

（2）对于 C 监测断面，沉降槽半槽宽度为 17m，原因在于 C 监测断面右线隧道上方存在较厚砂层，对沉降影响较大。

由此可得地层位移横向影响范围约为 $1.8D$，其中 D 为隧道直径，但对于隧道拱顶含有较厚砂层情况时，横向影响范围约为 $2.8D$。

4.1.4 先、后行隧道施工引起地层位移差异因素分析

通过对比单线隧道及双线隧道施工引起地表横向位移变形规律可知：后行（左线）隧道盾构施工所引起的地层位移与先行（右线）隧道相比偏小，为摸清产生上述现象的原因，本节主要对先、后行隧道施工中盾构设备、盾构施工参数以及地质方面的差异进行对比分析，以期找出产生上述现象的原因。

1. 盾构设备对比分析

1）设备选型

先、后行隧道选用的盾构设备均为日立公司生产的土压平衡盾构，盾构推力、推进速度、刀盘扭矩等设备性能参数差异不大，如表 4.2 所示，因此设备的整体型式对先、后行隧道施工影响不大。

2）刀盘型式

先行（右线）隧道盾构刀盘开挖直径为 6180mm，后行（左线）隧道盾构刀盘直径为 6170mm，先行隧道开挖直径越大，对地层的扰动越大，在管片外径相同的条件下，更大的开挖直径会产生更大的盾尾间隙，因此开挖直径不同是两者地表沉降产生差异的原因之一。

先行（右线）隧道盾构刀盘型式为辐条式，刀盘开口率为 63%，后行（左线）隧道盾构刀盘型式为面板式，刀盘开口率为 43%；刀盘开口率是盾构选型时需要确定的主要指标。其值的变化直接影响到土仓压力、孔隙水压力、千斤顶推力、刀盘扭矩以及推进速度等参数的大小。一般认为，较小的刀盘开口率在黏土地层中对保证开挖面稳定有利，并且较小的开口率可以减少开挖面的地层损失。因此，刀盘型式及开口率不同是地表沉降差异的重要因素之一。

表 4.2 盾构参数表

序号	类型	右线	左线
1	盾构机长度/mm	8435	8405
2	盾尾壳厚度/mm	45	45
3	盾尾直径/mm	6150	6150
4	刀盘型式	辐条式	面板式
5	推进总推力/kN	38500	38500
6	推进速度/(mm/min)	0~80	0~80

续表

序号	类型	右线	左线
7	刀盘直径/mm	6180	6170
8	刀盘开口率/%	63	43
9	刀盘转速/rpm	0~1.51	0~1.51
10	刀盘驱动最大扭矩/(kN·m)	5770	5333
11	螺旋输送机输土能力/(m³/h)	350	250

2. 盾构施工参数对比分析

盾构施工参数控制的好坏是影响地表沉降的主要因素，在盾构施工过程中可以通过盾构参数的调节达到有效地控制地表沉降的效果，因此在施工过程中盾构施工参数的不同也会造成地层沉降的差异。

下面将着重对地表沉降影响较大的土压力及同步注浆压力两参数进行对比分析。盾构隧道周围土体沉降主要由盾体通过时和盾尾脱出后两个阶段决定，因此选取盾体通过前后 5 环共 10 环（12m）的数据进行施工参数的对比分析。

1）土压力

盾构通过 A、B、C 三个监测断面时的土压力对比如图 4.44~图 4.46 所示，具体各监测断面的土压控制情况如下：

（1）A 监测断面先行盾构的土压力范围为 0.04~0.14MPa，后行盾构的土压力范围为 0.08~0.16MPa，后行盾构的土压力整体要大于先行盾构。

（2）B 监测断面先行盾构的土压力范围为 0.02~0.14MPa，后行盾构的土压力范围为 0.04~0.16MPa，后行盾构的土压力整体要大于先行盾构。

（3）C 监测断面先行盾构的土压力范围为 0.02~0.14MPa，后行盾构的土压力范围为 0.04~0.18MPa，后行盾构的土压力整体要大于先行盾构。

通过对土压力数据的对比分析可以看出：后行（左线，下同）盾构的土压力整体情况要大于先行（右线，下同）盾构，土压力控制的好坏是两者地表沉降差异的主要原因之一。

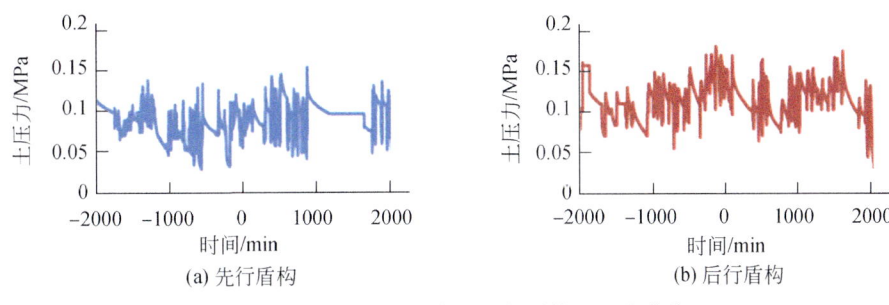

图 4.44 A 监测断面先、后行盾构土压力曲线

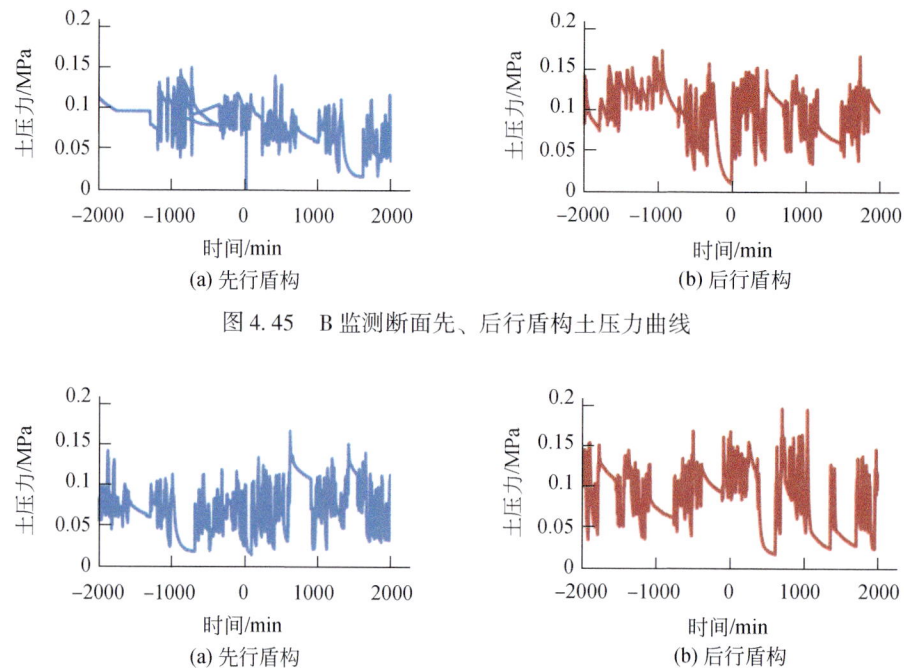

图4.45 B监测断面先、后行盾构土压力曲线

图4.46 C监测断面先、后行盾构土压力曲线

2）同步注浆压力

盾构的同步注浆，即向建筑空隙中注入足够的浆液，必须以一定的压力压注浆液，才能使浆液很好地遍布于管片的外侧。同步注浆压力的大小对周围土体的扰动具有一定的影响，注浆压力太小，不能使浆液遍布管片外侧，注浆压力过大，则会对周围土体扰动变大，对地层位移的控制都是不利的。盾构通过 A、B、C 三个监测断面时的注浆压力对比如图4.47～图4.49所示。具体各监测断面处的注浆压力控制情况如下：

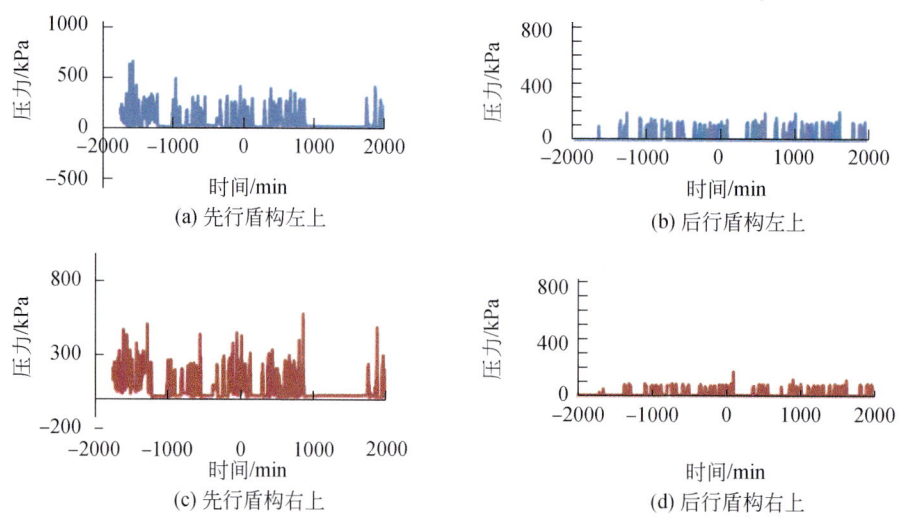

图4.47 A监测断面先、后行盾构左上及右上同步注浆压力对比

（1）A 监测断面先行盾构的左上同步注浆压力范围为 200~300kPa，后行盾构的左上同步注浆压力范围为 100~150kPa；先行盾构的右上同步注浆压力范围为 200~300kPa，后行盾构的右上同步注浆压力范围为 50~100kPa。

（2）B 监测断面先行盾构的左上同步注浆压力范围为 200~300kPa，后行盾构的左上同步注浆压力范围为 100~150kPa；先行盾构的右上同步注浆压力范围为 200~300kPa，后行盾构的右上同步注浆压力范围为 50~100kPa。

（3）C 监测断面先行盾构的左上同步注浆压力范围为 200~300kPa，后行盾构的左上同步注浆压力范围为 100~150kPa；先行盾构的右上同步注浆压力范围为 200~300kPa，后行盾构的右上同步注浆压力范围为 50~100kPa。

通过对同步注浆压力对比分析可以看出：先行盾构的同步注浆压力整体要大于后行盾构。

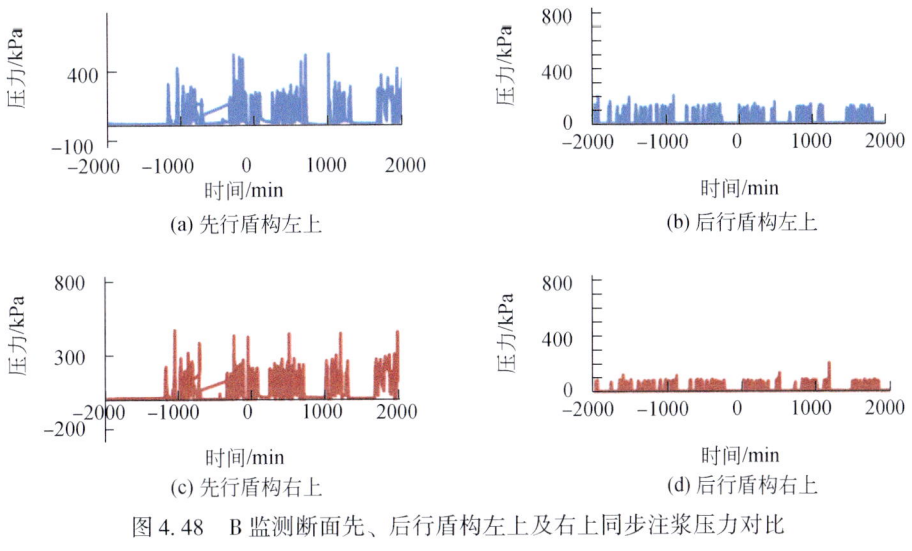

图 4.48 B 监测断面先、后行盾构左上及右上同步注浆压力对比

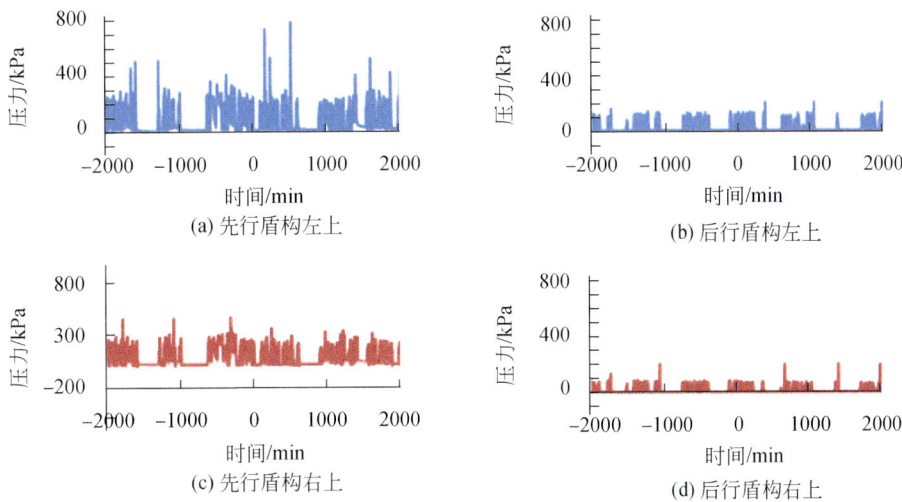

图 4.49 C 监测断面先、后行盾构左上及右上同步注浆压力对比

3. 穿越地层情况对比分析

盾构周围地层地质情况对盾构施工引起的地层位移有着重要的影响，不同的地质情况产生不同的地层位移，第 3 章对先、后行隧道通过三个监测断面的地质情况进行了分析，结果表明：在 A、B 监测断面中，先、后行隧道通过的上覆土层较为均匀，且差别不大；在 C 监测断面中先行隧道拱顶上部粉细砂层较厚，为 2.4m，而后行隧道拱顶上部粉细砂层为 1m。从先、后行隧道通过三个监测断面沉降量对比发现：后行隧道施工所引起的地表沉降与先行相比偏小，单从地层差别很难解释上述现象。

综上所述，造成先、后行隧道施工引起沉降差异主要有如下三个原因：

（1）盾构设备的不同对地层位移具有一定的影响，盾壳直径相同情况下，刀盘直径越大对地层位移的控制越不利；面板式刀盘对地层位移的控制要优于辐条式刀盘，开口率越大对地层位移的控制越不利。

（2）盾构施工参数的不同也会对地层位移产生影响，土压力控制的好坏对地表沉降大小有直接的影响，同步注浆压力虽然对地表沉降也有一定的影响，但是很难从该因素直接看出两者的差别。

（3）先、后行隧道通过三个监测断面地质情况的差异不是造成后行隧道施工引起的地表沉降与先行相比偏小的主要原因。

4.1.5 地层深层竖向位移及影响范围变化特征的数值拟合分析

由前述可知，地层不同深度的沉降曲线与地表沉降曲线非常相似，地层深层竖向位移及影响范围与地表沉降及影响范围也必然存在某种联系，随着深度不同呈现有规律的变化。本节将对不同深度的最大沉降和沉降槽宽度系数随深度的变化规律进行数值模拟研究。

采用 ABAQUS 有限元分析软件进行建模，模型的建立及参数选取如 2.2.1 节所示，数值模型中，当右线隧道开挖结束时，对盾构通过前后监测断面处地表沉降槽变化过程进行 Peck 公式拟合，如图 4.50 和表 4.3 所示。可以看出，监测断面处地表沉降槽在形成过程

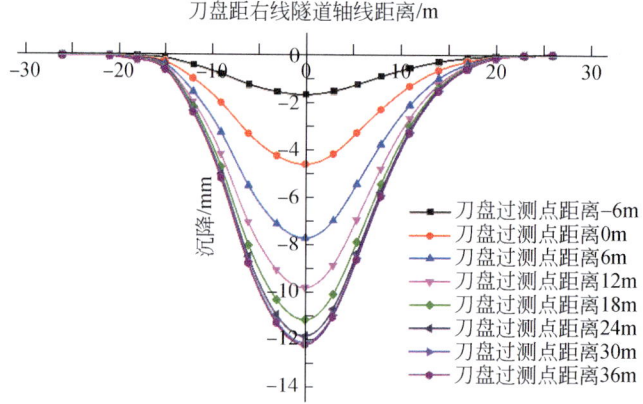

图 4.50　刀盘过测点不同距离地表沉降槽曲线

中均呈现正态分布特征，且不同时刻沉降槽宽度系数接近相等，槽宽平均为6.9m，这表明监测断面前后任意一个横断面的地表横向影响范围基本不变。同时对地表和地层内部不同埋深的五条测线的最终沉降曲线进行分析，如图4.51所示，可以看出，不同深度的沉降槽也呈明显的正态分布特征，且随着埋深增加，其最大沉降逐渐增加，沉降影响范围逐渐减小，即沉降槽宽度系数随着埋深增加而变小。为了研究不同深度的最大沉降 $[S_{max}(z)]$ 和沉降槽宽度系数 $[i(z)]$ 随埋深 (z) 的变化规律，对这五条沉降曲线用Peck公式进行拟合，如表4.4所示。再对 $S_{max}(z)$ 和 $i(z)$ 分别用式（4.9）和式（4.10）的方法与埋深 (z) 进行拟合，并进行必要的修正，结果如图4.52、图4.53所示。

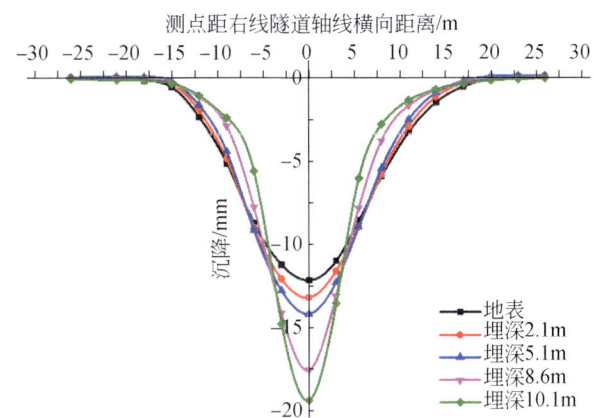

图4.51 不同深度地层沉降槽曲线

表4.3 刀盘过测点不同距离地表沉降曲线拟合公式

刀盘过测点距离/m	沉降拟合公式	地表最大沉降 (S'_{max})/mm	地表沉降槽宽度系数 (i'_{max})/m
-6	$S(x)=-1.68\exp[-x^2/(2\times7.2^2)]$	-1.68	7.2
0	$S(x)=-4.59\exp[-x^2/(2\times7^2)]$	-4.59	7
6	$S(x)=-7.70\exp[-x^2/(2\times6.9^2)]$	-7.70	6.9
12	$S(x)=-9.79\exp[-x^2/(2\times6.9^2)]$	-9.79	6.9
18	$S(x)=-11.15\exp[-x^2/(2\times7^2)]$	-11.15	7
24	$S(x)=-11.83\exp[-x^2/(2\times6.9^2)]$	-11.83	6.9
30	$S(x)=-12.10\exp[-x^2/(2\times6.9^2)]$	-12.10	6.9
36	$S(x)=-12.19\exp[-x^2/(2\times6.9^2)]$	-12.19	6.9

表4.4 地表和地层沉降槽拟合公式

测线埋深(z)/m	沉降槽拟合公式	最大沉降$[S_{max}(z)]$/mm	沉降槽宽度系数$[i(z)]$/m
0	$S(x,z)=-12.19\exp[-x^2/(2\times6.9^2)]$	-12.19	6.9
2.1	$S(x,z)=-13.20\exp[-x^2/(2\times6.4^2)]$	-13.20	6.4

续表

测线埋深(z)/m	沉降槽拟合公式	最大沉降[$S_{max}(z)$]/mm	沉降槽宽度系数[$i(z)$]/m
5.1	$S(x,z)=-14.20\exp[-x^2/(2\times5.9^2)]$	−14.20	5.9
8.6	$S(x,z)=-17.57\exp[-x^2/(2\times4.5^2)]$	−17.57	4.5
10.1	$S(x,z)=-19.40\exp[-x^2/(2\times3.7^2)]$	−19.40	3.7

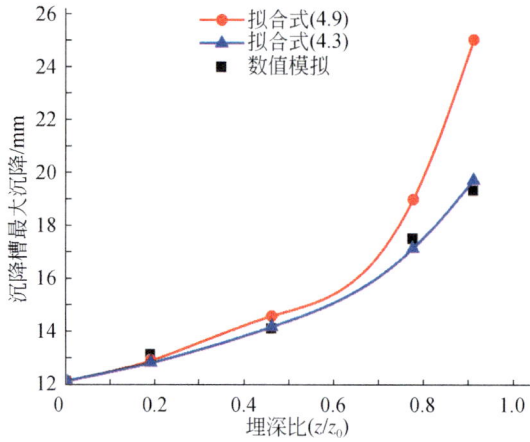

图4.52 $S_{max}(z)$与埋深比的拟合关系

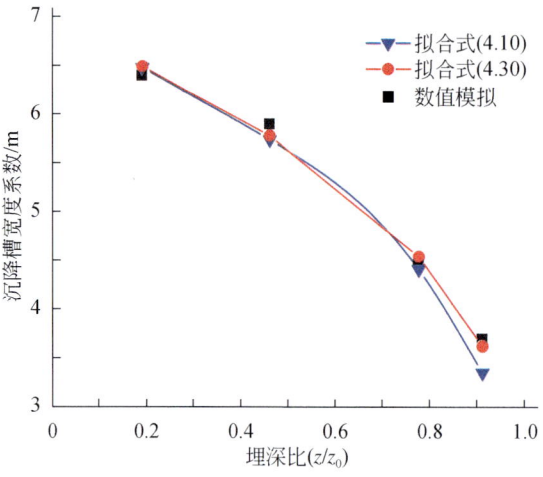

图4.53 $i(z)$与埋深比的拟合关系

由图4.52、图4.53的拟合结果可以看出，当采用式（4.9）对地层不同深度的最大沉降［$S_{max}(z)$］与埋深比（z/z_0）进行拟合时，在埋深比小于0.4时拟合效果较好，当大于0.4时拟合效果减弱，因此需要对式（4.9）进行修正，拟合公式如下：

$$S_{max}(z)=S'_{max}(1-m\times z/z_0)^{-0.3} \tag{4.26}$$

式中，S'_{max} 为地表最大沉降。根据拟合结果，当 $m=1.12$ 时，即

$$S_{max}(z) = S'_{max}(1-1.12z/z_0)^{-0.3} \quad (4.27)$$

此时拟合效果达到最好。

对沉降槽宽度系数 $[i(z)]$ 与埋深比 (z/z_0) 采用式（4.10）进行拟合时，在埋深比小于 0.77 时拟合效果较好，当大于 0.77 时拟合效果出现偏差，因此对式（4.10）同样进行参数修正，拟合公式如下：

$$i(z) = i'_{max}(1-n \times z/z_0)^{-0.3} \quad (4.28)$$

式中，i'_{max} 为地表沉降槽宽度系数。由于盾构通过前后引起监测断面处地表沉降槽宽度系数基本不变，故可认为

$$i'_{max} = i \quad (4.29)$$

式中，i 为地表最终的沉降槽宽度系数。

根据拟合结果，当 $n=1.22$ 时，即

$$i(z) = i'_{max}(1-1.22z/z_0)^{-0.3} \quad (4.30)$$

取得较好的拟合效果。结合式（4.1）、式（4.27）、式（4.30）可得

$$S_1(x,z) = S'_{max}(1-1.12z/z_0)^{-0.3} \exp\left[\frac{-x^2}{2i^2(1-1.22z/z_0)^{0.6}}\right] \quad (4.31)$$

式（4.31）可以用来预测隧道开挖前后不同深度地层中任意一点的沉降，相较现有预测模型，其准确度更高，适用范围更广，可以作为地层深层点沉降预测模型应用于实际生产中。

4.1.6 盾构施工引起地层损失率的变化特征研究

1. 地层损失率的提出与计算

1）地层损失的计算方法

根据既有文献，地层损失有多种定义和计算方法，主要分为不考虑排水和考虑排水固结两类。Peck 认为在不排水情况下，隧道开挖所引起的地面沉降槽体积应等于地层损失的体积，但没有考虑土体的排水固结。由于考虑土体"压密固结"或"流动变形"引起的地层损失较为复杂，而且须考虑时间效应，故本节的地层损失不考虑排水固结的影响，将地层损失理解为盾构实际开挖体积与理论出土体积之差引起土体位移，从而导致"地层损失"，进而完全传递至地表形成沉降槽的体积。

Peck 公式描述的地表沉降曲线如图 4.54 所示。可以看出，沉降曲线呈现正态分布形式，地表最大沉降位于沉降槽中心，沉降槽影响范围约为 $2.5i$，沉降槽曲线与 x 轴围成的面积即为地层损失 (V)，对式（4.1）两边同时积分，则有

$$\int_{-\infty}^{+\infty} S(x) dx = \int_{-\infty}^{+\infty} S_{max} \cdot e^{-\frac{x^2}{2i^2}} dx = V_1 \quad (4.32)$$

即

$$V = S_{max} \cdot \sqrt{2\pi} i \quad (4.33)$$

由式（4.33）可知，地层损失 (V) 与最大沉降 (S_{max}) 和沉降槽宽度系数 (i) 呈正

相关关系,已知某一深度地层沉降槽的 $S_{\max}$ 和 i 即可求出该深度的地层损失。

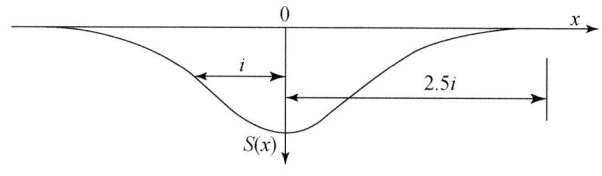

图 4.54　地表沉降曲线

对于深部地层,由分析可知深部地层沉降曲线与地表沉降曲线形态很相似,在不排水条件下,深部地层损失的体积等于该深度地层沉降槽的体积,且不同深度的最大沉降 $[S_{\max}(z)]$ 和沉降槽宽度系数 $[i(z)]$ 都是深度 (z) 的函数,沉降槽仍为正态分布形式,则有

$$S_z(x) = S_{\max}(z)\exp\left[-\frac{x^2}{2i(z)^2}\right] \quad (4.34)$$

此时深度为 z 的地层损失可表示为

$$V(z) = S_{\max}(z) \cdot \sqrt{2\pi} \cdot i(z) \quad (4.35)$$

2) 地层损失率的提出与计算方法

地层损失是盾构实际开挖体积与理论出土体积之差,在不排水条件下表现为沉降槽体积。由于实际出土体积可能受盾构超挖、间隙注浆等因素影响难以确定,因此地层损失采用沉降槽体积等效替代。地层损失率是开挖单位隧道长度的土体体积引起的地层损失与开挖断面面积的比值(%),即

$$V_1 = \frac{V}{\pi R^2} \times 100\% \quad (4.36)$$

式中,V_1 为地层损失率,%;V 为单位长度的地层损失;R 为盾构外径。

2. 基于模拟计算结果的地层损失率计算

数值模拟结果及相关数据参见 4.1.5 节。根据表 4.3 得到的不同深度的最大沉降 $[S_{\max}(z)]$ 和沉降槽宽度系数 $[i(z)]$ 即可求得不同深度的地层损失。由图 4.51 可知,埋深较小的沉降曲线沉降小而影响范围大,埋深较大的沉降曲线沉降大而影响范围小,故其分别与 x 轴围成的面积即地层损失可能保持不变。为验证这个假设,以地表和埋深 7.8m 的沉降槽曲线为例,分别采用拟合法与折线法,即拟合曲线和折线分别与 x 轴所围成的面积计算地层损失,记作 V_1、V_2,其中 V_1 即式 (4.35),计算 V_2 时,在假定地层均质分布、无地下管线等结构物的条件下,隧道开挖引起的地表及地层沉降曲线关于隧道轴线所在纵剖面对称,地层损失等于沉降曲线半边与 x 轴围成的面积的两倍,如图 4.55 所示,选取隧道右半边沉降曲线,隧道正上方测点及其右边测点依次编号为 x_0,x_1,x_2,…,x_9 共 10 个测点,相邻两测点 x_{i-1}、x_i 与 x 轴和沉降曲线所围成的梯形面积为

$$\Delta A_i = [S(x_i) + S(x_{i-1})] \cdot (x_i - x_{i-1})/2 \quad (4.37)$$

式中,x_i、$S(x_i)$ 分别为距隧道轴线第 i 个测点的距离和沉降;i 为沉降曲线右侧测点个数,共九个。

故地层损失 V_2 的计算公式如下：

$$V_2 = 2\sum_{i=1}^{9} \Delta A_i = \sum_{i=1}^{9} \{[S(x_i) + S(x_{i-1})] \cdot (x_i - x_{i-1})\} \quad (4.38)$$

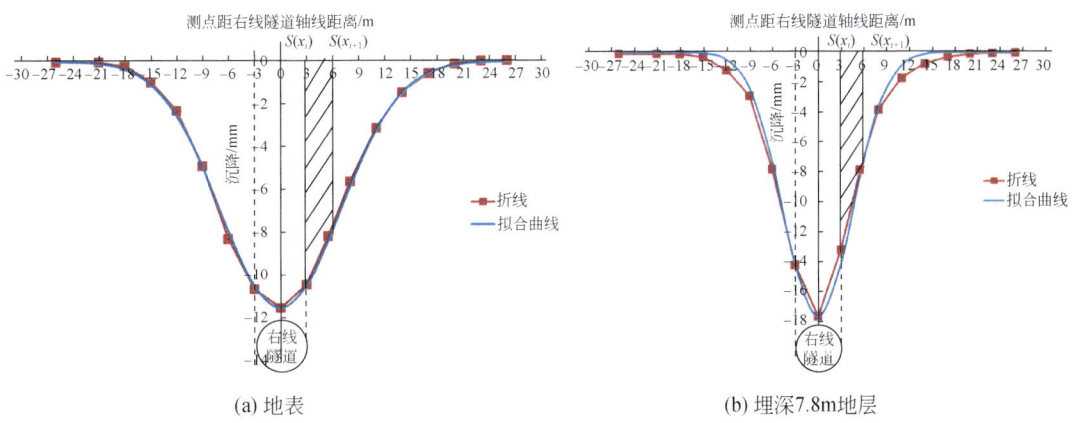

图 4.55 沉降槽拟合曲线与折线对比

通过对比发现，V_1 和 V_2 略有差异，主要表现在：当埋深较小时，V_1 和 V_2 非常接近，且拟合曲线较折线更接近沉降曲线形态；当埋深较大时（7.8m、9.3m），拟合曲线两侧边缘收敛较快，与 x 轴围成的面积明显偏小，折线底部会出现尖底导致其与 x 轴围成面积也偏小，故需对埋深较大的计算进行修正，对距隧道中心小于 6m 范围内的沉降曲线采用拟合法，对此之外的两侧曲线采用折线法计算，通过修正得到的埋深 7.8m 和 9.3m 的地层损失差异不大，其具体结果如表 4.5 所示。

表 4.5 不同深度的地层损失率模拟结果

埋深/m	地层损失 (V)/(10^{-3}m^3/m)			地层损失率 (V_1)/%
	拟合法 (V_1)	折线法 (V_2)	修正值 (V)	
0	198.39	193.89	198.39	0.64
1.3	199.29	194.76	199.29	0.64
4.3	197.53	194.95	197.53	0.64
7.8	186.52	191.02	198.01	0.64
9.3	178.42	184.94	194.19	0.63

由表 4.5 可以看出，隧道开挖引起的地层损失在拱顶以上至地表的地层内变化很小，基本在 $(194\sim199)\times10^{-3}$m^3/m；地层损失率在不同深度地层内几乎一致（约0.64%）。这从数值模拟角度验证了地层损失率在地层内基本不变的假设。

3. 基于原位测试结果的地层损失率计算

为研究方便，只对右线隧道开挖结束后不同深度地层沉降曲线进行分析，在假定地层均质分布以及没有地下管线等影响的条件下，认为沉降曲线关于右线隧道轴线对称，即根据钻孔实测沉降对称得到隧道另一侧地层沉降,如图 4.56 所示。可以看出,深层地层沉降曲线在形态上符合正态分布特征,可用 Peck 公式进行拟合,其结果如表 4.6 所示。而距隧道轴线最远的 $x=11\mathrm{m}$ 测点沉降不为零,故须计算得出实际沉降曲线边界。假定 $x=8\mathrm{m}$ 测点往外区域的沉降衰减趋势一致,如图 4.57 所示,则沉降为零的位置距 $x=11\mathrm{m}$ 测点距离为

$$\Delta L = \frac{\Delta x}{\Delta S} \cdot S \tag{4.39}$$

式中,Δx、ΔS 分别为 $x=8\mathrm{m}$ 和 $x=11\mathrm{m}$ 测点的间距、沉降差;S 为 $x=11\mathrm{m}$ 测点的沉降。

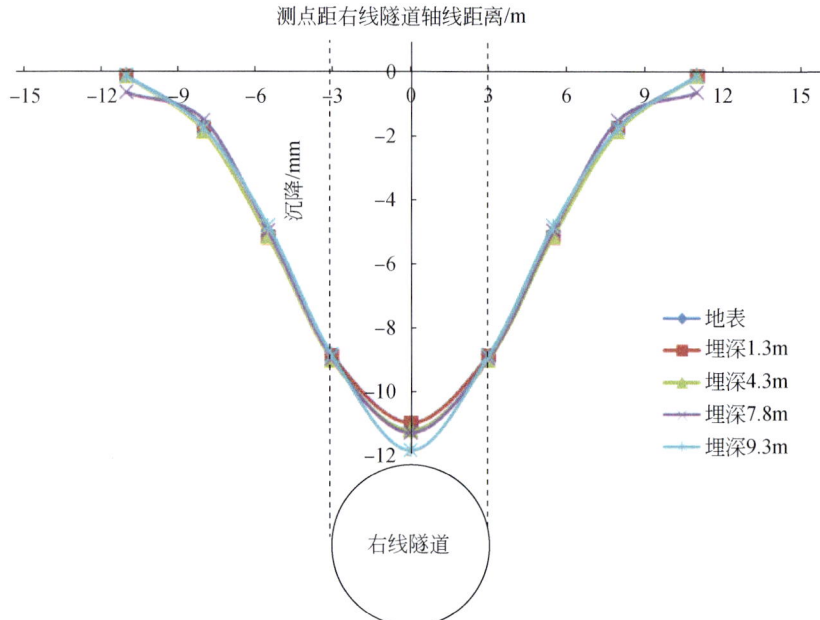

图 4.56　不同深度沉降槽曲线实测结果

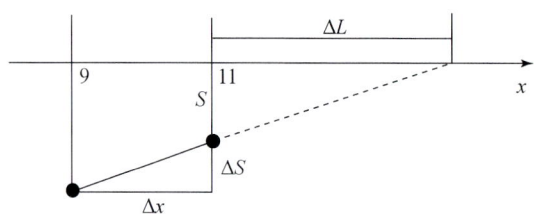

图 4.57　沉降曲线边界的确定

由式(4.39)可以推出沉降曲线边缘距 $x=11\mathrm{m}$ 测点的距离,并分别采用式(4.35)和式式(4.39)计算得到拟合法和折线法的地层损失,进而求出地层损失率,如表 4.7 所示。可以发现,对于原位测试的地层损失,两种计算方法在不同深度的差异基本不大,故无需修正,采用较准确的拟合法结果计算地层损失率。

表4.6 地表和地层沉降曲线拟合原位测试结果

埋深(z)/m	沉降曲线拟合公式	最大沉降[$S_{max}(z)$]/mm	沉降槽宽度系数(i)/m
0	$S_0(x) = -10.98\exp[-x^2/(2\times4.4^2)]$	10.98	4.4
1.3	$S_z(x) = -10.99\exp[-x^2/(2\times4.4^2)]$	10.99	4.4
4.3	$S_z(x) = -11.22\exp[-x^2/(2\times4.3^2)]$	11.22	4.3
7.8	$S_z(x) = -11.30\exp[-x^2/(2\times4.2^2)]$	11.30	4.2
9.3	$S_z(x) = -11.87\exp[-x^2/(2\times4.1^2)]$	11.87	4.1

表4.7 不同深度的地层损失率原位测试结果

埋深(z)/m	沉降曲线边缘位置(ΔL)/m	地层损失(V)/(10^{-3}m³/m)		地层损失率(V_1)/%
		拟合法(V_1)	折线法(V_2)	
0	0.28	120.78	117.75	0.39
1.3	0.33	120.90	118.14	0.39
4.3	0.29	120.57	120.21	0.39
7.8	0.42	118.66	119.02	0.38
9.3	0.29	121.66	119.10	0.39

由表4.7可以看出,不同深度的地层损失约在(120~122)×10^{-3}m³/m,地层损失率几乎不变(约0.39%),这与数值模拟揭示的地层损失率在地层空间基本不变的结论保持一致。由于实际地层复杂,并非理想状态下的完全均质分布,且盾构施工参数随推进不断变化,而数值模型地层划分均质、分层均匀,模型均匀开挖,得到的不同深度沉降曲线相比实测结果是较为理想的结果,但仍能定性地揭示出地层损失在地层中传播的不变性,原位测试试验验证了这一结论的正确性。

4. 小结

以北京地铁14号线方庄站—十里河站区间盾构隧道工程为依托,基于Peck公式和数值模拟对不同深度的地层损失变化特征进行研究,并通过原位试验进行对比验证,主要结论如下:

(1) 盾构隧道开挖后,地层深层沉降曲线呈现正态分布形式,在不考虑排水条件下,地层损失传递至地表表现为沉降槽体积,地层损失$V=S_{max}\cdot\sqrt{2\pi}i$与沉降槽宽度系数、最大沉降成正相关关系,且该规律同样适用于地层内部的地层损失。

(2) 不同深度的地层损失率在不排水条件下差异很小。数值模拟和原位测试均表明地层损失率在地层空间分布基本不变。

(3) 原位测试揭示,在北京地铁14号线方庄站—十里河站区间的具体地质情况和施工条件下地层损失率基本为常数,约0.38%~0.39%,为类似条件下地层损失的控制提供依据。

4.1.7 地层深层竖向位移沿横向分布特征研究

为揭示地层深层竖向位移沿横向分布特征,对A监测断面不同深度测点的监测数据进行详细分析。由于现场测点布置在两隧道之间,即右线隧道轴线的一侧,因此测试获得的数据实际上是A监测断面半幅地层的位移。由于整个测试场地地层分布较均一,可以认为隧道轴线两侧的地层位移基本相同,即可将沉降曲线关于隧道轴线对称。基于此假设,绘制不同深度地层沉降曲线,如图4.58所示。

由图4.58可知,盾构开挖引起的不同深度地层的最终竖向位移沿横向分布规律较为相似,均呈现正态分布的沉降槽,隧道正上方测点的竖向位移呈现一定的分层,距离拱顶越近,分层现象越明显,竖向位移沿着隧道轴线两侧向外逐渐衰减,隧道开挖轮廓线为分层位移的分界点,隧道开挖范围外地层为整体沉降,无明显分层。

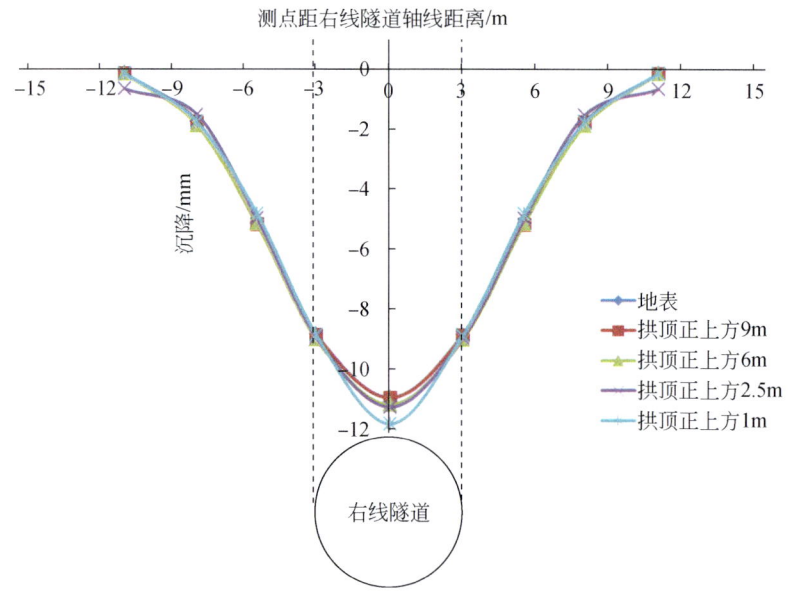

图4.58 不同深度地层沉降槽示意图

1. 地层深层竖向位移沿横向分布的实测结果分析

1)不同深度地层位移发展历程分析

为揭示盾构开挖过程中不同深度地层位移随盾构推进的发展历程,选取刀盘距监测断面-24.6m(刀盘到达监测断面前)、-15m(刀盘到达监测断面前)、0.6m(刀盘通过监测断面)、9m(盾尾脱出监测断面)、21m(盾构远离监测断面)、65.4m(地层长期稳定)等时刻,对地表及埋深4.3m、7.8m、9.3m(依次为拱顶正上方6m、2.5m、1m)等测点处竖向位移的发展历程及变化规律进行分析,如图4.59~图4.62所示,其中距离监测断面的距离为负值表示刀盘未到达该监测断面,正值表示刀盘已经通过该监测断面。

由这些曲线图可以看出,不同深度测点位移的发展历程规律基本一致,刀盘距监测断面-24.6m 和-15m 时，地层位移不明显；刀盘距监测断面 0.6m 时，沉降槽开始初步形成，由于盾构推进对刀盘前方土体挤压的影响，沉降槽底部出现较大回弹，而沉降槽底部两侧沉降继续增大，故沉降槽呈现出了双峰特征；距监测断面 9m 时，不同位置各测点的竖向位移值迅速增大，隧道拱顶正上方测点竖向位移增加最快，仍呈现回弹现象，但回弹有所减弱，其竖向位移值仍略小于轴线两侧测点；距监测断面 21m 时，沉降槽继续发展，此时隧道拱顶正上方测点的竖向位移回弹消失，沉降槽形态接近于正态分布特征；待竖向位移的变形趋于稳定时，沉降槽的形态及各测的最大沉降基本稳定。

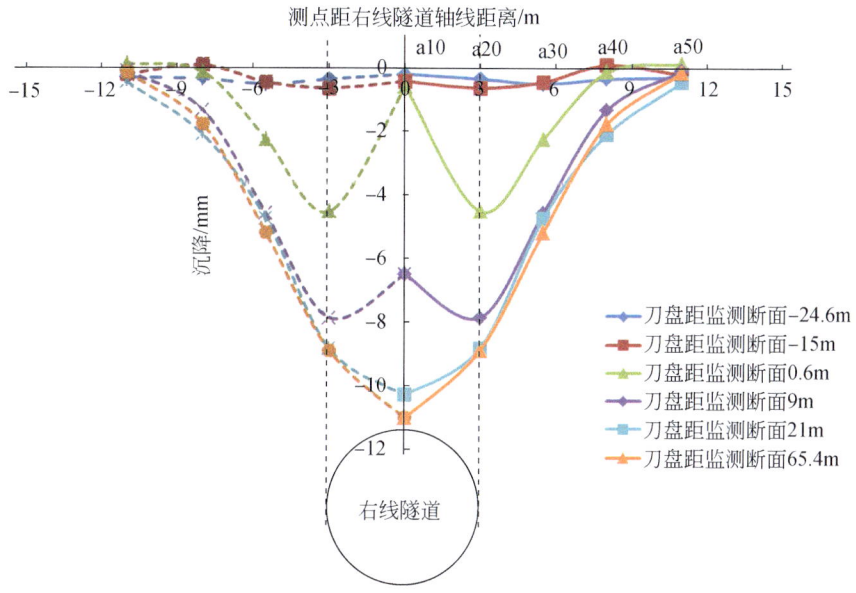

图 4.59　地表沉降形成过程

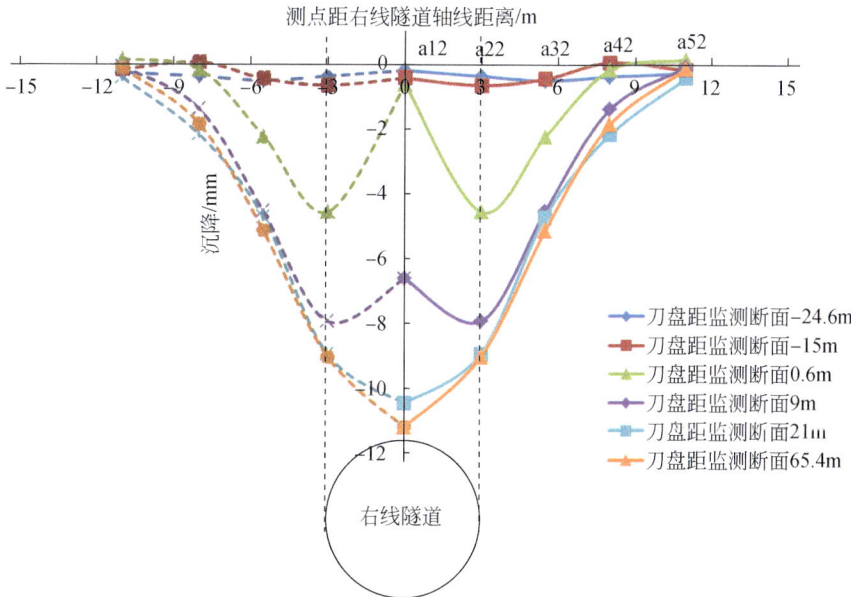

图 4.60　拱顶正上方 6m 地层沉降形成过程

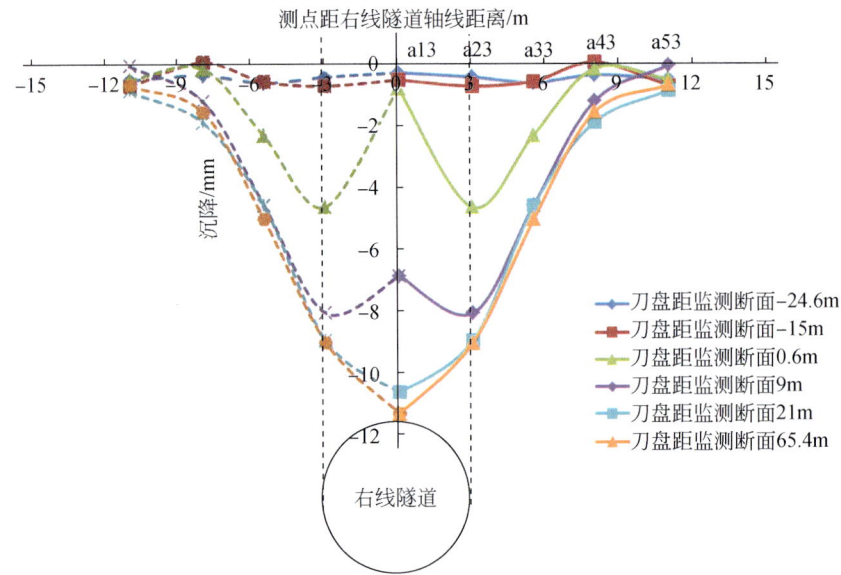

图 4.61 拱顶正上方 2.5m 地层沉降形成过程

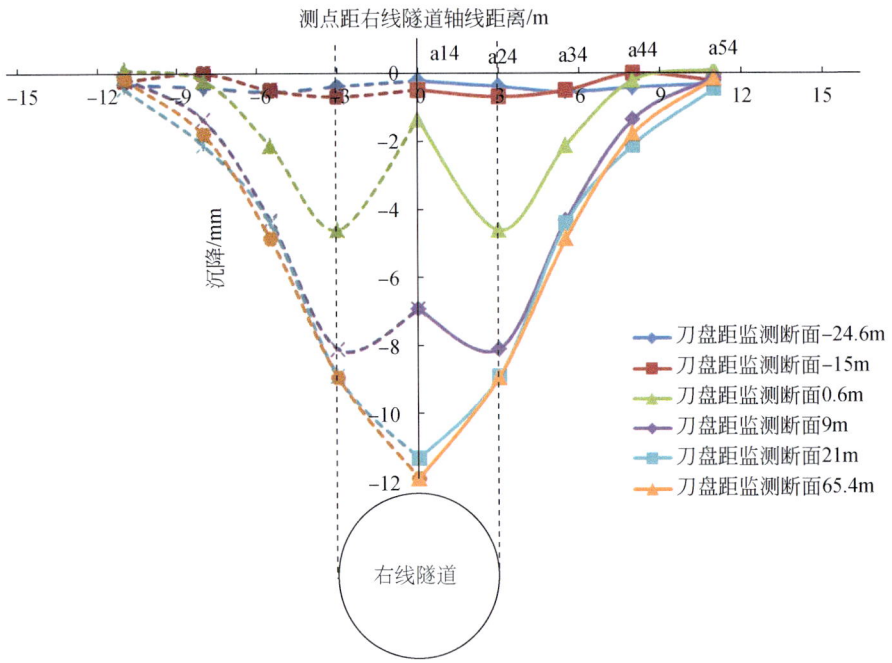

图 4.62 拱顶正上方 1m 地层沉降形成过程

2) 盾构施工各阶段地层位移占比分析

盾构在通过监测点前后不同阶段形成的沉降槽形态有所差异，竖向位移在不同阶段所占比例也各不相同。为研究方便，将盾构刀盘距监测断面位置依次划分为刀盘距监测断面0.6m之前（刀盘到达前阶段）、刀盘距监测断面0.6～9m（盾体通过阶段）、刀盘距监测断面 9~21m（盾尾脱出后阶段）、刀盘距监测断面 21~65.4m（长期沉降阶段）等四个阶段，将不同深度处竖向位移的增量占最终沉降比例进行统计，如图 4.63 所示。

由图 4.63 可知，盾构开挖过程中，不同深度处测点竖向位移在上述四个阶段所发生的位移占总竖向位移的比例基本一致，具体表现为：刀盘到达前阶段，占比较小，约占总位移的 6.0%~11.3%；在盾体通过阶段，占比最大，是竖向位移发展的主要阶段，约占总位移的 47.0%~53.8%；盾尾脱出后阶段，占比较大，所占总位移的 33.4%~36.8%，是竖向位移发展的次要阶段；长期沉降阶段，占比最小，仅为总位移的 4.8%~6.8%。

这表明盾构在推进过程中各个阶段都会引起不同程度的竖向位移，其中盾体通过和盾尾脱出后两阶段沉降占总沉降比高达 80% 以上，而刀盘到达前与长期沉降阶段占比仅不到 20%，因此实际工程中对沉降的控制需要抓住主要影响阶段重点关注。

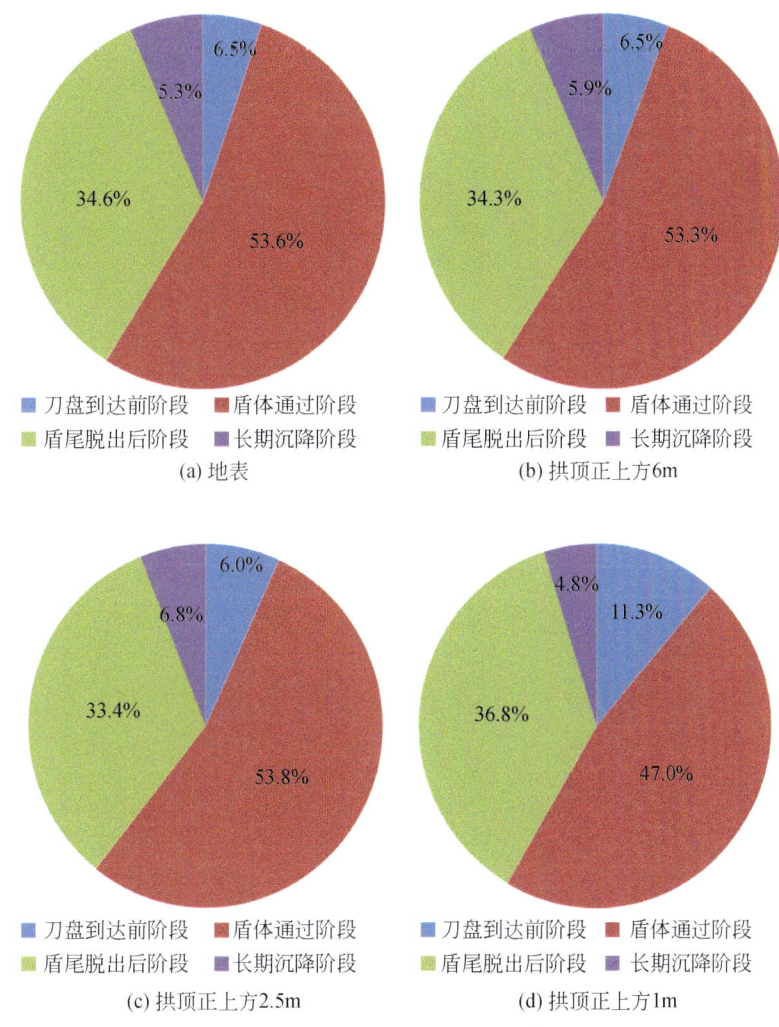

图 4.63　不同深度处各阶段沉降所占总沉降比例的实测分析

2. 地层深层竖向位移沿横向分布的数值模拟分析

1) 模型建立与测点布置

为研究地层内竖向位移的分布规律，选取 A 监测断面的地质情况进行数值模拟分析，所选模型参数与模型尺寸与 A 监测断面基本相同，这里仅简单进行叙述。选取北京地铁 14 号线方庄站—十里河站区间进行 ABAQUS 数值建模，采用 A 监测断面地质情况进行模拟，如图 4.64 所示。数值模型尺寸为宽×长×高（70m×90m×30m），土层材料采用 Mohr-Coulomb 模型，利用单元死活法进行开挖，开挖直径为 6.28m，管片外径为 6m，内径为 5.4m，管片与土体间隙用 0.09m 厚的圆环同步注浆等代层填充，为简化计算，忽略浆液的硬化过程，直接考虑浆液终凝时的情况。盾体、管片和注浆层选用线弹性材料，其参数设置如表 4.8 所示。在两隧道上方地表及地层内部布置测点，五条水平测线从地表往下埋深依次是 0m、1.3m、4.3m、7.8m、9.3m，与监测断面实际测点布置保持一致，测点布置如图 4.65 所示。模型中不同分层土体参数根据选取监测断面实际地层的勘察报告数据选取，具体参数如表 4.9 所示。

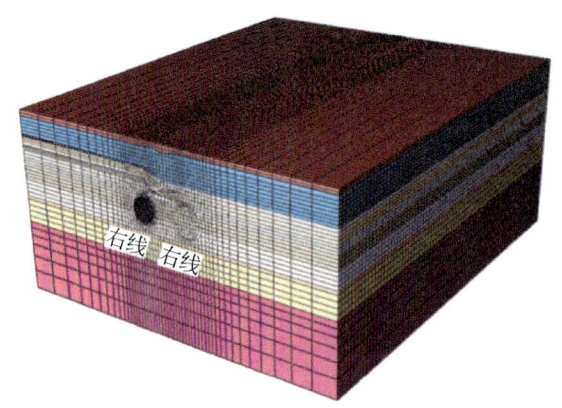

图 4.64 ABAQUS 有限元数值模型的建立

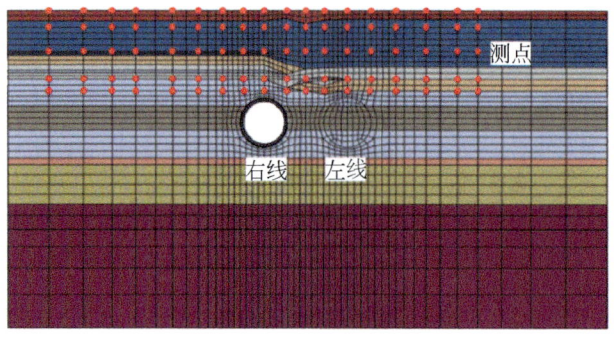

图 4.65 监测断面测点布置图

表 4.8　三维数值模拟中盾体、管片和注浆层参数设置

项目	容重/(kN/m³)	弹性模量/MPa	泊松比
盾体	78	206000	0.28
管片	26	35000	0.25
注浆层	15	2	0.2

表 4.9　三维数值模拟中土体材料的计算参数

土层编号	土层名称	土的容重/(kN/m³)	变形模量/MPa	内摩擦角/(°)	黏聚力/kPa
1	粉土素填土	17.9	3500	12	5
2	粉土	19.1	39500	24	15
3	粉质黏土	20.5	24750	15	28
4	黏土	19.9	31900	11	34
5	粉细砂	18.7	63300	29	0
6	粉质黏土	20.1	53500	15	30
7	中粗砂	20.5	98500	33	0
8	粉质黏土	20	51800	13	31

2）不同深度处地层位移演化的数值模拟结果分析

从图 4.66 可以看出：总体上地层深层位移在形态上呈现明显正态分布特征，且随着埋深增加，最大沉降增大，隧道开挖范围内的地层分层位移差异明显，这与原位测试揭示的规律是一致的。而数值模拟结果更加清晰地揭示了埋深小的沉降槽宽而浅，埋深大的沉降槽窄而深的深层分层位移现象。

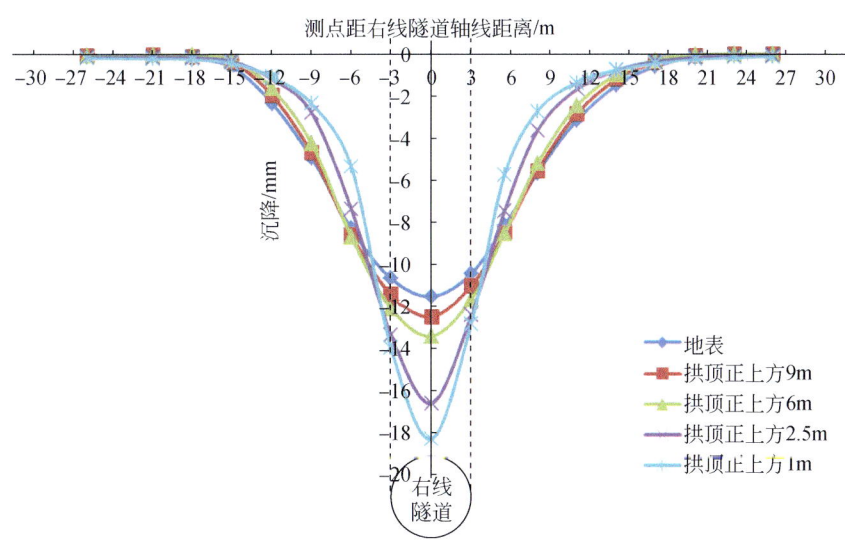

图 4.66　不同深度地层沉降曲线

为验证地层深层位移的发展历程的上述特点，对刀盘距监测断面分别为 -30m、

−15.6m、0m（刀盘通过测点）、8.4m（盾尾通过测点）、21.6m（沉降不受开挖影响）、54m 等推进时刻进行分析，如图 4.67～图 4.70 所示。

分析结果表明，不同深度的地层位移发展历程规律与原位测试结果基本一致，地层深层位移在形态上呈现明显正态分布特征，且随着埋深增加，最大沉降增大，沉降槽形态也由宽而浅变为窄而深，隧道开挖范围内的地层分层位移差异明显，可以认为数值分析较好地呈现了盾构掘进过程中地层分层位移的规律。

但由于数值计算在模拟盾构的推力、土压、注浆压力等现场施工参数变化中较为困难而忽略了沉降形成过程的复杂性，导致其未能准确地揭示出地层位移形成初期的隆起效应及盾尾脱出监测断面前隧道轴线正上方地层的变形滞后现象。

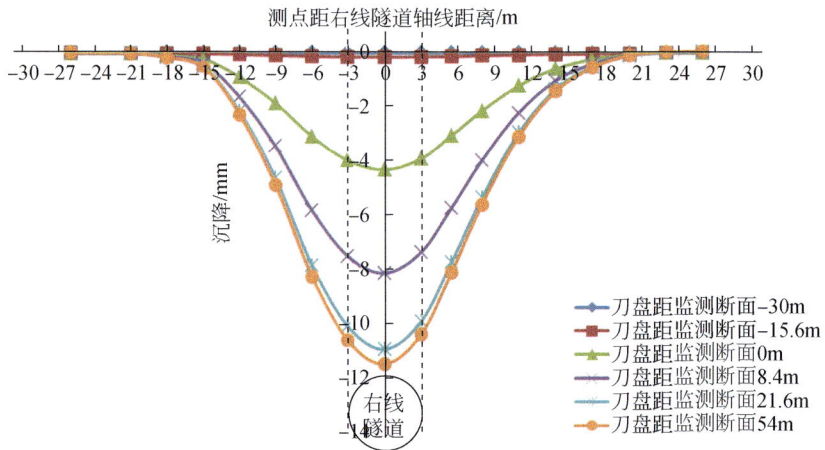

图 4.67　地表沉降曲线形成过程

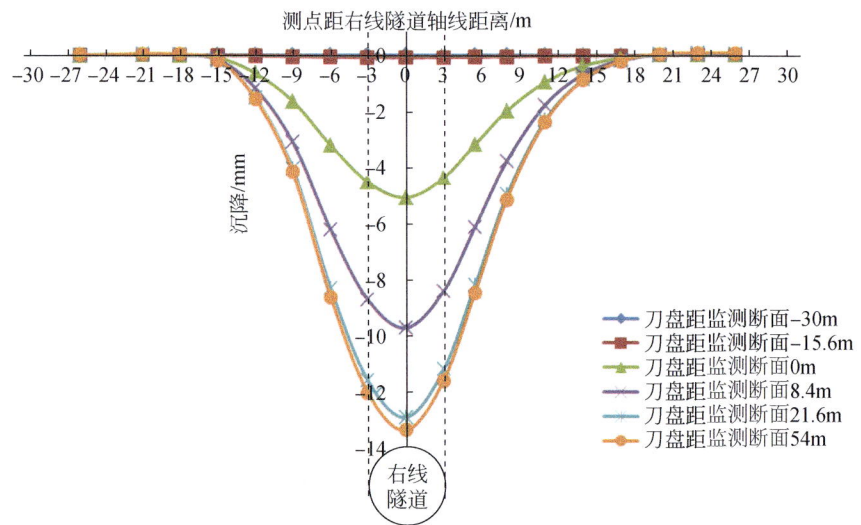

图 4.68　拱顶正上方 6m 地层沉降曲线形成过程

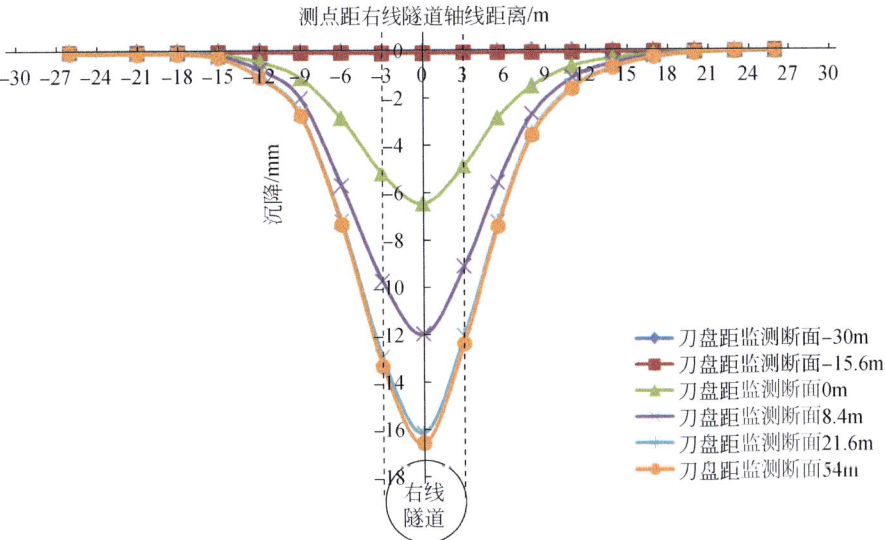

图 4.69 拱顶正上方 2.5m 沉降曲线形成过程

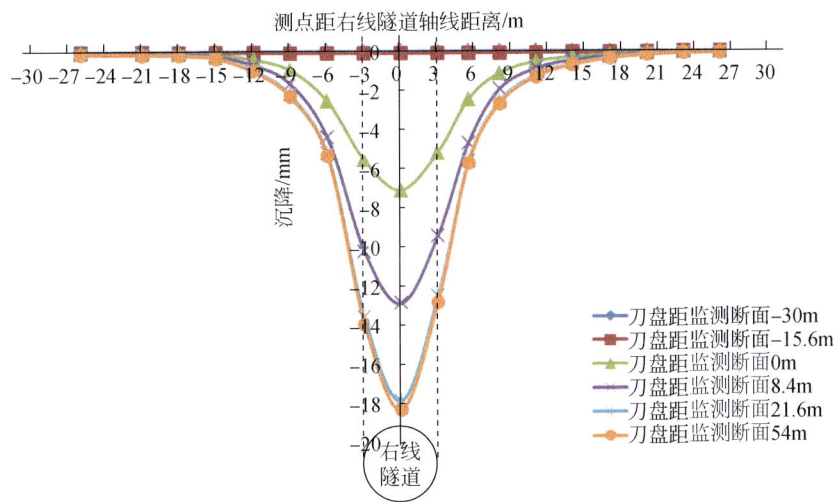

图 4.70 拱顶正上方 1m 沉降曲线形成过程

3）盾构施工各阶段位移所占比例的数值模拟分析研究

为验证地层内不同深度位移发展历程中盾构施工各阶段引起的位移占总位移的比例，将数值模拟的结果同样按前述四个阶段进行分析，结果如图 4.71 所示。

可以看出，相比实测结果，模拟结果的各阶段沉降所占比例更加接近，盾体通过阶段和盾尾脱出后阶段沉降依然占据较大比例（55.4%～62.1%），且盾体通过阶段沉降所占比例大于盾尾脱出后阶段，长期沉降阶段所占比例最小，这与实测结果一致。这表明盾构在推进过程中各个阶段都会引起不同程度的竖向位移，其中盾体通过阶段和盾尾脱出后阶段引起的沉降所占总沉降比例最大，是施工中沉降控制需要重点关注的。

但模拟结果表明刀盘到达前阶段呈现出最大的沉降所占比例，这与数值模型参数的选取、数值模拟软件本身以及模拟开挖过程等有关，不失作为盾构施工现场监测的参考。鉴于数值分析结果与实测结果的差异，需对刀盘到达前阶段的沉降进一步分析。

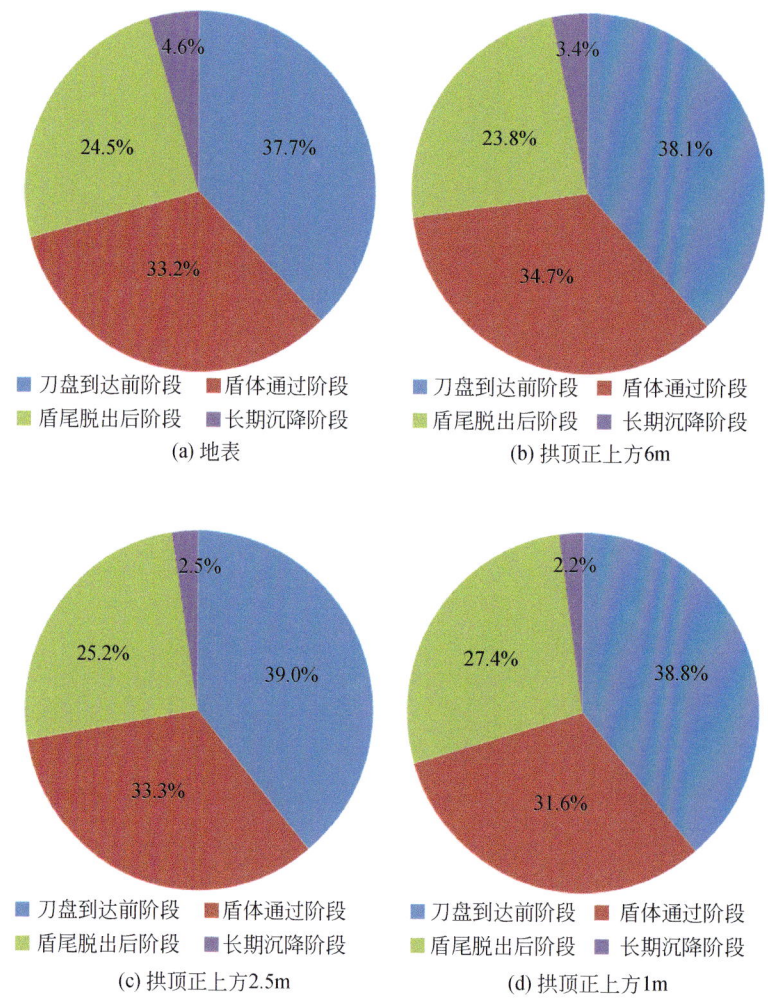

图 4.71　不同深度各阶段沉降所占比例的模拟分析

3. 小结

（1）盾构推进过程中，不同地层深度沉降槽形成过程复杂，盾构开挖范围内地层位移分布双峰锅底效应明显，盾尾脱出监测断面之前，盾构隧道拱顶正上方测点的竖向位移与其他测点相比，有沉降滞后现象，盾尾脱出监测断面后，拱顶正上方测点的竖向位移才超过其他测点，盾构开挖过程中竖向位移的这种发展历程及分布特征，有利于今后盾构近接施工变形控制措施的制定。

（2）盾构开挖引起的不同深度处地层的最终竖向位移值分布特征较为相似，均呈现正态分布特征，隧道正上方测点的竖向位移呈现一定的分层，距离拱顶越近，分层现象越明显，竖向位移沿着隧道轴线两侧向外逐渐衰减，隧道开挖轮廓线为分层位移的分界点，隧道开挖范围外地层表现为整体沉降，无明显分层现象。

（3）盾构开挖过程中，盾体通过阶段和盾尾脱出后阶段产生的地层位移约占总位移的80%～90%，分别是竖向位移产生的主要阶段和次要阶段，要实现地层位移及盾构穿越既有建、构筑物的微变形，必须做好上述两个施工阶段的施工控制，研发盾体开挖间隙注浆工艺及新型注浆材料将成为控制地层位移的有效措施。

4.1.8 "横三区"概念的提出

前述对 A、B、C 三个监测断面的 Ⅰ、Ⅱ、Ⅲ 区进行了简单说明，但未详细阐述三个分区的界限如何较为准确获得，这里采用三个监测断面的统计数据，如表 4.10 所示。对 A、B、C 三个监测断面处不同深度地层的沉降槽分界处沉降大小与最大沉降的比值进行统计得出，Ⅰ、Ⅱ 区分界处沉降是最大沉降的 90%，Ⅱ、Ⅲ 区的分界处沉降是最大沉降的 20%，我们以此统计结果作为随后的分区划分标准。

表 4.10　Ⅰ、Ⅱ 区和 Ⅱ、Ⅲ 区分界处沉降与最大沉降的比值

分界	监测断面	分界处沉降与最大沉降的比值/%				
		地表	拱顶正上方 9m	拱顶正上方 6m	拱顶正上方 2.5m	拱顶正上方 1m
Ⅰ、Ⅱ 区	A	81	81	81	80	75
	B	95	95	90	95	96
	C	98	96	97	95	73
Ⅱ、Ⅲ 区	A	16	16	17	14	15
	B	29	29	27	28	22
	C	21	21	21	19	16

由此对地层沿横向划分为 Ⅰ、Ⅱ、Ⅲ 三个区：

Ⅰ区：隧道两开挖边线所围成的范围，以隧道轴线所在一侧为例，即沿横向 0～3m，即 $(0～0.5)D$，沉降范围为 $(0.9～1)S_{max}$，S_{max} 为最大沉降；

Ⅱ区：隧道开挖边线至最大沉降 20% 的区域，5～8m，即 $(0.5～1.3)D$，沉降范围为 $(0.2～0.9)S_{max}$。

Ⅲ区：最大沉降 20% 的区域至影响边界，8～11m，即 $(1.3～1.8)D$，沉降范围为 $(0～0.2)S_{max}$。

根据上述区域划分方式及 Ⅰ、Ⅱ、Ⅲ 三个分区的移动角关系，得到三个分区之间的关系如图 4.72 所示：

$$\tan\theta = \frac{R}{w-R}\tan\alpha + \left(1 - \frac{w_3}{w-R}\right) \cdot \tan\beta + \frac{w_3}{w-R}\tan\gamma \tag{4.40}$$

式中，α、β、γ、θ 为土体移动角；R 为隧道半径；w_3 为 Ⅲ 区单侧宽度；w 为沉降槽半槽宽度。

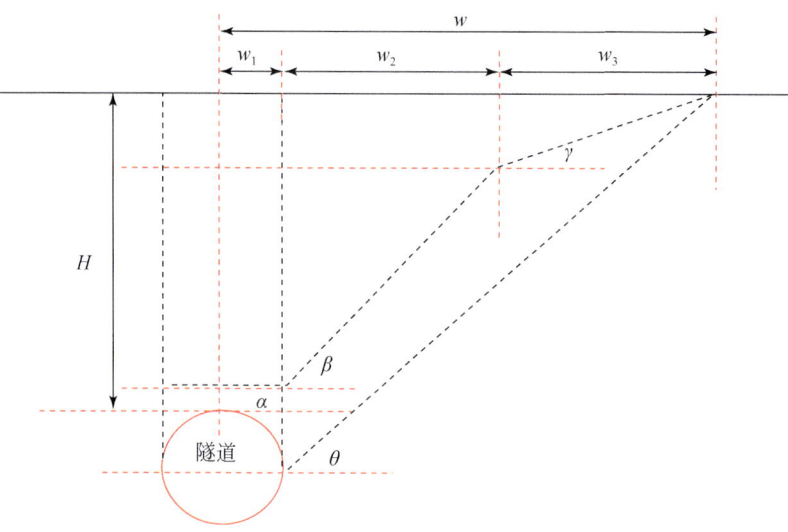

图 4.72 Ⅰ、Ⅱ、Ⅲ三个分区之间的关系

综上所述，依据隧道开挖引起的地层沉降特征不同，可将受影响的地层划分为Ⅰ、Ⅱ、Ⅲ三个区域，如图4.73所示，这三个分区的特点如下：

Ⅰ区：沉降分布范围较小，但沉降最大，沉降沿横向变化率较小，该区易形成明显的"平底状沉降"，即近似整体沉降；该区域定义为隧道开挖影响区。

Ⅱ区：沉降沿横向变化率最大，即沉降沿着横向快速变化。该区域定义为土体移动影响区。在埋深较大的砂卵石地层土体移动角 α、β 几乎相等，Ⅰ、Ⅱ两区发生合并现象。

Ⅲ区：沉降沿横向变化率最小，其沉降沿横向变化率的大小直接决定了沉降槽的影响范围。该区域定义为沉降减弱稳定区。

对地层位移横向分布进行划分具有重要的工程意义。对于Ⅰ区，沉降横向变化范围小，但沉降最大，该范围的刚性结构物产生较大整体下沉；对于Ⅱ区，沉降横向变化范围大，不利于水平布置的长条形敏感结构物的保护。

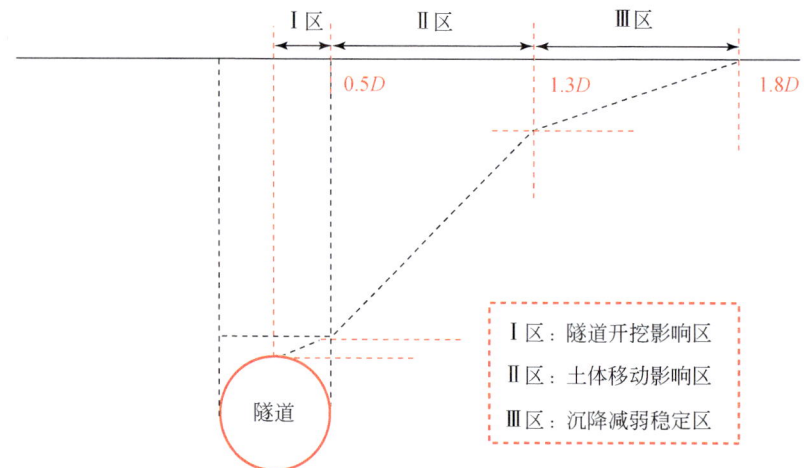

图 4.73 地层位移"横三区"划分示意图

4.1.9 "横三区"概念的验证

为验证"横三区"概念的准确性及适用性,对新机场线磁各庄站—1#区间盾构施工过程中地层位移进行分层位移监测,工程概况、监测断面选取及测点布置如 3.4.2 节所述。第一监测断面和第二监测断面的实测数据经处理可绘制如图 4.74、图 4.75 的沉降曲线。

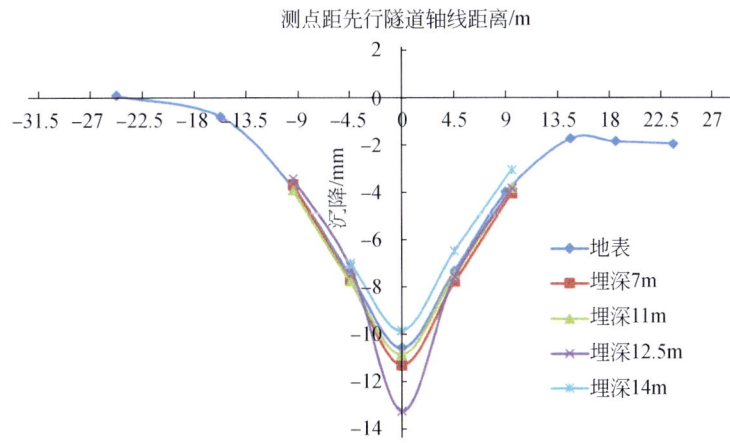

图 4.74 新机场线磁各庄站—1#区间先行隧道开挖后第一监测断面地层沉降曲线

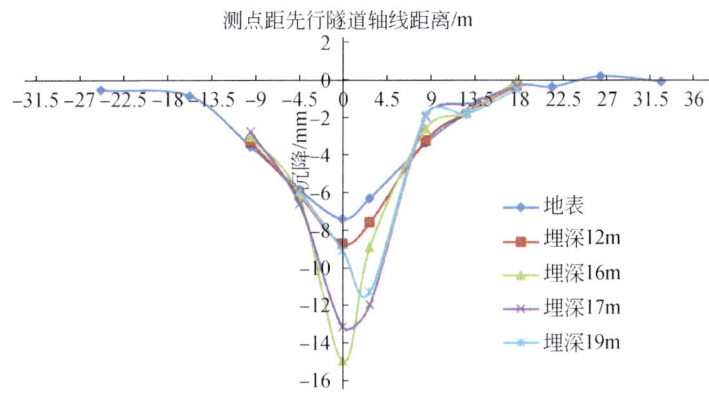

图 4.75 新机场线磁各庄站—1#区间先行隧道开挖后第二监测断面地层沉降曲线

沉降用 Peck 公式进行拟合,根据拟合结果 Peck 公式 S_{max} 和 i 值计算地层损失率。其结果如表 4.11、表 4.12 所示。

表 4.11 第一监测断面右线地层沉降曲线拟合原位测试结果

测线埋深(z)/m	最大沉降(S_{max})/mm	沉降槽宽度系数(i)/m	地层损失(V)/(10^{-3} m^3/m)	地层损失率(V_1)/%
地表	10.56	6.5	172.1	0.283

续表

测线埋深(z)/m	最大沉降(S_{max})/mm	沉降槽宽度系数(i)/m	地层损失(V)/(10^{-3}m³/m)	地层损失率(V_1)/%
7	11.23	5.9	166.1	0.273
11	10.83	6.5	176.5	0.290
12.5	13.21	5.0	165.6	0.272
14	9.85	5.5	135.8	0.223

表4.12 第二监测断面右线地层沉降曲线拟合原位测试结果

测线埋深(z)/m	最大沉降(S_{max})/mm	沉降槽宽度系数(i)/m	地层损失(V)/(10^{-3}m³/m)	地层损失率(V_1)/%
地表	7.34	7	128.8	0.212
7	8.68	8.68	139.2	0.229
11	14.93	6.4	149.7	0.246
12.5	13.11	4.6	151.2	0.249
14	11.23	5.0	140.7	0.231

由表4.11、表4.12可以看出，第一监测断面不同深度的地层损失约在(135~172)×10^{-3}m³/m，地层损失率均在0.2%~0.3%，第二监测断面不同深度的地层损失约在(128~140)×10^{-3}m³/m，地层损失率均在0.2%~0.25%；对于第一、二监测断面均出现随着埋深变大，地层损失率先增大后减小并在中部某土层达到最大值，与方庄站—十里河站区间平均0.39%的土体损失率相比明显减小。

新机场线两个监测断面的监测结果显示，地层竖向位移沿横向分布呈现出"横三区"分布方式，但由于工程特点不同，也显示出了一定的差异性。新机场线磁各庄站—1#区间竖向沉降"横三区"划分界限及各区特点如下所述：

Ⅰ区：隧道两条开挖边线所围成的范围，以隧道轴线所在一侧为例，即沿横向0~4.5m，即(0~0.5)D，分界沉降约(0.8~1)S_{max} (S_{max}为最大沉降)，沉降沿横向变化率较大，该区易形成明显的"尖状沉降"；为隧道开挖影响区。

Ⅱ区：隧道开挖边线至最大沉降10%的区域，约4.5~15.8m，即(0.5~1.76)D，沉降范围(0.1~0.8)S_{max}，沉降沿横向变化率较大，该区域为土体移动影响区，与方庄站—十里河站区间对比，磁各庄站—1#区间出现Ⅰ、Ⅱ两区沉降速率相近，即两区合二为一的现象。

Ⅲ区：最大沉降10%的区域至影响边界，15.8~25m，即(1.76~2.7)D，沉降范围(0~0.1)S_{max}，沉降沿横向变化率最小，其沉降沿横向变化率的大小直接决定了沉降槽的影响范围，且随着埋深增大，该区并未明显变大，为沉降减弱稳定区。

4.2　竖向位移沿深度方向的分布特征

前节对盾构施工引起的地层位移横向分布规律进行了阐述，本节详细讨论地层位移沿深度方向（竖向）的分布特点。同样从理论分析、数值模拟和现场实测相结合的方法进行分析，主要研究单线开挖或双线开挖地层竖向测点位移在盾构施工不同阶段的沿深度方向（竖向）的分布规律，距右线不同位置地层位移竖向传递规律，以及各监测断面单线或双线开挖时不同深度地层位移沿深度方向变化规律等，并根据这些规律提出地层位移的"竖两层"理论。

4.2.1 基本理论

1. Verruijt 和 Booker 方法

Verruijt 和 Booker[57]利用 Sagaseta 提出的"源汇法"，假定土体是线弹性材料，认为隧道变形机理主要是隧道表面土体的等量径向位移和长期的隧道椭圆化变形，采用半弹性平面方法，得到土体垂直位移（u_z）的理论计算公式见式（4.22）。

对于短期不排水条件，此时 $\delta=0$，则公式变为式（4.23）。该式对于任意的泊松比都适用，但是采用该方法得到的预估沉降槽宽度通常要比实测值大很多，原因主要有：①实际土体并非线弹性材料，需考虑其塑性变形，假定过于简单；②假定隧道与土体交界面上土体变形是均匀径向移动可能与实际情况不符。

2. Loganathan 和 Poulos 方法

土层的损失包括两个阶段：①开挖面通过后立即产生的不排水状态的损失（裂隙孔隙封闭、弹性压缩等）；②固结和蠕变产生的损失。但是，以往的土体损失仅考虑了第一阶段的损失。该方法对土层损失给出了新的定义，提出了等效损失的概念。Loganathan 和 Poulos[56]认为地表位移是由地层损失引起的，但是隧道的径向位移不是均匀的，其形状近似椭圆形；地层的沉降主要发生在隧道轴线与水平方向夹角为45°的范围内，其采用椭圆形非等量土体移动模式，利用 Lee 等[49]提出的等效土体损失参数（g），对 Verruijt 和 Booker[57]提出的短期计算式（4.23）进行了修正，并给出地层等效损失见式（4.24）。

把式（4.24）代入 Verruijt 和 Booker[57]提出的基于地层损失沿隧道径向均匀分布假设的地表沉降短期计算式（4.23）对其进行修正，得到预测土体垂直位移计算式（4.25）。式（4.25）在硬黏土中的预测值很好，但高估了软黏土中的沉降；预测的沉降槽宽度比实测值大；对各向同性黏土的地层竖向位移和水平位移的预测与实测值较为吻合。

4.2.2 地层竖向位移沿深度方向分布的数值模拟研究

本节拟采用 ABAQUS 分析软件对地层位移沿深度方向分布特点进行研究，数值模型和测点布置参见4.1节，不再赘述。

1. 先行隧道开挖时地层竖向位移沿深度方向传递规律分析

选取右线（先行）隧道正上方和距右线隧道轴线5.5m的两条地层竖向测线进行研究，分析右线开挖后其在盾构通过监测断面前后两条竖向测线的沉降变化全过程，如图4.76所示。

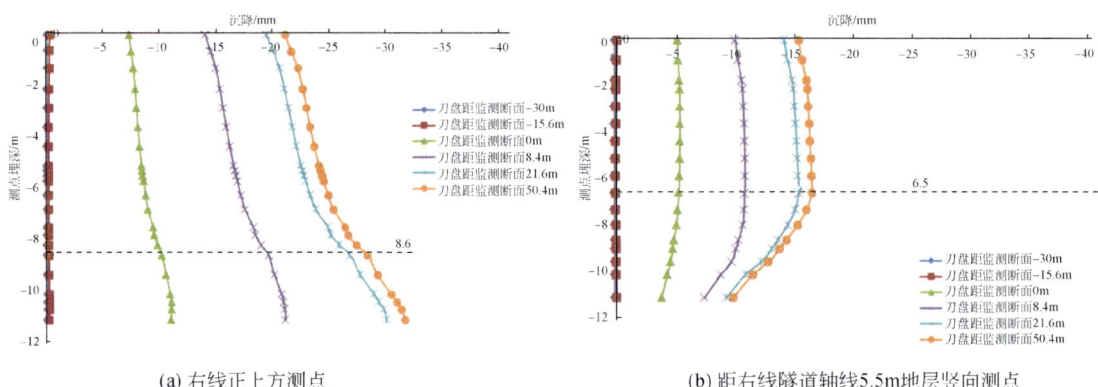

(a) 右线正上方测点　　　　　　　　(b) 距右线隧道轴线5.5m地层竖向测点

图 4.76　先行隧道开挖引起地层位移沿深度方向传递规律

由图 4.76 可知：

(1) 对于右线正上方测点，埋深 8.6m 处出现明显沉降差异，从拱顶至地表沉降逐渐衰减；

(2) 对于距离右线轴线 5.5m 地层竖向测点，从隧道拱顶所在埋深处至埋深 6.5m 处地层沉降逐渐增加，从埋深 6.5m 处地层至地表沉降逐渐衰减，但差异不大；

(3) 隧道正上方一定范围内土体整体下沉的现象非常明显。

2. 后行隧道开挖时地层竖向位移沿深度方向传递规律

仍然选取右线隧道正上方和距右线隧道轴线 5.5m 的两条地层竖向测线进行研究，分析后行隧道开挖后其在盾构通过监测断面前后两条竖向测线的沉降变化全过程，如图 4.77 所示。

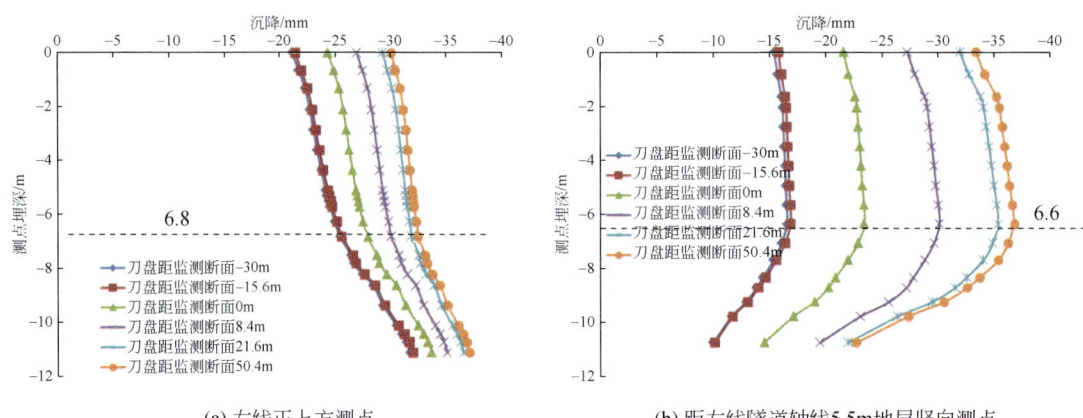

(a) 右线正上方测点　　　　　　　　(b) 距右线隧道轴线5.5m地层竖向测点

图 4.77　双线开挖地层位移竖向传递规律

由图 4.77 可知：

(1) 对于右线正上方测点，埋深 6.8m 处出现明显沉降差异，从拱顶至地表沉降逐渐衰减；

(2) 对于距离右线轴线 5.5m 地层竖向测点，从隧道拱顶所在埋深处至埋深 6.6m 处地层沉降逐渐增加，从埋深 6.6m 处地层至地表沉降逐渐衰减，沉降差异有所增加；

(3) 隧道正上方一定范围内土体整体下沉的现象非常明显。

3. 距右线隧道不同位置地层竖向位移沿深度方向传递规律

选取距右线隧道轴线 0m（右线正上方）、3m（右线开挖边线）、5.5m（左、右线连线中心）、8m（左线开挖边线）、11m（左线正上方）等五条地层竖向测线进行研究，分析单线开挖和双线开挖后五条竖向测线的沉降变化规律，如图 4.78 所示。

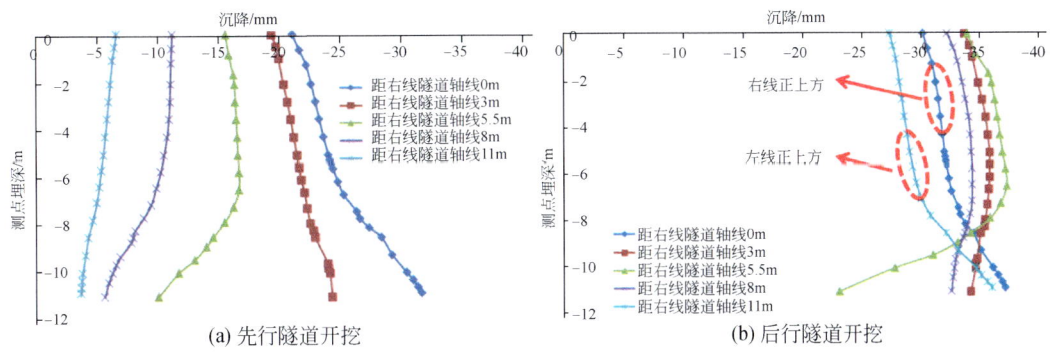

图 4.78 距右线不同位置地层位移竖向传递规律

由图 4.78 可知：

(1) 已开挖隧道正上方的测点沉降从拱顶逐渐衰减传递至地表，越远离隧道轴线，地层沉降呈现越明显的沉降差异；

(2) 沉降在竖向呈现明显的分区差异，且距隧道不同距离，出现沉降差异位置的高度不同。

对于右线（先行）隧道开挖，距右线隧道轴线 3m（右线开挖边线）、5.5m（左、右线连线中心）、8m（左线开挖边线）这三条竖向测线都存在明显的拐点，该点出现的埋深分别为 9.7m、6.5m、5.1m，以右线拱顶为原点，对这三个高度位置的点进行线性回归，得到一条斜线如图 4.79 所示，该斜线与拱顶水平线的夹角为 35°。而实际数值模型中各层

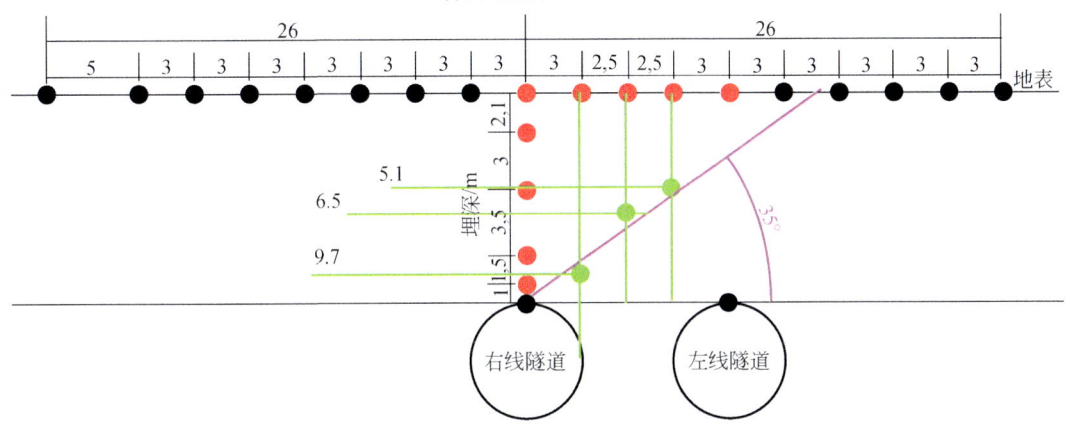

图 4.79 右线隧道开挖引起的土体移动角划分

土体的加权内摩擦角为19.5°，将其代入土体移动角公式（45°-θ/2）计算得35.3°，与理论高度相符。

由图4.79沉降在竖向以拱顶为起点，以35°为土体移动角传至地表，其中移动角影响范围内的地层沉降均是从下至上衰减传至地表。

4. 左线单线开挖时地层竖向位移沿深度方向传递规律

选取距右线隧道轴线0m（右线正上方）、3m（右线开挖边线）、5.5m（左、右线连线中心）、8m（左线开挖边线）、11m（左线正上方）的五条地层竖向测线进行研究，分析单线开挖（只开挖左线）时五条竖向测线的沉降变化规律最终状态，如图4.80所示。

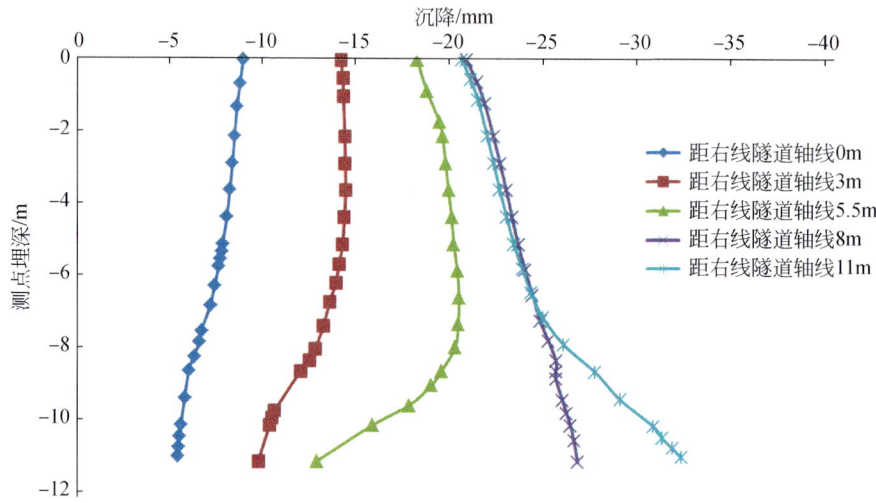

图4.80 左线单线开挖不同深度测点沉降规律

由图4.80可知，左线隧道单线开挖时出现与右线单线开挖地层位移沿深度方向相似的传递规律：

（1）对于左线正上方和距右线隧道轴线8m（左线开挖边线）竖向测线，分别在埋深7.8m和8.3m处出现明显沉降差异，沉降从拱顶逐渐衰减传递至地表；

（2）距右线隧道轴线0m（右线正上方）、3m（右线开挖边线）、5.5m（左、右线连线中心）这三条竖向测线，从拱顶所在埋深处向上至一定埋深处地层沉降逐渐增加，然后从该埋深处至地表沉降逐渐衰减（或轻微增加）；

（3）隧道正上方一定范围内土体整体下沉现象非常明显。

对于后行（左线）隧道单线开挖，距右线隧道轴线3m（右线开挖边线）、5.5m（左、右线连线中心）、8m（左线开挖边线）这三条竖向测线都存在明显的拐点，其该点出现的埋深分别为5.6m、7.3m、8.3m，以左线拱顶为原点，对这三个高度的点进行线性回归，得到一条斜线如图4.81所示，该斜线与拱顶水平线的夹角为37°。而实际数值模型中各层土体的加权内摩擦角为19.5°，将其代入土体移动角公式（45°-θ/2）计算得35.3°，与理论较为相符，如图4.81所示。

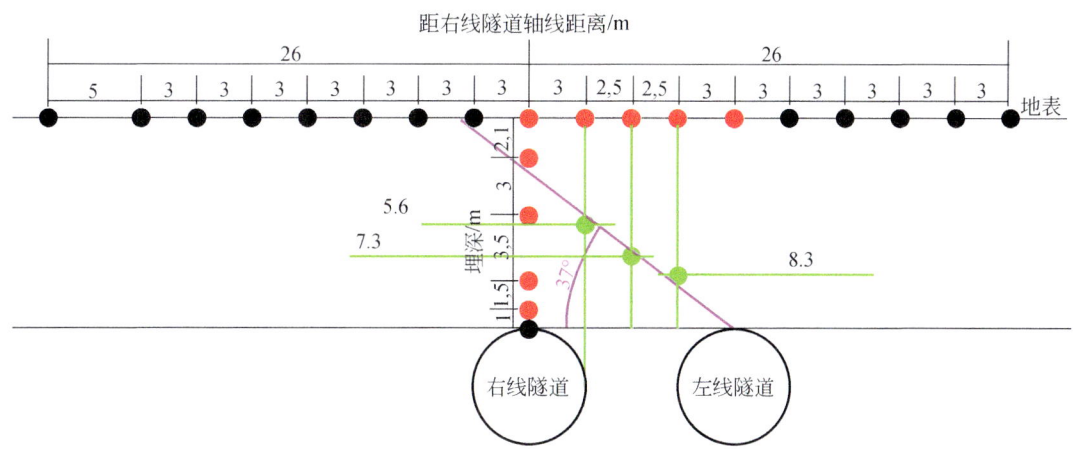

图 4.81 左线隧道开挖引起的土体移动角划分

由图 4.81 可以得出：

(1) 左线单线开挖地层位移在竖向同样呈现明显的沉降差异，且距隧道轴线不同距离，沉降差异出现的位置高度不同；

(2) 沉降在竖向以隧道拱顶为起点，以 37° 为土体移动角传至地表，其中移动角影响范围内的地层沉降均是从下至上衰减传至地表。

4.2.3 地层竖向位移沿深度方向分布的现场实测研究

1. 地层竖向位移沿深度方向变化的相关指标

4.2.2 节通过数值模拟基本揭示了地层位移沿深度方向分布的基本规律，本节将结合方庄站—十里河站区间 A、B、C 三个监测断面的现场实测数据，对地层位移在实际施工地层中的分布规律进行研究和探讨。为更加深入地从现场实测的角度继续分析地层位移沿深度方向变化规律，主要采用了以下三个指标：从时间角度看，即盾构通过监测断面前后全过程，主要有各阶段沉降所占比例（%）和各阶段平均沉降速率（mm/d）两个指标；从空间角度看，即盾构远离监测断面使得沉降基本稳定时的地层位移，主要包含竖向影响范围（m）这个指标。由于各阶段沉降所占比例和各阶段平均沉降速率的计算与前述的横向、纵向分布内容相同，这里就不再分析。以下详细地分析地层位移的竖向影响范围和分布规律。

2. 单线开挖时地层竖向位移沿深度方向变化规律

选取 A、B、C 三个监测断面的五条竖向测线，如 A 监测断面的 a1、a2、a3、a4、a5 这五条竖向测线（图 4.82），右线开挖时，对其不同深度测点的沉降进行分析，如图 4.82、图 4.83 所示。

由图 4.82、图 4.83 可以看出：

(1) 对于拱顶正上方的测线（如 a1、c1 测线），沉降从拱顶逐渐衰减传递至地表，同时在拱顶正上方2.5m处出现转折，出现明显沉降差异；

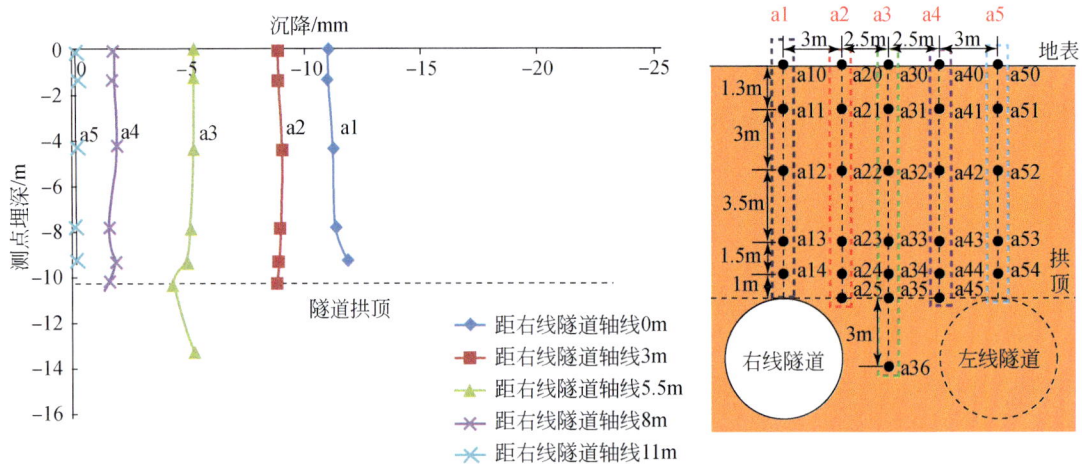

图4.82 单线开挖A监测断面五条竖向测线不同深度测点变化规律

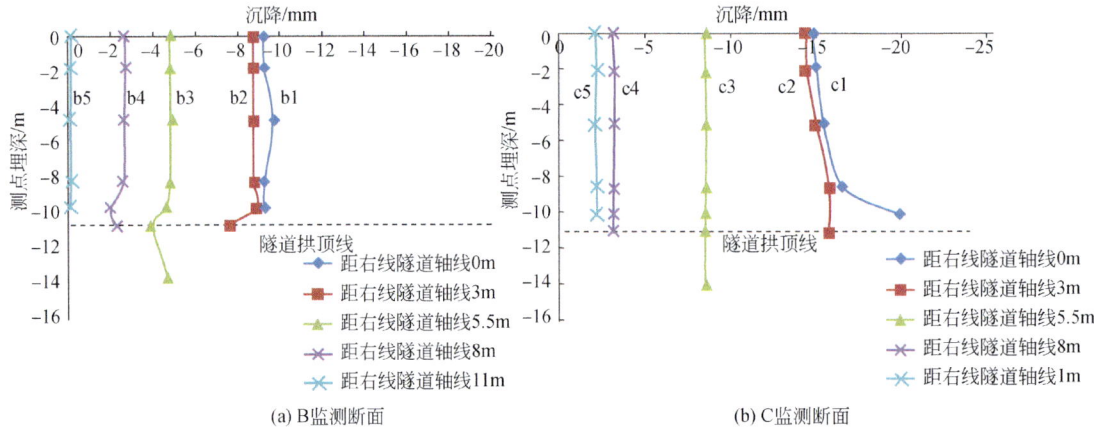

(a) B监测断面　　　　　　　　　　(b) C监测断面

图4.83 单线开挖B、C监测断面五条竖向测线不同深度测点变化规律

（2）对于偏离右线隧道轴线的测线（如A监测断面的a2、a3、a4、a5测线），沉降传至地表过程中，沉降差异变化不大，近似整体沉降；

（3）对于隧道开挖边线范围以内的竖向测线（如A监测断面的a1、a2测线），该范围内不同深度测点在竖向呈现明显的分区差异，即沉降从拱顶传至地表时均出现转折；

（4）竖向位移显示出的"竖向沉降两带"明显。

3. 双线开挖时地层竖向位移沿深度方向变化规律

对于双线开挖的情形，选取A监测断面的五条竖向测线，即A监测断面的a1、a2、a3、a4、a5这五条竖向测线，对其不同深度测点的沉降进行分析，如图4.84所示。

由图4.84可以看出：

（1）对于两隧道拱顶正上方的测线，即a1、a5测线，沉降从两隧道拱顶逐渐衰减传递至地表，且在隧道拱顶正上方2.5m处沉降发生转折，呈现明显的沉降差异；

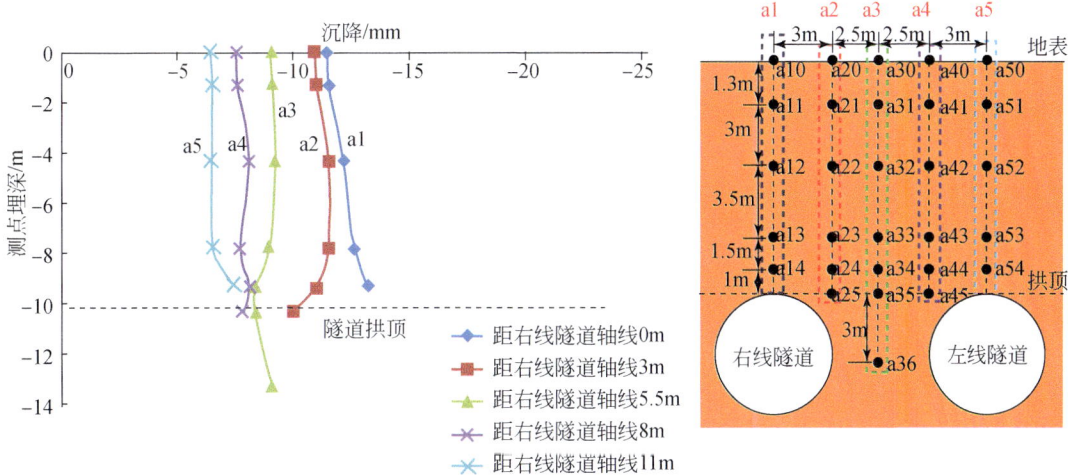

图 4.84 双线开挖 A 监测断面五条竖向测线不同深度测点变化规律

（2）对于偏离左线隧道轴线的测线，即 a2 测线，从拱顶所在埋深处至其上方 2.5m 处地层沉降逐渐增加，随后衰减传至地表，衰减的沉降差异较小；

（3）沉降在隧道开挖边线范围以内，即 a1、a2、a4、a5 测线，沉降沿深度方向呈现明显的分区差异，即沉降从拱顶传至地表时均出现转折，隧道上方 3m 范围外沉降基本一致，呈现整体下沉的现象，而 3m 范围内的沉降显著增加，是由于距离隧道距离近，盾构施工对地层的扰动更大。

4.2.4 "竖两层"概念的提出

对地层位移沿深度方向变化规律的分析发现，地层位移在竖向分布的数值模拟和现场实测出现较为明显的不同：大量数值模拟结果表明隧道开挖之后地层位移是以隧道拱顶为原点，呈一定的角度（土体移动角）传递至地表，且在位移传递边线两侧呈现明显不同的位移变化规律；而现场实测结果没有出现明显的土体移动角，但表明了地层分层位移主要发生在隧道开挖边线以内。

对于数值模拟和现场实测所揭示规律的差异，主要是受地层土体的影响，数值模型土体采用的是连续、均匀、各向同性的弹塑性土体模型，土体具有一定的黏聚力和内摩擦角，对位移的传递较连续。而实际地层是各向异性、非连续、非均质材料，隧道拱顶有砂层（无黏聚力）存在，对位移的传递起隔断效应，土体内摩擦角大、开挖影响范围小。

通过前述分析可知，地层位移在竖向分布和传递的数值模拟结果更具有明显的分区或分带特点，现场实测由于地层土体的复杂性和特殊性以及隧道埋深等因素的影响，仅表现出一定的"分区差异"特性，现就地层位移沿深度方向分布划分方法进行简单阐述如下：

（1）隧道开挖土体移动角范围以内：拱顶沉降以一定的土体移动角（$45°-\theta/2$）传至地表，隧道上方移动角影响范围内的地层沉降从隧道拱顶所在埋深往上逐渐衰减传至地表。影响范围：拱顶正上方底长为 $2H/\tan(45°-\theta/2)$ 的倒三角内地层，因此将这一部分区域称为分层沉降带。

（2）隧道开挖土体移动角范围以外：地层沉降从隧道拱顶所在埋深往上逐渐增加，直至进入土体移动角影响范围。影响范围：土体移动角边线范围以外至地表 $H/\tan(45°-\theta/2)$ 范围的正三角地层，因此将这一部分区域称为沉降影响带。

（3）"竖两层"中的分层沉降带又细分为沉降扰动层（亦称整体沉降层）和显著扰动层，"竖两层"划分如图 4.85 所示。

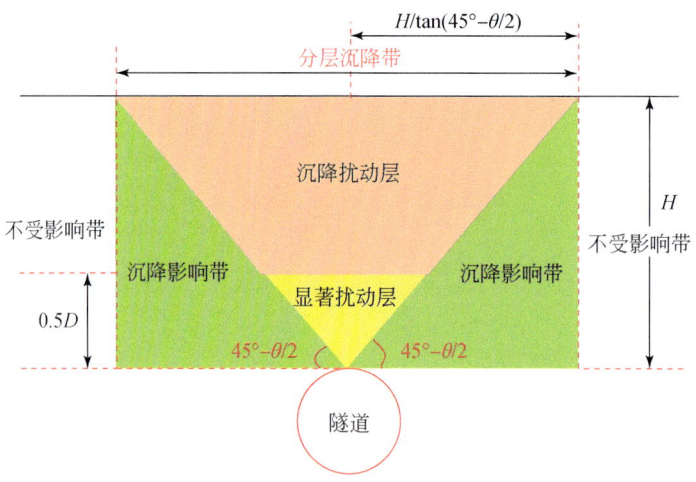

图 4.85 "竖两带"划分示意图

由图 4.85 可以看出，盾构隧道开挖后，地层位移（沉降）以隧道拱顶为原点，以 $45°-\theta/2$ 为土体移动角逐渐传至地表，在土体移动角影响范围以内是分层沉降带，即地层位移出现明显沉降差异的区域，该区域中隧道拱顶正上方 $(0\sim0.5)D$ 范围内，由于沉降从拱顶往上传递时衰减很快，与其上方沉降衰减快慢明显不同，因此又可把该区域划分为显著扰动层，即图 4.85 中黄色区域所示，拱顶以上约 $0.5D$ 高度直至地表沉降衰减较慢，因此可把该区域划分为沉降扰动层（整体沉降层），即图 4.85 中粉红色区域所示。在显著扰动层和沉降扰动层（整体沉降层）的倒三角区域，沉降从拱顶往上传至地表时都是单调衰减的过程。

根据土体移动角可以计算出以隧道轴线为起点的地表横向影响范围为 $H/\tan(45°-\theta/2)$，在土体移动角边线以外一定区域，即图中显示的正三角形绿色区域，沉降从拱顶水平线传至土体移动角边线时，沉降是单调增加的。

显著扰动层、沉降扰动层和沉降影响带合称为分层沉降带，在分层沉降带以外区域，沉降近似为零，该区域是不受影响带。

4.2.5 "竖两层"概念的验证

为验证"竖两层"概念的准确性及适用性，仍采用新机场线磁各庄站—1#区间盾构施工引起的地层位移监测结果进行分析研究，工程概况、监测断面选取及测点布置如 3.4.2 节所述。

选取两个监测断面距先行隧道轴线水平距离不同的数条竖向测线的监测结果，绘制先行隧道开挖完成地层稳定后的沉降曲线图，如图4.86、图4.87所示。

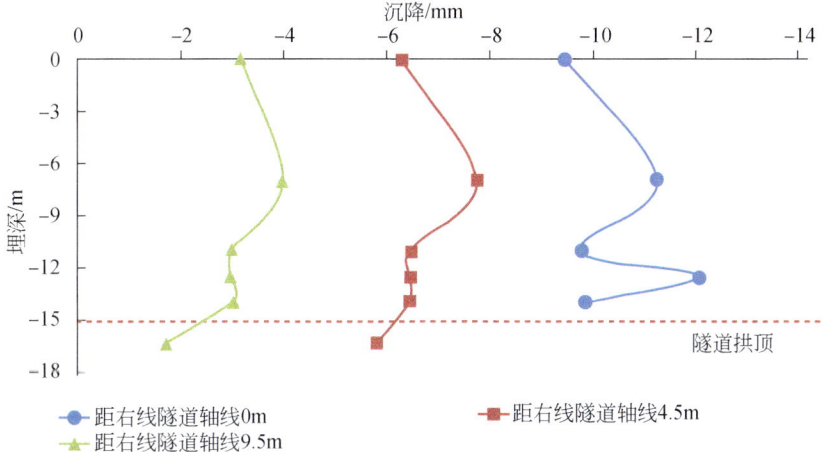

图4.86　先行隧道通过第一监测断面后不同竖向测线上的分层沉降曲线

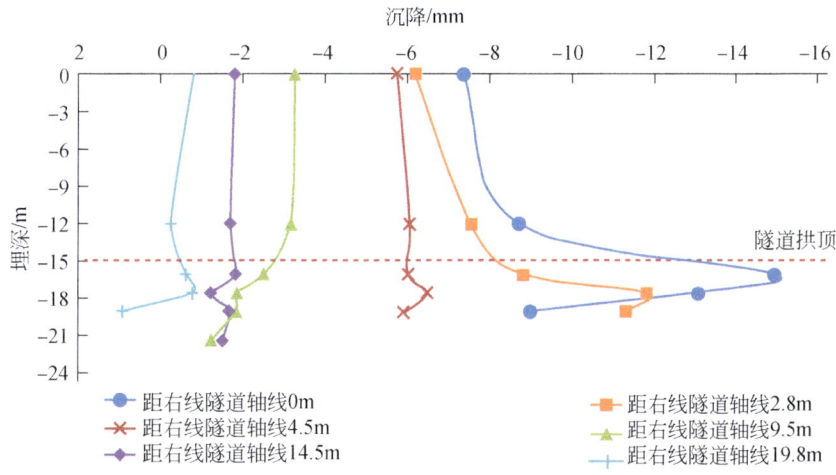

图4.87　先行隧道通过第二监测断面后不同竖向测线上的分层沉降曲线

分析可知，两监测断面地层沉降沿深度方向的分布呈现出不同的规律，第一监测断面上三条测线不同埋深点的沉降从地表至隧道拱顶埋深处均出现先增大后减小再增大再减小的波动趋势，第二监测断面上测点沉降从地表至隧道拱顶埋深处总体表现出先增大后减小的趋势。初步分析第一监测断面是同步注浆及二次补浆共同影响，而第二断面是同步注浆引起。

两监测断面中第二监测断面所受注浆影响较小，可以明显看出在埋深12m的点向下，沉降明显增大，而沉降由埋深12m处传递至地表过程中，差异变化不大，地层表现为整体沉降。

新机场线两个监测断面的监测结果显示,地层位移沿深度方向分布和传递的规律在实际工程中由于地层土体的复杂性和特殊性,对竖向位移沿深度方向分布的"竖两层"分布规律揭示的不是很清晰,但通过对新机场线磁各庄站—1#区间监测结果的分析依然可以得出,隧道上方一定范围内的地层沉降变化明显,影响范围外的区域呈现明显的整体沉降趋势。因此,根据沉降变化规律不同分为显著扰动层和沉降扰动层(亦称整体沉降层),其分界处约为隧道拱顶上方8m,即$0.9D$。

4.3 竖向位移沿纵向的发展规律

本节讨论盾构施工引起的地层竖向位移沿纵向的变形发展规律,具体研究内容为:①盾构施工引起的纵向变形规律,分别对先、后行隧道下穿监测断面后地层的纵向变形规律;②结合盾构施工过程及地层纵向规律,对地层变形的阶段进行分类,并讨论其不同变形机理,进而判定地层变形的关键阶段。

4.3.1 基本理论

1. Attewell 沉降模型

对于地面沉降沿纵向(即隧道轴线方向)的分布,英国的 Attewell 和 Woodman[92]提出了采用累计概率曲线公式来计算沿隧道轴线上方的纵向地面沉降,即采用沉降槽形状为正态分布曲线的假定,可以看作是修正 Peck 法,并给出估算沿隧道轴线上方纵向地表沉降的经验公式:

$$S(y) = S_{max}\left[\Phi\left(\frac{y-y_i}{i}\right) - \Phi\left(\frac{y-y_f}{i}\right)\right] \quad (4.41)$$

式中,y 为地表面沿隧道轴线推进方向的沉降点至坐标原点的距离,m;y_i 为盾构隧道开挖面推进起始点至坐标原点的距离,m;y_f 为盾构隧道当前开挖面位置至坐标原点的距离,m;Φ 为标准正态分布函数;$S(y)$ 为沿隧道推进方向坐标为 y 处的纵向地表沉降,负值为隆起、正值为下沉,m;i 为沉降槽宽度系数。

以盾构当前开挖面为起点建立坐标系,以盾构前后方50m范围内为研究对象,以盾构后方为 y 正方向,即 $y_f=0$,$y_i=50$m,如图4.88所示。

2. 刘建航沉降模型

刘建航[60]院士在 Peck 法的基础上总结了上海延安东路隧道沉降分布与发展规律,提出了"负地层损失"的概念,将地层损失分成开挖面引起的地层损失和盾尾脱出引起的地层损失两部分,并修正了 Peck 公式,得出了地表沉降纵向分布的预测公式为

$$S(y) = \frac{V_1}{\sqrt{2\pi}i}\left[\Phi\left(\frac{y-y_i}{i}\right) - \Phi\left(\frac{y-y_f}{i}\right)\right] + \frac{V_2}{\sqrt{2\pi}i}\left[\Phi\left(\frac{y-y_i'}{i}\right) - \Phi\left(\frac{y-y_f'}{i}\right)\right] \quad (4.42)$$

式中,V_1、V_2 分别为盾构开挖面和盾尾后部间隙引起的地层损失;y_i、y_f 分别为盾构推进起始点和盾构开挖面到坐标原点的距离,其中 $y_i'=y_i-L$,$y_f'=y_f-L$,L 为盾构长度,m;y

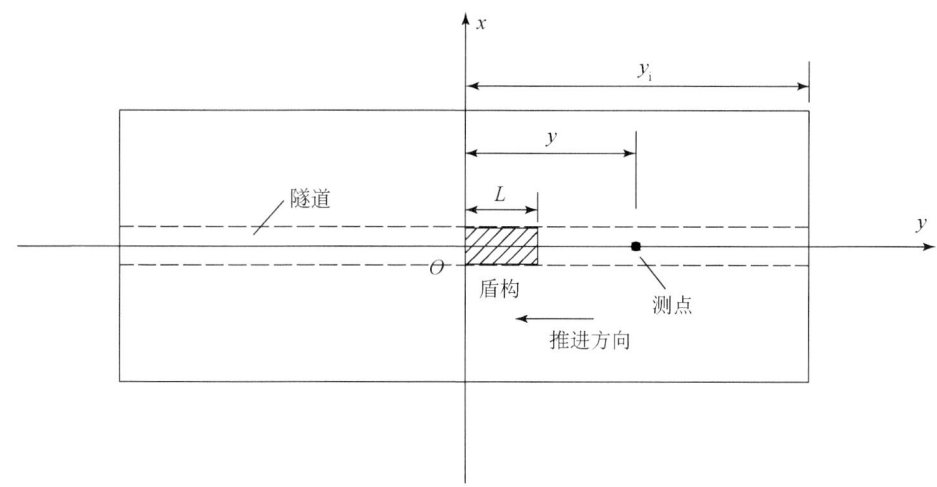

图 4.88 盾构开挖面坐标系示意图

为沉降点至坐标原点的距离，m；$\Phi(y)$ 为标准正态分布函数；i 为沉降槽宽度系数。

式 (4.41) 适用于不排水条件，式中，V_1、V_2 值较难准确确定，只能凭经验决定开挖面是否出现"负土体损失"，从而来反映是否出现地面隆起，与施工参数无关，因此存在一定欠缺。

3. 沈培良沉降模型

沈培良等[61]发现，由于累积概率曲线存在难以克服的缺点，即开挖面上方地表处的沉降总等于开挖面后方地面最大沉降的 50%，而盾构法隧道开挖面上方地表处的沉降一般只有开挖面后方最大地面沉降的 20% 左右，这种差异难以通过调整参数的方法来减少，因而有必要寻找一种更为合理的曲线形式来描述地面沉降沿纵向的分布特征。通过对盾构隧道实测地面沉降的分析，给出了 Peck 公式参数的取值范围，提出了一个盾构法隧道纵向地面沉降曲线的数学拟合公式：

$$S(y) = S_{\max} \frac{\exp[n(y_c - y)]}{1 + \exp[n(y_c - y)]} \tag{4.43}$$

式中，y_c 为沉降等于 $0.5 S_{\max}$ 的点离开挖面的距离，m，可通过公式 $y_c = -\alpha D$ 近似确定，D 为盾构外径 (m)，α 取值在 2.5 ~ 3.5；y 为沉降点至坐标轴原点的距离，m；n 为曲线形状参数，据对实测资料的统计，n 取值在 0.05 ~ 0.15。

由于该方法只是根据一条实测曲线拟合得到，只能计算地面沉降，不能计算地面隆起，且参数的取值是经验性的，因此该方法的正确性还有待进一步验证。

4. 玻尔兹曼方法

从以下两个方面来研究线路中线盾构机头前后的纵断面沉降曲线分布。一方面，考察不同时间同一观测点沉降量随机头位置变化情况，另一方面，考察同一时间沿机头前后分布的观测点沉降量的变化情况。

采用玻尔兹曼 (Boltzmann) 函数对沉降量随机头位置变化曲线进行拟合得到如下经验公式：

$$\delta_{t} = \frac{b_1 - b_2}{1 + e^{(x-x_0)/d}} + b_2 \qquad (4.44)$$

式中，δ_t 为隧道中线上方地面沉降，mm；x 为沉降点到机头的位置，m，负值表示机头在沉降点之前，正值表示机头在沉降点之后；b_1、b_2、x_0、d 均为拟合系数，其物理意义如下：

令 $x \to -\infty$，则

$$\delta_t = \lim_{x \to -\infty}\left(\frac{b_1 - b_2}{1 + e^{(x-x_0)/d}} + b_2\right) = b_1$$

故 b_1 表示机头未到达沉降点且距离很远时的沉降量，即初始沉降量，$b_1 \approx 0$。

令 $x \to +\infty$，则

$$\delta_t = \lim_{x \to +\infty}\left(\frac{b_1 - b_2}{1 + e^{(x-x_0)/d}} + b_2\right) = b_2$$

故 b_2 表示机头远离沉降点后的最终沉降量。

令 $x = x_0$，则 $\delta_t = (b_1 + b_2)/2 \approx b_2/2$，故 x_0 表示沉降发展到最终沉降量的50%时机头到沉降点的距离。

采用上述模型对不同典型时间点沉降量随机头位置变化曲线进行拟合，得到拟合参数后，获得具体的沉降量随盾构机头位置曲线。

5. Sagaseta 方法

Sagaseta[90]假定土体是不可压缩的均匀弹性半无限体，采用一个镜像源来消除无限介质情况下产生的虚拟边界条件，将土体损失等效为圆柱体，假定土体损失沿轴线均匀分布，在不排水条件下，提出三维的地面变形计算公式，后来又由 Sagaseta 和 Uriel 等进行了推广[55]，其公式为

$$\delta_z(y) = \frac{V_{\text{loss}}}{2\pi H}\left(1 + \frac{y}{\sqrt{y^2 + H^2}}\right) \qquad (4.45)$$

式中，$\delta_z(y)$ 为与隧道轴线平行的平面内土层的竖直位移，m；y 为该点距中心线的水平距离，m；V_{loss} 为土体体积损失，m³/m；H 为隧道埋深，m。

后来还有很多人提出了符合现场的沉降公式，这里不一一赘述。应当说明的是，经验公式法一般均假定横向沉降曲线服从高斯分布，隧道纵向服从累积概率曲线，然后用几个可量测的参数来确定其形状，其优点是可以较好地反映适应具体地区地质的沉降情况，能对实际的沉降变形做出大致的预测，从而为施工提供指导。但是缺点也是明显的，例如，假定为高斯分布没有理论依据，不能反映工程地质变化情况；不能反映双洞施工的情况；不能反映施工方案及参数的影响；不能反映施工不对称的情况等。此外，该法也没有考虑周边荷载对沉降线形的影响，因而具有一定的局限性。

4.3.2 地层竖向位移沿纵向发展的数值模拟研究

1. ABAQUS 数值模型的建立

本节仍以北京地铁14号线方庄站-十里河站区间为背景，采用 ABAQUS 分析软件对盾

构施工引起的右线、左线、左、右线连线中心上的测点时程曲线，左、右线隧道引起的地层位移叠加效应等进行了模拟分析，希望通过数值模拟与现场监测结果的对比，进一步摸清均匀地层条件下盾构施工引起的地层分层位移变形规律，为类似工程的施工控制提供参考。采用的模型即是前面章节中研究横向沉降的 ABAQUS 模型，测点选取亦可参考 4.1.7 节测点布置图，此处不再赘述。

分析地表横向沉降槽动态形成过程时选取 C 监测断面前后很大范围内的地层位移进行研究，因此是个二维问题。由于盾构刀盘距 C 监测断面的不同距离对应不同的沉降槽形态，故在研究时只需抓住对关键阶段的选取，如图 4.89、图 4.90 所示，图中 x 方向为隧道开挖方向，y 方向为埋深方向。

1) 先行（右线）隧道

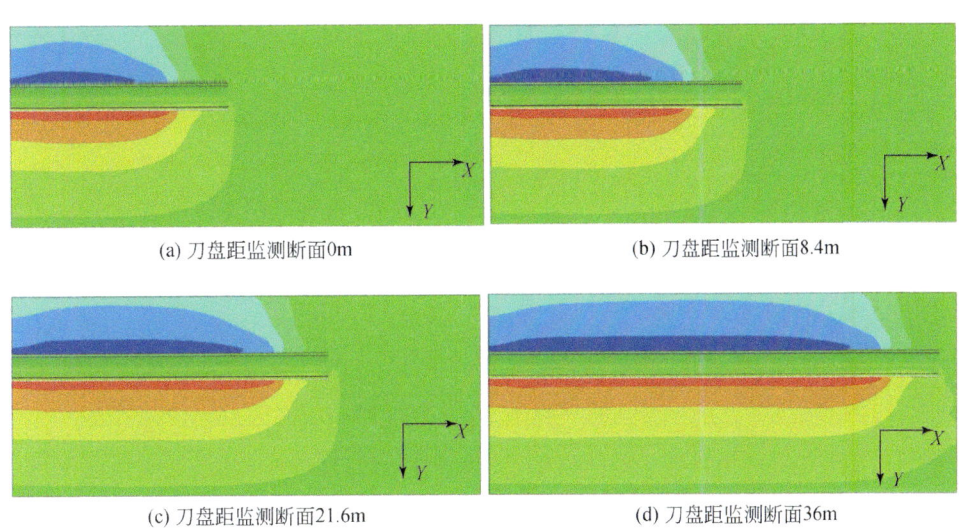

图 4.89　先行隧道开挖引起地表纵向沉降槽动态形成过程

2) 后行（左线）隧道

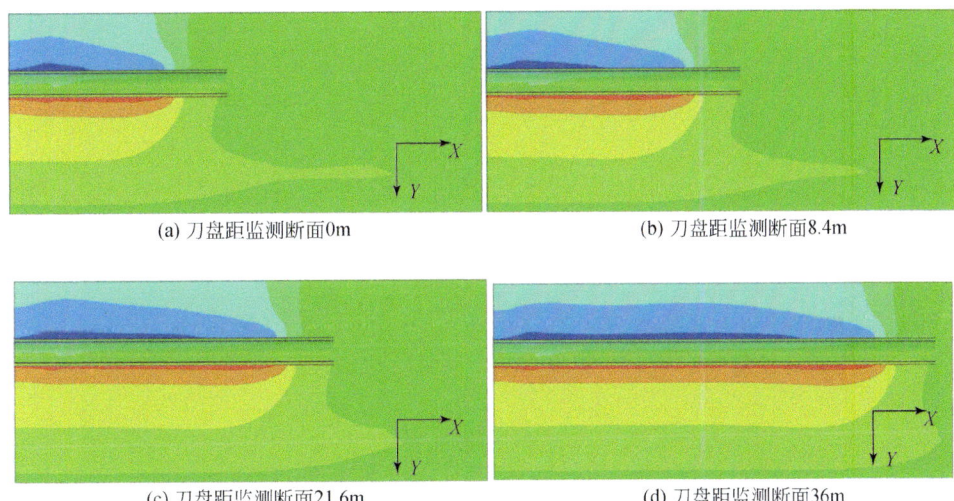

图 4.90　后行隧道开挖引起地表纵向沉降槽动态形成过程

2. 右线隧道正上方测点沉降时程曲线分析

下面就右线单线开挖和左线单线开挖时，选取右线隧道正上方不同深度的五个测点进行分析，得到盾构通过监测断面前后选取测点的沉降时程曲线如图 4.91 所示。

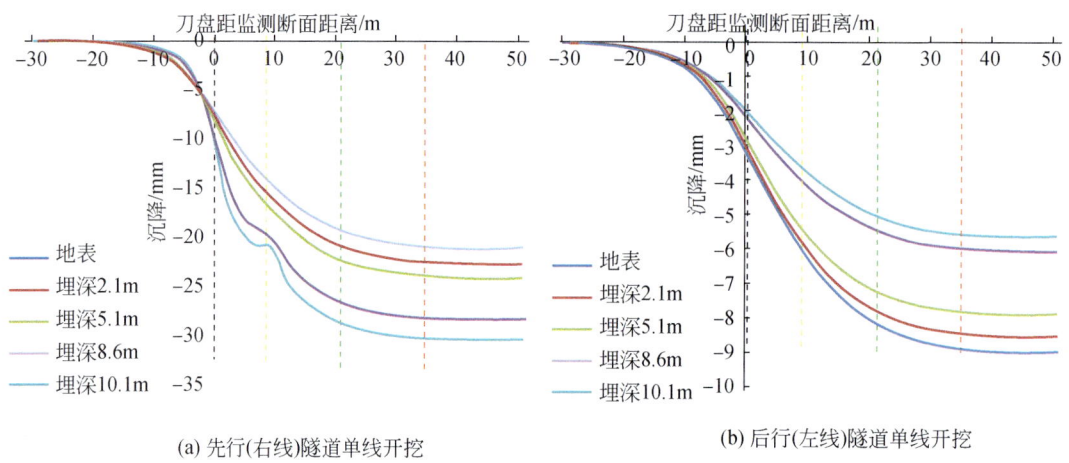

图 4.91 右线隧道正上方测点沉降时程曲线

由图 4.91 可以看出：

（1）刀盘到达时（0m），测点已产生明显沉降，右线单线开挖，此时地表测点沉降为 7.5mm，左线单线开挖，此时地表测点沉降为 3.2mm；
（2）盾体通过时（8.4m），沉降显著增加，沉降速率最大；
（3）盾体脱出后（21m），沉降继续明显增加，沉降速率依然很大；
（4）盾构远离测点（右线 35m、左线 35m），长期沉降发展基本稳定；
（5）隧道开挖对其上方地层引起沉降最大，距隧道越远越小。

3. 左、右线隧道中心连线对称轴上测点沉降时程曲线分析

下面就右线单线开挖和左线单线开挖时，选取左、右线隧道连线对称轴上不同深度的五个测点进行分析，得到盾构通过监测断面前后选取测点的沉降时程曲线如图 4.92 所示。

由图 4.92 可以看出：

（1）刀盘到达时（0m），已产生明显沉降，右线为 4.8mm、左线为 6.3mm；
（2）盾体通过时（8.4m），沉降显著增加，沉降速率最大；
（3）盾体脱出后（21m），沉降继续明显增加，沉降速率依然很大；
（4）盾构远离测点（右线 30m、左线 30m），长期沉降发展基本稳定；
（5）双线开挖，沉降在先行和后行隧道开挖阶段占有相当比例。

4. 左线隧道正上方测点沉降时程曲线分析

下面就右线单线开挖和左线单线开挖时，选取左线隧道正上方不同深度的五个测点进行分析，得到盾构通过监测断面前后选取测点的沉降时程曲线如图 4.93 所示。

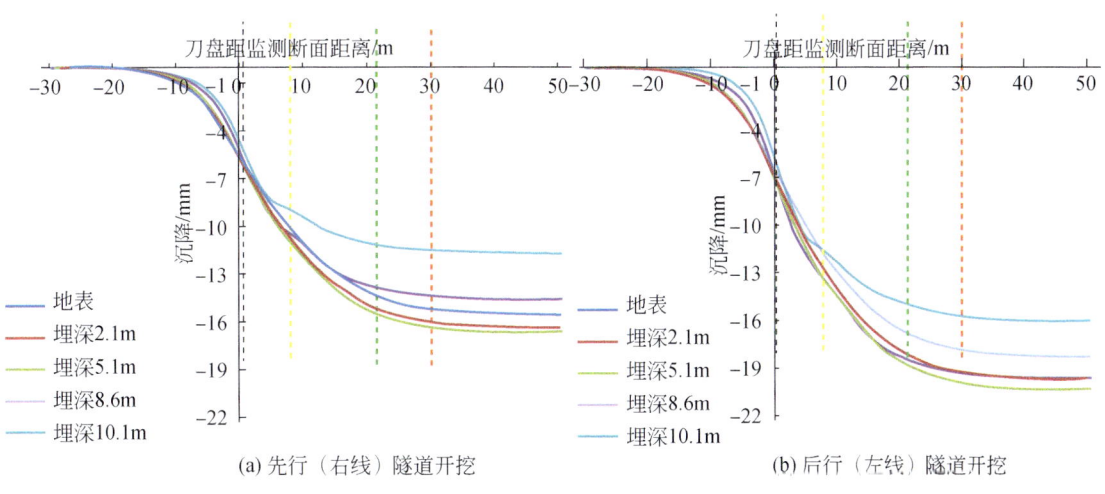

图 4.92 左、右线隧道连线对称轴上测点沉降时程曲线

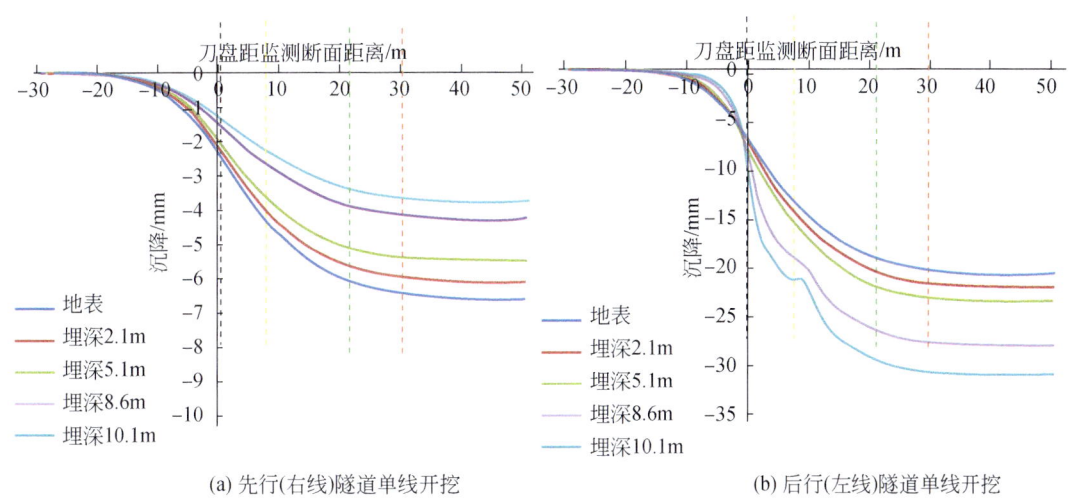

图 4.93 左线隧道正上方测点沉降时程曲线

由图 4.93 可以看出：

（1）刀盘到达时（0m），已产生明显沉降，右线为 3.1mm、左线为 7.0mm；
（2）盾体通过时（8.4m），沉降显著增加，沉降速率最大；
（3）盾体脱出后（21m），沉降继续明显增加，沉降速率依然很大；
（4）盾构远离测点（右线 30m、左线 30m），长期沉降发展基本稳定；
（5）左线开挖时，沉降主要发生在左线（后行）隧道开挖阶段。

5. 距离右线隧道轴线不同横向距离测点沉降时程曲线分析

下面就右线单线开挖和左线单线开挖时，选取距离右线隧道轴线不同横向距离的五个测点进行分析，得到盾构通过监测断面前后选取测点的沉降时程曲线如图 4.94 所示。

由图 4.94 可以看出：

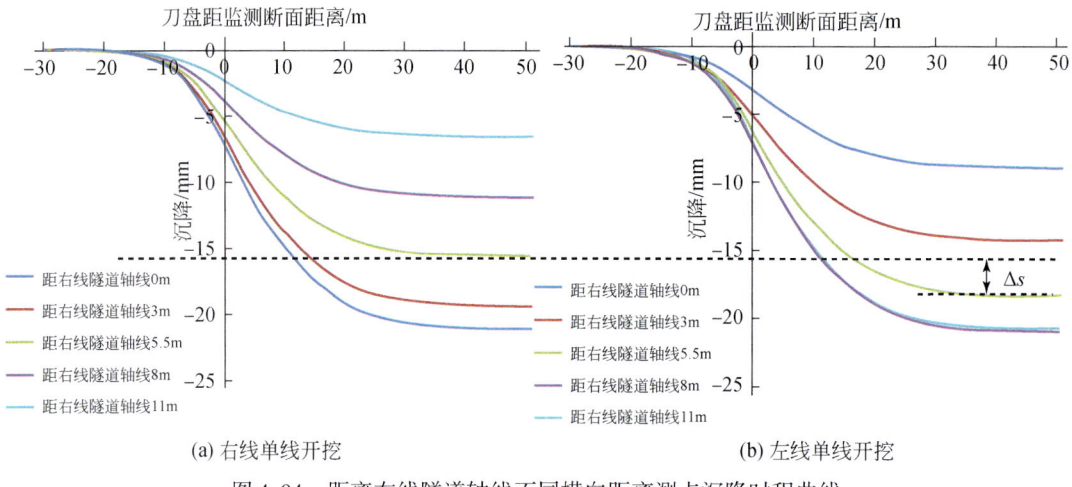

图 4.94 距离右线隧道轴线不同横向距离测点沉降时程曲线

(1) 右线单线开挖时,右线隧道正上方测点位移最大,离右线最远的左线正上方测点沉降最小;

(2) 左线单线开挖时,左线正上方和开挖边线正上方测点的沉降接近一致,且相比右线,左线在两隧道连线中心引起的沉降较大;

(3) 分析原因为先行隧道开挖对地层产生一定扰动,左、右线隧道间局部土体进入塑性变形阶段,后行隧道再开挖时对地层产生二次扰动,更大范围的地层屈服进入塑性区,因此后行隧道对周围地层的影响更大。

6. 左、右线隧道引起的地层位移叠加效应分析

选取右线正上方的地表测点为研究对象,对右线单线开挖、左线单线开挖及双线开挖时,测点的沉降时程曲线进行分析,如图 4.95 所示。

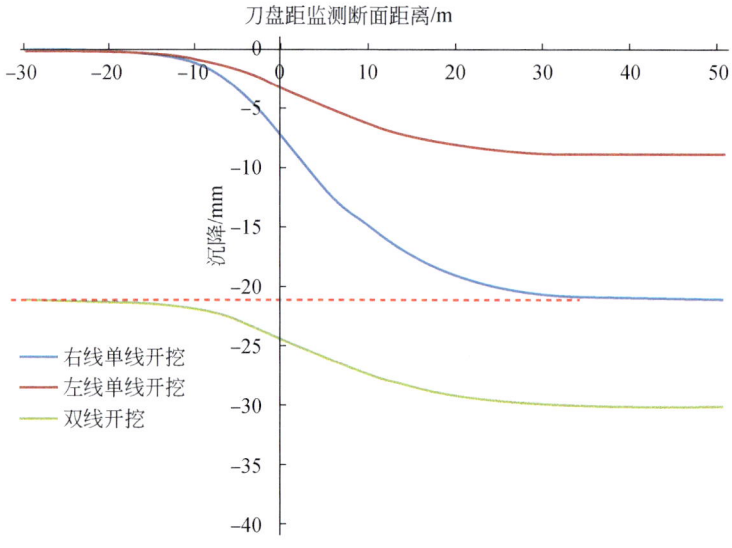

图 4.95 左、右线隧道引起的地层位移叠加效应

由图 4.95 看出：

(1) 单线开挖时，隧道正上方测点位移最大，离隧道轴线越远的测点沉降越小；

(2) 右线单线开挖时，测点的最终沉降为 21.1mm，左线单线开挖时，测点的最终沉降为 9.0mm，双线开挖时，测点的最终沉降为 30.1mm，为简单的叠加关系；

(3) 双线开挖时，右线（先行）隧道引起的其上方地表沉降（21.1mm）占其总沉降的 70%；

(4) 双线隧道开挖时，地层中任意一个测点沿纵向变形或位移发展规律（或沉降时程曲线）是先行和后行隧道各自引起沉降的叠加效应，其在效果上相当于测点在后行隧道引起的时程曲线往下（沉降增加）平移一个长度，该长度即该点在先行隧道开挖后的最终沉降。

4.3.3 地层竖向位移沿纵向发展的现场实测研究

1. 地层竖向位移沿纵向发展的指标确定

4.3.2 节通过数值模拟基本揭示了地层位移沿纵向发展的基本规律，本节将结合方庄站—十里河站区间 A、B、C 三个监测断面的现场实测数据，对地层位移在实际施工地层中的发展规律进行研究和探讨。为深入从现场实测的角度继续分析地层位移沿纵向发展规律，主要采用了以下三个指标：从时间角度看，即盾构通过监测断面前后全过程，主要有各阶段沉降所占比例（%）和各阶段平均沉降速率（mm/d）两个指标；从空间角度看，即盾构远离监测断面使得沉降基本稳定时的地层位移，主要为纵向影响范围这个指标。由于各阶段沉降所占比例的计算方法与前述的横向分布完全一致，这里就不再分析。

2. 各阶段平均沉降速率分析

为研究盾构通过监测断面前后过程中各不同阶段的沉降速率大小，采用各阶段平均沉降速率这一指标来进行衡量，它是用阶段内沉降（mm）与盾构通过阶段所用时间（天）之比来计算的，采用隧道轴线上方测点在阶段内单位时间的沉降增量进行描述，其定义如下：

$$阶段平均沉降速率 = \frac{阶段内沉降}{盾构通过阶段所用时间}$$

1) A 监测断面

选取 A 监测断面右线隧道开挖时，对右线正上方不同深度五个测点沉降时程曲线进行分析，如图 4.96 所示。

由图 4.96 得出，刀盘距监测断面 -30m 时，测点沉降很小，只有 0.1mm 级；当刀盘距监测断面 -11m 时，测点沉降增加至 -0.5mm；之后曲线变得较为平缓，刀盘刚好到达监测断面时，测点沉降为 -0.6mm，增量几乎为 0；但当盾体通过监测断面至盾尾脱出时，即 9m 位置，沉降迅速增加至 -6.5mm，这一阶段曲线的斜率最大，即平均沉降速率达到最大，随后曲线相对变缓；当刀盘距监测断面 22m 时，沉降发展至 -10.3mm，沉降增加 3.8mm，沉降增量较之前有所减缓，是同步注浆的效果显现；当刀盘距监测断面 45m 时，

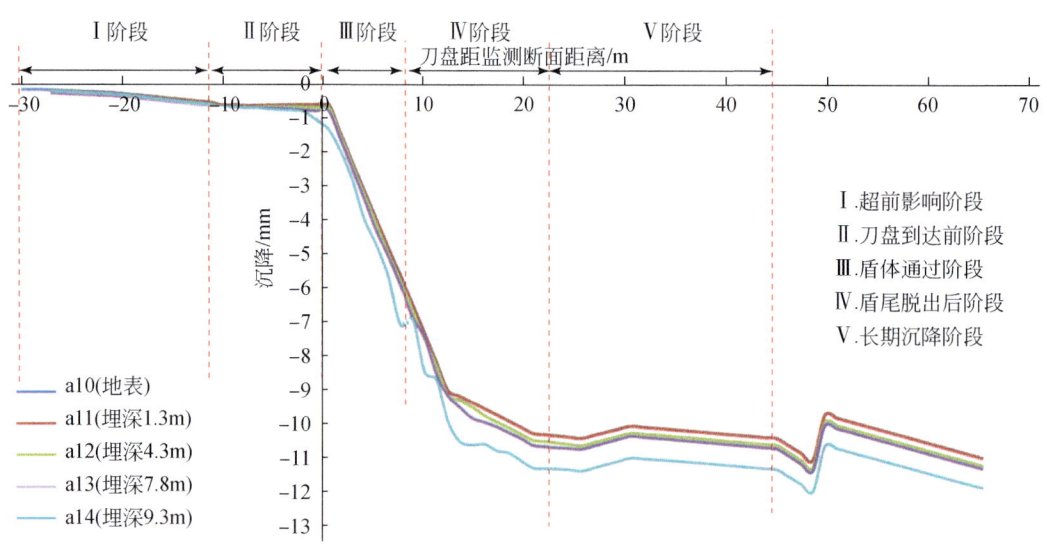

图4.96 A监测断面右线隧道正上方不同深度测点沉降时程曲线

沉降发展至−10.4mm，这一过程沉降几乎没有变化，随后曲线虽有波动但基本趋于稳定。

对这几个典型时刻所对应的阶段做出一个简单的命名，即超前影响阶段、刀盘到达前阶段、盾体通过阶段、盾尾脱出后阶段、长期沉降阶段，与前文分析横向分布阶段划分基本保持一致。

为研究各阶段的特征，采用各阶段平均沉降速率这一指标对A监测断面右线隧道上方不同深度测点的阶段平均沉降速率进行分析，如图4.97所示。

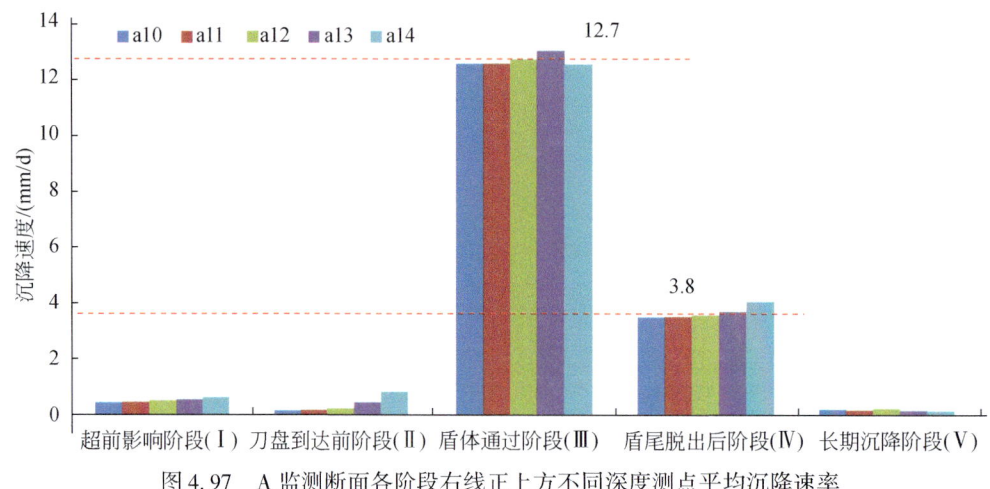

图4.97 A监测断面各阶段右线正上方不同深度测点平均沉降速率

由图4.97可以得出：盾体通过阶段平均沉降速率最大，达12.7mm/d，盾尾脱出阶段平均沉降速率为3.8mm/d，相对其他阶段依然较大，由此可以得出盾体通过和盾尾脱出后阶段是沉降主要阶段，其中盾体通过阶段是沉降关键阶段，主要由开挖间隙引起；盾尾脱出后阶段主要由盾尾空隙引起。同时根据不同埋深测点沉降可以看出，隧道正上方不同深度地层测点具有相似的沉降规律。

2) B 监测断面

选取 B 监测断面右线隧道开挖时,右线正上方不同深度五个测点沉降时程曲线进行分析,如图 4.98 所示。

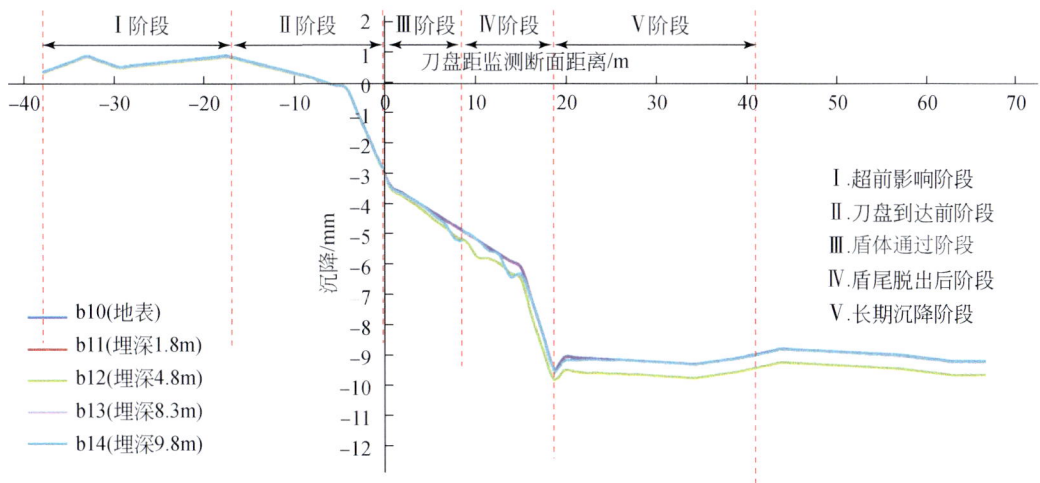

图 4.98　B 监测断面右线隧道正上方不同深度测点沉降时程曲线

由图 4.98 可以得出:刀盘距监测断面-38m 时,测点隆起 0.3mm;当刀盘距监测断面-17m 时,测点隆起增加至 0.8mm;之后曲线斜率突然增加,刀盘刚好到达监测断面时,测点沉降发展至-3.4mm;当盾体通过监测断面至盾尾脱出时,即 9m 位置,沉降增加至-6.5mm,这一阶段曲线的斜率较大,即平均沉降速率较大;随后曲线突然变陡,当刀盘距监测断面 19m 时,沉降增加至-9.0mm,沉降增加量为 2.5mm,曲线变陡,初步分析是同步注浆不及时导致的;当刀盘距监测断面 45m 时,沉降发展至-9.1mm,这一过程沉降几乎没有变化,随后曲线虽有波动但基本趋于稳定。

为研究各阶段的特征,采用阶段平均沉降速率这一指标对 B 监测断面右线隧道上方不同深度测点的阶段平均沉降速率进行分析,如图 4.99 所示。

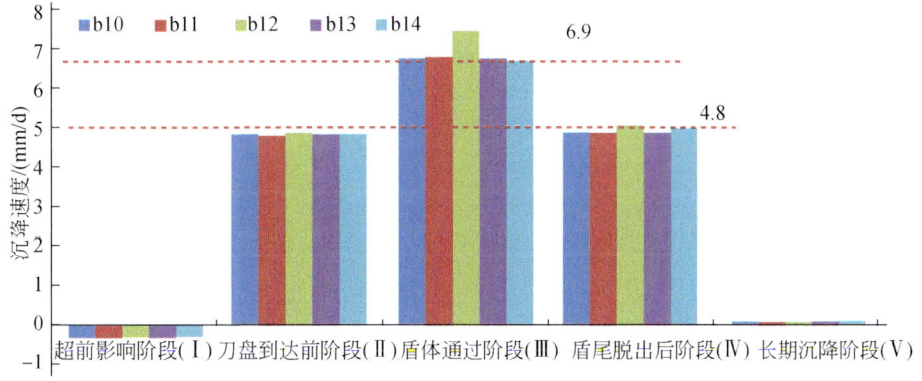

图 4.99　B 监测断面各阶段右线正上方不同深度测点平均沉降速率

由图4.99可以得出：盾体通过阶段平均沉降速率最大，达6.9mm/d，盾尾脱出后阶段平均沉降速率为4.8mm/d，相对其他阶段依然最大（除刀盘到达前阶段外），由此可以得出盾体通过和盾尾脱出后阶段是沉降主要阶段。同时根据不同埋深测点沉降时程曲线可以看出，隧道正上方不同深度地层测点具有相似的沉降规律。

3) C 监测断面

选取 C 监测断面右线隧道开挖时，右线正上方不同深度五个测点的沉降时程曲线进行分析，如图 4.100 所示。

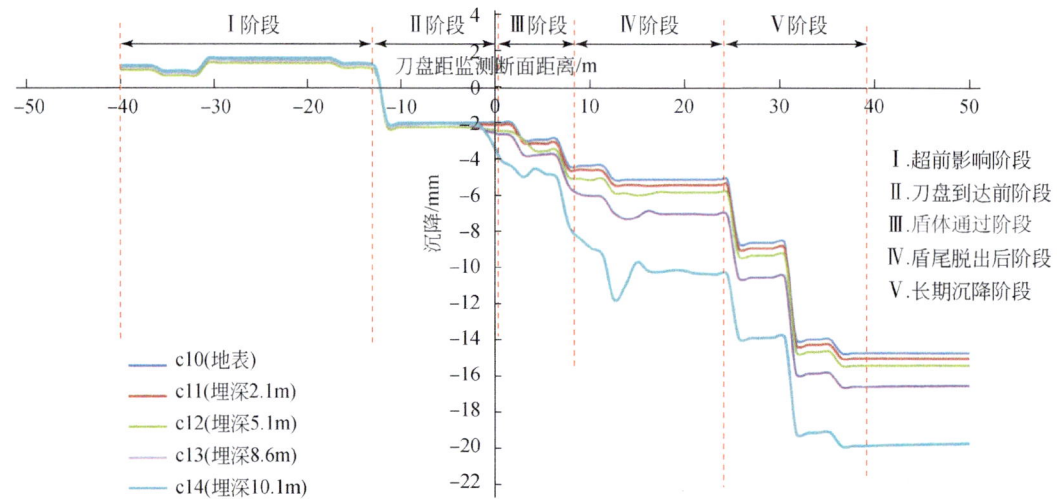

图 4.100 C 监测断面右线隧道正上方不同深度测点时程曲线

由图4.100得出，超前影响阶段主要是地层隆起较大，达1mm数量级，刀盘到达前阶段即产生了超前变形，盾体通过阶段曲线斜率相对较大，即平均沉降速率相对较大，盾尾脱出后阶段曲线变缓，沉降增量为0.6mm，曲线变缓，初步分析是同步注浆的效果显现，随后在长期沉降阶段出现了很大的沉降，增量达9.6mm，初步分析原因是C监测断面右线隧道上方存在较厚的砂层所致。

为研究各阶段的特征，采用阶段平均沉降速率这一指标对C监测断面右线隧道上方不同深度测点的阶段平均沉降速率进行分析，如图4.101所示。

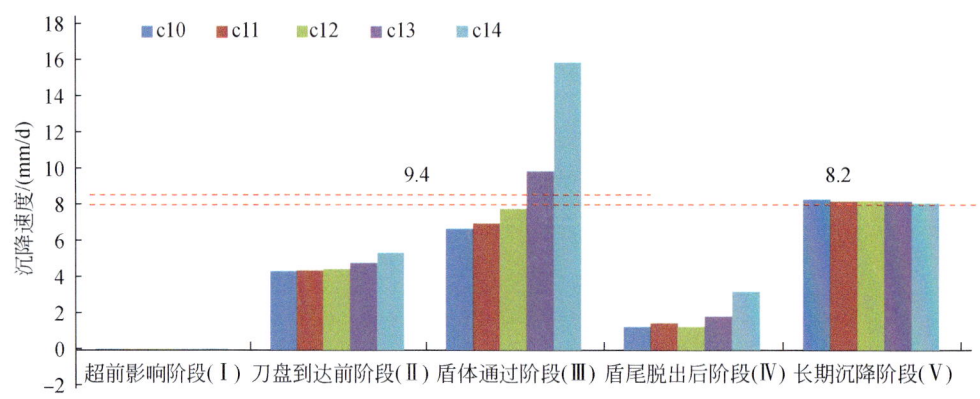

图 4.101 C 监测断面各阶段右线正上方不同深度测点平均沉降速率

由图 4.101 可以得出，盾体通过阶段平均沉降速率最大，达 9.4mm/d，但长期沉降阶段平均沉降速率高达 8.2mm/d，主要是由于 C 监测断面拱顶上方存在较厚砂层，而砂层没有黏聚力不能连续传递沉降所致。同时根据不同埋深测点沉降可以看出，隧道正上方不同深度地层测点具有相似的沉降规律。

4.3.4 "纵向五阶段"概念的提出

通过前述分析提出了盾构施工引起地层位移沿纵向的五个阶段发展规律，而各阶段具体划分建议如图 4.102 所示，图中负值表示盾构尚未到达，正值表示盾构刀盘已经通过。

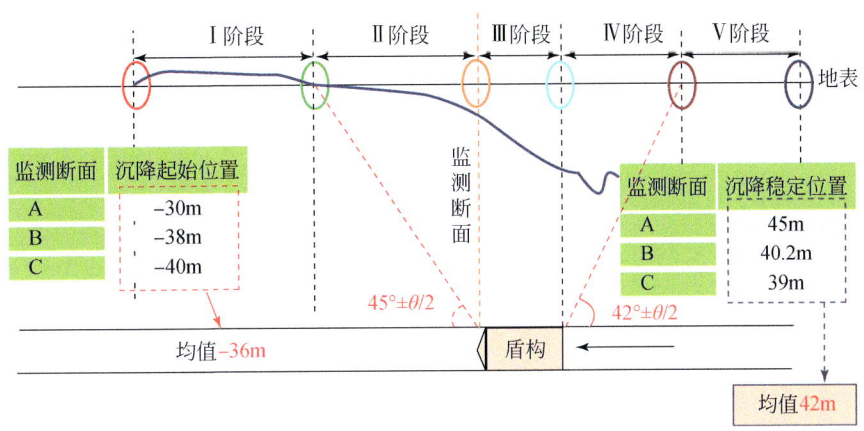

图 4.102　地层位移沿纵向发展各阶段划分依据

由图 4.102 可以得出：Ⅰ阶段的起始位置，针对不同地层情况存在差异，由此根据 A、B、C 三个监测断面的统计结果得出Ⅰ阶段的起始位置为-36m，Ⅰ阶段与Ⅱ阶段分界的统计结果约 12m，与土体移动角（$45°-\theta/2$）计算得出的数值相同，即阶段内影响范围为 $1H$（1 倍埋深），约 12m（$2D$），Ⅱ阶段与Ⅲ阶段即以盾构刀盘所在位置前后划分，Ⅲ阶段与Ⅳ阶段分界即盾尾脱出监测断面位置，即 9m，Ⅴ阶段起始位置根据统计结果约 21m，与土体移动角（$45°-\theta/2$）计算得出的数值相同，即阶段内影响范围为 $1H$（1 倍埋深），约 12m（$2D$），最终沉降稳定的位置根据 A、B、C 三个监测断面的统计结果为 42m。

根据上述对纵向的五个阶段的划分及各阶段沉降规律的分析，提出"纵向五阶段"概念如下：

Ⅰ阶段：-36～-12m，即（-6～-2）D，地层超前隆起或沉降，平均沉降速率很小，称为先期沉降（隆起）阶段；

Ⅱ阶段：-12～0m，即（-2～0）D，受盾构推力影响超前隆起开始减小直至产生沉降，称为推力影响沉降阶段；

Ⅲ阶段：0～9m，即（0～1.5）D，阶段内平均沉降速率达到最大，沉降由开挖间隙引起，称为盾体通过沉降阶段；

Ⅳ阶段：9~21m，即（1.5~3.5）D，阶段内平均沉降速率依然很大，沉降由盾尾空隙引起，称为盾尾脱出沉降阶段；具体沉降速率的大小，视同步注浆和二次补浆的效果显现决定；

Ⅴ阶段：21~42m，即（3.5~7）D，平均沉降速率减小直至稳定，主要由土体蠕变或压缩产生固结沉降，称为长期固结沉降阶段。

与地层位移横向分布相似，地层不同深度土体沿纵向具有相同的阶段划分。"纵向五阶段"划分示意图如图4.103所示。

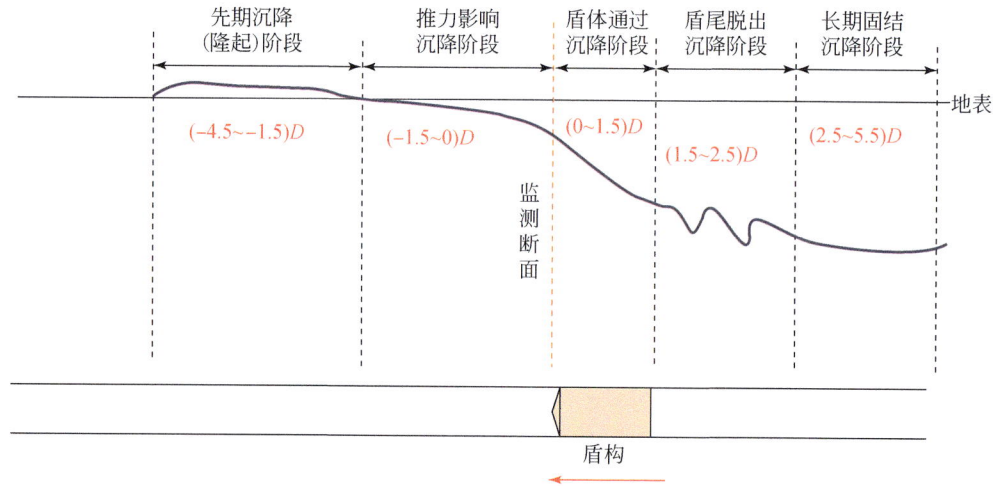

图4.103 "纵向五阶段"划分示意图

4.3.5 "纵向五阶段"概念的验证

为验证"纵向五阶段"概念的准确性及适用性，仍采用新机场线磁各庄站—1#区间盾构工程地层位移监测结果进行分析研究，工程概况、监测断面选取及测点布置如3.4.2节所述。

选取第一监测断面和第二监测断面先行隧道正上方不同深度的五个测点绘制其在先行隧道通过前后的沉降时程曲线，如图4.104、图4.105所示。

由图4.104、图4.105分析可知：

（1）第一监测断面：刀盘距监测断面-46m时，测点沉降很小；刀盘距监测断面-46m到-16m之间时，沉降在-2.0mm范围以内波动；刀盘距监测断面-16m时，测点开始缓慢沉降；刀盘距监测断面-5m时，曲线沉降速率增加；刀盘刚好到达监测断面时，测点沉降为-3.0mm；当盾体通过监测断面至盾尾脱出时，即刀盘距监测断面12m位置，沉降迅速增加，地表沉降达到-8.3mm，埋深7m处沉降达到-9.0mm，埋深11m处沉降达到-8.5mm，埋深12.5m处沉降达到-10.2mm，埋深14m处沉降达到-8.5mm，这一阶段曲线的斜率最大，即平均沉降速率达到最大；当刀盘距监测断面12m~24m时，沉降出现隆起现象，沉降增量较之前有所减弱，是同步注浆的效果显现。当刀盘距监测断面50m时，

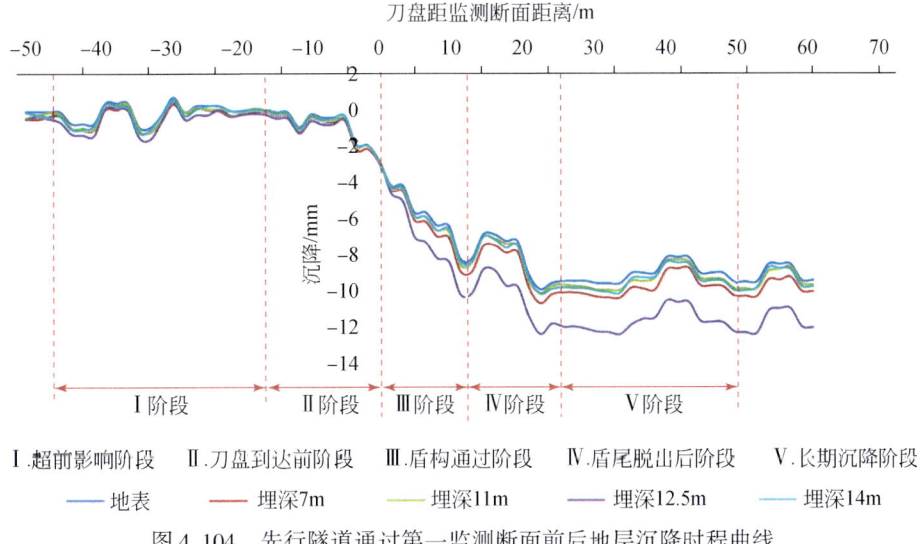

图 4.104　先行隧道通过第一监测断面前后地层沉降时程曲线

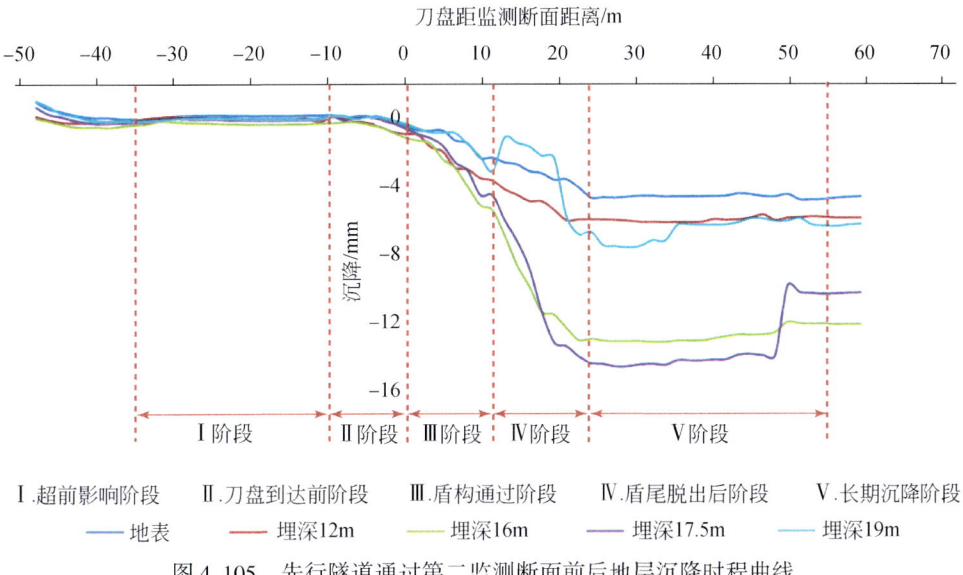

图 4.105　先行隧道通过第二监测断面前后地层沉降时程曲线

沉降基本稳定，这一过程沉降曲线虽由于二次补浆引起波动但基本趋于稳定。

（2）第二监测断面：刀盘距监测断面 -35m 时，测点开始波动；刀盘距监测断面 -35～-10m 时，部分测点轻微隆起；当刀盘距监测断面 -10m 时，测点开始缓慢沉降，刀盘刚好到达监测断面时，测点沉降的范围在 -1mm 至 -2mm；当盾体通过监测断面至盾尾脱出时，即 11m 位置，地表测点、埋深 12m、16m、17.5m、19m 测点的沉降分别达到 -3.6mm、-4.8mm、-6.4mm、-5.8mm、-3.5mm，这一阶段平均沉降速率较大；刀盘距监测断面 11～23m 时，沉降曲线出现了由同步注浆引起的抬升，随后又进入沉降阶段，该阶段沉降速率也比较大，最终的沉降也最大，地表测点埋深 12m、16m、17.5m 的沉降分别达到-7.7mm、-9.6mm、-16.7mm、-17.7mm、-10.5mm；刀盘距监测断面 23~55m 时，沉降曲线基本稳定，存在由于二次补浆导致的波动；刀盘据监测断面 55m 以后，沉降曲线也趋于稳定。

通过前述分析，新机场线盾构施工引起的地层沉降同样存在五个阶段，两个监测断面五阶段的划分如下：

（1）第一监测断面隧道埋深为 15m，分析结果如下：

①Ⅰ阶段的起始位置为-46m；

②Ⅰ阶段与Ⅱ阶段分界的位置在-16m 处，与土体移动角 $45°-\theta/2$ 计算得出的数值相同；

③Ⅱ阶段内影响范围约 $1H$（1 倍埋深），约 16m；

④Ⅱ阶段与Ⅲ阶段即以刀盘所在位置划分；

⑤Ⅲ阶段与Ⅳ阶段分界即盾尾脱出监测断面位置，即 12m；

⑥Ⅴ阶段起始位置根据统计结果约 24m，即阶段内影响范围为 $0.8H$（0.8 倍埋深），约 12m；

⑦最终沉降稳定的位置为 50m。

（2）第二监测断面隧道埋深为 20m，分析结果如下：

①Ⅰ阶段的起始位置为-35m；

②Ⅰ阶段与Ⅱ阶段分界的位置在-10m 处，与土体移动角 $45°-\theta/2$ 计算得出的数值相同；

③Ⅱ阶段内影响范围约 $0.5H$（0.5 倍埋深），约 10m；

④Ⅱ阶段与Ⅲ阶段即以刀盘所在位置划分；

⑤Ⅲ阶段与Ⅳ阶段分界即盾尾脱出监测断面位置，即 11m；

⑥Ⅴ阶段起始位置根据分析结果约 23m，即阶段内影响范围为 $0.6H$（0.6 倍埋深），约 12m；

⑦最终沉降稳定的位置为 55m。

新机场线两个监测断面的监测结果显示，地层竖向位移沿纵向发展符合"纵向五阶段"发展规律，由于工程特点不同，也显示出了一定的差异性。新机场线磁各庄站—1#区间竖向沉降"纵向五阶段"划分界限及各区特点如下：

Ⅰ阶段：-40.5~-13m，即（-4.5~-1.5）D，地层超前变形（隆起或沉降），平均沉降速率很小，为先期沉降（隆起）阶段；

Ⅱ阶段：-13~0m，即（-1.5~0）D，受盾构推力影响超前隆起开始减小直至产生沉降，为推力影响沉降阶段；

Ⅲ阶段：0~12m，即（0~1.5）D，阶段内沉降速率比较大，沉降由开挖间隙引起，为盾体通过沉降阶段；

Ⅳ阶段：12~23.5m，即（1.5~2.5）D，阶段内平均沉降速率依然很大，沉降由盾尾空隙引起，为盾尾脱出沉降阶段；

Ⅴ阶段：23.5~52.5m，即（2.5~5.5）D 范围，平均沉降速率减小直至稳定，主要由土体蠕变或压缩产生固结沉降，为长期固结沉降阶段。

4.4 地层位移空间分布与发展模型

4.1.5 节给出了地层竖向位移在横剖面上的预测公式,只能计算二维平面上的沉降预测。本节将结合地层位移沿纵向推进过程中的发展规律将该式扩展为地层位移在空间的预测模型。

4.4.1 地层竖向位移预测基本方法概述

盾构施工引起隧道周围土体扰动,使得地层不同深度土体产生相应的位移和变形,进而传递至地表形成不同沉降槽形态。通过既有研究和现场实测可知,不同深度的地层在横向上的沉降分布均呈现沉降槽形态并遵从正态分布形式,且深度为 z 的地层沉降槽在横向上的沉降 $[S_1(x,z)]$ 是该横剖面地表最大沉降 (S'_{max}) 的函数,即

$$S_1(x,z) = S'_{max} f(x,z) \tag{4.46}$$

式中,$f(x,z)$ 为关于 x、z 的二元函数;x、z 分别为垂直于隧道的水平方向和竖直方向坐标值。

从空间分布来看,在盾构推进至任意位置时,其前方或后方不同横剖面均呈现一系列大小不一的沉降槽形态,如图 4.1 所示,盾构前后方地层不同横剖面上的地表最大沉降 (S'_{max}),即隧道轴线上方沿纵向发展的地表沉降 $[S_2(y)]$ 与沉降槽的最大沉降 (S_{max}) 最终值有关,即

$$S'_{max} = S_2(y) \tag{4.47}$$

$$S_2(y) = S_{max} g(y) \tag{4.48}$$

式中,$g(y)$ 为关于 y 的二元函数;y 为平行于隧道轴线的方向坐标值。

基于综合考虑地层位移沿着横向和纵向分布预测公式与沉降槽最终值和任意一点坐标之间的关系,结合式 (4.45) ~ 式 (4.47) 可以得出土体在空间任意一点的位移如下:

$$S(x,y,z) = S_{max} f(x,z) \cdot g(y) \tag{4.49}$$

4.4.2 地表位移沿纵向发展特征分析

结合地层位移沿横向分布特征,在数值模型中,对右线隧道开挖结束时其正上方地表测点的位移规律进行分析,结合式 (4.40),对数值模拟结果进行拟合,如图 4.106 所示。

根据相关文献,地层损失 (V) 与最大沉降和沉降槽宽度系数有关:

$$V = \sqrt{2\pi} \cdot i \cdot S_{max} \tag{4.50}$$

即

$$S_{max} = \frac{V}{\sqrt{2\pi} \cdot i} = \frac{0.313 V_1 D^2}{i} \tag{4.51}$$

式中:V_1 为地层损失率,%,$V = V_1 \times \pi D^2/2$;D 为隧道开挖直径;i 为地表最终沉降槽宽度系数。

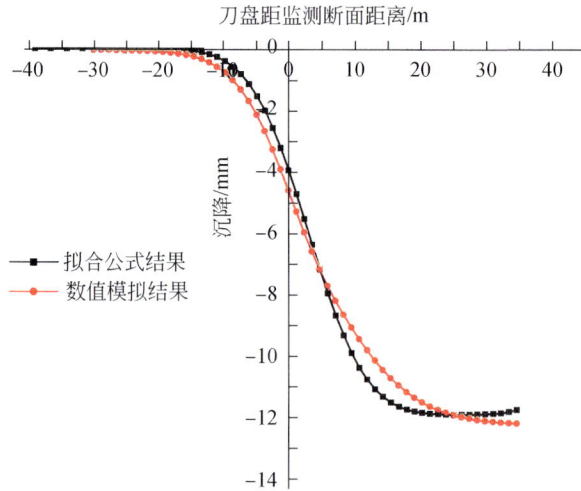

图 4.106 地表沉降沿纵向数值模拟与拟合结果对比

由式（4.30）和式（4.50）可得

$$S(y) = \frac{0.313 V_1 D^2}{i} \left[\Phi\left(\frac{y-50}{i}\right) - \Phi\left(\frac{y}{i}\right) \right] \tag{4.52}$$

根据拟合结果，地层损失率（V_1）取 0.73%，地表最终沉降槽宽度系数（i）取 6.9m，这与 4.2.3 节中地表沉降槽宽度系数完全相同。

故由式（4.31）和式（4.51）可推出地层位移空间分布预测模型如下：

$$S(x,y,z) = \frac{0.313 V_1 D^2}{i} \left[\Phi\left(\frac{y-50}{i}\right) - \Phi\left(\frac{y}{i}\right) \right] \\ \times (1 - 1.12 z/z_0)^{-0.3} \cdot \exp\left[\frac{-x^2}{2i^2 (1 - 1.22 z/z_0)^{0.6}} \right] \tag{4.53}$$

4.4.3 现场实测与预测公式对比分析

根据方庄站—十里河站区间 C 监测断面右线隧道开挖后拱顶上方不同深度的地层位移值实测结果，选取 $x=3m$、$z=2.1m$ 的测点，观察其在盾构推过前后位移变化情况，通过相应坐标转换转化为与该测点在同一埋深且平行于隧道轴线的一系列测点，其点坐标为 $x=3m$，$y=7.8m$、13.8m、18.6m、22.2m、27m、33m、36.6m、40.2m，$z=2.1m$，通过式（4.52）进行预测并与实测结果进行对比，计算相应误差，结果如表 4.13 所示。

表 4.13 选取测点沉降预测结果与现场实测对比

测点 y 坐标/m	拟合沉降/mm	实测沉降/mm	误差	
			绝对误差/mm	相对误差/%
7.8	−9.85	−8.16	−1.69	20.7
13.8	−11.06	−10.15	−0.91	8.9

续表

测点 y 坐标/m	拟合沉降/mm	实测沉降/mm	误差	
			绝对误差/mm	相对误差/%
18.6	−11.27	−10.66	−0.61	5.8
22.2	−11.31	−10.76	−0.55	5.1
27	−11.31	−10.78	−0.53	4.9
33	−11.24	−10.71	−0.53	4.9
36.6	−11.02	−10.51	−0.51	4.8
40.2	−10.43	−9.95	−0.48	4.9

从表4.13可以看出，用式（4.52）对所选取的测点系列位移进行预测，其绝对误差最大值为1.69mm，相对误差除测点 y 为7.8m和13.8m的测点误差偏大外，其余各点均不超过5.8%，具有较好的预测效果，为类似地质条件的盾构施工地层位移预测提供一定的借鉴和参考。

4.4.4 小结

基于地层位移沿横向分布特征和纵向发展规律的既有公式，通过数值模拟对其空间分布特征进行研究，提出预测模型并结合现场实测进行对比验证，主要结论如下：

（1）地层位移与最终最大沉降（S_{max}）、沉降槽宽度系数（i）、地层损失率（V_1）及空间任意一点坐标有关，地层位移最大值出现在隧道轴线正上方地层中。

（2）现场实测表明本书提出的地层位移空间分布预计模型式（4.52）对于地层内部测点具有较好的预测效果。

4.5 本章小结

本章重点研究了地层位移的竖向位移分量在横向、深度方向（竖向）及纵向上的分布形态及变化规律，从基本概念提出，建立数值模型来分析和研究不同深度地层沉降的分布与发展规律，进而通过现场监测结果分析和验证，得出沉降在实际特定地层中的分布规律，主要结论如下：

（1）弄清了盾构施工引起地层竖向位移沿横向的分布特征。

①分析和论证了地表和不同深度的地层沉降（即竖向位移）沿横向分布均呈现正态分布特征的沉降槽形态，埋深较浅，则沉降槽宽而浅，埋深较深，则沉降槽窄而深。

②不同深度地层的最大沉降和沉降槽宽度系数随深度增加呈现非线性的变化特征，最大沉降随深度呈现非线性的幂指数增加规律，沉降槽宽度系数随深度呈现非线性的幂指数减小规律。

③根据地层沉降沿横向分布特征，提出了"横三区"的概念，将地层沉降沿横向划分为隧道开挖影响区（Ⅰ区）、土体移动影响区（Ⅱ区）、沉降减弱稳定区（Ⅲ区）。其中地

层沉降沿横向变化率Ⅱ区最大，地层不同深度土体沿横向具有相同的分区规律。

（2）揭示了盾构施工引起地层竖向位移沿深度方向（竖向）的分布特征。

①提出了"竖两层"概念，将地层沉降影响区域沿深度方向（竖向）划分为分层沉降带和不受影响降带两个分带，其中分层沉降带按地层沉降差异出现的高度位置又可划分为显著扰动层和沉降扰动层（整体沉降层）。

②分层沉降带的分布范围为拱顶正上方土体移动角形成的底边为 $H/\tan(45°-\theta/2)$ 的倒三角地层，即隧道开挖边线以内，沉降（即竖向位移）随着埋深增加而增加。在沉降影响带（即隧道开挖边线以外），沉降随着埋深增加而减小，且沉降影响带的地层沉降较分层沉降带偏小。

（3）获得了盾构施工引起地层竖向位移沿纵向的发展规律。

①分析和论证了地表和不同深度的地层沉降沿纵向的发展规律，给出了地层竖向位移在空间的分布模型，该模型表明地层位移与最终最大沉降（S_{max}）、沉降槽宽度系数（i）、地层损失率（V_l）及空间任意一点坐标有关。

②提出了"纵向五阶段"概念，将盾构通过引起的地层沉降过程划分为刀盘到达前阶段（Ⅰ）、刀盘到达阶段（Ⅱ）、盾体通过阶段（Ⅲ）、盾尾脱出后阶段（Ⅳ）、长期沉降阶段（Ⅴ）这五个阶段。其中Ⅲ阶段、Ⅳ阶段平均沉降速率最大。地层不同深度土体沿纵向具有相同的阶段划分规律。

通过对新机场线磁各庄站—1#区间盾构工程地层分层位移监测结果的分析，验证了盾构施工引起的地层分层位移符合"横三区、竖两层、纵向五阶段"的分布与发展规律，说明分层沉降理论提出的"横三区、竖两层、纵向五阶段"的地层位移分布与发展规律是普遍存在的，证明该理论具有较高的准确性及广泛的适用性。

第 5 章　地层竖向位移的主要影响因素分析

地层位移的"横三区、竖两层、纵向五阶段"理论，十分清晰地描述了地层竖向位移在空间各方向的分布与发展规律。盾构施工引起的地层位移受多种因素的影响，本章采用数值模拟方法分析隧道埋深和注浆效果等因素对地层竖向位移的影响。研究发现，深径比（H/D）和最大沉降之间在一定范围内具有高度线性相关性；开挖间隙充填最好时，即开挖间隙充填 100% 情况下，可有效减小隧道拱顶上方地层沉降随着埋深的变化速率，对控制地层竖向变形十分有利。

5.1　地层竖向位移影响因素概述

根据现有研究和实测结果，盾构施工引起的地层位移，在不同地质情况、不同施工条件下会产生显著的不同，基于常见的工程问题，将地层位移的影响因素主要划分为地质因素、施工因素、管理因素，旨在找出对地层位移影响最大的因素并提出沉降控制的解决方案。其中，土仓压力、螺旋输送器出土量和注浆量与注浆压力等施工因素和管理因素部分可以通过固定边界条件、提高现场队伍的施工管理水平实现，很难用模型来计算，而隧道埋深、隧道间距、注浆效果特别是注浆因素的等效替代等因素可以借助数值模拟等手段来实现，属于可通过数值模拟研究的因素，因此下面将以数值计算结果为基础分析这几个因素对地层位移的影响。

研究采用 FLAC3D 软件进行分析，FLAC3D 采用有限差分方和混合离散化分区技术，使其能较精确地模拟垮落和塑性流动等问题，同时，该软件不存在有限元软件计算结果不收敛的问题，计算过程不生成矩阵，对计算机内存要求较低。以北京地铁 14 号线方庄站—十里河站区间为工程背景，借助 FLAC3D 数值模拟来研究隧道埋深和隧道间距对地层位移的影响。由于模拟工况众多，这里只介绍其中最基础的一种工况。沿隧道掘进方向，网格长度取 96m（即 80 环），沿 y 轴方向开挖，在垂直隧道的水平方向上，距离隧道中心取 35.5m，大于隧道直径的 5 倍，竖直方向，地面距离隧道中心 25.5m，大约为直径的 4 倍，覆土厚度为 11.1m，共有 218 个单元、218862 个节点，模型建立及网格划分如图 5.1 所示。

砂土的拉伸强度为零，黏土的抗拉强度也很低，故可认为土体的抗拉强度为零。一方面，土体的破坏为剪切破坏，其抗剪切能力主要是土体颗粒间的摩擦力，而摩擦力是与垂直摩擦面的正应力相关；另一方面，土体的本构模型将直接影响计算的精确度，在 FLAC3D 中对于土体的模拟，以 Mohr-Coulomb 模型应用最为广泛，其计算所需的输入参数相对较少，计算结果也比较符合实际，且相应的参数均可通过岩土勘察报告或者室内土工试验获取。数值计算模型中，将土体简化为条形土层，土体参数参考岩土勘察规范，具体土体参数见表 5.1。

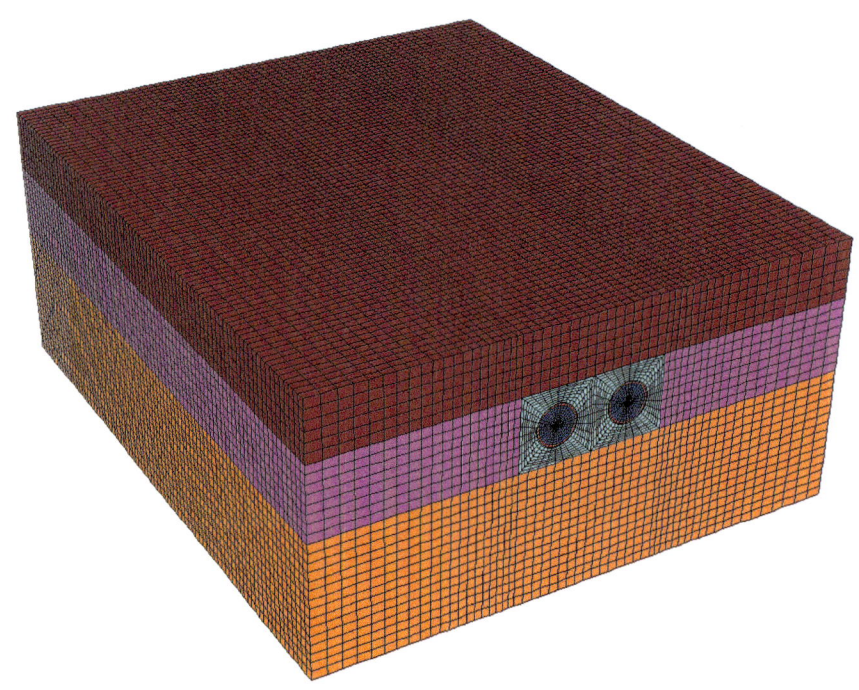

图 5.1　FLAC3D 有限差分模型的建立及网格划分

在网格单元的垂直 x 轴的两个边界上,固定该平面上点的 x 方向位移,在垂直 y 轴方向的两个边界上,固定该平面上点的 y 方向位移,在模型的底面上固定 z 方向的位移。实际工程中,在右线隧道、即先行隧道上方有一层沙土,而在左线隧道上方没有,故在该深度范围内的土体进行层状简化的时候,按照实际情况,两条隧道上方土体分别简化成不同形式。同时,将盾构的连续推进简化为非连续的一步一步跳跃式的向前推进,每次向前推进一个管片的宽度,通过改变相应的网格的本构模型来表征土体的掘进和管片的支护。

表 5.1　模型土体参数表

序号	弹性模量(E_s)/MPa	泊松比	黏聚力(c)/kPa	内摩擦角(φ)/(°)	密度(ρ)/(kg/m³)
1	2.0	0.35	5	12	1750
2	11.0	0.3	15	24	1990
3	7.1	0.3	27	15	2000
4	11.1	0.3	15	24	1980
5	18.0	0.3	0	29	1800
6	9.0	0.35	34	11	1930
7	18.0	0.3	0	30	1950
8	15.3	0.3	31	15	2110
9	28.0	0.3	2	33	2050
10	14.8	0.3	31	13	2000

5.2 隧道埋深对地层竖向位移（沉降槽）的影响特点

根据 5.1 节数值模型的建立方法，在隧道埋深 11m、16m、21m 三种工况下，分析隧道埋深对地层位移的影响规律，其中，隧道埋深 11m 为第 2 章、第 4 章中数值模拟和现场实测的基本工况，先开挖右线隧道、后开挖左线隧道。三种工况的隧道埋深示意如图 5.2 所示。

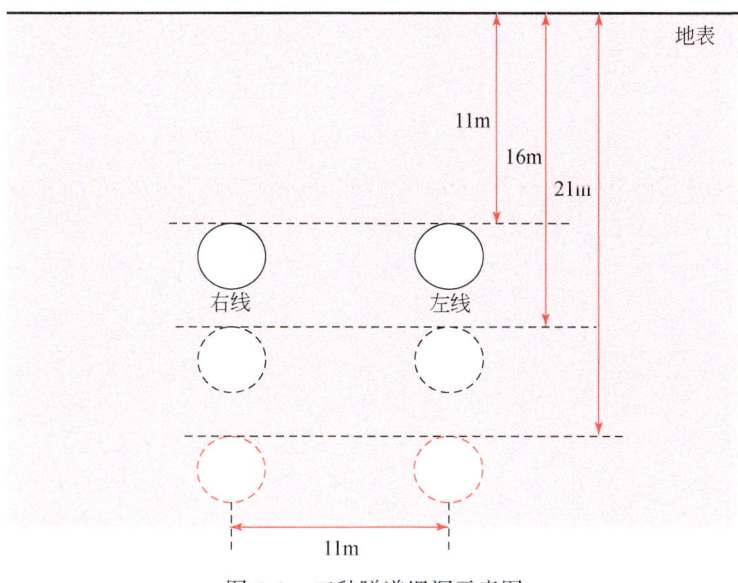

图 5.2　三种隧道埋深示意图

测点的布置情况与 2.2.1 节一致，在此不再赘述。分析隧道埋深 11m、16m、21m 三种工况下地表点的沉降情况，如图 5.3 所示。

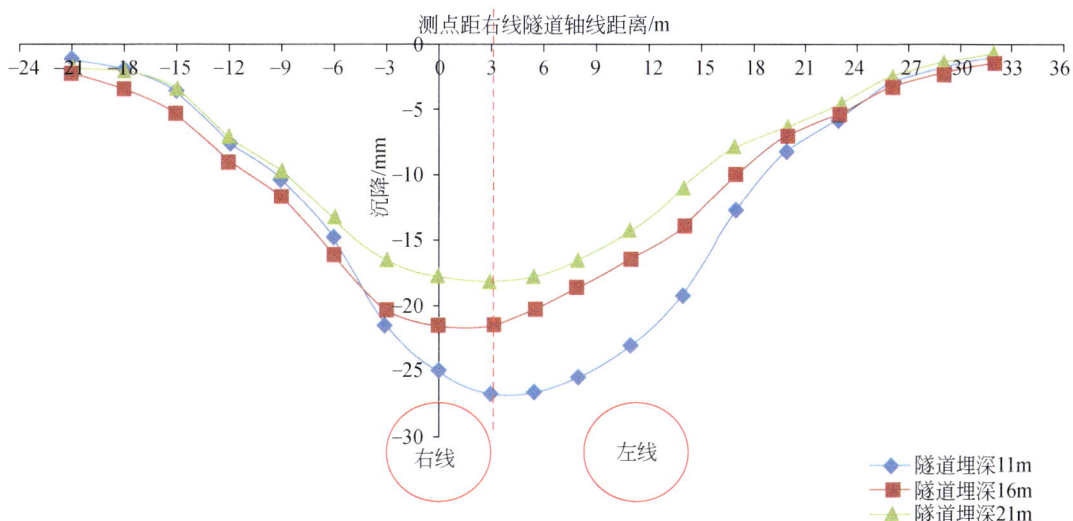

图 5.3　不同隧道埋深对应的地表沉降槽曲线

由图 5.3 可以分析得出：

（1）隧道埋深 11m 的工况，最大沉降为 -26.7mm，是三种工况下沉降最大的情况，沉降槽对称轴位于两隧道中心连线中线偏右线位置，即右线开挖边线；

（2）隧道埋深 16m 的工况，最大沉降为 -21.5mm，相比于埋深 11m 的工况，通过增加 5m 埋深获得 19% 的减沉效果，沉降槽对称轴也基本位于右线开挖边线；

（3）隧道埋深 21m 的工况，最大沉降为 -18.1mm，是三种工况下沉降最小的工况，相比于埋深 11m 的工况，通过增加 10m 埋深获得 32% 的减沉效果，沉降槽对称轴同样位于右线开挖边线；

（4）随着隧道埋深增加，地表测点最大沉降减小，沉降影响范围（沉降槽宽度）只是略有增加；

（5）三种工况下，双线隧道开挖引起的沉降槽基本呈现近似对称分布，对称轴偏向先行（右线）隧道开挖边线位置。

由以上分析可以看出，当隧道埋深增加时，盾构施工引起的地面最大沉降减小，即减沉比例增加。将埋深 11m、16m、21m 三种工况下的减沉效果进行总结，如表 5.2 所示，同时对深径比（H/D）和最大沉降之间的关系进行线性回归，如图 5.4 所示，得到如下的回归关系式：

$$S_{\max} = 5.0737(H/D) - 35.63 \quad (5.1)$$

式中，$S_{\max}$ 为最大沉降，mm；H 为隧道埋深，m；D 为隧道直径，m。

式（5.1）的适用范围为 $1.8<H/D<2.5$，在该范围内，拟合关系式的相关系数 $R^2 = 0.9926$，相关度很高，这表明深径比（H/D）和最大沉降之间在一定范围内具有高度相关的线性关系。

表 5.2 隧道埋深和最大沉降之间的关系

隧道埋深/m	埋深增加比例/%	最大沉降/mm	减沉比例/%
11（1.8D）	—	-26.7	—
16（2.7D）	45.40	-21.5	19
21（2.5D）	90.90	-18.1	32

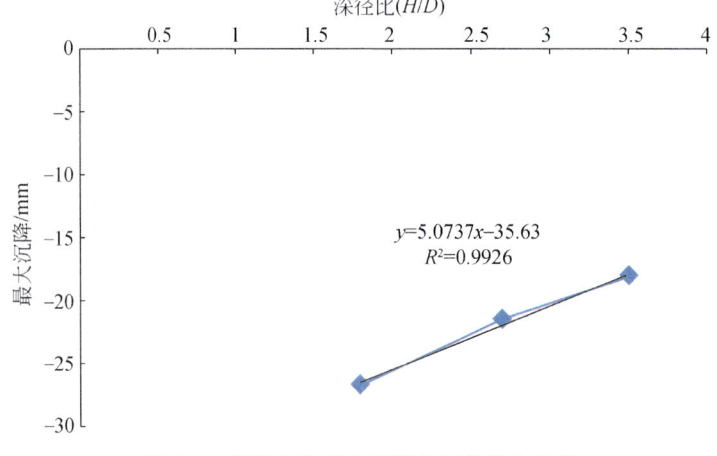

图 5.4 深径比和最大沉降之间的拟合曲线

5.3 隧道间距对地层竖向位移（沉降槽）的影响特点

在隧道间距 11m、17m、23m 三种工况下，采用数值模拟的方法分析隧道间距对地层位移的影响，其中埋深 11m 为第 2 章和第 4 章数值模拟和现场实测的基本工况。三种工况的隧道间距变化示意如图 5.5 所示。

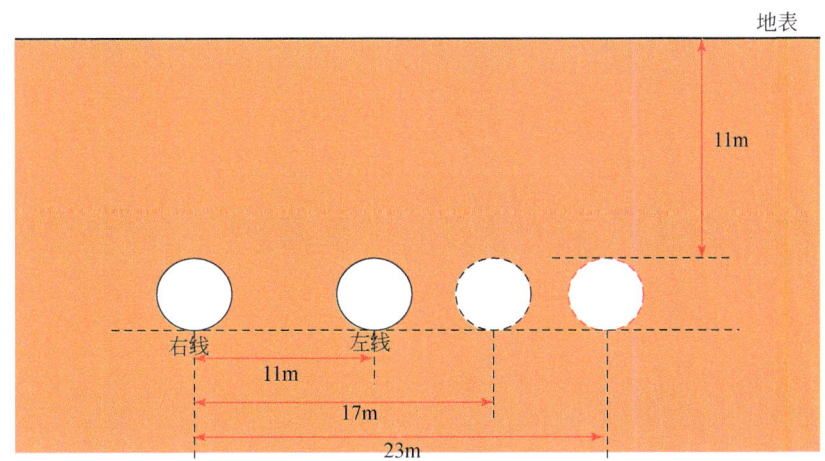

图 5.5 三种隧道间距工况示意图

测点的布置情况与 2.2.1 节一致，在此不再赘述。分析隧道中心间距 11m、17m、23m 三种工况下地表点的沉降情况，结果如图 5.6 所示。

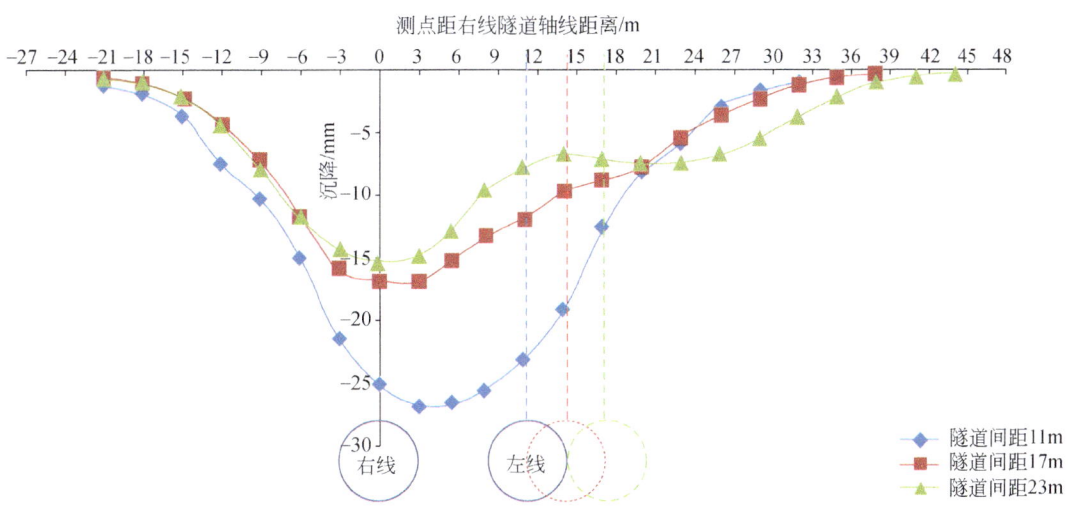

图 5.6 不同隧道间距对应地表沉降槽曲线

由图 5.6 可以分析得出：

(1) 隧道间距 11m 工况下，最大沉降为 -26.7mm，是三种工况下沉降最大的情况，沉降槽对称轴近似位于两隧道中心连线中线偏右线位置，即右线开挖边线，沉降槽形状较为近似对称，沉降叠加效应明显；

（2）隧道间距17m工况下，最大沉降为−16.8mm，相比于间距11m的工况，通过增加6m间距获得37%的减沉效果，沉降槽不对称，最大沉降近似位于距右线轴线3m（0.5D），即右线开挖边线处；

（3）隧道间距23m工况下，最大沉降为−15.3mm，是三种工况下地表沉降最小的工况，相比于间距11m的工况，通过增加12m间距获得43%的减沉效果，沉降槽不对称，最大沉降位于右线（先行）隧道正上方，且左、右线隧道形成各自的沉降槽，沉降叠加效应不明显。

（4）随着隧道间距增加，最大沉降减小，沉降影响范围（沉降槽宽度）有所增加。

（5）随着隧道间距增加，两隧道开挖叠加影响效应减小，沉降槽由U型过渡成W型。

由以上分析可以看出，当隧道间距增加时，盾构施工引起的最大沉降减小，即减沉比例增加。将间距11m、17m、23m三种工况下的减沉效果进行总结，如表5.3所示，同时对距径比（L/D）分别与最大沉降和沉降槽宽度之间的关系进行线性回归，如图5.7、图5.8所示，得到如下回归关系式：

$$S_{max} = 5.7(L/D) + 35.75 \quad (5.2)$$
$$l/D = 0.8333(L/D) + 4.0833 \quad (5.3)$$

式中，S_{max}为最大沉降，mm；L为隧道间距，m；D为隧道直径，m；l为沉降槽宽度，m。

表5.3　隧道间距与最大沉降和沉降槽宽度之间的关系

隧道间距/m	隧道间距增加比例/%	最大沉降/mm	减沉比例/%	沉降槽宽度/m
11（1.8D）	—	−26.7	—	34（5.7D）
17（2.8D）	54.50	−16.8	37	38（6.3D）
23（3.8D）	109	−15.3	43	44（7.3D）

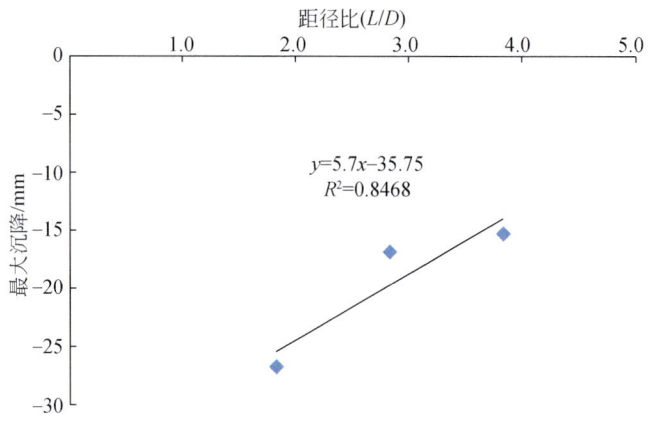

图5.7　距径比（L/D）和最大沉降之间的拟合关系

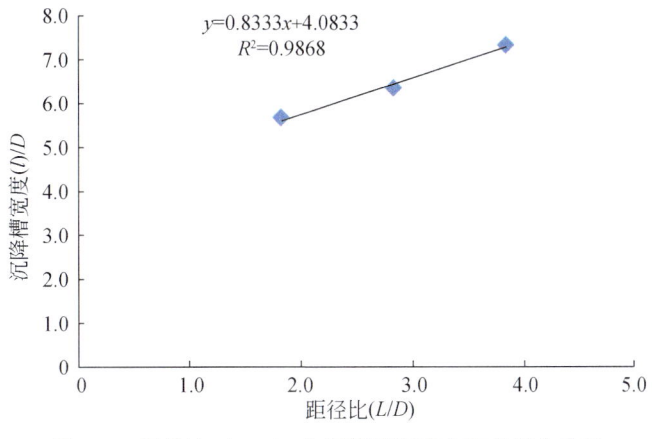

图 5.8 距径比（L/D）和沉降槽宽度之间的拟合关系

这两个关系式的适用范围均为 $1.8<L/D<3.8$，在该范围内，拟合关系式的相关系数分别为 $R^2=0.8468$ 和 $R^2=0.9926$，线性相关度比较高，且后者比前者高，这表明距径比（L/D）与最大沉降和沉降槽宽度之间均在一定范围内具有高度相关的线性关系，相比之下距径比（L/D）和沉降槽宽度具的线性相关性更好。

5.4 注浆效果对隧道断面沉降槽的影响特点

5.4.1 注浆效果的等效模拟原理

前面两节数值模拟了隧道埋深和隧道间距两因素对地层竖向位移的影响，通过分析发现，增加隧道埋深或扩大隧道间距，在一定程度上可以达到减沉效果，但实际工程中，由于建设规划和地层条件等影响，增加隧道埋深或扩大隧道间距是受到一定限制的，因此实际工程中通过增加隧道埋深或扩大隧道间距来达到减沉效果可行性受到限制。接下来重点研究一下注浆对地层位移的影响。

下面对注浆影响的数值模拟仍然采用 ABAQUS 数值模型，需要说明的是注浆压力如何等效设置问题。通常 ABAQUS 数值模型是很难模拟液体压力的设置等流固耦合问题，但可以通过浆液填充与固体填充之间的转化进行实现，具体研究思路如图 5.9 所示。

填充注浆分为两个过程：一是浆液流体注入开挖间隙的过程，此过程浆液为流体；二是浆液凝固的过程，此过程浆液由流体逐渐转化为固体。单液浆或双液浆均是如此，只是凝固时间的长短而已。目前尚无有效手段模拟此二过程，故基于广义胡克定律，将以液体以及液固转化过程为介质的填充注浆转化为以固体为介质的弹性体变形问题，沉降即等效为弹性体受力产生的压缩量，选择合适的弹性体受力压缩是关键。选取注浆材料中的一质点进行受力分析，如图 5.10 所示。由广义胡克定律，不考虑材料受剪，则有

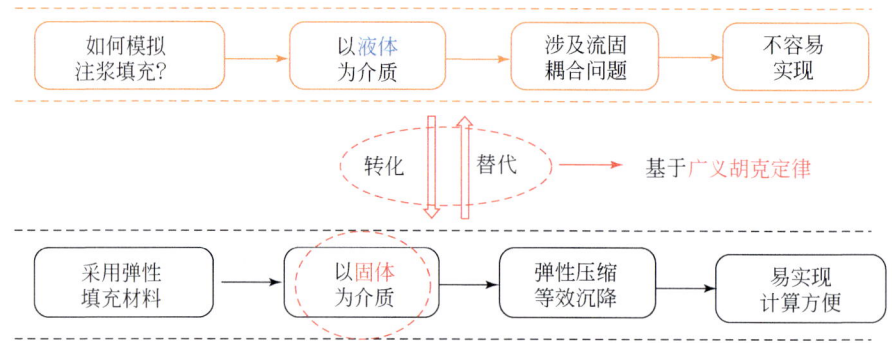

图5.9 注浆等效模拟总体思路

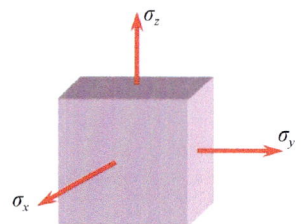

图5.10 注浆材料中的一质点受力分析

$$\varepsilon_z = \frac{1}{E}[\sigma_z - \mu(\sigma_x + \sigma_y)] \quad (5.4)$$

假设注浆压力稳定，浆液质点受到三个方向的力保持不变，则对于任意两种工况，则有

$$\frac{\varepsilon_{z1}}{\varepsilon_{z2}} = \frac{E_2}{E_1} \quad (5.5)$$

式中，σ_x、σ_y、σ_z 分别为浆液在 x、y、z 方向上应力；ε_z 为浆液在 z 方向上的应变；ε_{z1}，ε_{z2} 为两种工况下浆液在 z 方向的应变；E_1、E_2 为两种工况下浆液的弹性模量。

式（5.5）表明，不同的浆液材料变形与其弹性模量成反比，这一结论适用于各向同性、均质、线弹性材料，而实际中土体材料通常表现为各向异性、非连续、非均质材料，计算较为复杂。为简化计算，对土体材料进行简单假设，认为土体材料为各向同性的线弹性材料，满足其变形与弹性模量成反比的关系。根据这一结论，分别对开挖间隙和盾尾空隙的填充注浆弹性模量等效替代填充百分比（模拟沉降）进行简单说明。

数值计算建模及土体参数等设置与2.2.1节相同，但对模型进行了精细化处理，即在盾壳外留出了厚度为5mm的开挖间隙，盾尾空隙与原模型相同，厚度为170mm。在此基础上仅分析不同工况下先行隧道（右线）开挖对周围地层位移的影响。

对于开挖间隙填充，以能刚好满足数值模型计算的盾体注浆材料弹性模量下限值（100kPa，低于该值时计算模型不收敛）作为实际不填充的工况，然后通过弹性模量与变形的对应关系得到弹性模量为200kPa时，对应填充百分比50%，以此类推，以弹性模量为无穷大的情况，即设置为刚体来模拟填充百分比为100%的情形，如图5.11所示。具体对应关系如表 5.4 所示。

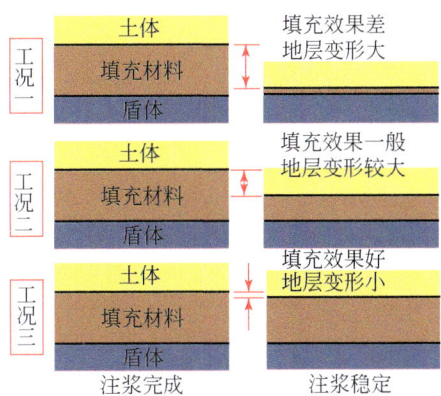

图 5.11　开挖间隙填充不同工况示意图

表 5.4　开挖间隙填充材料弹性模量与模拟工况的对应关系

弹性模量/kPa	模拟工况
100	不填充
200	填充 1/2
250	填充 3/5，即 60%
300	填充 3/4
…	…
无穷大	填充 100%

同理，对于盾尾空隙填充，以能刚好满足数值模型计算的盾尾注浆材料弹性模量下限值（100kPa，低于该值时计算模型不收敛）作为实际不填充的工况，然后通过弹性模量与变形的对应关系得到弹性模量为 200kPa 时，对应填充百分比 50%，以此类推，以弹性模量无穷大的情况，即设置为刚体来模拟填充百分比为 100% 的情形，如图 5.12 所示。具体对应关系如表 5.5 所示。

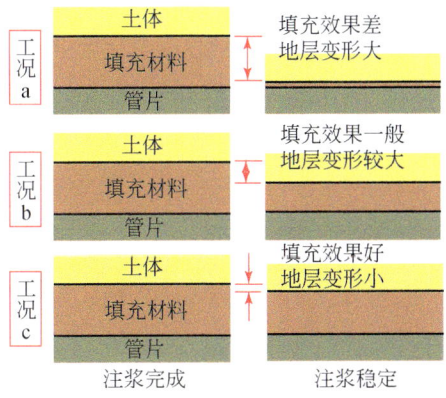

图 5.12　盾尾空隙填充不同工况示意图

表 5.5　盾尾空隙填充材料弹性模量与模拟工况的对应关系

弹性模量/kPa	模拟工况
100	不填充
200	填充 1/2
250	填充 3/5，即 60%
300	填充 3/4
…	…
无穷大	填充 100%

5.4.2　同步注浆填充对地层竖向位移变化的影响特点

以地表测点作为研究对象，选取以下两大种、六小种工况：盾尾空隙填充 100% 条件下，开挖间隙不填充、填充 60%、填充 100%；开挖间隙填充 100% 条件下，盾尾空隙不填充、填充 60%、填充 100%。右线开挖时，对这六种工况的地表测点形成的最终沉降槽进行对比分析，如图 5.13、图 5.14 所示。

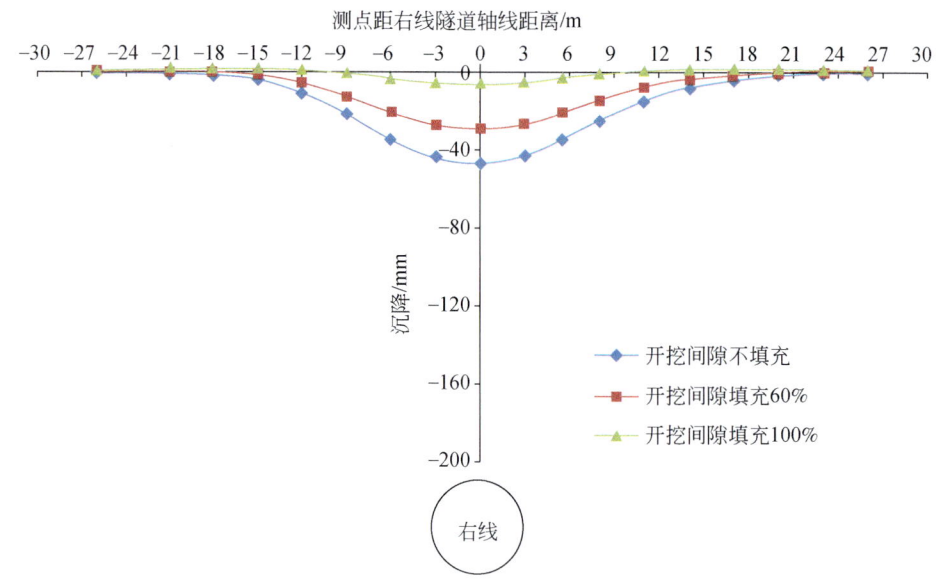

图 5.13　盾尾空隙填充 100% 条件下开挖间隙不同填充百分比时的沉降槽形态

由图 5.13、图 5.14 分析可知：

（1）盾尾空隙填充 100% 条件下，开挖间隙不填充时最大沉降为 -47.2mm；当开挖间隙填充 60% 时，最大沉降减小至 -29.5mm，相比不填充时减沉率达到 37.5%；当开挖间隙填充 100% 时，最大沉降减小至 -6.28mm，为三种工况下最小，相比不填充时减沉率高达 86.7%。

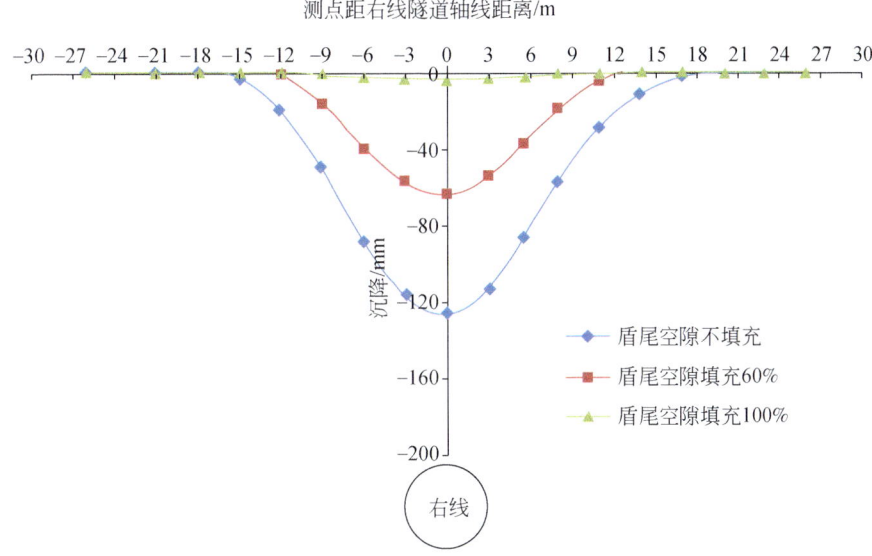

图 5.14 开挖间隙填充 100% 条件下盾尾空隙不同填充百分比时的沉降槽形态

(2) 开挖间隙填充 100% 条件下,盾尾空隙不填充时最大沉降为 -126.25mm;当盾尾空隙填充 60% 时,最大沉降减小至 -63.22mm,相比不填充时减沉率达到 49.9%;当盾尾空隙填充 100% 时,最大沉降减小至 -6.28mm,为三种工况下最小,相比不填充时减沉率高达 95.0%。

(3) 盾尾空隙的填充对沉降影响更大,同步注浆填充效果差可导致沉降急剧增加,进而引发严重事故。

(4) 在近距离穿越风险工程等工况下,仅通过追求好的同步注浆填充效果无法满足毫米级沉降控制精度,应对开挖间隙进行及时填充。

5.4.3 同步注浆填充对隧道临近地层竖向位移变化的影响特点

为了研究开挖间隙注浆填充效果对近距离下穿工程的影响,以隧道拱顶以上 0.5m、1m、1.5m 和 2m 的地层点为研究对象,选取盾尾空隙填充 100% 条件下的三种工况(开挖间隙不填充、填充 60%、填充 100%),分析临近隧道的地层点的位移规律。隧道开挖后三种工况下地层点形成的最终沉降槽如图 5.15 ~ 图 5.17 所示。

由图 5.15 ~ 图 5.17 可知:

(1) 盾尾空隙填充 100% 条件下,开挖间隙不填充时地表最大沉降为 47.2mm;隧道拱顶上方 0.5m 处地层最大沉降为 69.3mm,较地表沉降增加了 46.8%;隧道拱顶上方 1m 处地层最大沉降为 65.6mm,较地表沉降增加了 39.0%;隧道拱顶上方 1.5m 处地层最大沉降为 63.7mm,较地表沉降增加了 35.0%;隧道拱顶上方 2m 处地层最大沉降为 62.6mm,较地表沉降增加了 32.6%。

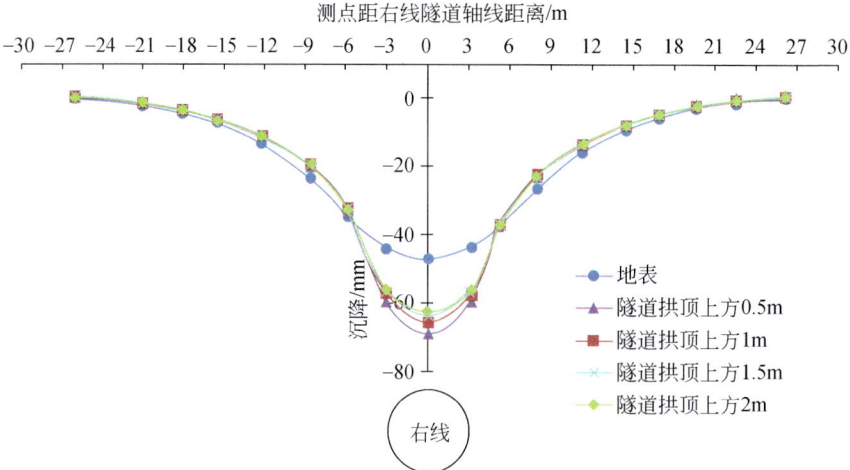

图 5.15　盾尾空隙填充 100% 条件下，开挖间隙不填充时不同埋深地层的沉降槽形态

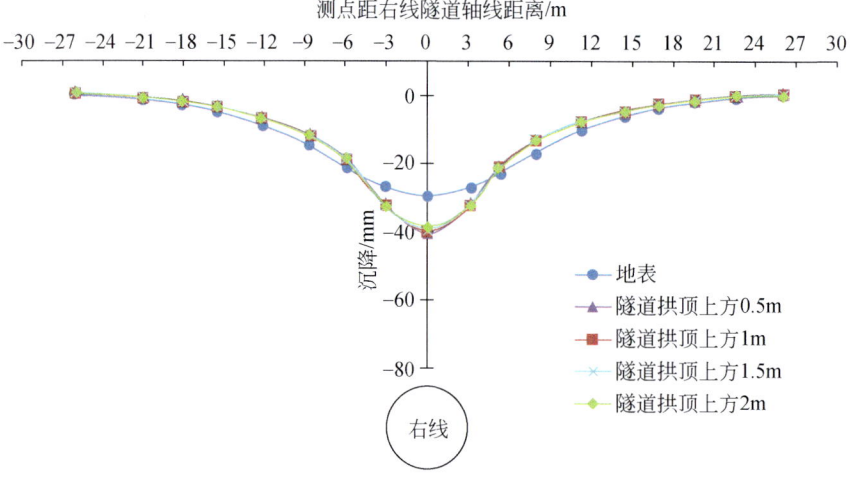

图 5.16　盾尾空隙填充 100% 条件下，开挖间隙填充 60% 时不同埋深地层的沉降槽形态

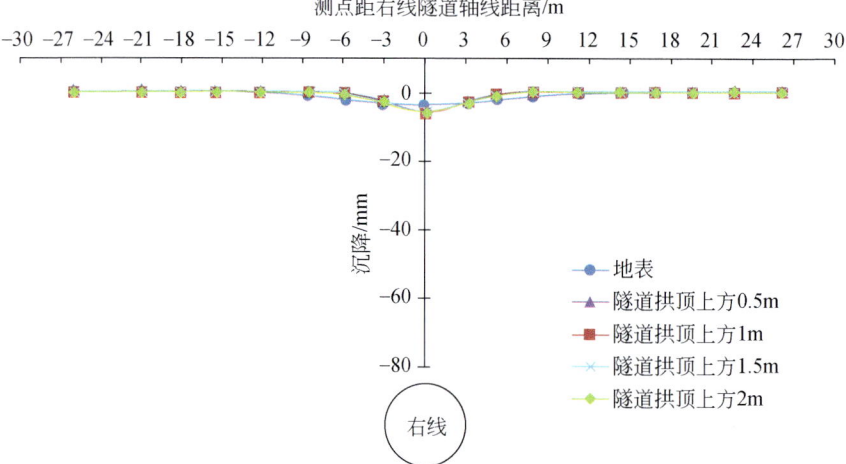

图 5.17　盾尾空隙填充 100% 条件下，开挖间隙填充 100% 时不同埋深地层的沉降槽形态

(2）盾尾空隙填充 100% 条件下，开挖间隙填充 60% 时地表最大沉降为 29.5mm；隧道拱顶上方 0.5m 处地层最大沉降为 40.5mm，较地表沉降增加了 37.3%；隧道拱顶上方 1m 处地层最大沉降为 39.7mm，较地表沉降增加了 34.6%；隧道拱顶上方 1.5m 处地层最大沉降为 38.9mm，较地表沉降增加了 31.9%；隧道拱顶上方 2m 处地层最大沉降为 38.2mm，较地表沉降增加了 29.5%。

（3）盾尾空隙填充 100% 条件下，开挖间隙填充 100% 时地表最大沉降为 3.4mm；隧道拱顶上方 0.5m 处地层最大沉降为 4.6mm，较地表沉降增加了 35.3%；隧道拱顶上方 1m 处地层最大沉降为 4.4mm，较地表沉降增加了 29.4%；隧道拱顶上方 1.5m 处地层最大沉降为 4.2mm，较地表沉降增加了 23.5%；隧道拱顶上方 2m 处地层最大沉降为 4.1mm，较地表沉降增加了 20.1%。

（4）随着开挖间隙填充百分比逐渐增大，各深度地层沉降均显著减小，这说明开挖间隙的填充对地层沉降控制有重要影响。

（5）相同工况下，越接近隧道拱顶的地层其沉降越大，这说明隧道周边地层受扰动后位移变化更敏感，因此盾构隧道近距离穿越工程的风险高，需要通过一定措施控制敏感地层的范围。

（6）随着开挖间隙填充百分比逐渐增大，临近隧道的地层沉降较地表沉降的增加比例逐渐降低，即地层受扰动后的位移敏感性降低。这说明开挖间隙的有效填充可以降低盾构掘进对周边地层的扰动，从而提高地层位移控制精度，满足近距离穿越工程的位移控制要求。

5.4.4 同步注浆填充对地表位移时程曲线的影响特点

以隧道正上方地表测点作为研究对象，选取以下两大种、六小种工况：盾尾空隙填充 100% 条件下，开挖间隙不填充、填充 60%、填充 100%；开挖间隙填充 100% 条件下，盾尾空隙不填充、填充 60%、填充 100%。右线开挖时，对这六种工况的地表测点形成的测点时程曲线进行对比分析，如图 5.18、图 5.19 所示。

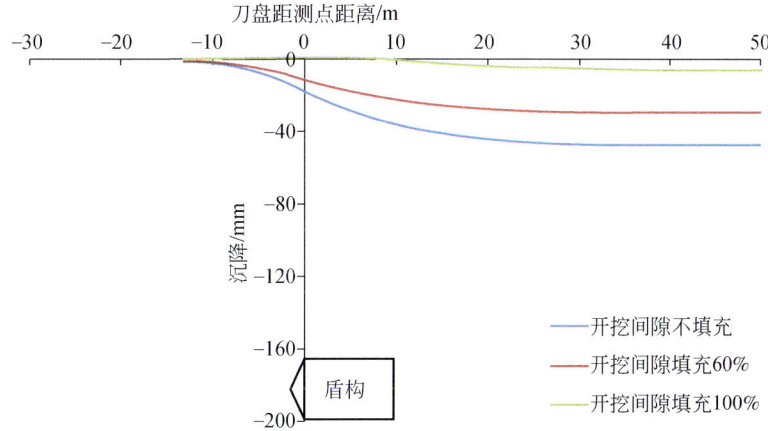

图 5.18 盾尾空隙填充 100% 条件下，开挖间隙不同填充百分比时地表测点时程曲线

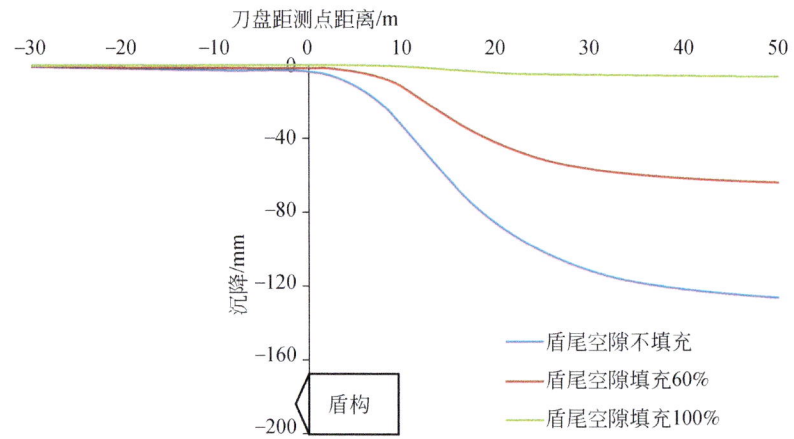

图 5.19　开挖间隙填充 100% 条件下，盾尾空隙不同填充百分比时地表测点时程曲线

由图 5.18、图 5.19 可知：

(1) 盾尾空隙填充 100% 条件下，当开挖间隙不填充时，刀盘正上方地表沉降为 −18.1mm，占总沉降−47.2mm 的 38.4%；当开挖间隙填充 60% 时，刀盘正上方地表沉降为−11.1mm，占总沉降−29.5mm 的 37.6%，相比开挖间隙不填充时占比有所减小；当开挖间隙填充 100% 时，刀盘正上方地表沉降为−0.4mm，占总沉降−6.28mm 的 6%，为三种工况下最小占比，相比不填充时降低了 84%；

(2) 开挖间隙填充 100% 条件下，当盾尾空隙不填充时，刀盘正上方地表沉降为 −3.7mm，占总沉降−126.3mm 的 2.9%；当盾尾空隙填充 60% 时，刀盘正上方地表沉降为 −1.0mm，占总沉降−63.2mm 的 1.6%，相比盾尾空隙不填充时有所减小；当盾尾空隙填充 100% 时，刀盘正上方地表隆起 0.4mm，几乎未受盾构掘进的影响；

(3) 刀盘正上方的地表沉降主要受开挖间隙填充效果的影响，受盾尾空隙填充效果影响不明显；

5.4.5　同步注浆填充对地层位移沿深度方向分布的影响特点

以右线隧道正上方不同深度测点作为研究对象，选取以下两大种、六小种工况：盾尾空隙填充 100% 条件下，开挖间隙不填充、填充 60%、填充 100%；开挖间隙填充 100% 条件下，盾尾空隙不填充、填充 60%、填充 100%。右线开挖时，对这六种工况的右线隧道正上方不同深度测点的沉降进行对比分析，如图 5.20、图 5.21 所示。

由图 5.20、图 5.21 分析可知：

(1) 开挖间隙填充 100% 情况下，开挖间隙不填充时，不同深度测点的沉降较其他工况最大，拱顶至埋深 7.1m 地层不仅沉降大而且变化率大，不利于隧道正上方沉降控制，拱顶上方 7.1m 至地表，沉降变化率依然很大。而盾尾空隙填充 100% 时，拱顶至埋深 7.1m 地层沉降减小，变化率降低，且拱顶上方 7.1m 至地表，沉降变化率很小。这说明，盾尾空隙填充最好时，即开挖间隙填充 100% 情况下，可有效减小拱顶上方地层沉降随着

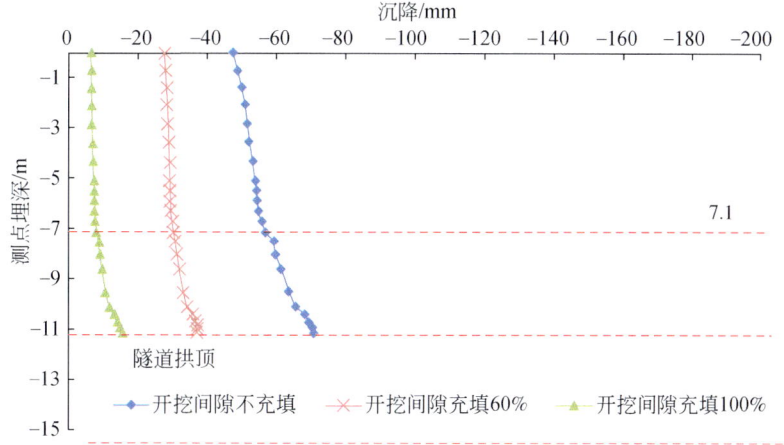

图 5.20　盾尾空隙填充 100% 条件下，开挖间隙不同填充百分比时不同深度测点沉降规律

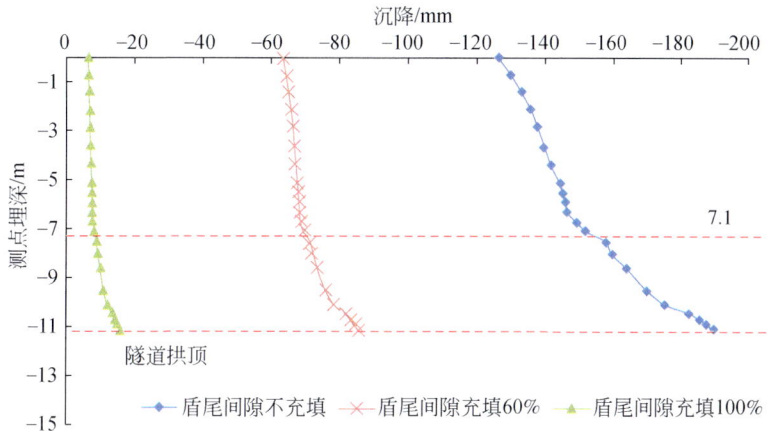

图 5.21　开挖间隙填充 100% 条件下，盾尾空隙不同填充百分比时不同深度测点沉降规律

埋深的变化速率，对地层控制有利。

（2）在两种不同充填度下，沉降随埋深变化的规律基本一致，具体表现为拱顶至埋深 7.1m 地层沉降显著增加，而埋深 7.1m 至地表地层沉降变化不明显。这说明"竖两层"位移分布明显，该分层界限不受施工注浆质量的影响。方庄站—十里河站区间盾构工程中，"竖两层"分层界限为拱顶上方 7.1m 处，分界线向上至地表为沉降扰动层（亦称整体沉降层），地层位移主要表现为整体沉降，分界线向下至拱顶为显著扰动层，地层位移主要表现为差异沉降，沉降随埋深增大而显著增大。

5.5　本 章 小 结

地层竖向位移的大小分布及范围等往往受多种因素影响，如隧道埋深、隧道间距、注浆效果等，在这些因素中，有些因素受到实际地质条件及外在因素的限制而改变空间较小，有些因素可改变且能成为主要控制因素，通过建立数值模型对各种因素进行对比研究，揭示了控制地层位移的主要影响因素，结论如下：

（1）隧道埋深增加，双线开挖引起的最大沉降逐渐减小；沉降影响范围（沉降槽宽度）增加；双线开挖沉降槽都呈现近似对称分布，对称轴偏向先行（右线）隧道，即位于右线开挖边线位置。隧道间距增加，最大沉降减小，沉降影响范围（沉降槽宽度）增加。两隧道开挖叠加影响效应减小，沉降槽由 U 型过渡成 W 型。同时，盾构施工引起的最大沉降减小，即减沉比例增加。

（2）通过改变埋深在一定程度上可减小地表或地层沉降，但隧道埋深和隧道间距这两个影响因素易受具体地质条件、建设规划等影响，相对而言是固定因素，在实际施工中尤其在城区很少有足够的施工空间进行调整，相对而言，较易控制的因素是注浆效果。

（3）提出了一种数值模型中的等效填充方法来模拟注浆压力和注浆量的等效设置，即通过浆液填充与固体填充之间的转化来实现。基于广义胡克定律，将以液体为介质的注浆填充转化为以固体为介质的弹性体变形问题，沉降即等效为弹性体受力产生的压缩量。此处没有模拟浆液由流体转化为固体的过程。

（4）通过对开挖间隙和盾尾空隙进行填充可有效控制地层位移。通过对开挖间隙和盾尾空隙进行不填充、填充 60% 及填充 100% 这两大种、六小种工况模拟结果分析可知：开挖间隙与盾尾空隙的填充均对沉降产生重要影响，盾尾空隙填充的影响更大，但在近距离穿越风险工程等工况下，开挖间隙的有效填充可以降低盾构掘进对周边地层的扰动，从而提高地层位移控制精度，满足近距离穿越工程的位移控制要求。

第6章 地层竖向位移控制技术

第4章和第5章对盾构施工引起的地层位移在空间上的分布与发展规律及其主要影响因素进行了阐述，本章研究了针对盾构施工引起地层位移的精准控制技术，亦即分层与分级控制技术，提出一套完整的分层控制技术流程及分级控制体系。依据"分区、分层、分阶段"的时空控制原则，提出临近构筑物处于不同分区、分层、分阶段时盾构施工需要采取的控制技术体系，该控制技术体系可有效指导盾构近距离施工时应采取的具体措施。

通过研发的地层分层位移监测系统来揭示地层分层位移变形规律，进而提出地层位移分级控制方法，同时提出需要研发的分级控制新型注浆材料，对主控地层位移进行控制，最终形成地层位移分级控制体系。

6.1 控制技术体系的设计

6.1.1 基本原理

正常地层条件下隧道拱顶地层沉降大于其正上方地表沉降，地层沉降由隧道拱顶至地表的传递是递减的，地层沿深度方向（竖向）不同点之间产生差异沉降，但这些差异沉降是否均匀，差异沉降在地层中是否呈现分区域分布，这是待解决的地层位移分层分布问题；根据地层位移规律提出相应的地层控制技术以及地层控制是否分级，这是待解决的地层分级控制技术问题。

地层位移分级控制技术可以以两个角度去理解，一是针对不同深度地层位移影响程度的不同分区控制，如图6.1所示，这是基于施工引起的地层位移分层分布与发展规律而言的；二是按照不同间隙或空隙对地层位移的贡献大小进行分级控制，这是基于盾构设备的结构特征及盾构工法的施工特点而言的，如1.2节所示，盾构推进过程中会在盾体与隧道之间形成开挖间隙，以及在盾尾脱出后，在管片与隧道之间形成盾尾空隙，而盾尾空隙包括开挖间隙和盾尾间隙。开挖间隙和盾尾空隙，二者哪个对地层沉降贡献程度最大，以及有无对开挖间隙进行填充和相应新型注浆材料研究的必要性，是接下来要回答的问题。

需要注意的是，本书对地层位移控制的探讨均建立在土压平衡盾构土仓压力、螺旋输送器出土量、盾构推力、掘进速度等施工参数在合理水平下的条件下进行讨论，对泥水平衡盾构也有一定适用性。

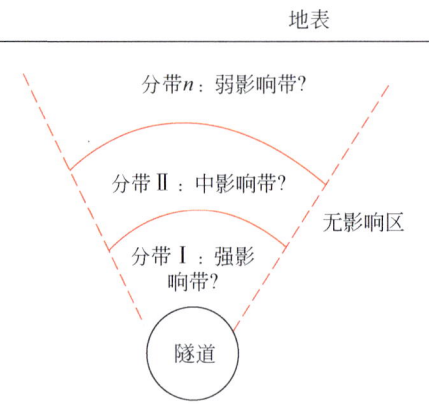

图 6.1 地层位移按影响分区分级示意图

6.1.2 主控变量的提出

盾构施工引起地层位移或变形在地层中的传递过程随时间和空间不断变化，实际上地层位移是时间和空间的函数，因此在对地层位移进行控制时应考虑时间（即盾构推进通过需保护的建筑物或结构物前后这一动态过程）和空间（即待保护结构物与开挖隧道的相对位置等）效应的综合影响。

综合前述研究结果，在地层位移的三个分量中，竖向位移最大、横向位移次之、纵向位移最小。因此在对地层位移进行控制时，可以有选择地控制对地层产生最大影响的位移分量，即竖向位移，当然这并不表明其他位移分量不重要，如纵向位移，这对盾构推进过程中掌子面稳定、土压平衡等仍然起到较大作用，这里只是针对影响结构物或地层位移和变形效果最明显的竖向位移控制进行阐述。

盾构在推进过程中各个阶段都会引起不同程度的竖向位移（主要是沉降），其中盾体通过阶段和盾尾脱出后阶段是引起沉降的主要阶段，且前者是引起的沉降所在比例最大，沉降速率快，是沉降控制的关键阶段。因此须对盾体通过阶段采取一定措施加强沉降控制。

在隧道上方的地层，由于盾构施工引起的沉降主要影响范围是隧道开挖边线内的正上方柱状区域中，该区域内不同深度地层沉降呈现明显的分层差异，且随着埋深增加，分层差异越显著。在开挖边线外的地层区域竖向沉降差异不明显，但沿着横向沉降衰减较快，因此也须控制。

综上所述，地层位移的主控变量可从主控位移、主控阶段、主控地层区域等不同角度论述，主控位移是针对地层竖向位移（主要是沉降）、主控阶段是针对盾体通过阶段、主控地层区域是针对隧道上方一定角度范围内的分层沉降带，如图 6.2 所示。

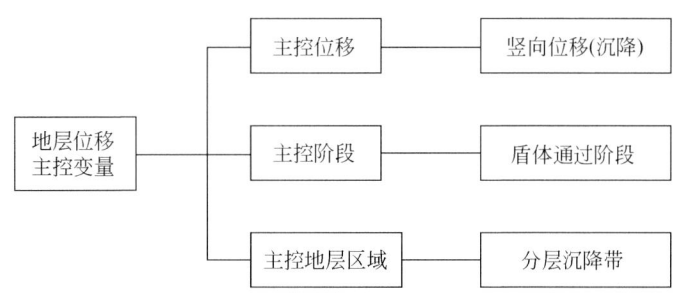

图 6.2 地层位移的主控变量分析

6.1.3 地层竖向位移控制技术体系设计

针对盾构施工引起地层位移的分层与分级控制技术，提出如下一套完整的分层控制技术流程及分级控制技术体系：

通过研发地层分层位移监测系统来揭示地层分层位移变形规律，进而找出地层位移分级控制方法并研发分级控制新型注浆材料来对主控地层位移进行控制，最终形成地层位移分级控制体系。为完成地层位移控制，需对应这些流程相应配套的工作：通过坐标转换和单点位移计进行监测、揭示主要阶段分布区域、采用双液浆进行盾体填充同步注浆、填充材料凝结易控制、结合环境评价形成标准。整个过程如图 6.3 所示。

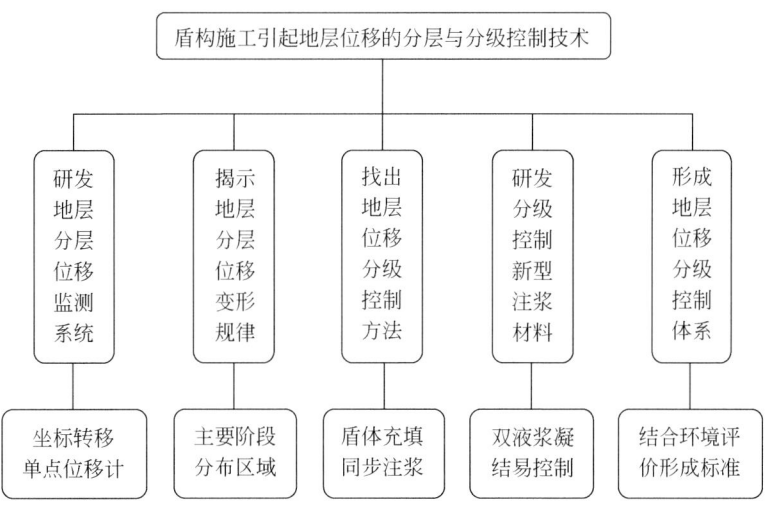

图 6.3 地层位移的分级控制理论与技术体系

6.2 地层竖向位移控制技术要点

6.2.1 分区控制

前述采用大量篇幅研究了地层竖向位移在横向、纵向、竖向三个方向的分布与发展规律，并据此提出了"横三区、竖两层、纵向五阶段"地层位移的基本理论。在前述分析中已经论证了竖向位移在地层位移和变形中所在的比例，因此隧道上方一定区域内的地层属于主控地层，该区域的竖向位移应是控制重点。

对于隧道上方一定区域范围内的地层，在隧道开挖边线范围内，拱顶正上方的沉降最大，沉降从拱顶逐渐衰减传至地表。在拱顶一定范围内，差异沉降最显著；浅部地层沉降趋于均匀。因此对于处于开挖范围内拱顶正上方一定区域范围内的结构物，如既有地铁线路、竖直长条形结构物等，应采取措施重点控制该区域的差异沉降，降低和减弱差异沉降对结构的破坏。盾体通过阶段是差异沉降产生的关键阶段，应加强盾体开挖间隙的注浆控制；盾尾通过后阶段，差异沉降仍然继续发展，应继续加大盾尾通过后的注浆控制。

对于隧道上方开挖边线范围外的地层，在竖向上的差异沉降开始减弱，但对于沉降沿横向的分布，仍然是需要注意的。沉降沿着横向衰减较快，处在该区域的水平长条形结构物，由于不同水平部位产生沉降的不均匀差异而易产生弯曲破坏，因此对于该区域需重点保护的结构物，必要时可采取深孔注浆等方式加强其结构的变形控制，如图6.4所示。

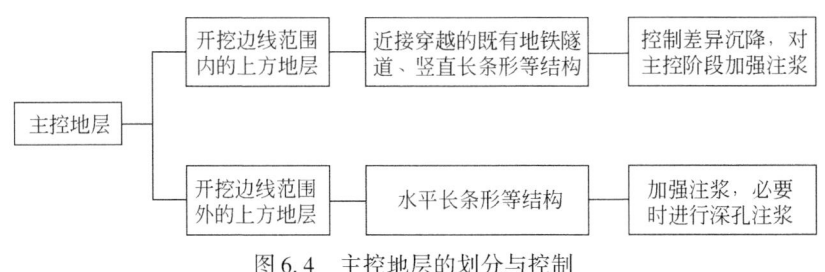

图 6.4　主控地层的划分与控制

6.2.2 分层控制

地层位移三个分量主次程度的一般规律是竖向位移最大、横向位移次之、纵向位移最小，同时这三个分量的主次程度大小也是分区域的。对于隧道上方地层，竖向位移最大；对于隧道侧方地层，横向位移最大；对于隧道前方地层，纵向位移相对较大。因此，针对处于不同区域的结构物，针对其位移和变形，判断其所受的主要位移分量，再根据不同位移分量的表现特征进行有针对地控制。

对于隧道上方地层，如盾构近距离下穿既有地铁线路、管线、管廊隧道等结构物，需严格控制其结构变形，进行微沉降控制；对于隧道侧方地层，如盾构近距离侧穿既有地铁线路、桩基等结构物，防止盾构穿越时引起桩基产生较大的横向变形和弯曲，减小对临近地铁隧道结构的震动影响；对于隧道前方地层，如盾构下穿与其平行的既有隧道及管线等结构时，严格控制既有结构的轴向变形，同时严格控制土仓压力，防止掌子面出现较大的变形而出现塌落，如图6.5所示。

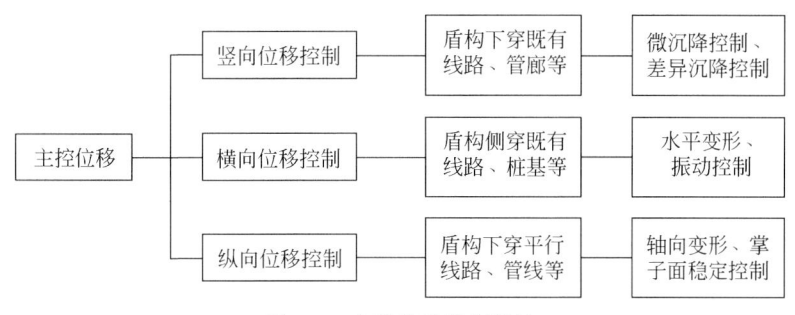

图6.5　主控位移控制措施

6.2.3　分阶段控制

盾构开挖过程中，地层位移的主要产生阶段是盾体通过阶段和盾尾脱出阶段，在这两个阶段中，地层位移（主要表现为竖向位移分量，即沉降）占最终沉降比例约80%~90%，因此是需要重点控制的阶段，即主控阶段。其中盾体通过阶段所在比例最高，是沉降控制的关键阶段。

对于控制盾体通过阶段引起的地层位移，最有效的控制方法是注浆填充。目前盾构在掘进过程中进行注浆填充主要是针对盾尾空隙进行注浆，实际工程中极少对开挖间隙进行注浆，这就导致由于开挖间隙存在而引起地层位移，且这部分位移几乎是不可恢复的。

实际盾尾空隙注浆也不是真正意义上的同步注浆，这只是保证了空间上的"同步"，而真正意义上的同步注浆应该是时间和空间上都是同步的，这就需要对开挖间隙进行同步填充，而目前的注浆材料在对开挖间隙进行填充时的效果不是最理想的，需要研发一种新型注浆材料，既能保证对开挖间隙进行合理填充，有效支护周边地层，又有良好的流动性和较低的剪切强度，不致因浆液固结而抱死盾体导致推进困难。关于新型注浆材料的研发与试验将在下一章进行详细阐述。

综上所述，应对盾构施工引起沉降的两个主控阶段采用同步注浆和二次补浆的方式加强注浆填充。对于盾体通过阶段这一关键阶段，通过研发新型注浆材料进行盾体开挖间隙填充以应对该阶段由于开挖引起的瞬时沉降；对于盾尾脱出后阶段，采用普通注浆材料对盾尾空隙进行有效填充，如图6.6所示。

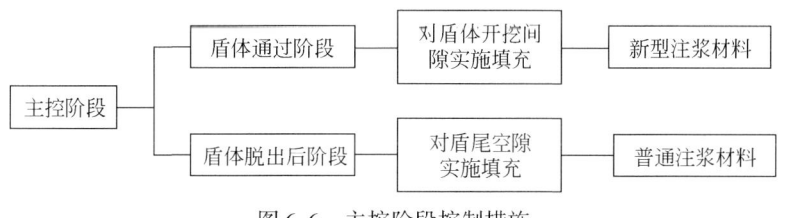

图6.6　主控阶段控制措施

6.3 地层位移控制技术体系

根据 6.2 节分析，以及 4.1.8 节"横三区"、4.2.4 节"竖两层"概念（图 6.7），依据盾构施工对地层扰动程度不同，将地层总结划分为显著扰动层、整体下沉层、稳定区及显著衰减区四个分区，如图 6.8 所示。

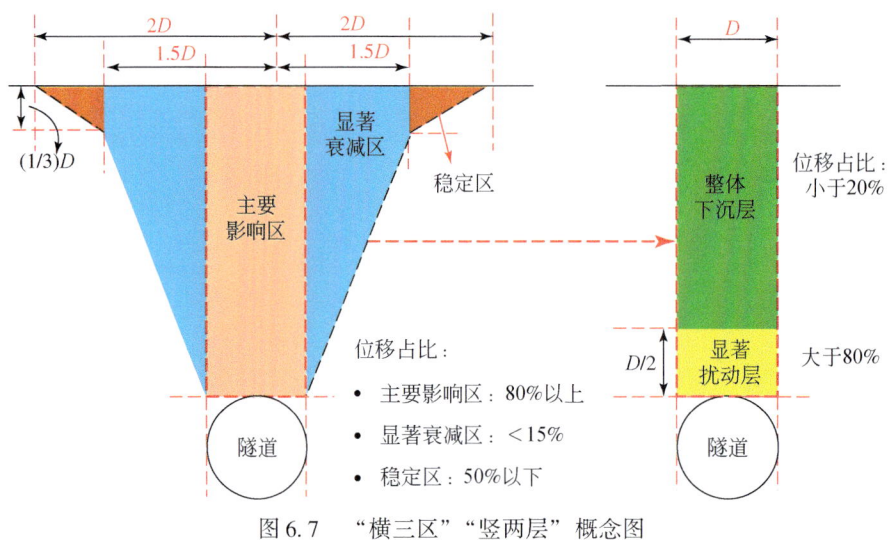

图 6.7 "横三区""竖两层"概念图

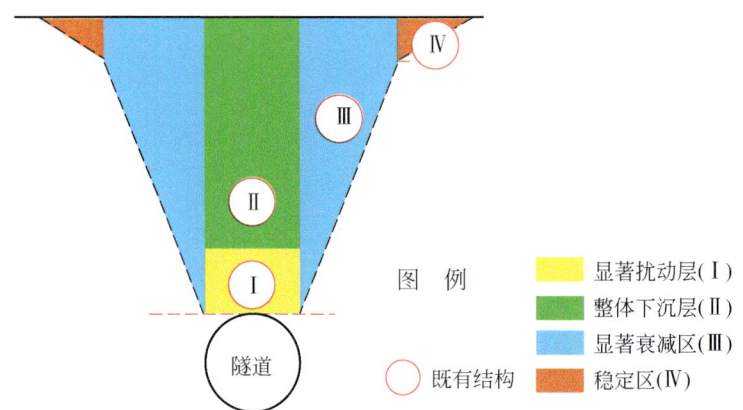

图 6.8 盾构施工对地层扰动分区

根据 4.3.5 节提出的"分阶段"概念，根据盾构施工对地层扰动程度不同将地层分为盾构通过、盾尾脱出、长期沉降三个主要阶段，其中超前影响阶段及刀盘到达前阶段影响较小暂不考虑，如图 6.9 所示。

依据"分区、分层、分阶段"的时空控制原则，提出临近构筑物处于不同分区、分层、分阶段时盾构施工需要采取的控制措施，形成一套完整的技术体系。

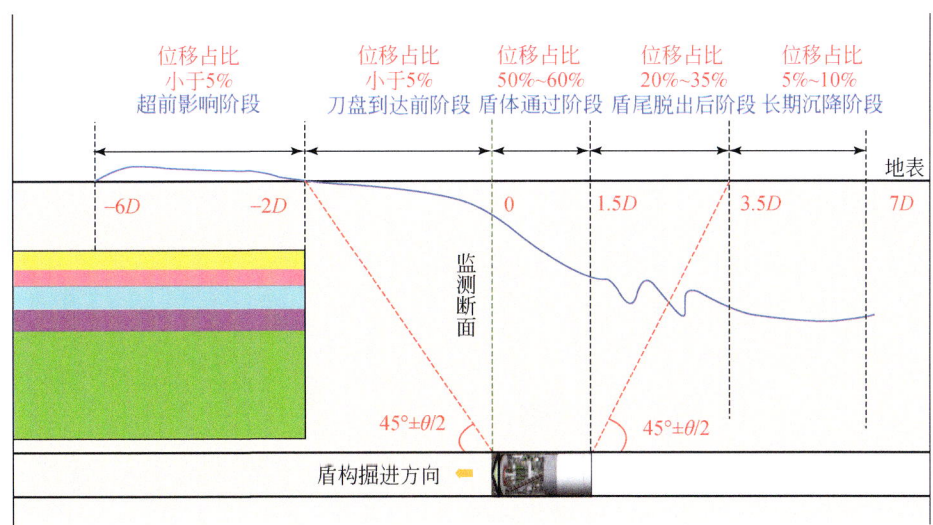

图 6.9 纵向沉降五阶段概念图

当临近构筑物位于主要影响区，且位于显著扰动层，应在盾构通过阶段就开始对地层位移进行控制。应采取最强的沉降控制措施，在控制各项掘进参数及出土量的同时采用新型材料对开挖间隙进行填充、保证盾尾同步注浆注浆量及注浆压力、及时的二次补浆，将盾构施工对临近构筑物的影响控制到最小。

当临近构筑物位于主要影响区，且位于整体下沉层，应在盾尾脱出阶段开始对地层位移进行控制。应采取较强的沉降控制措施，在控制各项掘进参数及出土量的同时保证盾尾同步注浆以及二次补浆的及时有效，做到有效控制盾构施工对临近构筑物的影响。

当临近构筑物位于显著衰减区时，应在盾尾脱出阶段开始对地层位移进行控制。采取稍强的沉降控制措施，在控制各项掘进参数及出土量的同时保证盾尾同步注浆以及适量的二次补浆，控制盾构施工对临近构筑物的影响。

当临近构筑物位于稳定区时，应主要控制地层的长期沉降阶段。采取一般的位移控制措施即可，保证盾尾同步注浆，在临近构筑物位移有超出控制值的趋势时进行二次补浆即可。

当既有构筑物所处位置覆盖多个分区时，按最不利条件控制。

上述地层位移控制技术体系如表 6.1 所示。该控制技术体系可有效指导盾构近距离施工时应采取的措施。

表 6.1 地层位移控制技术体系表

控制原则			控制措施	既有结构所在分区
分区控制	分层控制	分阶段控制		
主要影响区	显著扰动层	盾构通过	开挖间隙填充+盾尾间隙填充+补浆	Ⅰ
	整体下沉层	盾尾脱出	盾尾间隙填充+补浆	Ⅱ

续表

控制原则			控制措施	既有结构所在分区
分区控制	分层控制	分阶段控制		
显著衰减区	—	盾尾脱出	盾尾间隙填充+补浆	Ⅲ
稳定区	—	长期沉降	盾尾间隙填充+补浆	Ⅳ

注：既有结构处于交叉处，按最不利条件控制。

第 7 章　开挖间隙填充工艺与填充材料

为了满足日益提高的变形控制要求，更好地控制土压平衡盾构隧道施工过程中的地层变形，地层位移分级控制体系提出了中盾注浆法。中盾注浆法需要一种新型盾构浆液，满足硬化时间短、弹性模量大、抗剪强度低的要求。本章针对目前盾构施工中盾尾同步注浆技术在精准控制微沉降变形方面存在的天然缺陷，进行了注浆工艺和注浆材料研究，并通过实验研究了新型注浆材料不同配比的性能，得到了不同要求下新型中盾注浆材料的优选配合比。

7.1　中盾注浆法简介

土压平衡盾构开挖技术的特点导致隧道开挖过程中不可避免地会产生地层沉降。盾构推进过程中会在开挖直径与管片外径之间形成空隙，称为盾尾空隙。盾尾空隙由开挖间隙及盾尾间隙两部分组成，其中开挖间隙为开挖直径与最小盾壳外径之间的空隙，盾尾间隙为管片外径与最小盾壳外径之间的空隙，如图 7.1 所示。传统理论认为，在一定压力下，直接向盾尾空隙连续注浆，可以满足沉降控制要求。以往的研究大多集中在盾构与管片间的盾尾间隙引起的沉降，为了控制地面变形，一般采用同步注浆和二次补浆对其进行填充。开挖后土体与盾构壳体之间的开挖间隙却很少受到重视，在需要精准微沉降控制要求下，开挖间隙的及时有效填充对微沉降的控制显得十分重要。

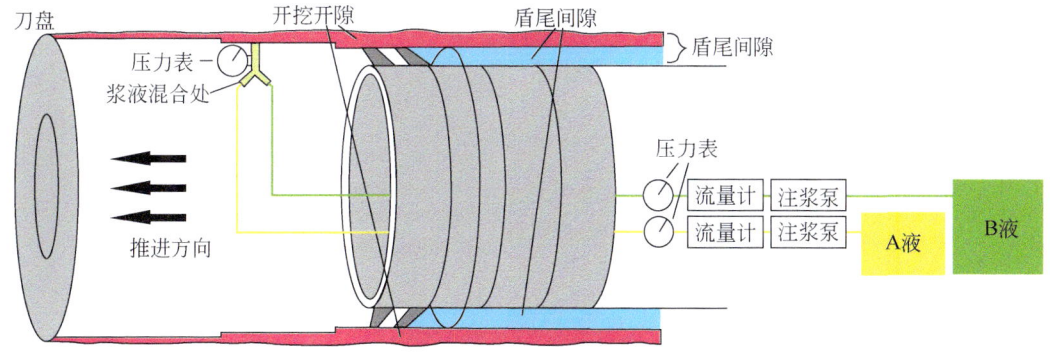

图 7.1　中盾注浆法示意图

如果隧道及邻近结构处于稳定土层中，且沉降标准较低，则开挖间隙引起的变形可以忽略不计。在其他情况下，如在敏感土层或有重大风险工程的区域进行盾构隧道开挖施工，需要精准微沉降控制，一般要求盾构施工过程中引起的地层或结构沉降小于 3mm 时，上述开挖间隙引起的变形可能无法满足微沉降控制要求。针对这些问题，一般采用水泥注浆等地面加固的方式，但这种加固方案可能会受到现场施工条件和成本的限制；另一种方法是提高同步注浆量和注浆压力，适当进行二次补浆，但高注浆压力会使管片应力增加，提高管片损伤的概率，同时操作不当，会产生浆液将盾壳抱死，导致盾构无法推进的风险。因此随着地下空间环境的日益复杂，要求对盾构施工生产工艺进一步改进，需要尽量减少隧道施工对周围土体的干扰。

盾构开挖过程中，采用同步注浆来填补管片与土之间的空隙，现有国内外学者对同步注浆浆液性质进行大量研究，成果也多。但值得注意的是，仅通过同步注浆进行沉降控制存在一定问题，即在传统的注浆技术中，盾构壳体与土层之间的开挖间隙未被填充或者填充严重滞后。为了满足日益精准的微变形控制要求，更好地控制土压平衡盾构隧道施工过程中的精准微变形，提出了中盾注浆法，如图7.1所示。

中盾注浆法是在盾构开挖的同时，通过注浆泵将浆液注入开挖间隙。与传统注浆方法相比，最大限度地降低了由于开挖后注浆不及时导致的土体应力自由释放，特别是对盾构穿越重大风险工程的处理效果更为明显。

需要特别指出，中盾注浆法中所采用的浆液材料与传统的单液浆和双液浆有很大的不同：单液浆，又称水泥浆，需要较长时间的凝结，由于不能及时起到对土体的支护作用，因此不适合作为中盾注浆法的注浆材料；尽管双液浆具有快速硬化的特性，但其剪切强度高也可能导致盾壳抱死的情况发生，因而也不能使用。事实上，中盾注浆法所需要的浆液应具有初凝时间短、弹性模量大、抗剪强度低的特点，才能满足中盾注浆的工程需要。

7.2 开挖间隙填充材料研发

7.2.1 试验设计

这种适用于中盾注浆特点要求的新型盾构注浆浆液在实验室中的研究，主要分为两个阶段：

（1）实验室配比大范围初步筛选阶段：

此阶段的主要工作是在传统同步注浆浆液特性总结研究的基础上，通过研究不同配比材料的初凝时间以及对表观强度的定性感知，选择合适的材料配比。

（2）实验室配比精细确定阶段：

此阶段的主要工作是在配比大范围初步筛选结果的基础上，进一步添加其他外加剂，并确定浆液的抗剪强度及收缩特性，有效地确定符合上述特点要求的试验浆液材料配比。

7.2.2 材料选型过程

（1）水泥：P.O42.5 普通硅酸盐水泥，主要起凝结硬化和保水作用。

（2）硅酸钠溶液（水玻璃）：40波美度，主要起加快水泥水化，控制凝结时间的作用。

（3）膨润土：主要作用为提高浆液吸水性、稳定性和保水性，起润滑作用。
（4）粉煤灰：减少水泥用量，降低剪切和抗压强度。
（5）外加剂：通过少量外加剂改变浆液性能。主要采用 KF 系列外加剂、砂、明矾、石膏、膨胀剂等。

7.2.3　室内实验配比研究

7.2.3.1　实验室配比大范围初步筛选阶段

此阶段主要研究试验材料种类及用量的改变对浆液凝结时间的影响，以及对强度影响的定性和定量研究。共分为四个部分进行研究，通过改变 A 液中材料种类和用量以及改变 B 液中材料的用量，观察与测定材料的凝结时间及强度等性质：

第一部分：A 液：水泥+水，B 液：水玻璃+水；
第二部分：A 液：水泥+膨润土+水，B 液：水玻璃+水；
第三部分：A 液：水泥+粉煤灰+水，B 液：水玻璃+水；
第四部分：A 液：水泥+粉煤灰+膨润土+水，B 液：水玻璃+水（正交实验）。

下面对配比大范围初步筛选阶段四个部分实验进行详细叙述。

1. 第一部分：A 液：水泥+水，B 液：水玻璃+水

1）第一组：水玻璃用量作为单一变量的实验

（1）实验内容：保持 A 液的水泥用量为 20.00g，将 B 液中水玻璃用量从 5.00mL 等量增加至 15.00mL，测得浆液的凝结时间由长时间不凝结大幅减少为 40s，后又有所增加，定性确定凝结后强度，发现强度增加较明显。

（2）实验结果：实验测得数据如表 7.1 所示，测得凝结时间随水玻璃用量变化的规律如图 7.2 所示。

表 7.1　第一部分（水泥+水玻璃）第一组实验

实验编号	A 液=水泥+水		B 液=水玻璃+水		测试结果
	水泥/g	水/mL	水玻璃/mL	水/mL	凝结时间/s
1-1-1	20.00	50.00	5.00	10.00	>500
1-1-2	**20.00**	**50.00**	**10.00**	**10.00**	**40**
1-1-3	20.00	50.00	15.00	10.00	55

注：加粗表示后续实验选取该数据组配比为基础，下同。

2）第二组：水泥用量作为单一变量的实验

（1）实验内容：选取第一组实验中的 1-1-2 组配比作为基础，保持 B 液的水玻璃用量为 10.00mL，将 A 液中水泥用量从 20.00g 增加至 50.00g，测得浆液的凝结时间逐步减小，定性确定凝结后强度，发现强度有所增加。

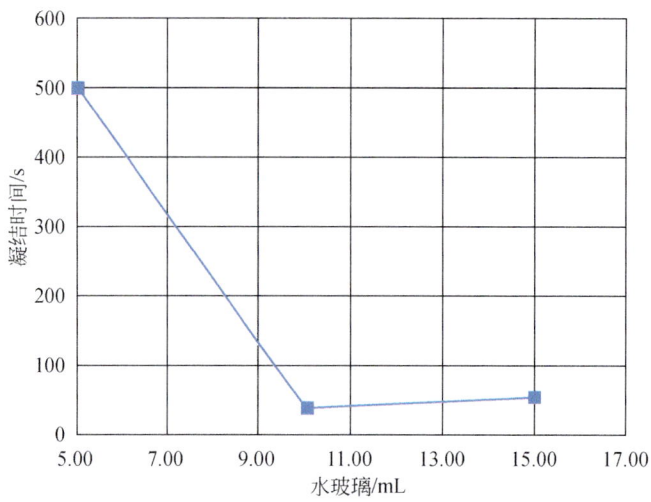

图 7.2　第一部分第一组凝结时间随水玻璃用量变化曲线

（2）实验结果：实验测得数据如表 7.2 所示，测得凝结时间随水泥用量变化的规律如图 7.3 所示。

表 7.2　第一部分（水泥+水玻璃）第二组实验

实验编号	A 液 = 水泥+水		B 液 = 水玻璃+水		测试结果
	水泥/g	水/mL	水玻璃/mL	水/mL	凝结时间/s
1-2-1	20.00	50.00	10.00	10.00	40
1-2-2	25.00	50.00	10.00	10.00	30
1-2-3	50.00	50.00	10.00	10.00	10

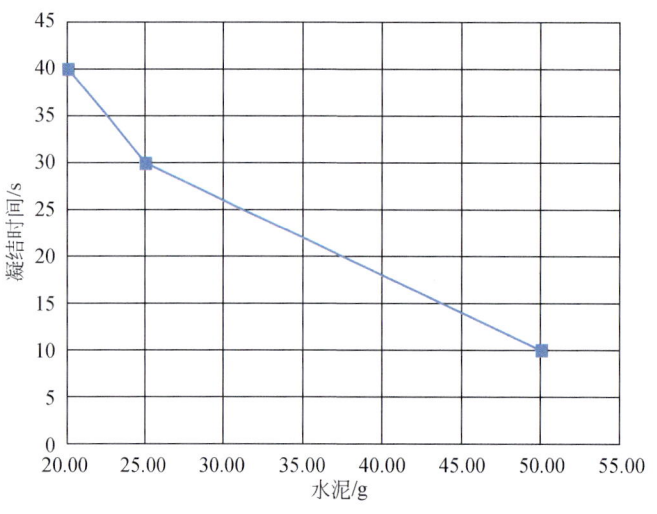

图 7.3　第一部分第二组凝结时间随水泥用量变化曲线

3）配比大范围初步筛选阶段第一部分实验结论

通过实验所得浆液的凝结时间，以及实验中对强度的定性判断，第一部分配比所得浆液凝结时间太短、强度太高，不适合新型同步注浆材料使用。第一部分实验照片如图 7.4、图 7.5 所示。

图 7.4　第一部分第一组浆液凝结照片

图 7.5　第一部分第二组浆液凝结照片

2. 第二部分：A 液：水泥+膨润土+水，B 液：水玻璃+水

1）第一组：水玻璃用量作为单一变量的实验

（1）实验内容：保持其他材料用量不变，仅将 B 液中的水玻璃用量从 0mL 等量增加至 50.00mL。实验结果为：①无水玻璃时，浆液几乎不凝结。加入少量水玻璃后，凝结时间迅速减少；②水玻璃用量继续增加时，凝结时间逐渐增大。

（2）实验结果：实验测得凝结时间如表 7.3 所示，浆液凝结时间随水玻璃用量变化规律如图 7.6 所示。实验中浆液凝结情况如图 7.7 所示。

表 7.3　第二部分（水泥+膨润土+水玻璃）第一组实验

实验编号	A 液 = 水泥+膨润土+水			B 液 = 水玻璃+水		测试结果
	水泥/g	膨润土/g	水/mL	水玻璃/mL	水/mL	凝结时间/s
2-1-1	21.00	16.00	100.00	0	10.00	>500
2-1-2	**21.00**	**16.00**	**100.00**	**10.00**	**10.00**	**40**
2-1-3	21.00	16.00	100.00	20.00	10.00	90
2-1-4	21.00	16.00	100.00	30.00	10.00	160
2-1-5	21.00	16.00	100.00	40.00	10.00	170
2-1-6	21.00	16.00	100.00	50.00	10.00	180

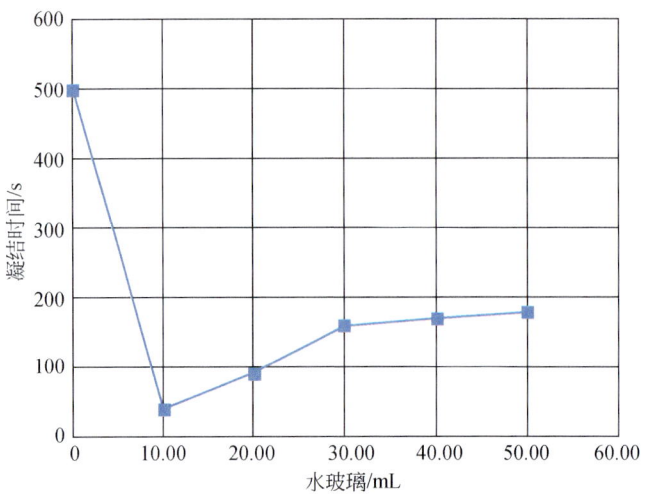

图 7.6　第二部分第一组凝结时间随水玻璃用量变化曲线

图 7.7　第二部分第一组实验浆液凝结照片

2）第二组：在第一组实验基础上减少膨润土用量后，水玻璃用量作为单一变量的实验

（1）实验内容：选取第一组实验中凝结时间较短的 2-1-2 组配比，再将膨润土用量减半，保持其他材料用量不变，将 B 液中的水玻璃用量从 10.00mL 等量增加至 50.00mL，测定减少膨润土对浆液的影响。实验结果为：①水玻璃用量逐渐增加时，凝结时间逐渐增大。②凝结时间比第一组增长，从宏观现象分析是由于固体材料变少。

（2）实验结果：实验测得凝结时间如表 7.4 所示，浆液凝结时间随水玻璃用量变化规律如图 7.8 所示。实验中浆液凝结情况如图 7.9 所示。

表 7.4　第二部分（水泥+膨润土+水玻璃）第二组实验

实验编号	A 液 = 水泥+膨润土+水			B 液 = 水玻璃+水		测试结果 凝结时间/s
	水泥/g	膨润土/g	水/mL	水玻璃/mL	水/mL	
2-2-1	21.00	8.00	100.00	10.00	10.00	3h 凝结
2-2-2	21.00	8.00	100.00	20.00	10.00	111
2-2-3	21.00	8.00	100.00	30.00	10.00	126
2-2-4	21.00	8.00	100.00	40.00	10.00	133
2-2-5	21.00	8.00	100.00	50.00	10.00	211

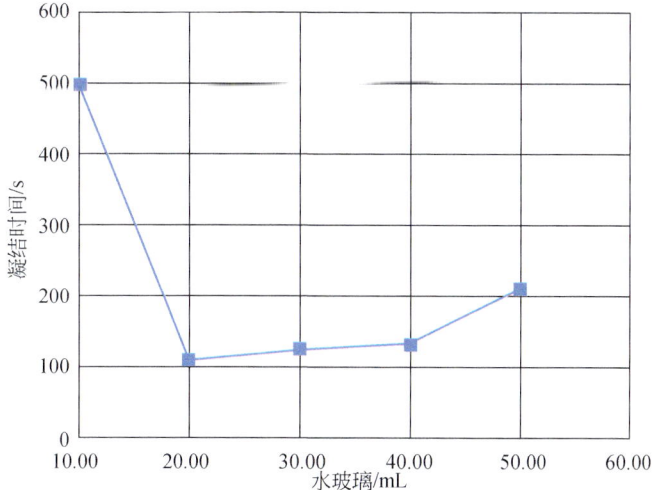

图 7.8　第二部分第二组凝结时间随水玻璃用量变化曲线

图 7.9　第二部分第二组实验浆液凝结照片

3）第三组：在第二组实验基础上减少水用量后，水玻璃用量作为单一变量的实验

（1）实验内容：通过第二组的测试，发现水灰比（水用量与水泥用量的重量比值）太大会导致浆液骨料不足，凝结时间过长，因此在第二组基础上将 A 液中的水用量减半，保持其他材料用量不变，将 B 液中水玻璃用量从 10.00mL 等量增加至 50.00mL，测定减少水用量后浆液的性质。实验结果为：①水玻璃用量逐渐增加时，凝结时间逐渐增大；②凝结时间比第一组和第二组明显减少。

（2）实验结果：实验测得凝结时间如表 7.5 所示，浆液凝结时间随水玻璃用量变化规律如图 7.10 所示。实验中对浆液的凝结情况和浆液凝结后强度进行定性确认，如图 7.11 所示。

表 7.5 第二部分（水泥+膨润土+水玻璃）第三组实验

实验编号	A 液 = 水泥+膨润土+水			B 液 = 水玻璃+水		测试结果
	水泥/g	膨润土/g	水/mL	水玻璃/mL	水/mL	凝结时间/s
2-3-1	21.00	8.00	50.00	10.00	10.00	28
2-3-2	21.00	8.00	50.00	20.00	10.00	35
2-3-3	21.00	8.00	50.00	30.00	10.00	40
2-3-4	**21.00**	**8.00**	**50.00**	**40.00**	**10.00**	**60**
2-3-5	21.00	8.00	50.00	50.00	10.00	88

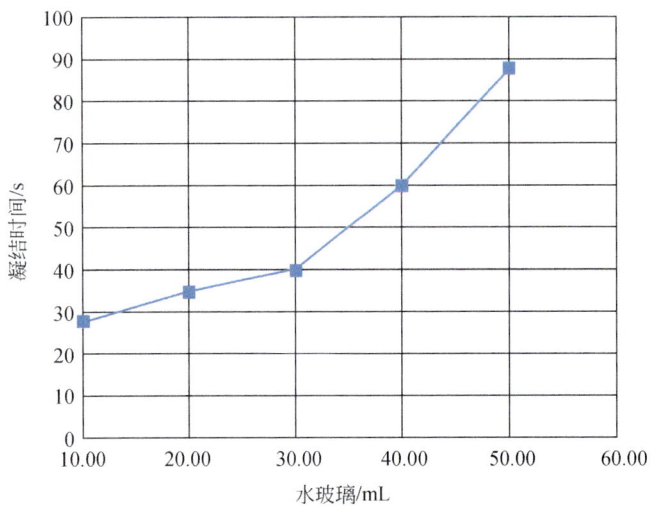

图 7.10 第二部分第三组凝结时间随水玻璃用量变化曲线

图 7.11 第二部分第三组浆液凝结和强度照片

4）第四组：水用量作为单一变量的实验

（1）实验内容：第三组的实验中浆液凝结时间太短，因此第四组实验在第三组实验中 2-3-4 组配比的基础上，保持其他材料用量不变，将 A 液中的水用量由 50.00mL 等量增加至 100.00mL，测定增加水用量后的浆液性质。实验结果为：水用量增加时，凝结时间逐渐增大；当水用量继续增大时，凝结时间又开始减少。

（2）实验结果：实验测得凝结时间如表 7.6 所示，浆液凝结时间随水用量变化规律如图 7.12 所示。实验中对浆液的凝结情况和浆液凝结后强度进行定性确认，如图 7.13 所示。

表 7.6 第二部分（水泥+膨润土+水玻璃）第四组实验

实验编号	A 液 = 水泥+膨润土+水			B 液 = 水玻璃+水		测试结果凝结时间/s
	水泥/g	膨润土/g	水/mL	水玻璃/mL	水/mL	
2-4-1	21.00	8.00	50.00	40.00	10.00	60
2-4-2	21.00	8.00	60.00	40.00	10.00	70
2-4-3	21.00	8.00	70.00	40.00	10.00	75
2-4-4	21.00	8.00	80.00	40.00	10.00	150
2-4-5	21.00	8.00	90.00	40.00	10.00	140
2-4-6	21.00	8.00	100.00	40.00	10.00	133

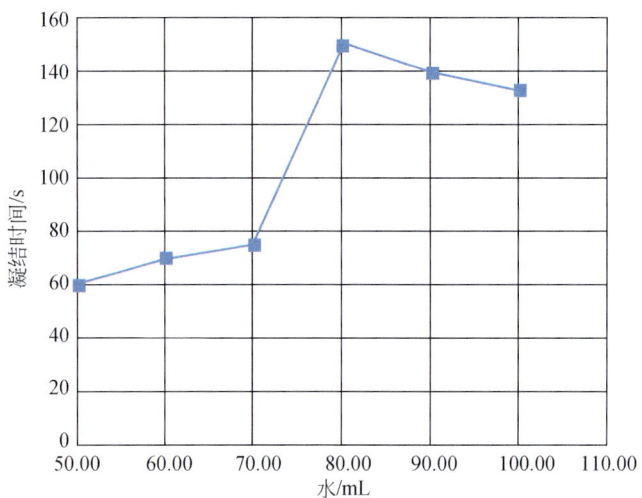

图7.12 第二部分第四组凝结时间随水用量变化曲线

图7.13 第二部分第四组浆液凝结和强度照片

5）第五组：恒定水灰比下，将水玻璃用量作为单一变量的实验

（1）仪器说明：为了能够对浆液的强度特性有进一步的研究，我们通过以下两个仪器对浆液的强度进行研究。

①砂浆稠度仪：通过重锤砸入浆液的深度测定浆液的流动性。本次实验中，我们通过对比浆液凝结5min后稠度仪的下沉值，间接比较浆液强度。

②维卡仪：通过重锤砸入浆液的深度测定水泥浆液的标准稠度需水量。在本次实验中，我们通过对比浆液凝结1h后维卡仪的下沉值，间接比较浆液强度。两种仪器的外观形状分别如图7.14、图7.15所示。

图 7.14 砂浆稠度仪

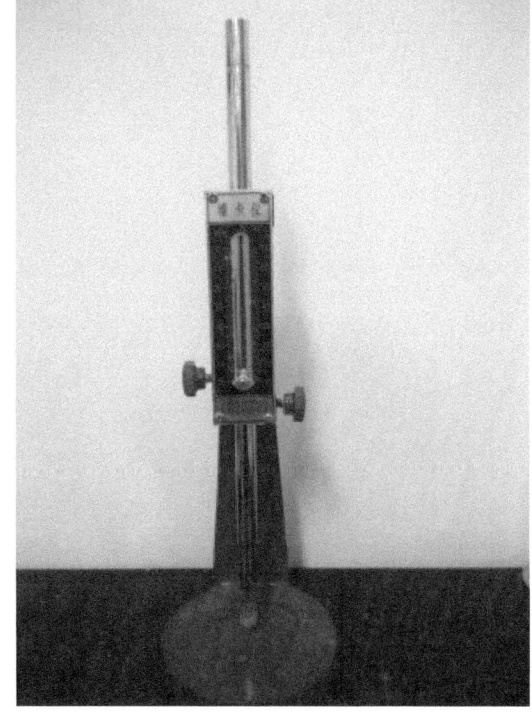

图 7.15 维卡仪

（2）实验内容：通过前四组实验，暂将膨润土与水泥的质量之比定为 1∶2，且引入新的仪器后所需浆液量增大，因此将膨润土和水泥质量分别取 60.00g 和 120.00g。且在保证水灰比不变的情况下（水灰比为 5），将 B 液中水玻璃用量由 60.00mL 等量增加至 300.00mL，测定水玻璃用量变化对浆液性质影响。测试结果为：①水玻璃用量逐渐增加时，凝结时间也逐渐增加；②将稠度仪和维卡仪下沉值进行对比，发现下沉值逐步减小，因此认为浆液强度逐步增大。

（3）实验结果：实验测得凝结时间及强度变化如表 7.7 所示。浆液凝结时间随水玻璃用量变化规律如图 7.16 所示，稠度仪和维卡仪下沉值随水玻璃用量变化规律如图 7.17、图 7.18 所示。实验中稠度仪和维卡仪测试情况如图 7.19 所示，浆液凝结后对浆液定性确认情况如图 7.20 所示。

表 7.7 第二部分（水泥+膨润土+水玻璃）第五组实验（水灰比恒定）

实验编号	A 液 = 水泥+膨润土+水			B 液 = 水玻璃+水		测试结果		
	水泥/g	膨润土/g	水/mL	水玻璃/mL	水/mL	凝结时间/s	5min 后稠度仪下沉值/cm	1h 后维卡仪下沉值/mm
2-5-1	120.00	60.00	504.00	60.00	60.00	70	8.90	30.00
2-5-2	120.00	60.00	468.00	120.00	60.00	80	2.40	7.00

续表

实验编号	A液=水泥+膨润土+水			B液=水玻璃+水		测试结果		
	水泥/g	膨润土/g	水/mL	水玻璃/mL	水/mL	凝结时间/s	5min后稠度仪下沉值/cm	1h后维卡仪下沉值/mm
2-5-3	120.00	60.00	432.00	180.00	60.00	95	1.70	5.00
2-5-4	**120.00**	**60.00**	**396.00**	**240.00**	**60.00**	**105**	**1.45**	**4.00**
2-5-5	120.00	60.00	360.00	300.00	60.00	130	1.10	2.00

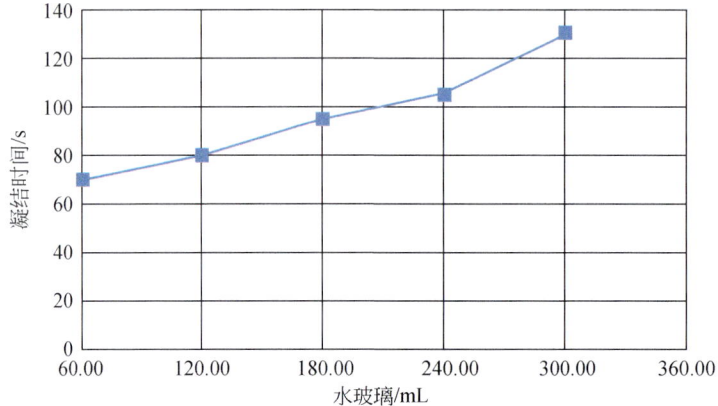

图7.16 第二部分第五组凝结时间随水玻璃用量变化曲线

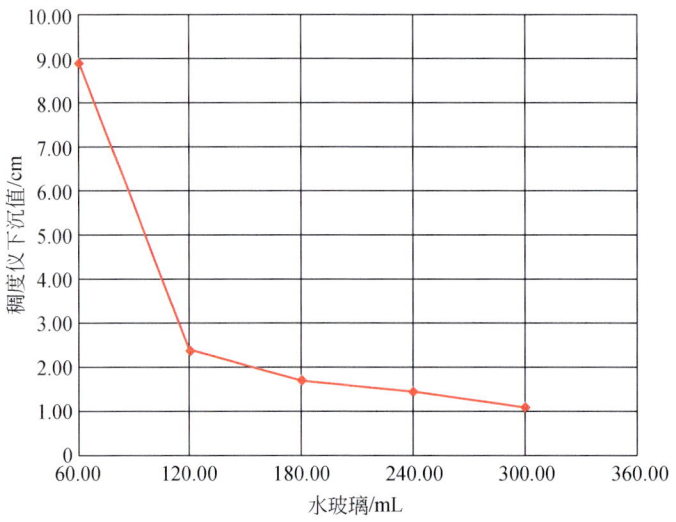

图7.17 第二部分第五组稠度仪下沉值随水玻璃用量变化曲线

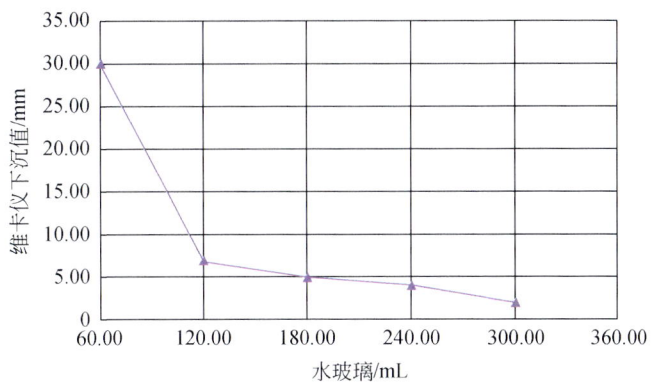

图 7.18　第二部分第五组维卡仪下沉值随水玻璃用量变化曲线

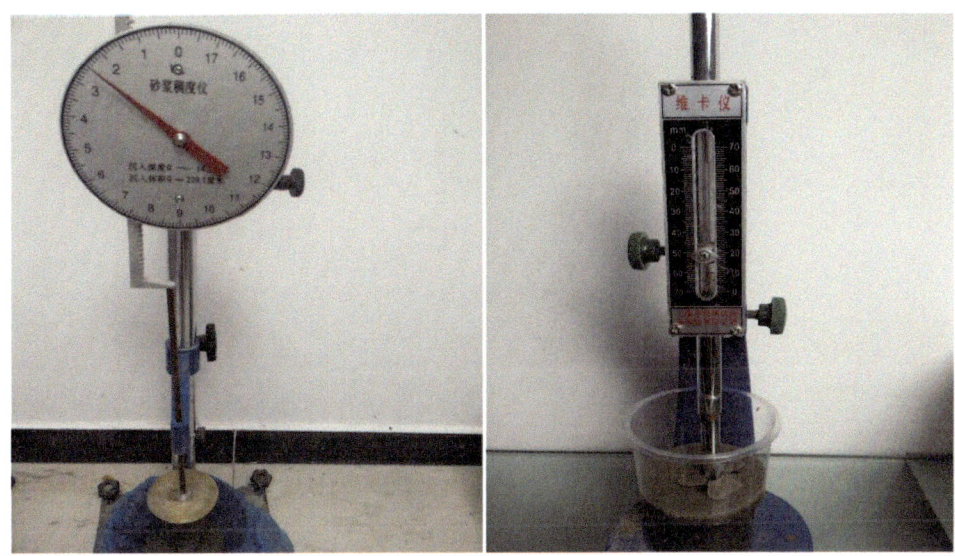

图 7.19　第二部分第五组实验稠度仪维卡仪下沉照片

6）第六组：水泥用量作为单一变量的实验

（1）实验内容：在第五组实验结果中选取凝结时间较满足要求的 2-5-4 组配比，在其基础上保持其他材料用量不变，将水泥用量由 60.00g 等量增加至 180.00g，测定水泥用量变化对浆液性质的影响。测试结果为：①随着水泥用量的增加，凝结时间明显减少；②将稠度仪和维卡仪下沉值进行对比，发现下沉值逐步减小，因此认为浆液强度逐步增大。

（2）实验结果：实验测得凝结时间及强度变化如表 7.8 所示。浆液凝结时间随水泥用量变化规律如图 7.21 所示，稠度仪和维卡仪下沉值随水泥用量变化规律如图 7.22、图 7.23 所示。实验中稠度仪和维卡仪测试情况如图 7.24 所示，浆液凝结后对浆液定性确认情况如图 7.25 所示。

图 7.20 第二部分第五组浆液凝结和强度确认照片

表 7.8 第二部分（水泥+膨润土+水玻璃）第六组实验

实验编号	A 液=水泥+膨润土+水			B 液=水玻璃+水		测试结果		
	水泥/g	膨润土/g	水/mL	水玻璃/mL	水/mL	凝结时间/s	5min 后稠度仪下沉值/cm	1h 后维卡仪下沉值/mm
2-6-1	60.00	60.00	396.00	240.00	60.00	420	15.00	5.00
2-6-2	90.00	60.00	396.00	240.00	60.00	148	1.80	3.00
2-6-3	**120.00**	**60.00**	**396.00**	**240.00**	**60.00**	**105**	**1.45**	**4.00**
2-6-4	150.00	60.00	396.00	240.00	60.00	70	0.95	2.50
2-6-5	180.00	60.00	396.00	240.00	60.00	56	0.60	2.00

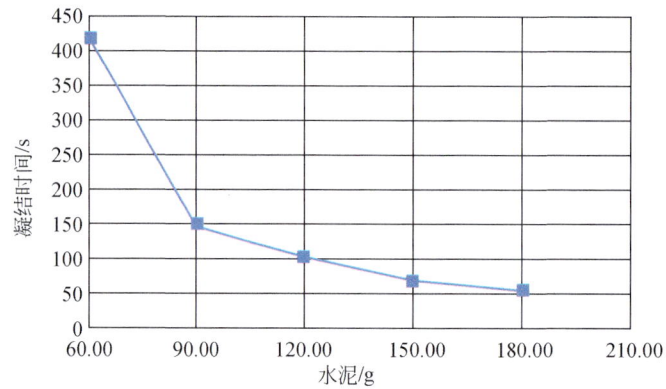

图 7.21 第二部分第六组凝结时间随水泥用量变化曲线

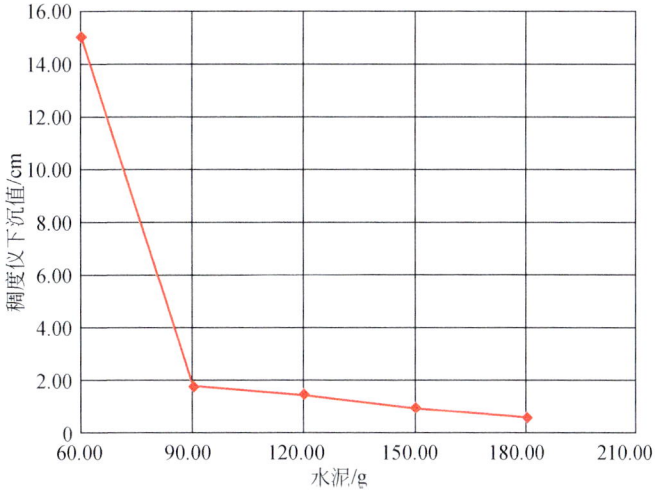

图 7.22　第二部分第六组稠度仪下沉值随水泥用量变化曲线

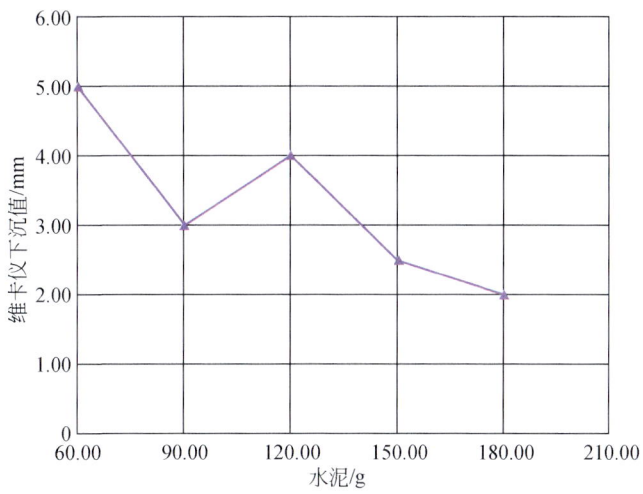

图 7.23　第二部分第六组维卡仪下沉值随水泥用量变化曲线

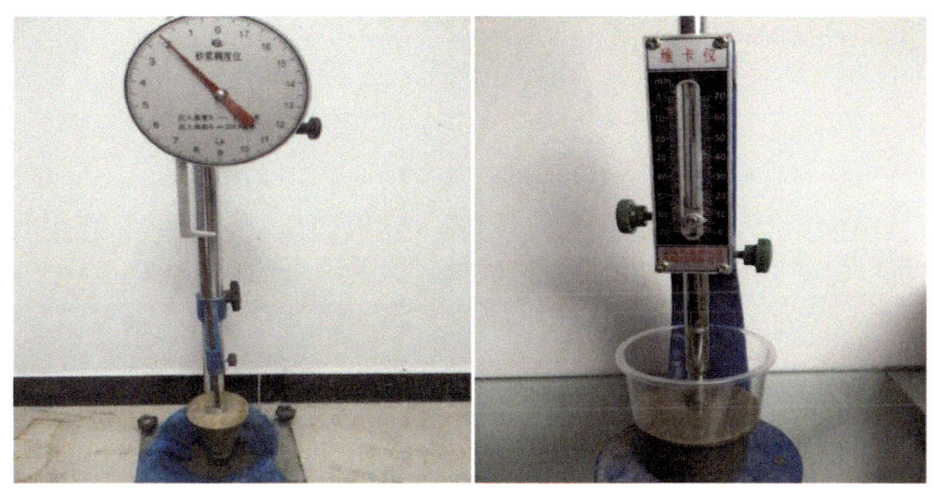

图 7.24　第二部分第六组实验稠度仪维卡仪下沉照片

图 7.25 第二部分第六组浆液凝结和强度确认照片

7）第七组：膨润土用量作为单一变量的实验

（1）实验内容：选取第六组实验结果中凝结时间较满足要求的 2-6-3 组配比，并保持其他材料用量不变，将膨润土用量从 30.00g 等量增加至 90.00g，测试结果为：①随着膨润土用量的增加，凝结时间无明显变化；②将稠度仪和维卡仪下沉值进行对比，发现下沉值变化不大，因此认为浆液强度无明显变化。

（2）实验结果：实验测得凝结时间及强度变化如表 7.9 所示。浆液凝结时间随膨润土用量变化规律如图 7.26 所示，稠度仪和维卡仪下沉值随膨润土变化规律如图 7.27、图 7.28 所示。实验中稠度仪和维卡仪测试情况如图 7.29 所示，浆液凝结后对浆液定性确认情况如图 7.30 所示。

表 7.9 第二部分（水泥+膨润土+水玻璃）第七组实验

实验编号	A 液＝水泥+膨润土+水			B 液＝水玻璃+水		测试结果		
	水泥/g	膨润土/g	水/mL	水玻璃/mL	水/mL	凝结时间/s	5min 后稠度仪下沉值/cm	1h 后维卡仪下沉值/mm
2-7-1	120.00	30.00	396.00	240.00	60.00	125	1.55	4.00
2-7-2	120.00	45.00	396.00	240.00	60.00	104	1.50	2.00
2-7-3	**120.00**	**60.00**	**396.00**	**240.00**	**60.00**	**105**	**1.45**	**4.00**
2-7-4	120.00	75.00	396.00	240.00	60.00	107	1.40	2.20
2-7-5	120.00	90.00	396.00	240.00	60.00	105	1.40	1.80

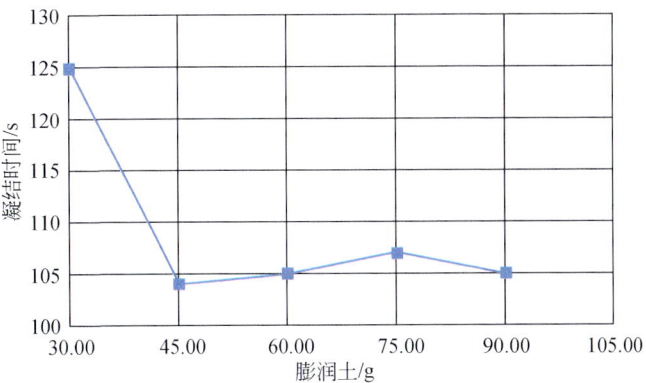

图 7.26 第二部分第七组凝结时间随膨润土用量变化曲线

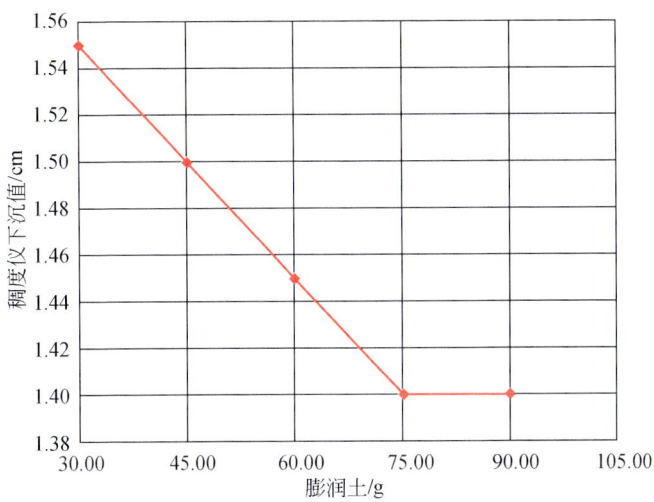

图 7.27 第二部分第七组稠度仪下沉值随膨润土用量变化曲线

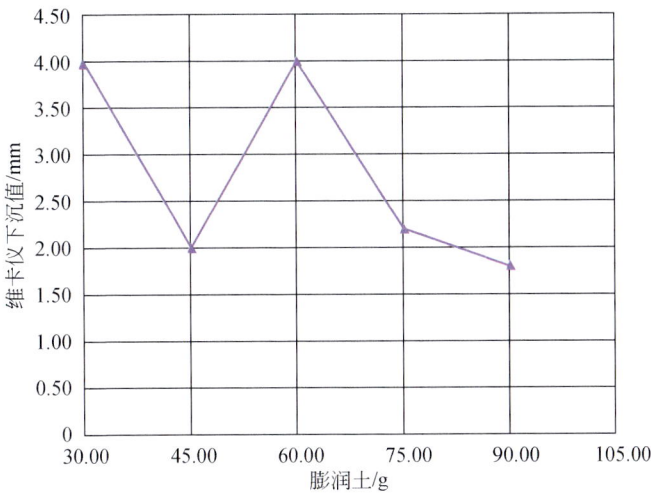

图 7.28 第二部分第七组维卡仪下沉值随膨润土用量变化曲线

图 7.29 第二部分第七组实验稠度仪维卡仪下沉照片

图 7.30 第二部分第七组浆液凝结和强度确认照片

8)配比大范围初步筛选阶段第二部分实验结论

通过以上七组总共试验了 37 种不同配比的浆液材料,最终在这些配比中,我们通过对各个配比浆液材料的凝结时间定性确认以及稠度仪和维卡仪下沉值定量比较,最终筛选出本阶段中最符合要求的一组配比,即 2-7-3 组,作为本阶段大范围初步筛选实验的最优配比,即 A 液:水泥 120.00g、膨润土 60.00g、水 396.00mL;B 液:水玻璃 240.00mL、水 60.00mL。

3. 第三部分:A 液:水泥+粉煤灰+水,B 液:水玻璃+水

1) 第一组:恒定水灰比时水玻璃用量作为单一变量的实验

(1) 实验内容:以第二部分第三组实验即恒定水灰比下的实验结果为基础,同样先将粉煤灰和水泥的比定为 1:2,水灰比保持为 5,其余材料用量不变,将 B 液中水玻璃用量从 60.00mL 等量增加至 300.00mL,测定水玻璃用量变化对浆液性质的影响。实验结果为:①随着水玻璃用量的增加,凝结时间也逐渐增加,且浆液出现明显的上下分层;②将稠度仪和维卡仪下沉值进行对比,发现仪器下沉逐步减小,因此认为浆液强度逐步增大。

(2) 实验结果:实验测得凝结时间及强度变化如表 7.10 所示。浆液凝结时间随水玻璃用量变化规律如图 7.31 所示,稠度仪和维卡仪下沉值随水玻璃用量变化规律如图 7.32、图 7.33 所示。实验中稠度仪和维卡仪测试情况如图 7.34 所示。

表 7.10 第三部分 (水泥+粉煤灰+水玻璃) 第一组实验

实验编号	A 液 = 水泥+粉煤灰+水			B 液 = 水玻璃+水		测试结果			
	水泥/g	粉煤灰/g	水/mL	水玻璃/mL	水/mL	上层凝结时间/s	下层凝结时间/s	5min 后稠度仪下沉值/cm	1h 后维卡仪下沉值/mm
3-1-1	120.00	60.00	504.00	60.00	60.00	70	70	5.90	23.00
3-1-2	120.00	60.00	468.00	120.00	60.00	90	110	3.05	7.30
3-1-3	**120.00**	**60.00**	**432.00**	**180.00**	**60.00**	**95**	**145**	**1.70**	**3.30**
3-1-4	120.00	60.00	396.00	240.00	60.00	120	214	2.00	3.67
3-1-5	120.00	60.00	360.00	300.00	60.00	145	240	2.35	2.00

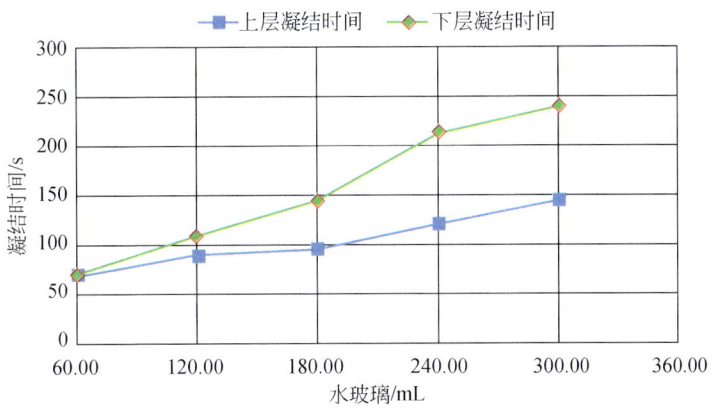

图 7.31 第三部分第一组凝结时间随水玻璃用量变化曲线

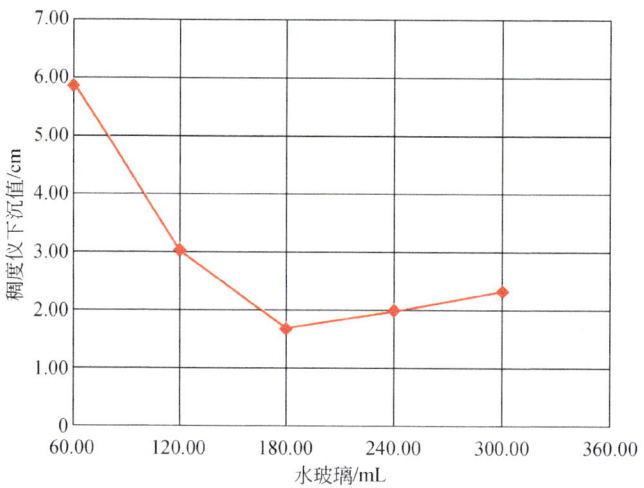

图 7.32　第三部分第一组稠度仪下沉值随水玻璃用量变化曲线

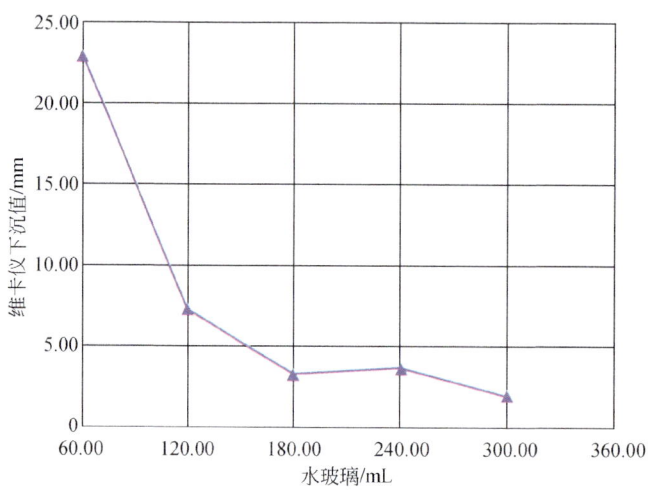

图 7.33　第三部分第一组维卡仪下沉值随水玻璃用量变化曲线

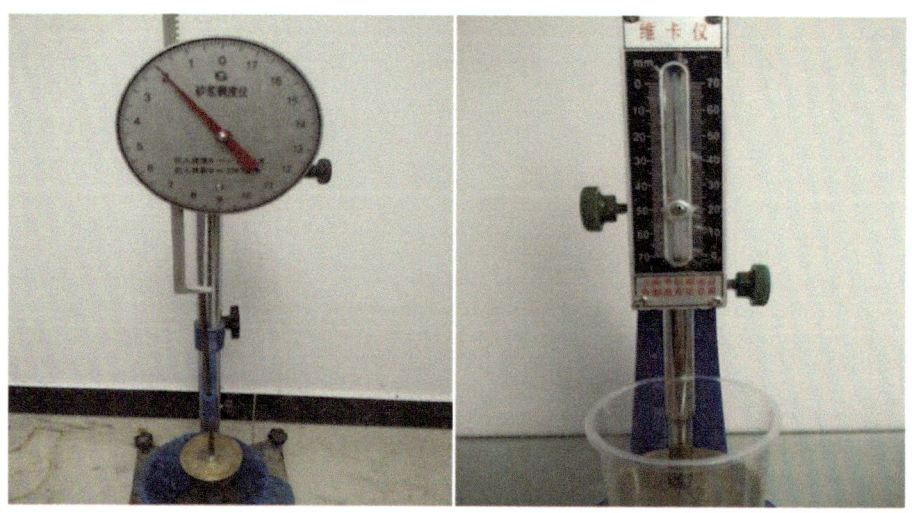

图 7.34　第三部分第一组实验稠度仪和维卡仪下沉照片

2）第二组：水泥用量作为单一变量的实验

（1）实验内容：在第一组的实验结果中，选出凝结时间较为符合要求的3-1-3组配比，在其基础上保持其他材料用量不变，将水泥用量从60.00g等量增加至180.00g，测定水泥用量变化对浆液性质的影响。实验结果为：①随着水泥用量增加，凝结时间逐渐减少，且分层现象依旧明显；②将稠度仪和维卡仪下沉值进行对比，发现下沉值逐步减小，因此认为浆液强度逐步增大。

（2）实验结果：实验测得凝结时间及强度变化如表7.11所示。浆液凝结时间随水泥用量变化规律如图7.35所示，稠度仪和维卡仪下沉值随水泥用量变化规律如图7.36、图7.37所示。实验中稠度仪和维卡仪测试情况如图7.38所示。

表7.11 第三部分（水泥+粉煤灰+水玻璃）第二组实验

实验编号	A液=水泥+粉煤灰+水			B液=水玻璃+水		测试结果			
	水泥/g	粉煤灰/g	水/mL	水玻璃/mL	水/mL	上层凝结时间/s	下层凝结时间/s	5min后稠度仪下沉值/cm	1h后维卡仪下沉值/mm
3-2-1	60.00	60.00	432.00	180.00	60.00	5min后	5min后	9.90	13.00
3-2-2	90.00	60.00	432.00	180.00	60.00	155	300	3.70	9.50
3-2-3	**120.00**	**60.00**	**432.00**	**180.00**	**60.00**	**95**	**145**	**1.70**	**3.30**
3-2-4	150.00	60.00	432.00	180.00	60.00	80	110	1.30	1.60
3-2-5	180.00	60.00	432.00	180.00	60.00	62	62	1.05	1.50

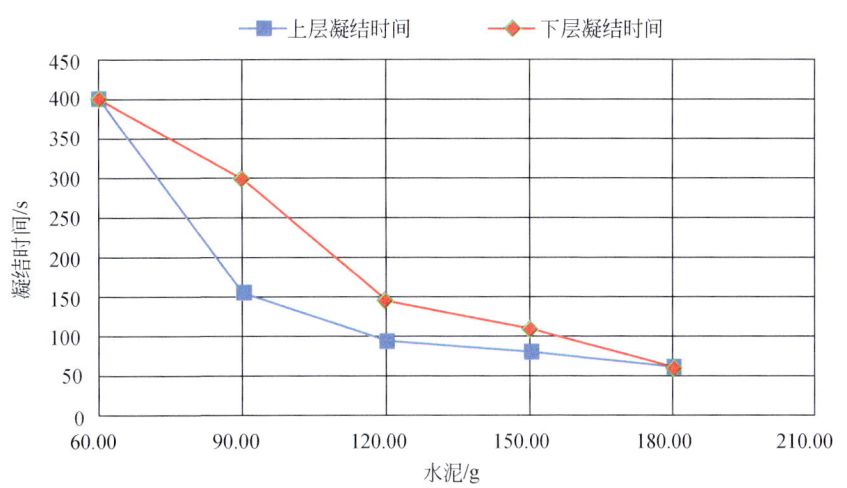

图7.35 第三部分第二组凝结时间随水泥用量变化曲线

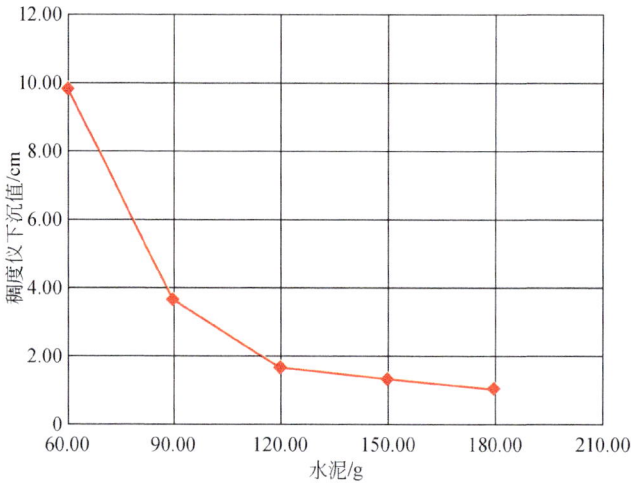

图 7.36 第三部分第二组稠度仪下沉值随水泥用量变化曲线

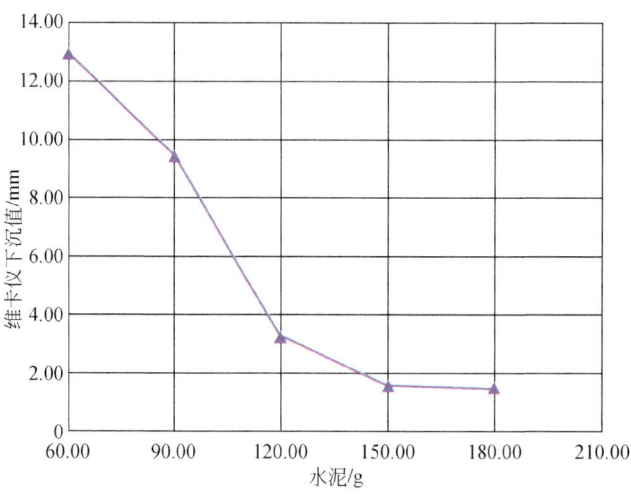

图 7.37 第三部分第二组维卡仪下沉值随水泥用量变化曲线

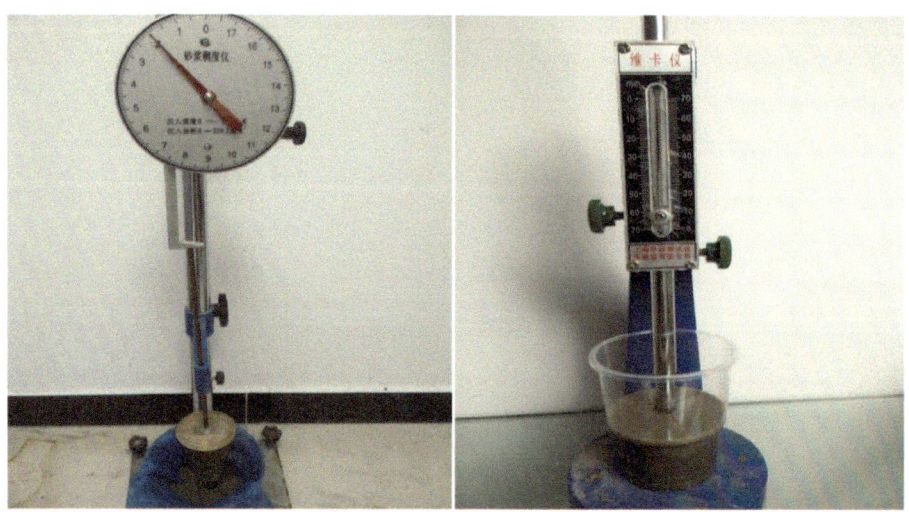

图 7.38 第三部分第二组实验稠度仪和维卡仪下沉照片

3) 第三组：粉煤灰用量作为单一变量的实验

（1）实验内容：在第二组实验结果中，选出凝结时间较为符合要求的3-2-3组配比，在其基础上保持其他材料用量不变，将粉煤灰用量从30.00g等量增加至90.00g，测定粉煤灰用量变化对浆液性质的影响。实验结果为：①随着粉煤灰用量增加，凝结时间无明显变化，分层现象依旧明显；②将稠度仪和维卡仪下沉值进行对比，发现下沉值变化不大，因此认为浆液强度也无明显变化。

（2）实验结果：实验测得凝结时间及强度变化如表7.12所示。浆液凝结时间随粉煤灰用量变化规律如图7.39所示，稠度仪和维卡仪下沉值随粉煤灰变化规律如图7.40、图7.41所示。实验中稠度仪和维卡仪测试情况如图7.42所示。

表7.12 第三部分（水泥+粉煤灰+水玻璃）第三组实验

实验编号	A液=水泥+粉煤灰+水			B液=水玻璃+水		测试结果			
	水泥/g	粉煤灰/g	水/mL	水玻璃/mL	水/mL	上层凝结时间/s	下层凝结时间/s	5min后稠度仪下沉值/cm	1h后维卡仪下沉值/mm
3-3-1	120.00	30.00	432.00	180.00	60.00	112	190	2.40	5.00
3-3-2	120.00	45.00	432.00	180.00	60.00	105	203	2.30	5.00
3-3-3	120.00	60.00	432.00	180.00	60.00	95	145	1.70	3.30
3-3-4	120.00	75.00	432.00	180.00	60.00	115	165	1.59	2.80
3-3-5	120.00	90.00	432.00	180.00	60.00	105	180	1.59	2.20

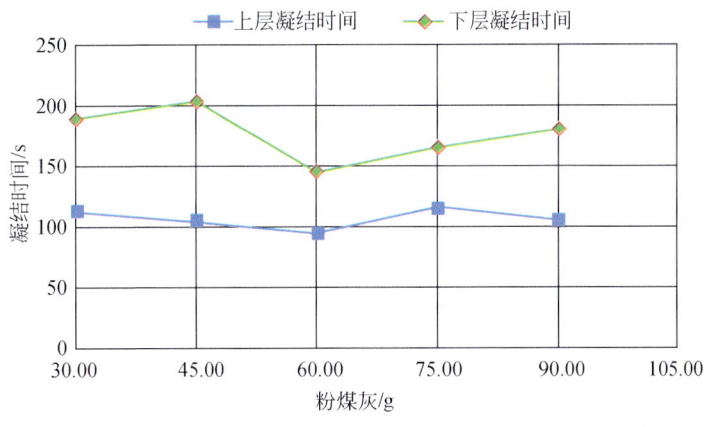

图7.39 第三部分第三组凝结时间随粉煤灰用量变化规律

4）配比大范围初步筛选阶段第三部分实验结论

通过以上三组共试验了15种不同配比的浆液材料，该阶段实验中浆液分层现象明显，且上层浆液几乎没有强度，下层强度稍高，浆液稳定性较差。实际工程中若浆液稳定性差，分层现象明显，则可能会导致漏浆，故本阶段配比作排除处理。浆液分层现象如图7.43所示。

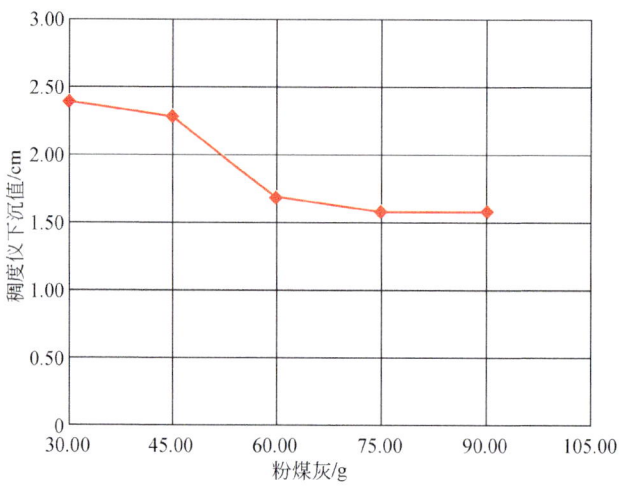

图 7.40　第三部分第三组稠度仪下沉值随粉煤灰用量变化规律

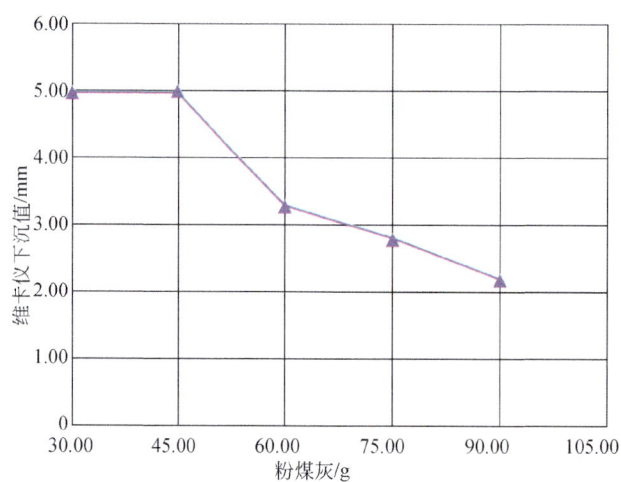

图 7.41　第三部分第三组维卡仪下沉值随粉煤灰用量变化规律

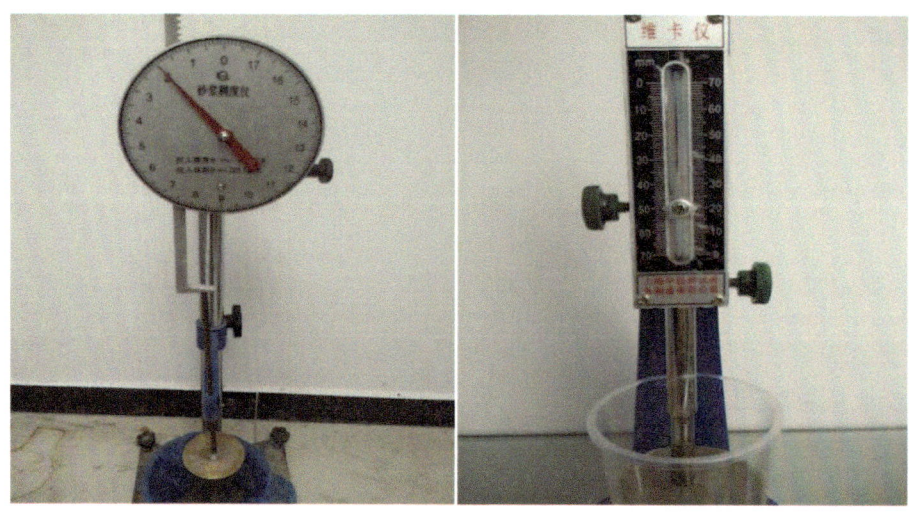

图 7.42　第三部分第三组稠度仪和维卡仪下沉照片

图 7.43　第三部分浆液分层照片

4. 第四部分：A 液：水泥+粉煤灰+膨润土+水，B 液：水玻璃+水

正交试验设计（orthogonal experimental design）是研究多因素多水平试验的又一种设计方法，它是根据正交性从全面试验中挑选出部分有代表性的点进行试验，这些有代表性的点具备了"均匀分散，齐整可比"的特点，正交试验设计是分式多因素的主要方法。是一种高效率、快速、经济的试验设计方法。

当试验设计要求的试验次数太多时，一个非常自然的想法就是从所有设计的水平组合中，选择一部分有代表性水平组合进行试验。因此就出现了分式析因设计（fractional factorial designs），但是对于试验设计知识较少的实际工作者来说，选择适当的分式析因设计还是比较困难的。例如，作一个三因素三水平的实验，按全面实验要求，须进行 $3^3 = 27$ 种组合的实验，且尚未考虑每一组合的重复数。实验量的巨大导致实验速度的降低，影响了实验的整体进度。而通过正交实验只需进行九次实验，大大缩短了实验量。

全面实验方法即为图 7.44 中立方体六个面上的 27 个节点，这种试验方法的好处是尝试了所有的可能。但是大部分实验并不需要尝试所有的情况，而是需要用少的次数覆盖更多地可能性，如图 7.45 所示，九个实验结果均匀分布在立方体的六个面上，既减少了试验次数，又覆盖了所有的可能性，这便是正交实验方法。

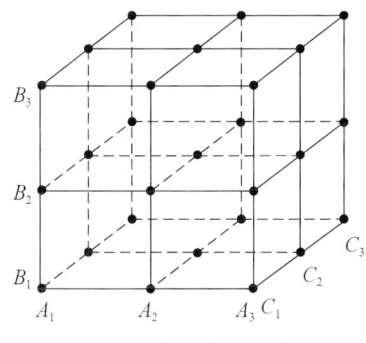

图 7.44　全面实验示意图

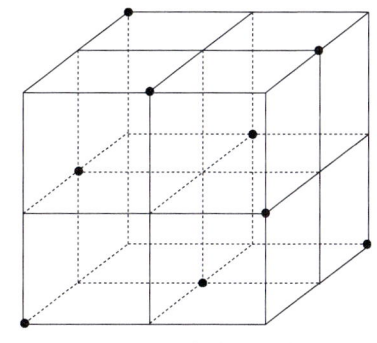

图 7.45　正交实验示意图

通常设计正交实验时,将需要测试的种类称为实验因素,将每个因素变化的次数称为水平,设计出 x 因素 x 水平的正交实验表,即为正交实验的设计方案。

1)第一组:水泥+粉煤灰+膨润土+水+水玻璃的正交实验

(1)实验内容:根据前三个部分实验结果,我们将 A 液水泥浆中同时加入粉煤灰和膨润土,并且由于材料较多,为了减少实验数量,我们采取正交实验的方法进行测定。我们选取 A 液中的水泥、粉煤灰、膨润土、水,以及 B 液中的水玻璃作为五个因素,并分别做了四个水平的变化,制成正交实验设计表进行正交实验,测定浆液的凝结时间和强度变化。

(2)正交实验结果:五因素四水平的正交实验设计表如表 7.13 所示,实验测得凝结时间和强度变化如表 7.14 所示。浆液凝结时间随配比不同的变化曲线如图 7.46 所示,稠度仪下沉值随配比不同变化曲线如图 7.47 所示,维卡仪下沉值随配比不同变化曲线如图 7.48 所示,稠度仪和维卡仪下沉情况如图 7.49 所示。

表 7.13 五因素、四水平正交实验设计表

水平	因素				
	水泥/g	粉煤灰/g	膨润土/g	水玻璃/mL	水/mL
1	72.00	0	18.00	384.00	150.00
2	96.00	12.00	36.00	403.00	180.00
3	120.00	24.00	54.00	423.00	210.00
4	144.00	36.00	72.00	442.00	240.00

表 7.14 五因素、四水平正交实验结果

实验编号	A 液 = 水泥+粉煤灰+膨润土+水				B 液 = 水玻璃+水		测试结果			
	水泥/g	粉煤灰/g	膨润土/g	水/mL	水玻璃/mL	水/mL	下层凝结时间/s	上层凝结时间/s	5min 后稠度仪下沉值/cm	1h 后维卡仪下沉值/mm
4-1-1	72.00	0	18.00	442.00	150.00	60.00	170	400	7.50	17.50
4-1-2	96.00	0	36.00	423.00	180.00	60.00	140	200	2.80	5.50
4-1-3	120.00	0	54.00	403.00	210.00	60.00	102	102	1.10	1.00
4-1-4	144.00	0	72.00	384.00	240.00	60.00	85	85	0.60	0.50
4-1-5	72.00	12.00	36.00	403.00	210.00	60.00	216	329	4.20	5.50
4-1-6	96.00	12.00	18.00	384.00	240.00	60.00	150	225	3.30	6.00
4-1-7	120.00	12.00	72.00	442.00	150.00	60.00	90	90	1.20	3.00
4-1-8	144.00	12.00	54.00	423.00	180.00	60.00	86	86	0.80	2.00
4-1-9	72.00	24.00	54.00	384.00	240.00	60.00	200	200	3.30	4.50
4-1-10	96.00	24.00	72.00	403.00	210.00	60.00	137	137	1.10	4.00
4-1-11	120.00	24.00	18.00	423.00	180.00	60.00	110	150	1.90	4.50

第 7 章 开挖间隙填充工艺与填充材料

续表

实验编号	A 液 = 水泥+粉煤灰+膨润土+水				B 液 = 水玻璃+水		测试结果			
	水泥/g	粉煤灰/g	膨润土/g	水/mL	水玻璃/mL	水/mL	下层凝结时间/s	上层凝结时间/s	5min 后稠度仪下沉值/cm	1h 后维卡仪下沉值/mm
4-1-12	144.00	24.00	36.00	442.00	150.00	60.00	72	72	0.90	4.50
4-1-13	72.00	36.00	72.00	423.00	180.00	60.00	186	186	2.90	2.50
4-1-14	**96.00**	**36.00**	**54.00**	**442.00**	**150.00**	**60.00**	**123**	**123**	**1.10**	**5.50**
4-1-15	120.00	36.00	36.00	384.00	240.00	60.00	125	125	1.40	1.30
4-1-16	144.00	36.00	18.00	403.00	210.00	60.00	106	106	1.20	1.50

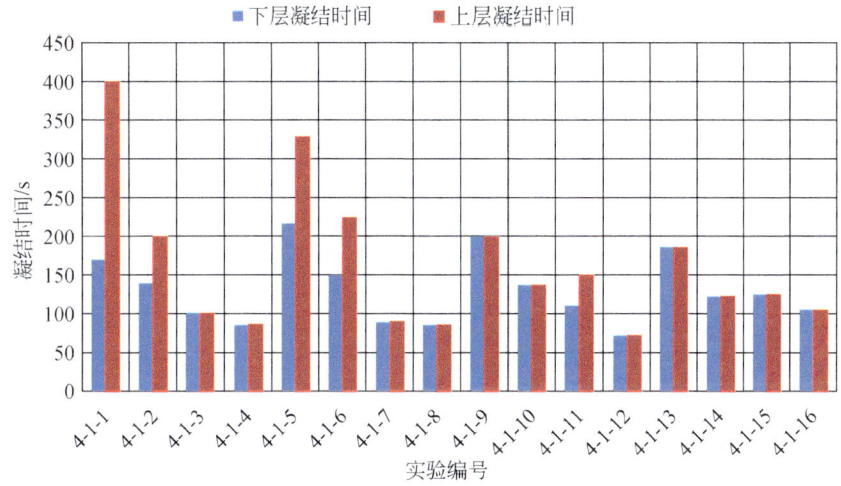

图 7.46 正交实验凝结时间变化曲线

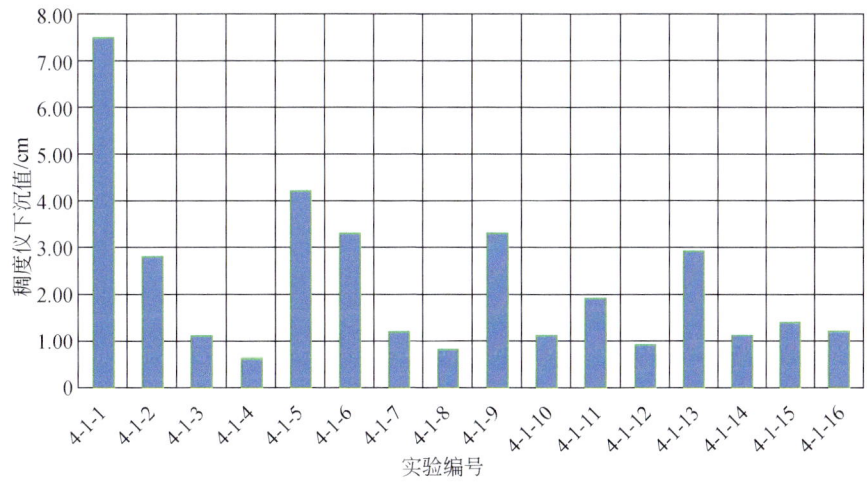

图 7.47 正交实验稠度仪下沉值变化曲线

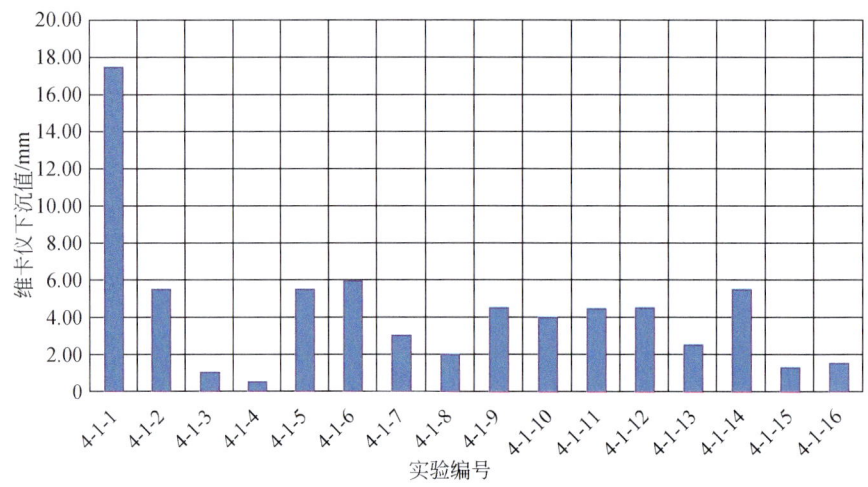

图 7.48 正交实验维卡仪下沉值变化曲线

图 7.49 正交实验中稠度仪和维卡仪下沉情况图

（3）正交实验结论：本组实验中，我们同时加入了粉煤灰和膨润土，通过正交实验，在五因素、四水平的影响下，测得了 16 组结果。在测试结果中我们发现，同时加入粉煤灰和膨润土后，浆液性质较稳定，不会发生分层现象，且外观和强度都较为合适。在 16 种配比中，综合比较凝结时间及强度等因素后，我们最终选出 4-1-10、4-1-14、4-1-15 三组结果为可以接受的实验结果。而进一步比较后发现，4-1-14 组相对于其他两组，水泥和水玻璃用量较少，更为经济，故最终选择选择 4-1-14 组作为正交实验所得最优配比。即 A 液：水泥 96.00g、粉煤灰 36.00g、膨润土 54.00g、水 442.00mL；B 液：水玻璃 150.00mL、水 60.00mL。

2）第二组：水泥+粉煤灰+膨润土+水+水玻璃的直剪实验

（1）仪器说明：为了对浆液的强度性质有更深入的研究，我们采用直剪仪测定浆液的抗剪强度。直剪仪主要用于测定浆液的抗剪强度，通过用环刀切取四个试样，分别在不同垂直压力下（400kPa、300kPa、200kPa、100kPa），施加水平力进行剪切以求得破坏时的剪应力，然后根据库仑定律确定浆液的抗剪强度。实验用直剪仪如图7.50所示，本实验所用30cm×30cm×2cm规格环刀如图7.51所示。

图7.50 四联直剪仪

图7.51 取样环刀

（2）实验内容：对上一组正交实验所得的最优配比4-1-14组进行直剪实验，测定浆液在300kPa、400kPa的竖向压力下，凝结后0.5h、1.0h、3.0h、6.0h、12.0h、24.0h、48.0h、72.0h八个时间点的抗剪强度。实验结果为：

①浆液抗剪强度整体上随竖向压力和测试时间的增加而增加；

②浆液抗剪强度的增加规律性不强，推测原因有以下三点：a.浆液搅拌均匀性：由于实验室条件所限，浆液搅拌有时不能充分均匀，会对结果产生影响；b.直剪仪读数误差：由于直剪仪采用人工读数，难免会产生误差，导致结果的影响；c.系统误差。

（3）实验结果：实验测定抗剪强度及凝结时间变化如表7.15所示，抗剪强度随时间变化曲线如图7.52所示，剪切后试样情况如图7.53所示。

表7.15 第四部分第二组（水泥+粉煤灰+膨润土+水+水玻璃）抗剪强度实验结果

实验编号	A液=水泥+粉煤灰+膨润土+水				B液=水玻璃+水		测试结果			
	水泥/g	粉煤灰/g	膨润土/g	水/mL	水玻璃/mL	水/mL	凝结时间/s	凝结后测试时间/h	竖向压力300kPa抗剪强度/kPa	竖向压力400kPa抗剪强度/kPa
4-2-1	96.00	36.00	54.00	442.00	150.00	60.00	125	0.5	6.72	5.88
4-2-2	96.00	36.00	54.00	442.00	150.00	60.00	125	1.0	10.09	11.77
4-2-3	96.00	36.00	54.00	442.00	150.00	60.00	125	3.0	16.81	20.17
4-2-4	96.00	36.00	54.00	442.00	150.00	60.00	125	6.0	6.72	16.81
4-2-5	96.00	36.00	54.00	442.00	150.00	60.00	125	12.0	10.09	6.72
4-2-6	96.00	36.00	54.00	442.00	150.00	60.00	125	24.0	20.17	23.53
4-2-7	96.00	36.00	54.00	442.00	150.00	60.00	125	48.0	18.49	21.85
4-2-8	96.00	36.00	54.00	442.00	150.00	60.00	125	72.0	26.89	27.73

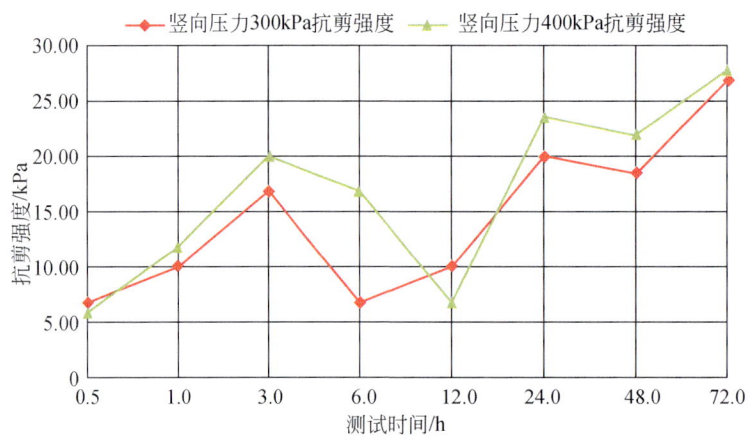

图 7.52　第四部分第二组抗剪强度随时间变化曲线

图 7.53　第四部分第二组直剪实验试样照片

7.2.3.2 实验室配比精细研究阶段

通过前述大范围初步研究发现，新型浆液的凝结时间和强度变化有一定规律，选出了较为满足要求的配比。为了进一步改善浆液的性质，满足精准微沉降控制的要求我们选取几种外加剂加入浆液进行实验，测试外加剂对浆液性质的影响。添加的外加剂有如下几种：①KF-A：提高浆液早期强度，减少水用量，增加防水性；②河砂：增加浆液强度，并代替部分骨料，降低成本；③明矾：提高强度，减少收缩；④石膏：提高强度，减少收缩；⑤膨胀剂：减少水的用量，减少收缩。

配比精细研究阶段分为五个部分，通过添加不同的外加剂及改变材料的用量，测定对于浆液抗剪强度、凝结时间、收缩性等性质的影响。

第一部分：A 液：水泥+膨润土+粉煤灰+KF-A+水，B 液：水玻璃+水。

第二部分：A 液：水泥+膨润土+粉煤灰+河砂+水，B 液：水玻璃+水。

第三部分：A 液：水泥+膨润土+粉煤灰+明矾+水，B 液：水玻璃+水。

第四部分：A 液：水泥+膨润土+粉煤灰+石膏+水，B 液：水玻璃+水。

第五部分：A 液：水泥+膨润土+粉煤灰+膨胀剂+水，B 液：水玻璃+水。

实验室配比精细研究阶段每部分实验进行详细叙述如下：

1. 第一部分：A 液：水泥+膨润土+粉煤灰+KF-A+水，B 液：水玻璃+水

1）第一组：KF-A 用量 2.00g 时的实验

（1）实验内容：以大范围初步研究阶段第四组的优选配比为基础，即 A 液：水泥 96.00g、膨润土 54.00g、粉煤灰 36.00g、水 442.00mL，B 液：水玻璃 150.00mL、水 60.00mL。加入外加剂 KF-A 2.00g，测试浆液在竖向压力分别 100kPa、200kPa、300kPa、400kPa 下不同时间的抗剪强度和凝结时间。实验结果为：①浆液抗剪强度整体上随竖向压力和测试时间的增加而增加；②浆液抗剪强度的增加规律性不强。

（2）实验结果：实验测定抗剪强度及凝结时间变化如表 7.16 所示，抗剪强度随时间变化曲线如图 7.54 所示，剪切后试样如图 7.55 所示。

表 7.16 KF-A 用量 2.00g 时的实验结果

实验编号	A 液=水泥+膨润土+粉煤灰+KF-A+水					B 液=水玻璃+水		测试结果					
	水泥/g	膨润土/g	粉煤灰/g	KF-A/g	水/mL	水玻璃/mL	水/mL	凝结时间/s	凝结后测试时间/h	竖向压力100kPa抗剪强度/kPa	竖向压力200kPa抗剪强度/kPa	竖向压力300kPa抗剪强度/kPa	竖向压力400kPa抗剪强度/kPa
5-1-1	96.00	54.00	36.00	2.00	442.00	150.00	60.00	120	0.5	7.56	13.44	16.81	20.17
5-1-2	96.00	54.00	36.00	2.00	442.00	150.00	60.00	120	1.0	13.44	15.12	16.81	16.81
5-1-3	96.00	54.00	36.00	2.00	442.00	150.00	60.00	120	3.0	13.44	11.77	13.44	16.81
5-1-4	96.00	54.00	36.00	2.00	442.00	150.00	60.00	120	6.0	13.44	21.85	25.21	28.58
5-1-5	96.00	54.00	36.00	2.00	442.00	150.00	60.00	120	12.0	16.81	16.81	21.85	20.17
5-1-6	96.00	54.00	36.00	2.00	442.00	150.00	60.00	120	24.0	18.49	15.12	21.85	21.85

续表

实验编号	A液=水泥+膨润土+粉煤灰+KF-A+水					B液=水玻璃+水		测试结果					
	水泥/g	膨润土/g	粉煤灰/g	KF-A/g	水/mL	水玻璃/mL	水/mL	凝结时间/s	凝结后测试时间/h	竖向压力100kPa抗剪强度/kPa	竖向压力200kPa抗剪强度/kPa	竖向压力300kPa抗剪强度/kPa	竖向压力400kPa抗剪强度/kPa
5-1-7	96.00	54.00	36.00	2.00	442.00	150.00	60.00	120	48.0	23.53	30.26	26.89	25.21
5-1-8	96.00	54.00	36.00	2.00	442.00	150.00	60.00	120	72.0	42.02	35.30	31.94	47.06

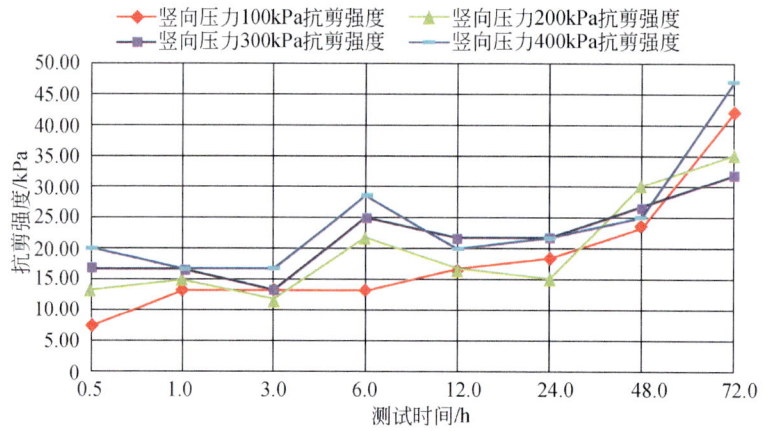

图7.54 第一部分第一组抗剪强度随时间变化的曲线

图7.55 第一部分第一组直剪实验试样照片

2）第二组：KF-A用量4.00g时的实验

（1）实验内容：以大范围初步研究阶段第四组的优选配比为基础，加入外加剂KF-A 4.00g，测试浆液在竖向压力分别100kPa、200kPa、300kPa、400kPa下不同时间的抗剪强度和凝结时间。实验结果为：①浆液抗剪强度整体上随竖向压力和测试时间的增加而增加；②浆液抗剪强度的增加规律性不强。

（2）实验结果：实验测定抗剪强度及凝结时间变化如表 7.17 所示，抗剪强度随时间变化曲线如图 7.56 所示，剪切后试样如图 7.57 所示。

表 7.17　KF-A 用量 4.00g 时的实验结果

实验编号	A 液=水泥+膨润土+粉煤灰+KF-A+水					B 液=水玻璃+水		测试结果					
	水泥/g	膨润土/g	粉煤灰/g	KF-A/g	水/mL	水玻璃/mL	水/mL	凝结时间/s	凝结后测试时间/h	竖向压力100kPa抗剪强度/kPa	竖向压力200kPa抗剪强度/kPa	竖向压力300kPa抗剪强度/kPa	竖向压力400kPa抗剪强度/kPa
5-2-1	96.00	54.00	36.00	4.00	442.00	150.00	60.00	90	0.5	8.40	8.40	6.72	10.08
5-2-2	96.00	54.00	36.00	4.00	442.00	150.00	60.00	90	1.0	10.09	10.08	8.91	10.08
5-2-3	96.00	54.00	36.00	4.00	442.00	150.00	60.00	90	3.0	13.44	11.77	13.44	13.44
5-2-4	96.00	54.00	36.00	4.00	442.00	150.00	60.00	90	6.0	21.85	31.94	36.98	35.30
5-2-5	96.00	54.00	36.00	4.00	442.00	150.00	60.00	90	12.0	33.62	33.62	40.34	33.62
5-2-6	96.00	54.00	36.00	4.00	442.00	150.00	60.00	90	24.0	21.85	25.21	31.94	38.66
5-2-7	96.00	54.00	36.00	4.00	442.00	150.00	60.00	90	48.0	36.98	47.07	52.11	65.55
5-2-8	96.00	54.00	36.00	4.00	442.00	150.00	60.00	90	72.0	40.34	53.79	42.02	52.11

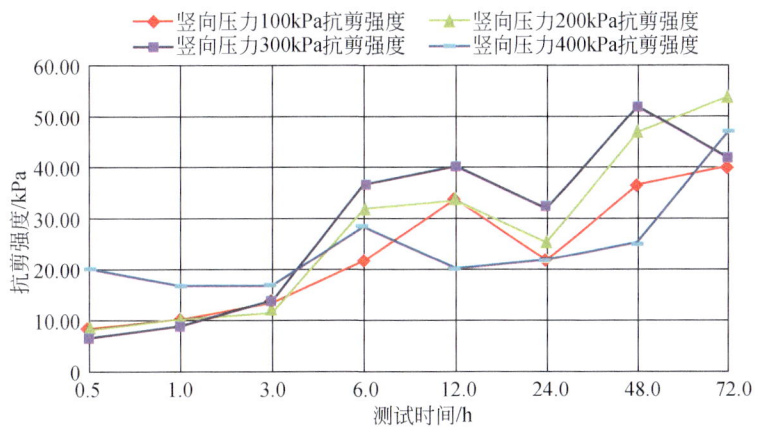

图 7.56　第一部分第二组抗剪强度随时间变化的曲线

图 7.57　第一部分第二组直剪实验试样照片

3）第三组：KF-A 用量 6.00g 时的实验

（1）实验内容：以大范围初步研究阶段第四组的优选配比为基础，加入外加剂 KF-A 6.00g，测试浆液在竖向压力分别 100kPa、200kPa、300kPa、400kPa 下不同时间的抗剪强度和凝结时间。实验结果为：①浆液抗剪强度整体上随竖向压力和测试时间的增加而增加；②浆液抗剪强度的增加规律性不强。

（2）实验结果：实验测定抗剪强度及凝结时间变化如表 7.18 所示，抗剪强度随时间变化曲线如图 7.58 所示，剪切后试样如图 7.59 所示。

表 7.18 KF-A 用量 6.00g 时的实验结果

实验编号	A 液=水泥+膨润土+粉煤灰+KF-A+水					B 液=水玻璃+水		测试结果					
	水泥/g	膨润土/g	粉煤灰/g	KF-A/g	水/mL	水玻璃/mL	水/mL	凝结时间/s	凝结后测试时间/h	竖向压力100kPa抗剪强度/kPa	竖向压力200kPa抗剪强度/kPa	竖向压力300kPa抗剪强度/kPa	竖向压力400kPa抗剪强度/kPa
5-3-1	96.00	54.00	36.00	6.00	442.00	150.00	60.00	85	0.5	6.72	11.77	16.81	25.21
5-3-2	96.00	54.00	36.00	6.00	442.00	150.00	60.00	85	1.0	6.72	11.77	15.12	18.49
5-3-3	96.00	54.00	36.00	6.00	442.00	150.00	60.00	85	3.0	10.08	13.44	16.81	20.17
5-3-4	96.00	54.00	36.00	6.00	442.00	150.00	60.00	85	6.0	15.12	16.81	20.17	26.89
5-3-5	96.00	54.00	36.00	6.00	442.00	150.00	60.00	85	12.0	16.81	20.17	20.17	18.49
5-3-6	96.00	54.00	36.00	6.00	442.00	150.00	60.00	85	24.0	21.85	21.85	18.49	13.44
5-3-7	96.00	54.00	36.00	6.00	442.00	150.00	60.00	85	48.0	33.62	31.94	43.70	48.74
5-3-8	96.00	54.00	36.00	6.00	442.00	150.00	60.00	85	72.0	36.98	31.94	40.34	47.06

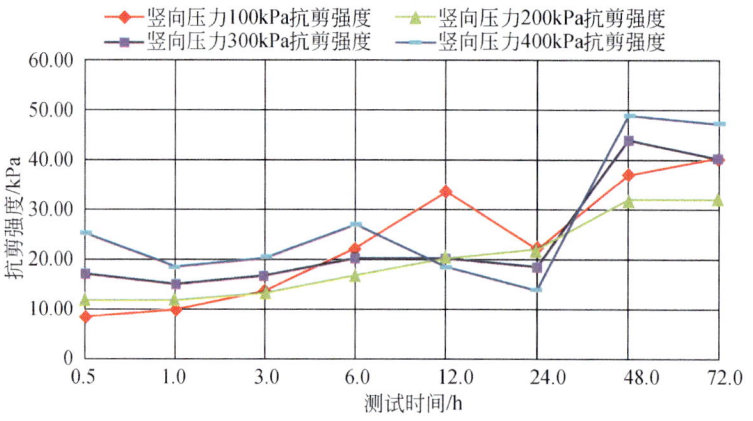

图 7.58 第一部分第三组抗剪强度随时间变化的曲线

图 7.59　第一部分第三组直剪实验试样照片

4）第四组：KF-A 用量 8.00g 时的实验

（1）实验内容：以大范围初步研究阶段第四组的优选配比为基础，加入外加剂 KF-A 8.00g，测试浆液在竖向压力分别 100kPa、200kPa、300kPa、400kPa 下不同时间的抗剪强度和凝结时间。实验结果为：①浆液抗剪强度整体上随竖向压力和测试时间的增加而增加；②浆液抗剪强度的增加规律性不强。

（2）实验结果：实验测定抗剪强度及凝结时间变化如表 7.19 所示，抗剪强度随时间变化曲线如图 7.60 所示，剪切后试样如图 7.61 所示。

表 7.19　KF-A 用量 8.00g 时的实验结果

实验编号	A 液=水泥+膨润土+粉煤灰+KF-A+水					B 液=水玻璃+水		测试结果					
	水泥/g	膨润土/g	粉煤灰/g	KF-A/g	水/mL	水玻璃/mL	水/mL	凝结时间/s	凝结后测试时间/h	竖向压力 100kPa 抗剪强度/kPa	竖向压力 200kPa 抗剪强度/kPa	竖向压力 300kPa 抗剪强度/kPa	竖向压力 400kPa 抗剪强度/kPa
5-4-1	96.00	54.00	36.00	8.00	442.00	150.00	60.00	160	0.5	8.40	16.08	10.08	10.08
5-4-2	96.00	54.00	36.00	8.00	442.00	150.00	60.00	160	1.0	8.40	15.12	25.12	25.12
5-4-3	96.00	54.00	36.00	8.00	442.00	150.00	60.00	160	3.0	11.77	21.85	18.49	25.12
5-4-4	96.00	54.00	36.00	8.00	442.00	150.00	60.00	160	6.0	20.17	25.21	20.17	30.26
5-4-5	96.00	54.00	36.00	8.00	442.00	150.00	60.00	160	12.0	13.44	21.85	21.85	25.21
5-4-6	96.00	54.00	36.00	8.00	442.00	150.00	60.00	160	24.0	10.08	15.12	18.49	21.85
5-4-7	96.00	54.00	36.00	8.00	442.00	150.00	60.00	160	48.0	21.85	38.66	40.34	30.26
5-4-8	96.00	54.00	36.00	8.00	442.00	150.00	60.00	160	72.0	31.94	45.38	42.02	42.02

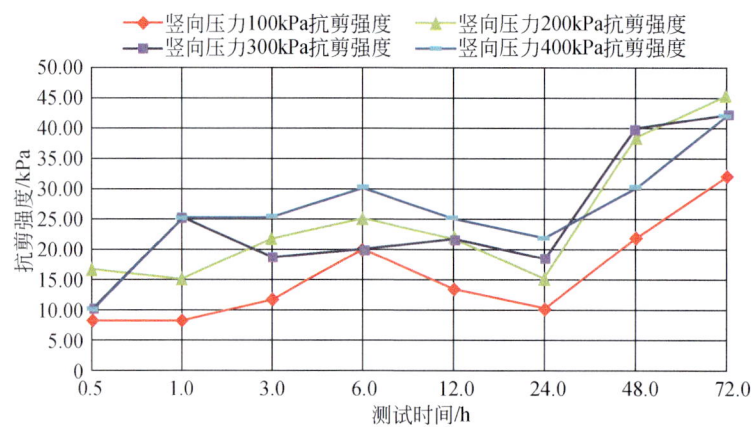

图 7.60 第一部分第四组抗剪强度随时间变化的曲线

图 7.61 第一部分第四组直剪实验试样照片

5）第五组：KF-A 用量 10.00g 时的实验

（1）实验内容：以大范围初步研究阶段第四组的优选配比为基础，加入外加剂 KF-A 10.00g，测试浆液在竖向压力分别 100kPa、200kPa、300kPa、400kPa 下不同时间的抗剪强度和凝结时间。实验结果为：①浆液抗剪强度整体上随竖向压力和测试时间的增加而增加；②浆液抗剪强度的增加规律性不强。

（2）实验结果：实验测定抗剪强度及凝结时间变化如表 7.20 所示，抗剪强度随时间变化曲线如图 7.62 所示，剪切后试样如图 7.63 所示。

表 7.20 KF-A 用量 10.00g 时的实验结果

实验编号	A 液 = 水泥 + 膨润土 + 粉煤灰 + KF-A + 水					B 液 = 水玻璃 + 水		测试结果					
	水泥/g	膨润土/g	粉煤灰/g	KF-A/g	水/mL	水玻璃/mL	水/mL	凝结时间/s	凝结后测试时间/h	竖向压力100kPa抗剪强度/kPa	竖向压力200kPa抗剪强度/kPa	竖向压力300kPa抗剪强度/kPa	竖向压力400kPa抗剪强度/kPa
5-5-1	96.00	54.00	36.00	10.00	442.00	150.00	60.00	130	0.5	6.72	11.77	13.45	20.17

续表

实验编号	A液＝水泥+膨润土+粉煤灰+KF-A+水					B液＝水玻璃+水		测试结果				
	水泥/g	膨润土/g	粉煤灰/g	KF-A/g	水/mL	水玻璃/mL	水/mL	凝结时间/s	凝结后测试时间/h	竖向压力100kPa抗剪强度/kPa	竖向压力200kPa抗剪强度/kPa	竖向压力300kPa抗剪强度/kPa	竖向压力400kPa抗剪强度/kPa
5-5-2	96.00	54.00	36.00	10.00	442.00	150.00	60.00	130	1.0	8.40	10.09	10.09	18.49
5-5-3	96.00	54.00	36.00	10.00	442.00	150.00	60.00	130	3.0	21.85	21.85	30.26	28.57
5-5-4	96.00	54.00	36.00	10.00	442.00	150.00	60.00	130	6.0	18.49	20.17	25.21	25.21
5-5-5	96.00	54.00	36.00	10.00	442.00	150.00	60.00	130	12.0	35.30	28.58	21.85	21.85
5-5-6	96.00	54.00	36.00	10.00	442.00	150.00	60.00	130	24.0	11.77	15.13	16.81	20.17
5-5-7	96.00	54.00	36.00	10.00	442.00	150.00	60.00	130	48.0	25.21	35.30	43.70	23.53
5-5-8	96.00	54.00	36.00	10.00	442.00	150.00	60.00	130	72.0	28.58	48.75	31.93	42.02

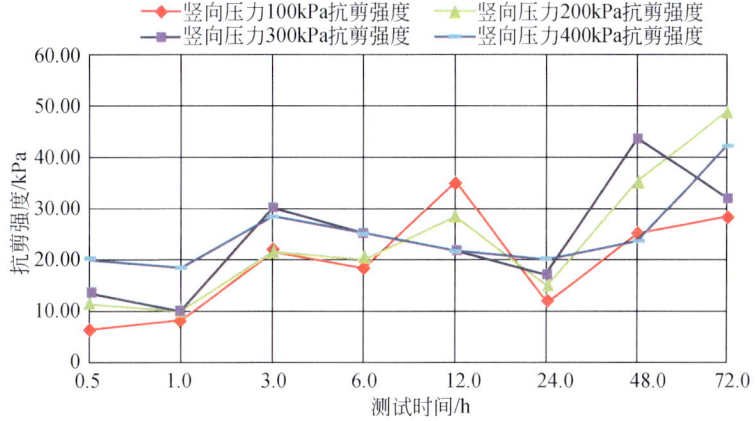

图 7.62 第一部分第五组抗剪强度随时间变化的曲线

图 7.63 第一部分第五组直剪实验试样照片

6) 配比精细研究阶段第一部分实验初步结论

本部分我们将外加剂 KF-A 作为单一变量,测定五种配比在四个竖向压力和八个时间下的抗剪强度。通过对比,我们发现,增大 KF-A 的用量对于浆液的抗剪强度和凝结时间影响并不大。出于对经济性的考虑,我们最终选择第一组的配比作为本部分实验的最优配比,即 A 液:水泥 96.00g、膨润土 54.00g、粉煤灰 36.00g、KF-A 2.00g、水 442.00mL,B 液:水玻璃 150.00mL、水 50.00mL。

2. 第二部分:A 液:水泥+膨润土+粉煤灰+河砂+水,B 液:水玻璃+水

1)第一组:河砂用量作为单一变量的实验

(1)实验内容:以大范围初步研究阶段第四组的优选配比作为基础,即 A 液:水泥 96.00g、膨润土 54.00g、粉煤灰 36.00g、水 442.00mL;B 液:水玻璃 150.00mL、水 60.00mL。保持其他材料不变,将河砂用量由 50.00g 等量增加至 300.00g,测试浆液在竖向压力分别 100kPa、200kPa、300kPa、400kPa 下 0.5h 的抗剪强度和凝结时间。实验结果为:浆液抗剪强度先迅速增大后又减小,而凝结时间先减小后增大。原因是少量河砂可以增加强度,当河砂用量继续增大时,固体质量太大而影响浆液凝结,故强度降低。

(2)实验结果:实验测定抗剪强度及凝结时间变化如表 7.21 所示,抗剪强度随河砂用量变化曲线如图 7.64 所示,凝结时间随河砂变化如图 7.65 所示,直剪实验试样情况如图 7.66 所示。

表 7.21 加入河砂第一组实验结果

实验编号	A 液=水泥+膨润土+粉煤灰+河砂+水					B 液=水玻璃+水		测试结果				
	水泥/g	膨润土/g	粉煤灰/g	河砂/g	水/mL	水玻璃/mL	水/mL	凝结时间/s	凝结后测试时间/h	竖向压力100kPa抗剪强度/kPa	竖向压力200kPa抗剪强度/kPa	竖向压力300kPa抗剪强度/kPa	竖向压力400kPa抗剪强度/kPa
6-1-1	96.00	54.00	36.00	50.00	442.00	150.00	60.00	60	0.5	11.77	6.72	21.85	20.17
6-1-2	96.00	54.00	36.00	100.00	442.00	150.00	60.00	70	0.5	20.17	26.89	28.58	30.26
6-1-3	96.00	54.00	36.00	150.00	442.00	150.00	60.00	30	0.5	13.45	10.09	11.77	10.09
6-1-4	96.00	54.00	36.00	200.00	442.00	150.00	60.00	80	0.5	8.40	23.53	23.53	13.45
6-1-5	96.00	54.00	36.00	250.00	442.00	150.00	60.00	50	0.5	8.40	13.45	11.77	11.77
6-1-6	96.00	54.00	36.00	300.00	442.00	150.00	60.00	80	0.5	18.49	16.81	18.49	15.13

2)第二组:增加河砂用量、减少水泥用量的实验

(1)实验内容:以第一组实验中 6-1-1 组配比作为基础,保持其他材料不变,将河砂用量由 20.00g 等量增加至 80.00g,同时将水泥用量由 76.00g 等量减少至 16.00g,测试浆

第 7 章　开挖间隙填充工艺与填充材料

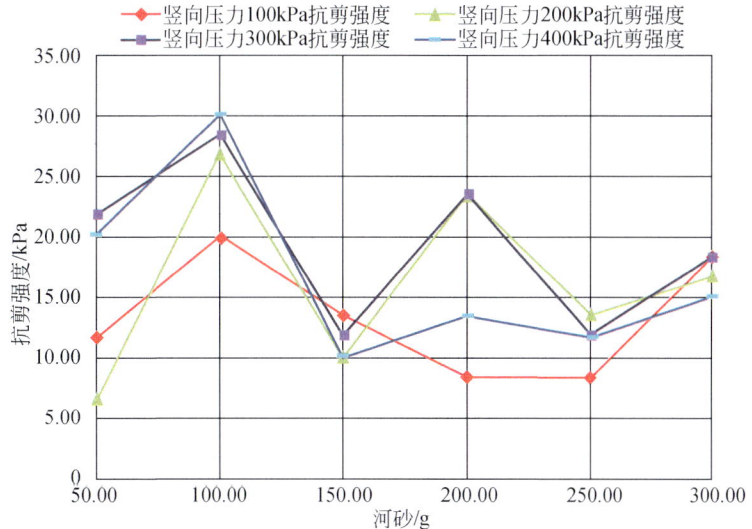

图 7.64　第二部分第一组抗剪强度随河砂用量变化曲线

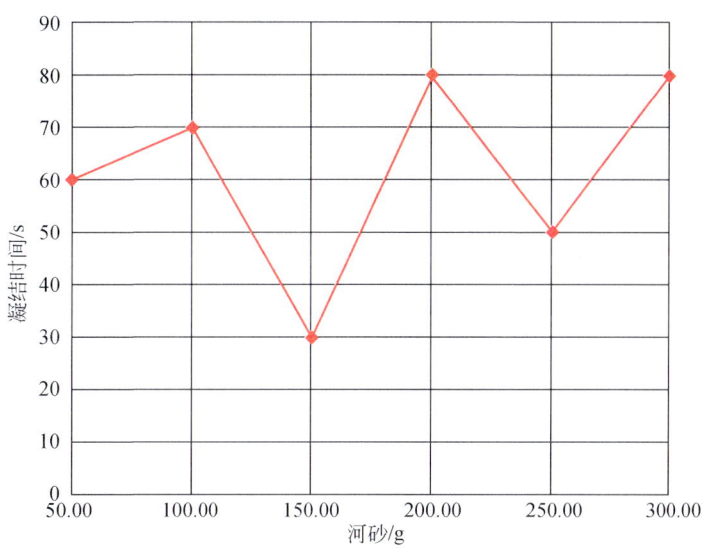

图 7.65　第二部分第一组凝结时间随河砂用量变化曲线

图 7.66　第二部分第一组直剪实验试样照片

液在竖向压力分别 100kPa、200kPa、300kPa、400kPa 下 0.5h 的抗剪强度和凝结时间。实验结果为：浆液抗剪强度减小，凝结时间增加，最后一组无法凝结。原因是水泥减少，导致浆液凝聚性变差。

（2）实验结果：实验测定抗剪强度及凝结时间变化如表 7.22 所示，抗剪强度随河砂用量变化曲线如图 7.67 所示，凝结时间随河砂变化如图 7.68 所示，直剪实验试样情况如图 7.69 所示。

表 7.22 加入河砂第二组实验结果

实验编号	A 液=水泥+膨润土+粉煤灰+河砂+水					B 液=水玻璃+水		测试结果					
	水泥/g	膨润土/g	粉煤灰/g	河砂/g	水/mL	水玻璃/mL	水/mL	凝结时间/s	凝结后测试时间/h	竖向压力100kPa抗剪强度/kPa	竖向压力200kPa抗剪强度/kPa	竖向压力300kPa抗剪强度/kPa	竖向压力400kPa抗剪强度/kPa
6-2-1	76.00	54.00	36.00	20.00	442.00	150.00	60.00	100	0.5	8.40	11.77	15.13	15.13
6-2-2	56.00	54.00	36.00	40.00	442.00	150.00	60.00	280	0.5	5.04	5.88	7.56	6.72
6-2-3	36.00	54.00	36.00	60.00	442.00	150.00	60.00	360	0.5	5.04	6.72	5.88	6.72
6-2-4	16.00	54.00	36.00	80.00	442.00	150.00	60.00	—	0.5	—	—	—	—

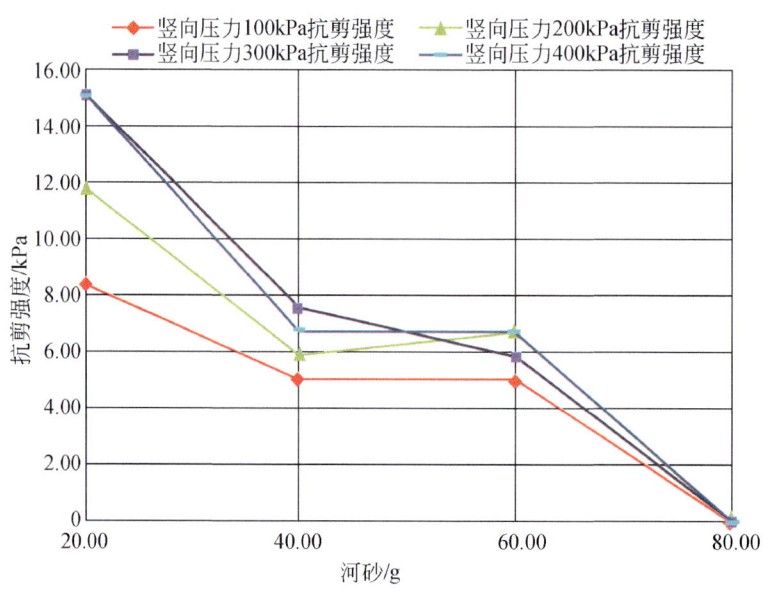

图 7.67 第二部分第二组抗剪强度随河砂用量变化曲线

3）第三组：增加河砂用量、减少水玻璃用量的实验

（1）实验内容：以上一组实验中 6-1-1 组配比为基础，保持其他材料不变，将水玻璃

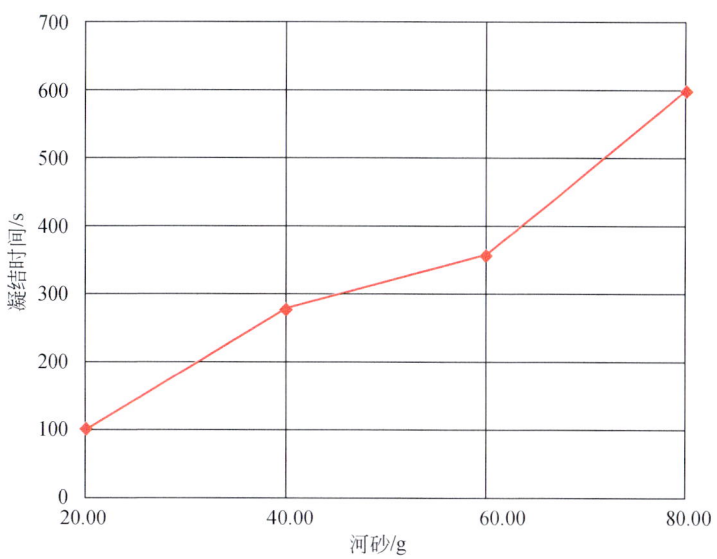

图 7.68 第二部分第二组凝结时间随河砂用量变化曲线

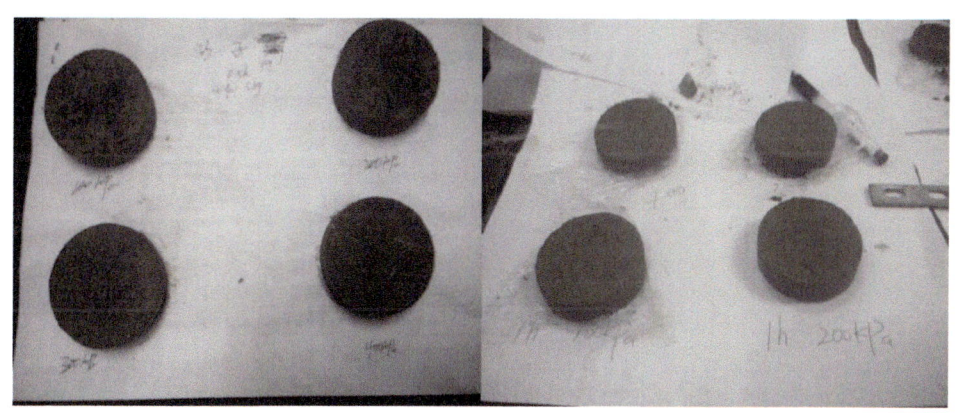

图 7.69 第二部分第二组直剪实验试件照片

用量由 110.00mL 等量减小至 50.00mL，同时将水玻璃溶液之差，按照波美度换算为固体质量之差，按照固体质量差将河砂用量从 28.00g 等量增加至 112.00g。测试浆液在竖向压力分别 100kPa、200kPa、300kPa、400kPa 下 0.5h 的抗剪强度和凝结时间。实验结果为：浆液抗剪强度先增大后减小，凝结时间减小。原因是少量河砂可以增加强度，当河砂用量继续增大时，固体质量太大而影响浆液凝结，故强度降低。

（2）实验结果：实验测定抗剪强度及凝结时间变化如表 7.23 所示，抗剪强度随河砂用量变化曲线如图 7.70 所示，凝结时间随河砂用量变化如图 7.71 所示，直剪实验试样情况如图 7.72 所示。

表 7.23　加入河砂第三组实验结果

实验编号	A液=水泥+膨润土+粉煤灰+河砂+水					B液=水玻璃+水		测试结果					
	水泥/g	膨润土/g	粉煤灰/g	河砂/g	水/mL	水玻璃/mL	水/mL	凝结时间/s	凝结后测试时间/h	竖向压力100kPa抗剪强度/kPa	竖向压力200kPa抗剪强度/kPa	竖向压力300kPa抗剪强度/kPa	竖向压力400kPa抗剪强度/kPa
6-3-1	96.00	54.00	36.00	28.00	442.00	110.00	60.00	95	0.5	10.09	11.77	13.45	15.13
6-3-2	96.00	54.00	36.00	56.00	442.00	90.00	60.00	88	0.5	11.77	15.13	13.45	16.81
6-3-3	96.00	54.00	36.00	84.00	442.00	70.00	60.00	80	0.5	50.40	67.24	85.7	94.13
6-3-4	96.00	54.00	36.00	112.00	442.00	50.00	60.00	50	0.5	50.40	67.24	33.6	20.17

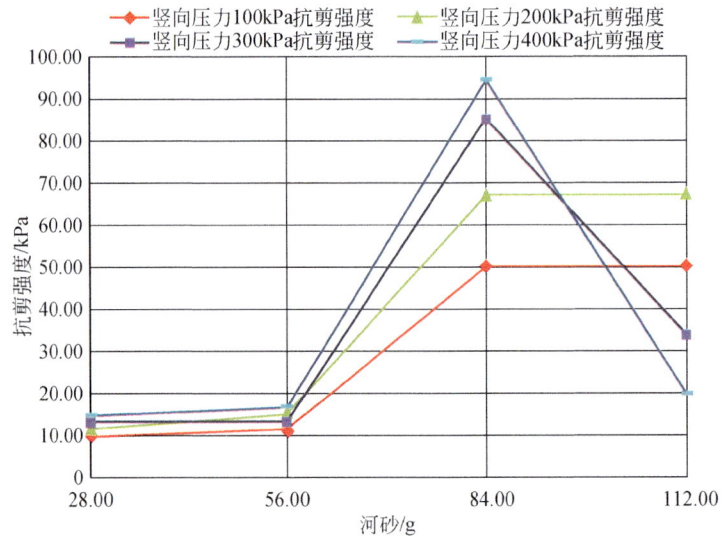

图 7.70　第二部分第三组抗剪强度随河砂用量变化曲线

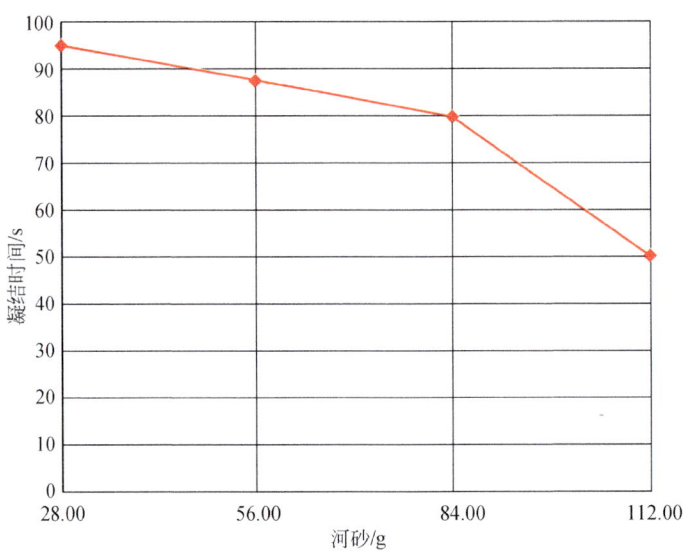

图 7.71　第二部分第三组凝结时间随河砂用量变化曲线

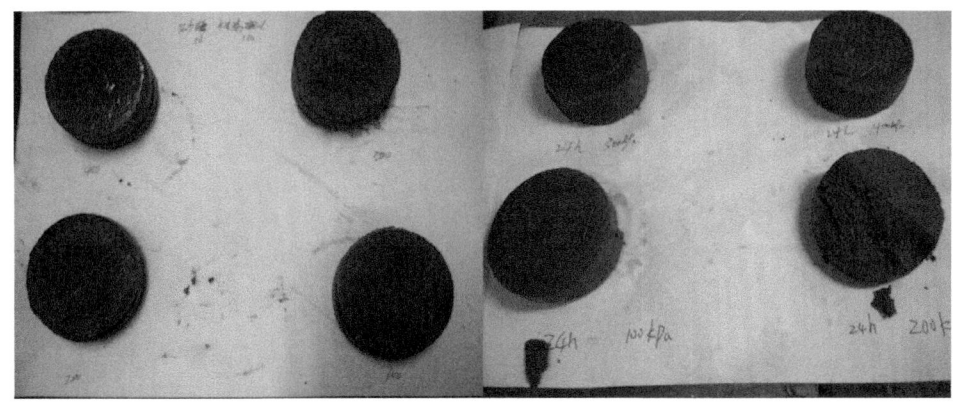

图 7.72 第二部分第三组直剪实验试件照片

4) 配比精细研究阶段第二部分实验结论

本部分将河砂作为外加剂加入，并改变水泥和水玻璃用量，测定改变这三种材料用量对浆液性质影响。通过对比不同配比的抗剪强度和凝结时间，我们最终选定较符合要求的 6-3-1 组作为本部分实验的最优配比，即 A 液：水泥 96.00g、膨润土 54.00g、粉煤灰 36.00g、河砂 28.00g、水 442.00mL，B 液：水玻璃 110.00mL、水 50.00mL。

3. 第三部分：A 液：水泥+膨润土+粉煤灰+明矾+水，B 液：水玻璃+水

1) 收缩实验说明

在前面的实验中，抗剪强度的测定需要对不同时间段的试件进行直剪实验，在实验中我们发现，试件凝结后会随着时间延长发生不同程度的收缩。在实际的盾构注浆中，如果注浆后浆液收缩严重，会导致上覆土体的沉降，注浆就无法有效抑制沉降，更谈不上精准微沉降控制。因此，为了保证浆液能够有效地控制沉降，我们在后面进行了浆液收缩性试验研究。通过测试浆液在空气中、砂土中、薄膜密闭三种环境中的收缩值，判断不同配比的浆液在不同环境下的收缩特性，如图 7.73 所示。

2) 实验内容

以大范围初步研究阶段第四组的优选配比为基础，即 A 液：水泥 96.00g、膨润土 54.00g、粉煤灰 36.00g、水 442.00mL，B 液：水玻璃 150.00mL、水 60.00mL。保持其他材料不变，将明矾用量由 2.00g 等量增加至 10.00g，测试浆液在竖向压力分别 100kPa、200kPa、300kPa、400kPa 下 0.5h 的抗剪强度和凝结时间，并测定浆液在不同时间下三种环境中的收缩性。实验结果为：①浆液抗剪强度随明矾增加先降低后又有所增加，但变化不大，凝结时间基本无变化；②三种环境中，浆液在薄膜密闭环境中几乎不收缩，在空气和砂土环境中收缩值均随时间增加而增加，在空气中收缩最为明显。

3) 实验结果

实验测定抗剪强度及凝结时间变化如表 7.24 所示，抗剪强度随明矾用量变化曲线如图 7.74 所示。测得收缩值变化如表 7.25 所示，收缩值随时间变化曲线如图 7.75～图 7.79 所示。加入明矾后直剪实验如图 7.80 所示，收缩性实验如图 7.81 所示。

图 7.73 收缩性实验照片

表 7.24 第三部分加入明矾 0.5h 的直剪试验结果

实验编号	A 液=水泥+膨润土+粉煤灰+明矾+水					B 液=水玻璃+水		测试结果					
	水泥/g	膨润土/g	粉煤灰/g	明矾/g	水/mL	水玻璃/mL	水/mL	凝结时间/s	凝结后测试时间/h	竖向压力100kPa抗剪强度/kPa	竖向压力200kPa抗剪强度/kPa	竖向压力300kPa抗剪强度/kPa	竖向压力400kPa抗剪强度/kPa
7-1-1	96.00	54.00	36.00	2.00	442.00	150.00	60.00	90	0.5	8.405	8.405	10.085	16.809
7-1-2	96.00	54.00	36.00	4.00	442.00	150.00	60.00	120	0.5	9.245	7.732	6.724	6.724
7-1-3	96.00	54.00	36.00	6.00	442.00	150.00	60.00	120	0.5	6.724	8.741	7.060	11.766
7-1-4	96.00	54.00	36.00	8.00	442.00	150.00	60.00	120	0.5	4.202	6.387	6.724	7.564
7-1-5	96.00	54.00	36.00	10.00	442.00	150.00	60.00	120	0.5	16.809	18.490	21.852	21.852

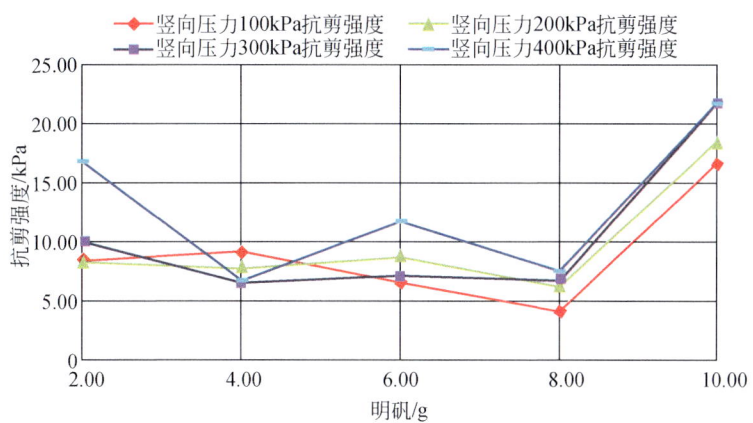

图 7.74 第三部分抗剪强度随明矾用量变化曲线

表 7.25 第三部分加入明矾五组配比的收缩性实验结果

实验编号	A液=水泥+膨润土+粉煤灰+明矾+水					B液=水玻璃+水		砂土、空气和薄膜收缩测试结果/mm					
	水泥/g	膨润土/g	粉煤灰/g	明矾/g	水/mL	水玻璃/mL	水/mL	0.5h	3.0h	6.0h	12.0h	24.0h	48.0h
7-1-1	96.00	54.00	36.00	2.00	442.00	150.00	60.00	1	1	2	3	3	4
								1	1	1	2	4	6
								0	0	0	0	0	1
7-1-2	96.00	54.00	36.00	4.00	442.00	150.00	60.00	0	2	3	3	4	6
								0	1	1	1	4	8
								0	0	0	0	0	0
7-1-3	96.00	54.00	36.00	6.00	442.00	150.00	60.00	0	2	3	3	4	8
								0	1	1	1	4	8
								0	0	0	0	0	0
7-1-4	96.00	54.00	36.00	8.00	442.00	150.00	60.00	0	2	2	2	3	4
								0	1	1	1	4	11
								0	0	0	0	0	0
7-1-5	96.00	54.00	36.00	10.00	442.00	150.00	60.00	0	1	2	4	4	4
								0	1	1	3	4	5
								0	0	0	0	0	0

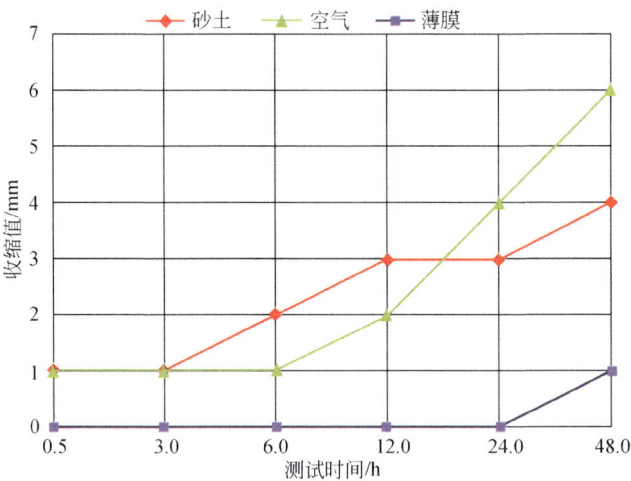

图 7.75　第三部分明矾用量 2.00g 时收缩值随时间变化曲线

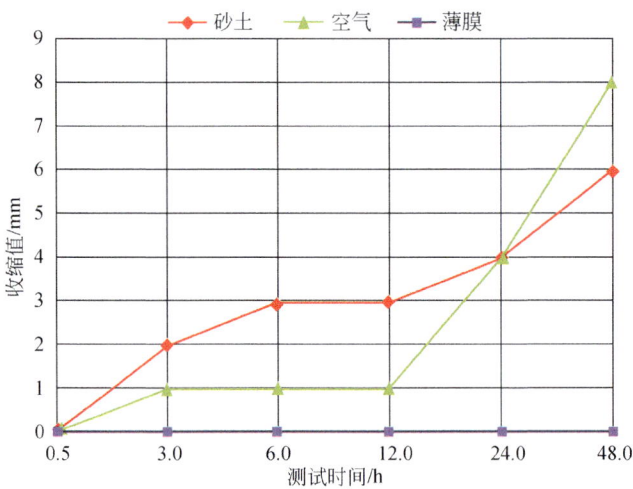

图 7.76　第三部分明矾用量 4.00g 时收缩值随时间变化曲线

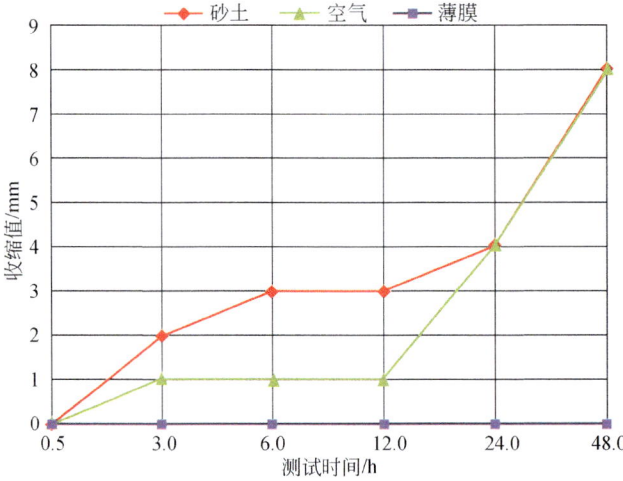

图 7.77　第三部分明矾用量 6.00g 时收缩值随时间变化曲线

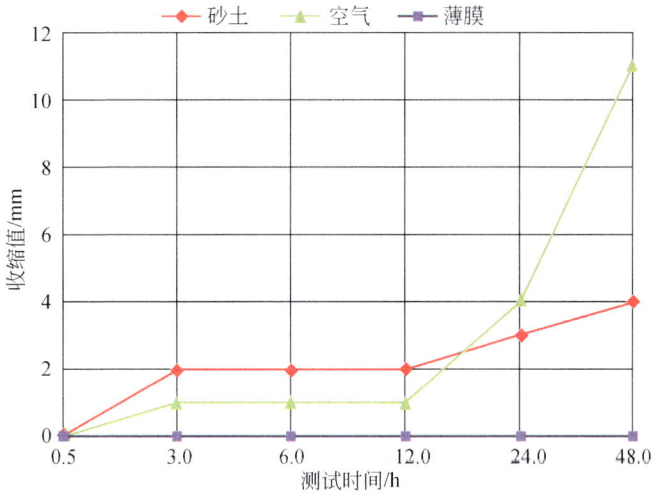

图 7.78　第三部分明矾用量 8.00g 时收缩值随时间变化曲线

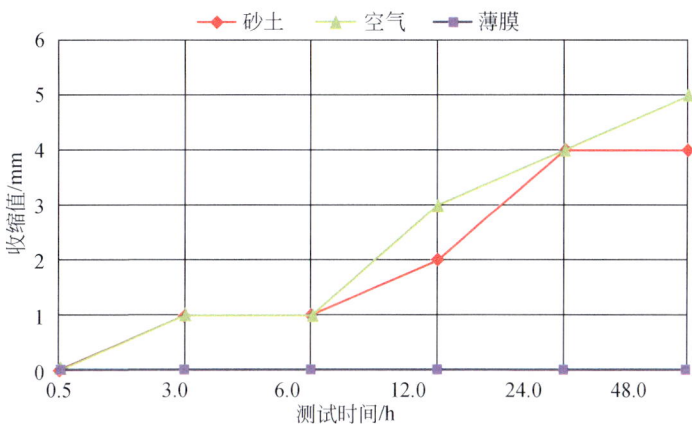

图 7.79　第三部分明矾用量 10.00g 时收缩值随时间变化曲线

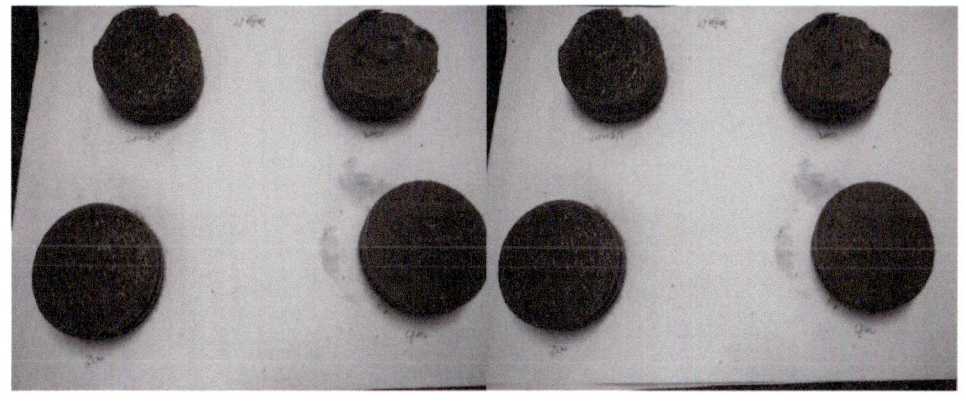

图 7.80　第三部分加入明矾直剪实验照片

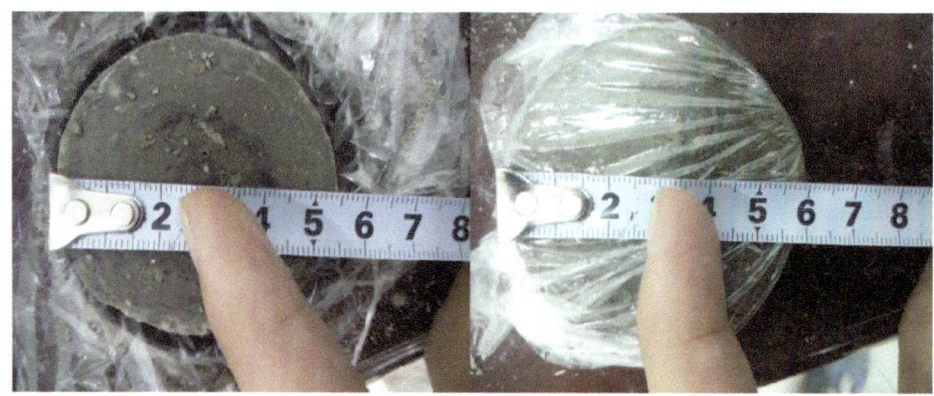

图 7.81 第三部分加入明矾收缩性实验照片

4）配比精细研究阶段第三部分实验结论

本部分中我们将明矾用量作为单一变量，测定五种配比在四个竖向压力下的抗剪强度和不同时间段的收缩值。通过对比，我们发现，增大明矾的用量对于浆液的抗剪强度和凝结时间影响并不大，明矾用量变化对于收缩值的影响也不大。出于对经济性的考虑，我们最终选择 7-1-1 组的配比作为本部分实验的最优配比，即 A 液：水泥 96.00g、膨润土 54.00g、粉煤灰 36.00g、明矾 2.00g、水 442.00mL，B 液：水玻璃 150.00mL、水 50.00mL。

4. 第四部分：A 液：水泥+膨润土+粉煤灰+石膏+水，B 液：水玻璃+水

1）实验内容

以大范围初步研究阶段第四组的优选配比为基础，即 A 液：水泥 96.00g、膨润土 54.00g、粉煤灰 36.00g、水 442.00mL，B 液：水玻璃 150.00mL、水 60.00mL。保持其他材料不变，将石膏用量由 2.00g 等量增加至 10.00g，测试浆液在竖向压力分别 100kPa、200kPa、300kPa、400kPa 下 0.5h 的抗剪强度和凝结时间，并测定浆液在不同时间下三种环境中的收缩性。实验结果为：①浆液抗剪强度随石膏用量增加先降低后又有所增加，但变化不大，凝结时间稍有减少；②三种环境中，浆液在薄膜密闭环境中几乎不收缩，在空气和砂土环境中收缩值均随时间增加而增加，在空气中收缩最为明显。

2）实验结果

实验测定抗剪强度及凝结时间变化如表 7.26 所示，抗剪强度随石膏用量变化曲线如图 7.82 所示。测得收缩值变化如表 7.27 所示，收缩值随时间变化曲线如图 7.83～图 7.87 所示。加入石膏后直剪实验如图 7.88 所示，收缩性实验如图 7.89 所示。

表 7.26 第四部分加入石膏直剪实验结果

实验编号	A 液=水泥+膨润土+粉煤灰+石膏+水					B 液=水玻璃+水		测试结果					
	水泥/g	膨润土/g	粉煤灰/g	石膏/g	水/mL	水玻璃/mL	水/mL	凝结时间/s	凝结后测试时间/h	竖向压力100kPa抗剪强度/kPa	竖向压力200kPa抗剪强度/kPa	竖向压力300kPa抗剪强度/kPa	竖向压力400kPa抗剪强度/kPa
8-1-1	96.00	54.00	36.00	2.00	442.00	150.00	60.00	120	0.5	8.405	11.766	11.766	15.128

续表

实验编号	A液=水泥+膨润土+粉煤灰+石膏+水					B液=水玻璃+水		测试结果					
	水泥/g	膨润土/g	粉煤灰/g	石膏/g	水/mL	水玻璃/mL	水/mL	凝结时间/s	凝结后测试时间/h	竖向压力100kPa抗剪强度/kPa	竖向压力200kPa抗剪强度/kPa	竖向压力300kPa抗剪强度/kPa	竖向压力400kPa抗剪强度/kPa
8-1-2	96.00	54.00	36.00	4.00	442.00	150.00	60.00	110	0.5	8.405	8.405	11.766	11.766
8-1-3	96.00	54.00	36.00	6.00	442.00	150.00	60.00	100	0.5	6.724	8.405	11.766	11.766
8-1-4	96.00	54.00	36.00	8.00	442.00	150.00	60.00	90	0.5	4.202	8.405	5.043	8.405
8-1-5	96.00	54.00	36.00	10.00	442.00	150.00	60.00	90	0.5	6.724	8.573	8.405	10.085

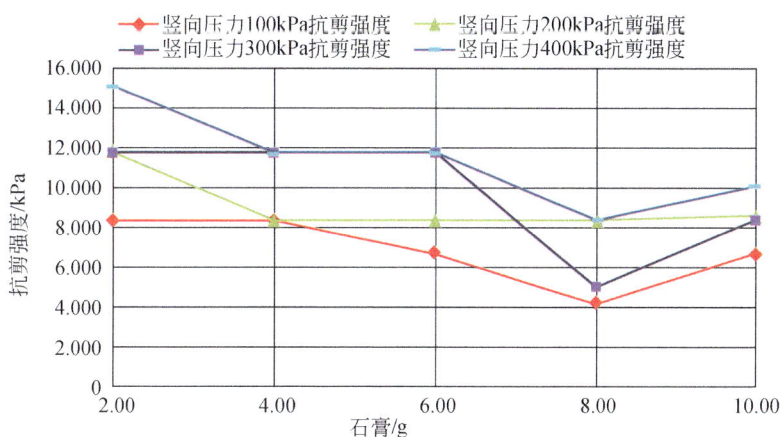

图 7.82　第四部分抗剪强度随石膏用量变化曲线

表 7.27　第四部分加入石膏后收缩性实验结果

实验编号	A液=水泥+膨润土+粉煤灰+石膏+水					B液=水玻璃+水		砂土、空气和薄膜收缩测试结果/mm					
	水泥/g	膨润土/g	粉煤灰/g	石膏/g	水/mL	水玻璃/mL	水/mL	0.5h	3.0h	6.0h	12.0h	24.0h	48.0h
8-1-1	96.00	54.00	36.00	2.00	442.00	150.00	60.00	0	1	1	1	2	2
								0	0	0	1	3	6
								0	0	0	0	0	0
8-1-2	96.00	54.00	36.00	4.00	442.00	150.00	60.00	0	0	0	1	2	2
								0	0	0	1	1	7
								0	0	0	0	0	0
8-1-3	96.00	54.00	36.00	6.00	442.00	150.00	60.00	0	0	0	0	1	1
								0	0	0	1	2	9
								0	0	0	0	0	0

续表

实验编号	A 液=水泥+膨润土+粉煤灰+石膏+水					B 液=水玻璃+水		砂土、空气和薄膜收缩测试结果/mm					
	水泥/g	膨润土/g	粉煤灰/g	石膏/g	水/mL	水玻璃/mL	水/mL	0.5h	3.0h	6.0h	12.0h	24.0h	48.0h
8-1-4	96.00	54.00	36.00	8.00	442.00	150.00	60.00	0	0	0	1	1	1
								0	0	0	1	4	7
								0	0	0	0	0	0
8-1-5	96.00	54.00	36.00	10.00	442.00	150.00	60.00	0	0	0	0	1	2
								0	0	0	0	2	6
								0	0	0	0	0	0

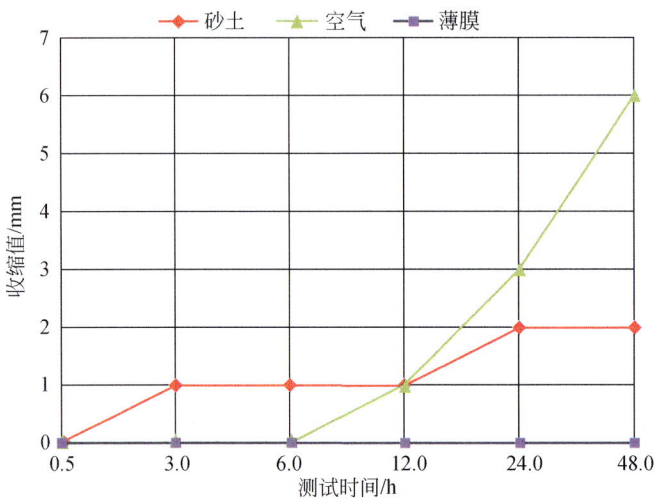

图 7.83 第四部分石膏用量 2.00g 时收缩值变化曲线

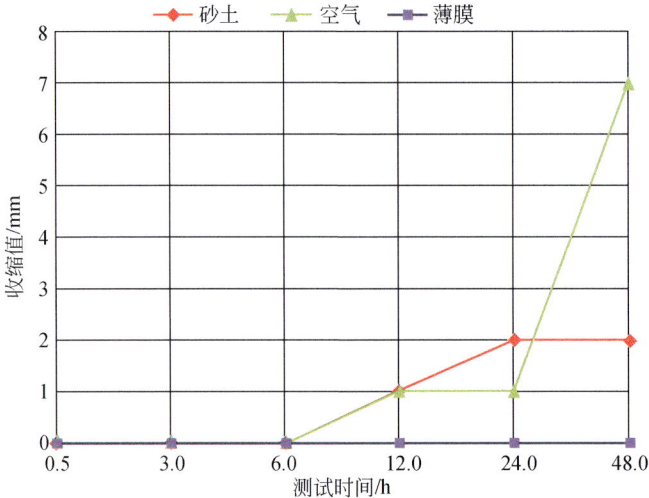

图 7.84 第四部分石膏用量 4.00g 时收缩值变化曲线

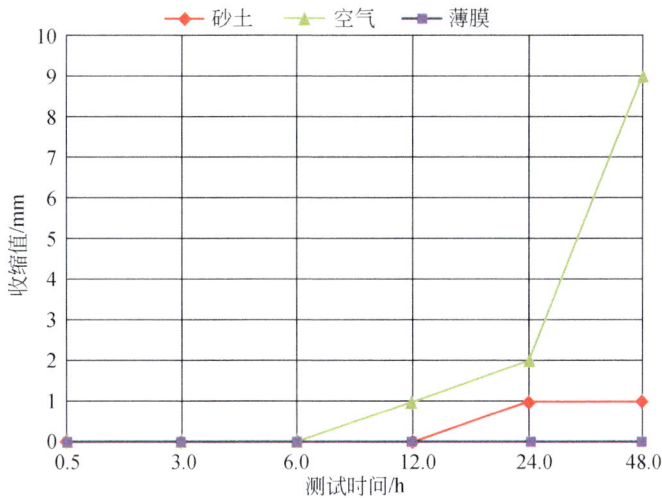

图 7.85　第四部分石膏用量 6.00g 时收缩值变化曲线

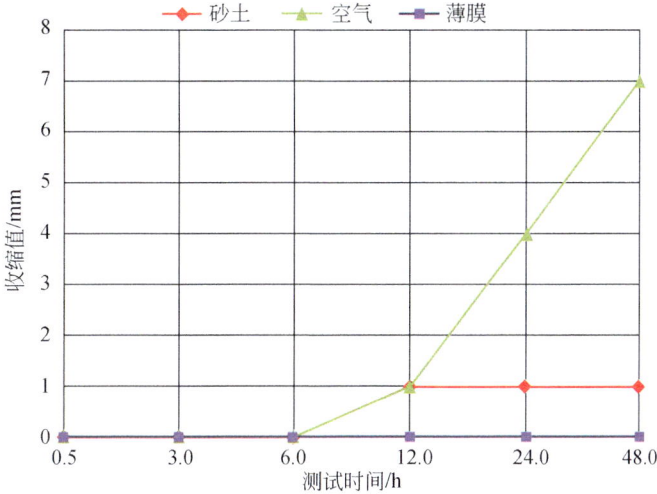

图 7.86　第四部分石膏用量 8.00g 时收缩值变化曲线

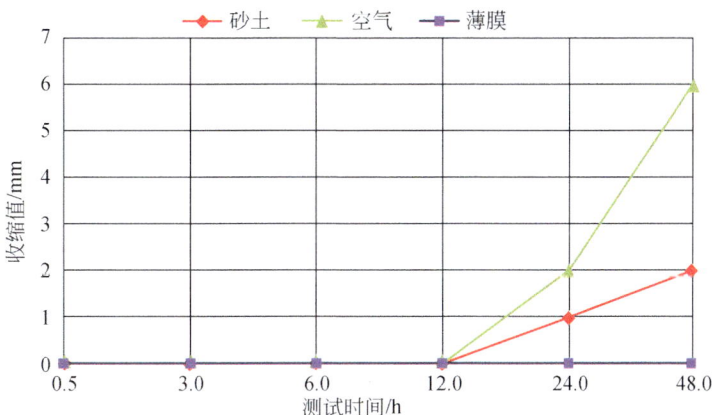

图 7.87　第四部分石膏用量 10.00g 时收缩值变化曲线

图 7.88 第四部分加入石膏直剪实验照片

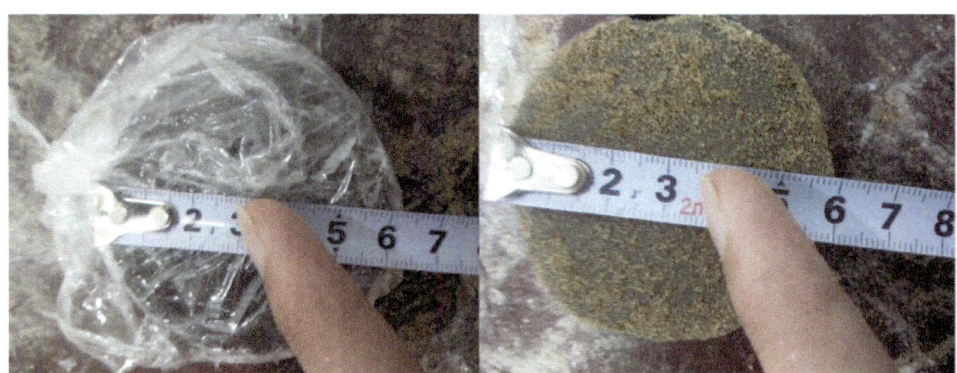

图 7.89 第四部分加入石膏收缩性照片

3) 配比精细研究阶段第四部分实验结论

在本部分中我们将石膏用量作为单一变量,测定五种配比在四个竖向压力下的抗剪强度和不同时间段的收缩值。通过对比,我们发现,增大石膏的用量对于浆液的抗剪强度和凝结时间影响并不大,石膏的用量对于收缩值的影响也不大。出于对经济性的考虑,我们最终选择 8-1-1 组的配比作为第四部分实验的最优配比,即 A 液:水泥 96.00g、膨润土 54.00g、粉煤灰 36.00g、石膏 2.00g、水 442.00mL,B 液:水玻璃 150.00mL、水 50.00mL。

5. 第五部分:A 液:水泥+膨润土+粉煤灰+膨胀剂+水,B 液:水玻璃+水

1) 实验内容

以大范围初步研究阶段第四组的优选配比为基础,即 A 液:水泥 96.00g、膨润土 54.00g、粉煤灰 36.00g、水 442.00mL,B 液:水玻璃 150.00mL、水 60.00mL。保持其他材料不变,将膨胀剂用量由 2.00g 等量增加至 10.00g,测试浆液在竖向压力分别为 100kPa、200kPa、300kPa、400kPa 下 0.5h 的抗剪强度和凝结时间,并测定浆液在不同时间下三种环境中的收缩性。实验结果为:①浆液抗剪强度随膨胀剂用量增加而减小,但变化不大,凝结时间随膨胀剂用量增加而减少;②三种环境中,浆液在薄膜密闭环境中几乎不收缩,在空气和砂土环境中收缩值均随时间增加而增加,在空气中收缩最为明显。

2) 实验结果

实验测定抗剪强度及凝结时间变化如表 7.28 所示，抗剪强度随膨胀剂用量变化曲线如图 7.90 所示。测得收缩值变化如表 7.29 所示，收缩值随时间变化曲线如图 7.91~图 7.95 所示。加入膨胀剂后直剪实验情况如图 7.96 所示，收缩性实验情况如图 7.97 所示。

表 7.28　第五部分加入膨胀剂直剪实验结果

实验编号	A 液=水泥+膨润土+粉煤灰+膨胀剂+水					B 液=水玻璃+水		测试结果					
	水泥/g	膨润土/g	粉煤灰/g	膨胀剂/g	水/mL	水玻璃/mL	水/mL	凝结时间/s	凝结后测试时间/h	竖向压力100kPa抗剪强度/kPa	竖向压力200kPa抗剪强度/kPa	竖向压力300kPa抗剪强度/kPa	竖向压力400kPa抗剪强度/kPa
9-1-1	96.00	54.00	36.00	2.00	442.00	150.00	60.00	140	0.5	8.405	8.405	15.128	18.490
9-1-2	96.00	54.00	36.00	4.00	442.00	150.00	60.00	70	0.5	4.202	4.202	5.043	6.724
9-1-3	96.00	54.00	36.00	6.00	442.00	150.00	60.00	80	0.5	4.202	5.211	5.883	6.724
9-1-4	96.00	54.00	36.00	8.00	442.00	150.00	60.00	80	0.5	3.866	5.043	5.043	5.043
9-1-5	96.00	54.00	36.00	10.00	442.00	150.00	60.00	80	0.5	5.883	5.043	6.724	4.220

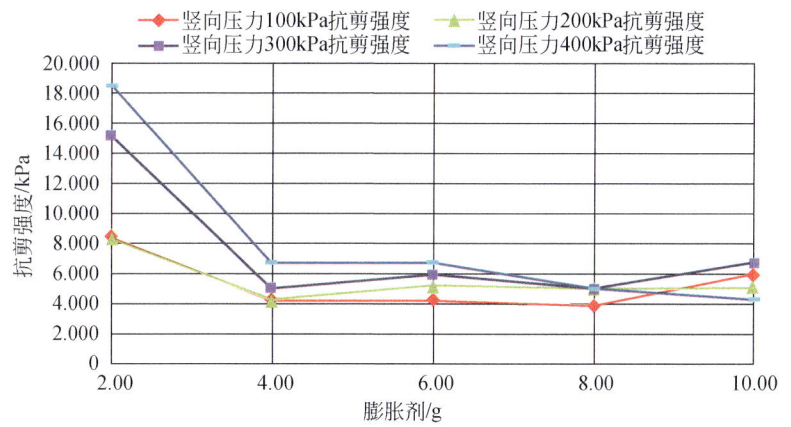

图 7.90　第五部分抗剪强度随膨胀剂用量变化曲线

表 7.29　第五部分加入膨胀剂收缩性实验结果

实验编号	A 液=水泥+膨润土+粉煤灰+膨胀剂+水					B 液=水玻璃+水		砂土、空气和薄膜收缩测试结果/mm					
	水泥/g	膨润土/g	粉煤灰/g	膨胀剂/g	水/mL	水玻璃/mL	水/mL	0.5h	3.0h	6.0h	12.0h	24.0h	48.0h
9-1-1	96.00	54.00	36.00	2.00	442.00	150.00	60.00	0	1	1	1	2	2
								0	0	0	1	3	6
								0	0	0	0	0	0

续表

实验编号	A液=水泥+膨润土+粉煤灰+膨胀剂+水					B液=水玻璃+水		砂土、空气和薄膜收缩测试结果/mm					
	水泥/g	膨润土/g	粉煤灰/g	膨胀剂/g	水/mL	水玻璃/mL	水/mL	0.5h	3.0h	6.0h	12.0h	24.0h	48.0h
9-1-2	96.00	54.00	36.00	4.00	442.00	150.00	60.00	0	0	0	1	2	2
								0	0	0	1	1	7
								0	0	0	0	0	0
9-1-3	96.00	54.00	36.00	6.00	442.00	150.00	60.00	0	0	0	0	1	1
								0	0	0	1	2	9
								0	0	0	0	0	0
9-1-4	96.00	54.00	36.00	8.00	442.00	150.00	60.00	0	0	0	1	1	1
								0	0	0	1	4	7
								0	0	0	0	0	0
9-1-5	96.00	54.00	36.00	10.00	442.00	150.00	60.00	0	0	0	0	1	2
								0	0	0	0	2	6
								0	0	0	0	0	0

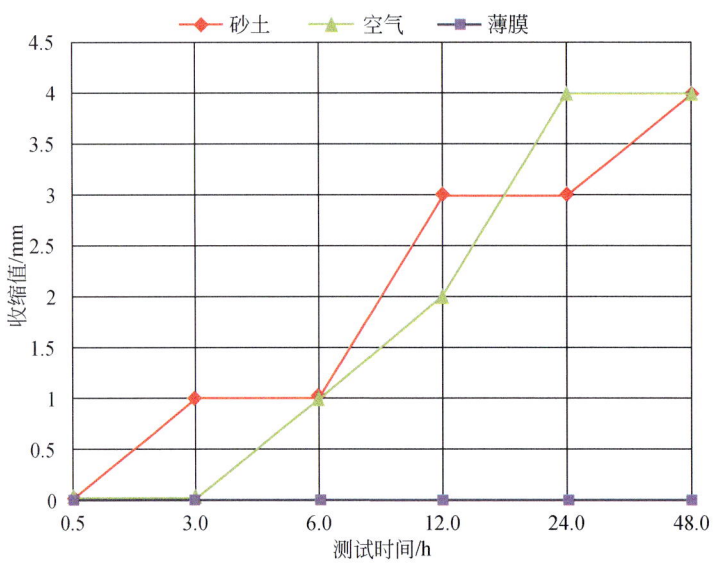

图7.91 第五部分膨胀剂用量2.00g时收缩值变化曲线

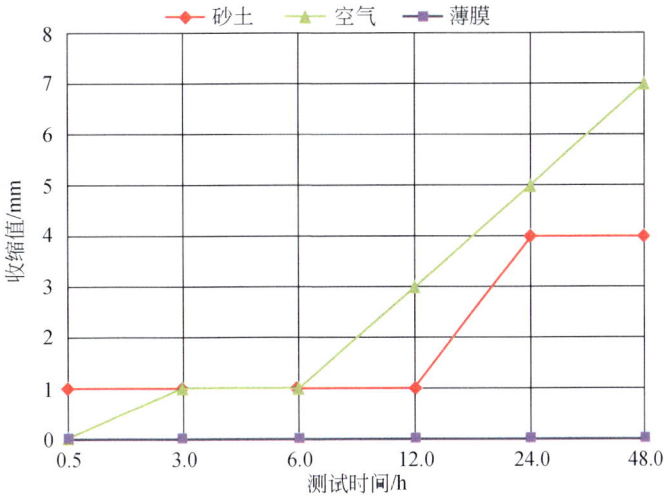

图 7.92　第五部分膨胀剂用量 4.00g 时收缩值变化曲线

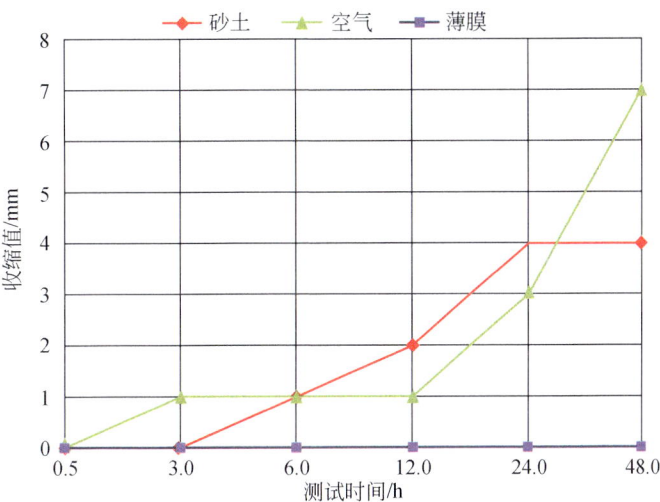

图 7.93　第五部分膨胀剂用量 6.00g 时收缩值变化曲线

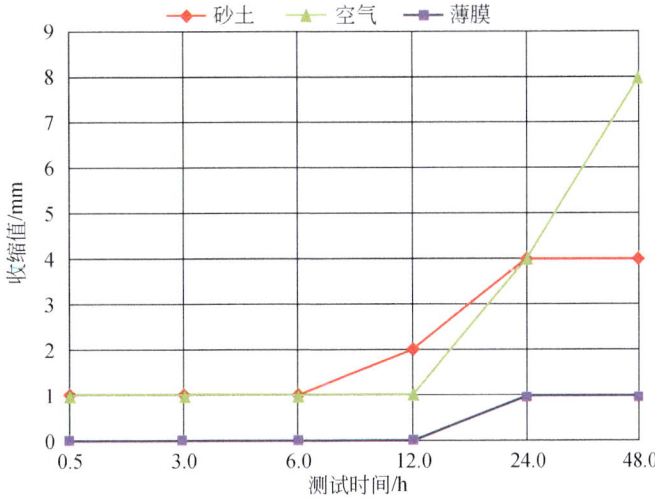

图 7.94　第五部分膨胀剂用量 8.00g 时收缩值变化曲线

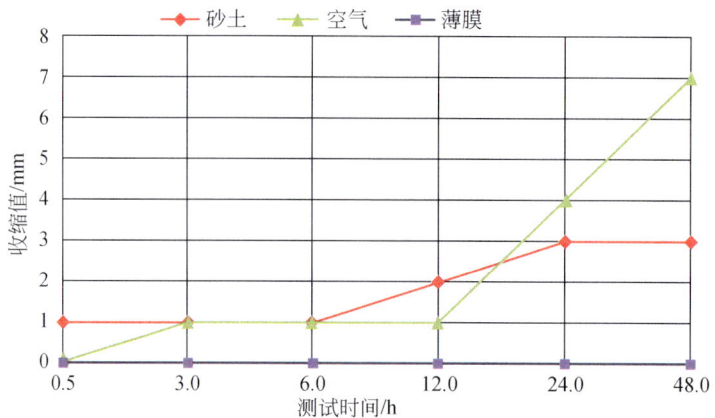

图 7.95 第五部分膨胀剂用量 10.00g 时收缩值变化曲线

图 7.96 第五部分加入膨胀剂直剪实验照片

图 7.97 第五部分加入膨胀剂收缩性实验照片

3) 配比精细研究阶段第五部分实验结论

本部分中我们将膨胀剂用量作为单一变量，测定五种配比在四个竖向压力下的抗剪强度和不同时间段的收缩值。通过对比，我们发现，增大膨胀剂的用量对于浆液的抗剪强度和凝结时间影响并不大，膨胀剂石膏的用量对于收缩值的影响不大。出于对经济性的考虑，我们最终选择9-1-1组的配比作为第五部分实验的最优配比，即A液：水泥96.00g、膨润土54.00g、粉煤灰36.00g、膨胀剂2.00g、水442.00mL，B液：水玻璃150.00mL、水50.00mL。

7.2.3.3 实验室配比研究阶段初步结论

通过在实验室内大范围初步实验和精细实验两个阶段的研究，总共完成了九个部分、26组，共541个试件，如图7.98所示。

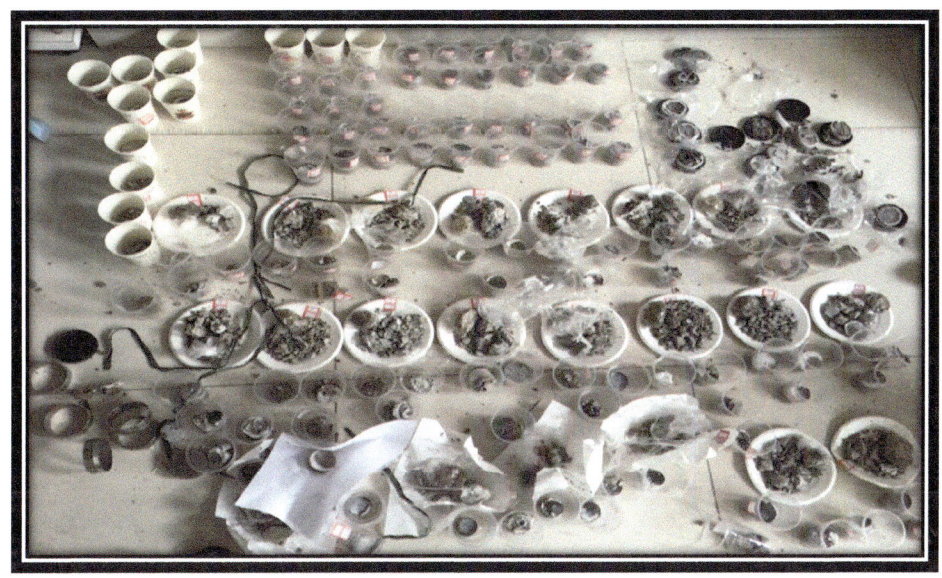

图7.98 实验室配比阶段试件照片

在实验室配比研究中，我们主要测定了不同配比材料的凝结时间、抗剪强度、收缩性等参数。通过这些参数的比较，我们最终在这26组实验中选取了七组较为符合要求的配比，作为实验室配比研究中的优选配比，如表7.30所示，以适用于不同地层条件下的精准微沉降控制中盾注浆使用。

表7.30 实验室七组优选配比

配比组号 （实验编号）	试验材料种类及用量					
配比1组 (2-5-4)	A液＝水泥+膨润土+水			B液＝水玻璃+水		
	水泥/g	膨润土/g	水/g	水玻璃/mL	水/mL	
	120.00	60.00	396.00	240.00	60.00	
配比2组 (4-1-14)	A液＝水泥+粉煤灰+膨润土+水				B液＝水玻璃+水	
	水泥/g	粉煤灰/g	膨润土/g	水/g	水玻璃/mL	水/mL
	96.00	36.00	54.00	442.00	150.00	60.00

续表

配比组号 (实验编号)	试验材料种类及用量						
配比3组 (5-1-1)	A液=水泥+膨润土+粉煤灰+KF-A+水					B液=水玻璃+水	
	水泥/g	膨润土/g	粉煤灰/g	KF-A/g	水/g	水玻璃/mL	水/mL
	96.00	54.00	36.00	2.00	442.00	150.00	60.00
配比4组 (6-3-1)	A液=水泥+膨润土+粉煤灰+河砂+水					B液=水玻璃+水	
	水泥/g	膨润土/g	粉煤灰/g	河砂/g	水/g	水玻璃/mL	水/mL
	96.00	54.00	36.00	28.00	442.00	110.00	60.00
配比5组 (7-1-1)	A液=水泥+膨润土+粉煤灰+明矾+水					B液=水玻璃+水	
	水泥/g	膨润土/g	粉煤灰/g	明矾/g	水/g	水玻璃/mL	水/mL
	96.00	54.00	36.00	2.00	442.00	150.00	60.00
配比6组 (8-1-1)	A液=水泥+膨润土+粉煤灰+石膏+水					B液=水玻璃+水	
	水泥/g	膨润土/g	粉煤灰/g	石膏/g	水/g	水玻璃/mL	水/mL
	96.00	54.00	36.00	2.00	442.00	150.00	60.00
配比7组 (9-1-1)	A液=水泥+膨润土+粉煤灰+膨胀剂+水					B液=水玻璃+水	
	水泥/g	膨润土/g	粉煤灰/g	膨胀剂/g	水/g	水玻璃/mL	水/mL
	96.00	54.00	36.00	2.00	442.00	150.00	60.00

7.2.4 模型实验研究

1. 试验目的

在实验室内进行了大量的配合比和性能试验研究，确定了适用于不同地层不同环境的盾构施工新型同步中盾注浆材料种类及其配比。由于实验室内的配比和性能试验仅能验证在实验室内浆液的强度等参数，无法验证其在现场施工中的性能以及注入土体后的混合效果。

基于以上背景，在中国矿业大学（北京）地下工程相似模拟试验中心，进行新型同步中盾注浆材料在实际盾构施工中的模拟应用试验，试验主要研究以下内容：①进行新型同步中盾注浆材料与土体混合效果研究；②进行新型同步中盾双液注浆材料的混合注入效果研究；③进行新型同步中盾注浆材料对开挖间隙的填充效果研究。

2. 试验设备

本次试验利用课题组研制的城市地下空间工程试验系统模拟盾构开挖隧道（已获得国家专利），该试验系统主要包括以下几部分：①箱体、②数据采集系统、③油路加载系统、④压力加载系统、⑤水系统。操作起来方便、对试验结果一目了然。试验系统如图7.99所示。

图 7.99 城市地下工程相似模拟试验系统

3. 试验内容

1) 试验步骤

(1) 向箱内填充土体材料,土体材料选择北京新机场线 6 标基坑内粉质黏土,如图 7.100 所示。

图 7.100 土体材料照片

(2) 在箱内土体材料中预设垂直于模型盾构上方的注浆管路，注浆管直径 $\Phi 3\mathrm{cm}$，如图 7.101、图 7.102 所示。

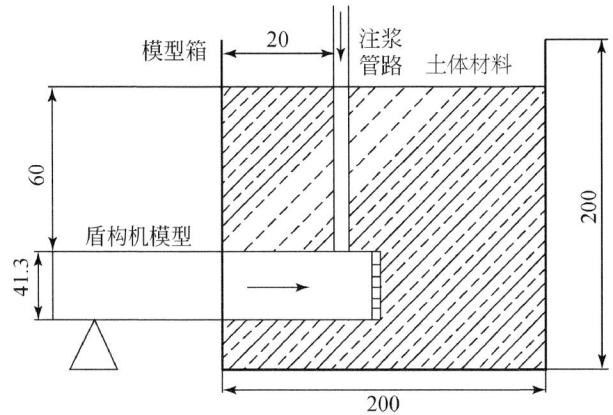

图 7.101　注浆方案剖面图（单位：cm）

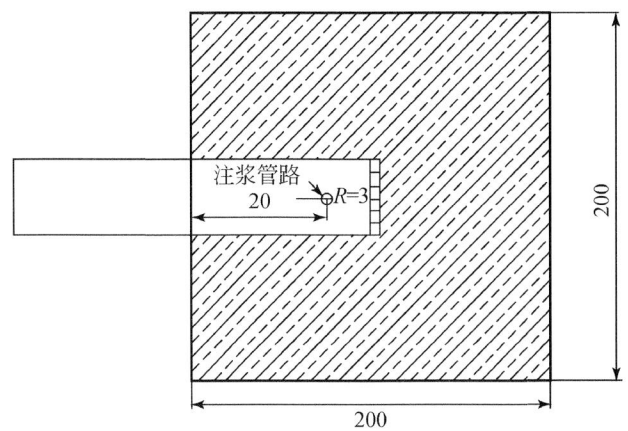

图 7.102　注浆方案平面图（单位：cm）

(3) 控制盾构机以 1~3cm/min 的速度切削箱内土体，当盾构机掘进至 25cm 后，进行同步注浆操作。

2) 试验数据分析

由于模型盾构机的出土系统无法完全匹配实际中的盾构推进系统，因此试验中盾构机的掘进分为"掘进土体""脱离土体""盾构停机"三个阶段；

(1) "掘进土体"：该阶段为盾构向模型箱内部前进并切削土体，完成模拟推进的试验步序，盾构在掘进土体阶段，推力数值显示为正值。

(2) "脱离土体"：该阶段为盾构在掘进完毕后，需要进行远离土体方向运动以便顺利出土，盾构在脱离土体阶段，推力数值显示为负值。

(3) "盾构停机"：该阶段为盾构掘进完毕后，停止盾构掘进并进行相关渣土清理、读取数据等相关工作的步序，盾构在停机阶段，推力数值显示为 0 或接近于 0。

模型盾构机在掘进过程中，刀盘逆时针转动扭矩为负，刀盘顺时针转动扭矩为正。

在整个室内模型试验过程中，盾构的掘进部分一共分为六个阶段，其中第一至五阶段为正常掘进，第六阶段为加入同步注浆后的掘进，每个掘进阶段均包括"掘进土体"和"脱离土体"两部分。试验参数变化曲线如图 7.103 所示。

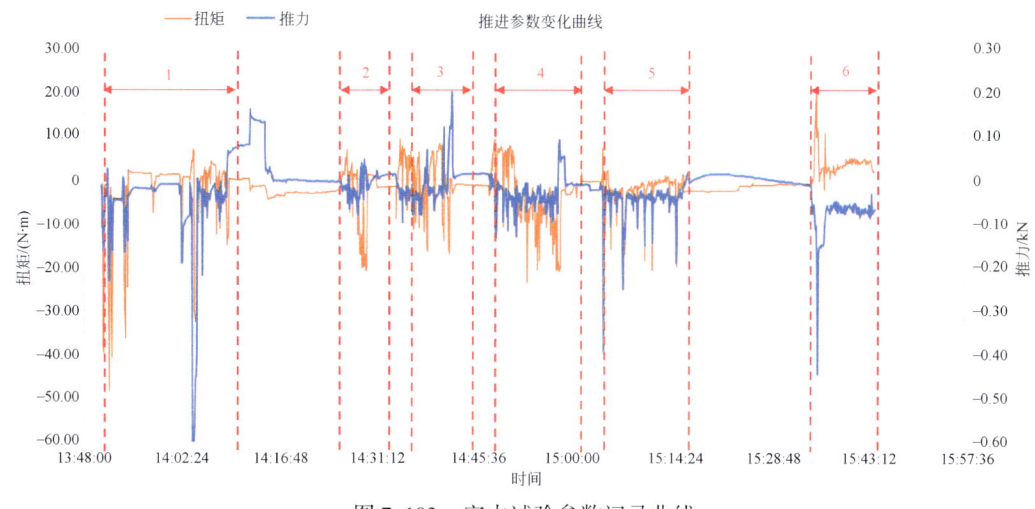

图 7.103　室内试验参数记录曲线

1~6 代表第一阶段至第六阶段

为了便于进行参数的分析，取每个阶段推力和扭矩的最大值以及平均值，如表 7.31 所示。

表 7.31　盾构推进相应参数变化情况

推进参数		第一阶段	第二阶段	第三阶段	第四阶段	第五阶段	第六阶段（注浆）
推力 /kN	最大值	−0.60	−0.08	0.20	−0.13	−0.40	−0.45
	平均值	−0.06	−0.01	−0.02	−0.03	−0.05	−0.09
扭矩 /(N·m)	最大值	−48.00	−20.87	−16.91	−23.52	−20.65	21.34
	平均值	−2.83	−2.74	0.23	−3.58	−2.67	4.07

如表 7.31 所示，模型盾构机在六个阶段的掘进中：

第一阶段：模型盾构机从 13∶50 开始向前掘进，至 14∶10 掘进停止并控制盾构退回初始位置。此阶段盾构掘进过程中扭矩最大值为−48.00N·m，平均值为−2.83N·m；推力最大值为−0.60kN，平均值为−0.059kN。

第二阶段：模型盾构机从 14∶20 开始向前掘进，至 14∶30 掘进停止并控制盾构退回初始位置。此阶段盾构掘进过程中扭矩最大值为−20.87N·m，平均值为−2.74N·m；推力最大值为−0.08kN，平均值为−0.01kN。

第三阶段：模型盾构机从 14∶34 开始向前掘进，至 14∶42 掘进停止并控制盾构退回初始位置。此阶段盾构掘进过程中扭矩最大值为−16.91N·m，平均值为−0.23N·m；推力最大值为 0.20kN，平均值为-0.02kN。

第四阶段：模型盾构机从 14：48 开始向前掘进，至 14：58 掘进停止并控制盾构退回初始位置。此阶段盾构掘进过程中扭矩最大值为-23.52N·m，平均值为-3.58N·m；推力最大值为-0.13kN，平均值为-0.03kN。

第五阶段：模型盾构机从 15：04 开始向前掘进，至 15：15 掘进停止并控制盾构退回初始位置。此阶段盾构掘进过程中扭矩最大值为-48.00N·m，平均值为-2.83N·m；推力最大值为-0.6kN，平均值为-0.059kN。

第六阶段：在第五阶段掘进完毕后，盾构掘进至模型箱内部 25cm。当盾构刀盘再次到达切削面时，开启双液注浆机，控制注浆压力为 0.3MPa，注入混合浆液约 10L，并等待十分钟后再次启动盾构机向前掘进。此阶段盾构掘进过程中扭矩最大值为 21.34N·m，平均值为 4.07N·m；推力最大值为-0.45kN，平均值为-0.09kN。

在前五阶段的试验中，盾构实行"掘进、后退、停机、掘进"的循环掘进模式，掘进至模型箱内部 25cm 处，到达预设注浆管下方，如图 7.104、图 7.105 所示。

图 7.104 盾构切削土体

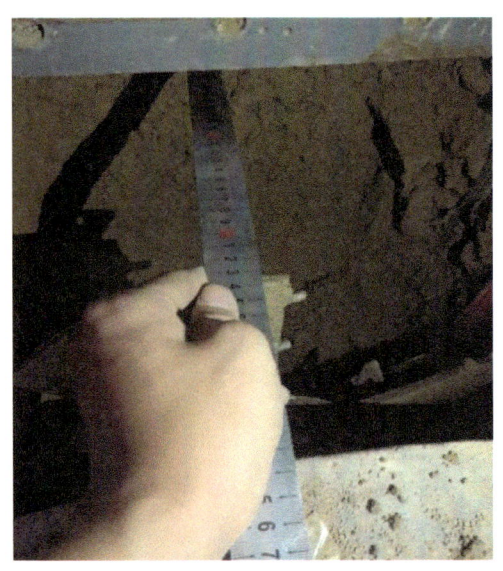
图 7.105 盾构即将到达注浆管

当试验进行第六阶段，即开始进行注浆后，盾构掘进的扭矩和推力的最大值以及平均值较前五阶段均有所增加。但在实际试验中，启动盾构机后，盾构仍然能够正常掘进，新型中盾浆液材料的注入并未影响盾构的推进。

3）小结

在模型试验过程中，盾构的推进导致推力和扭矩不断变化，而推力和扭矩的变化值在新型中盾浆液注浆前后并未发生明显的改变，并且实际试验中同步中盾注浆材料也并未对盾构的掘进造成影响。即在模型实验中同步中盾注浆材料并未对盾构的掘进产生不利影响。

4. 新型中盾浆液材料摩擦力试验

1) 试验目的

为了进一步验证新型中盾浆液材料在注入后对盾构施工的黏滞和阻碍作用,设计在实验室内进行新型中盾浆液材料的摩擦力和摩擦系数模拟试验,通过模拟盾构在同步注浆后掘进时受到的摩擦力,验证新型中盾注浆浆液的可注性与可行性。

试验预期验证目的:①试验新型中盾注浆材料与盾构外壁的摩擦力;②计算新型中盾注浆材料与盾壳的摩擦系数。

2) 试验过程

(1) 制作长 100cm,宽 20cm 钢板,模拟盾壳外壁材料,如图 7.106 所示;

(2) 将七组不同配比的新型同步浆液材料制备成不同质量的试件,每组六个试样,如图 7.107 所示;

(3) 使用电子拉力计匀速拉拽浆液试件,使其在模型盾构外壁上匀速前行,如图 7.108 所示;

(4) 记录每个试件在固定时间内的摩擦力变化值;

(5) 根据摩擦力与质量的关系计算浆液材料的摩擦系数。

图 7.106 盾构外壁材料

图 7.107 新型材料试件

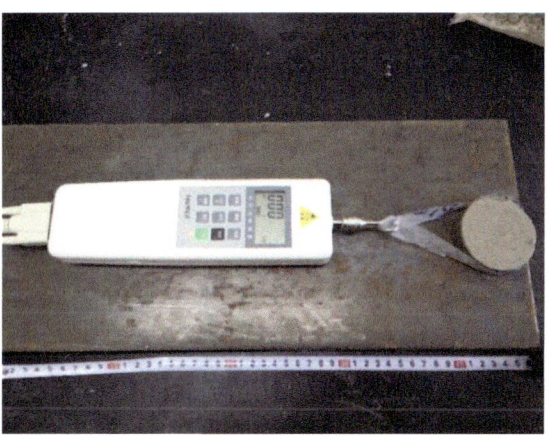

图 7.108 摩擦力测试过程

3) 试验结果与分析

摩擦力试验结果：测定浆液试件重力及浆液在盾壳外壁材料的摩擦力如表 7.32 所示。

表 7.32 摩擦力测试结果

配比组号	测试项目	试件 1	试件 2	试件 3	试件 4	试件 5	试件 6
1	摩擦力/N	0.6	0.63119	0.629667	1.017045	1.17625	1.094865
	试件质量/kg	0.0711	0.0721	0.0742	0.1409	0.1479	0.1487
	试件重力/N	0.69678	0.70658	0.72716	1.38082	1.44942	1.45726
2	摩擦力/N	0.812963	0.817111	0.850323	0.736522	1.098529	1.436667
	试件质量/kg	0.1174	0.1676	0.17	0.1426	0.1935	0.2474
	试件重力/N	1.15052	1.64248	1.666	1.39748	1.8963	2.42452
3	摩擦力/N	0.79	0.94	1.14	1.03	1.23	1.66
	试件质量/kg	0.1108	0.1276	0.1692	0.149	0.1944	0.2441
	试件重力/N	1.08584	1.25048	1.65816	1.4602	1.90512	2.39218
4	摩擦力/N	0.600588	0.923333	1.575625	0.780833	1.038571	1.349722
	试件质量/kg	0.1225	0.1741	0.2748	0.1494	0.1904	0.2516
	试件重力/N	1.2005	1.70618	2.69304	1.46412	1.86592	2.46568
5	摩擦力/N	0.693333	1.05625	1.614	0.915313	1.27	1.548095
	试件质量/kg	0.1245	0.1693	0.2513	0.1435	0.1919	0.2427
	试件重力/N	1.2201	1.65914	2.46274	1.4063	1.88062	2.37846
6	摩擦力/N	0.8275	1.200606	1.78	1.015714	1.481351	1.678718
	试件质量/kg	0.118	0.169	0.2727	0.1485	0.1985	0.247
	试件重力/N	1.1564	1.6562	2.67246	1.4553	1.9453	2.4206
7	摩擦力/N	0.904211	1.208462	1.883235	1.043214	1.359286	1.647297
	试件质量/kg	0.126	0.1731	0.2757	0.1437	0.193	0.2495
	试件重力/N	1.2348	1.69638	2.70186	1.40826	1.8914	2.4451

如表 7.32 所示，每组材料配制重量不同的试验材料，测试得到不同的摩擦力数值，为了计算摩擦系数，验证每组材料测定的摩擦力与试验重力的相关性，对每组配比的试验结果进行线性拟合，如图 7.109~图 7.115 所示。

第 7 章 开挖间隙填充工艺与填充材料

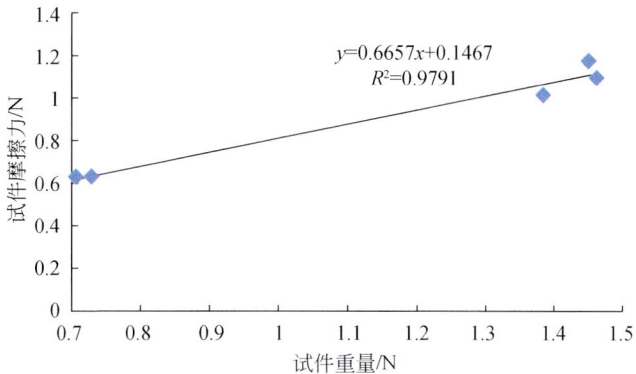

图 7.109 第一组配比材料材料摩擦力与试验重力相关性验证曲线

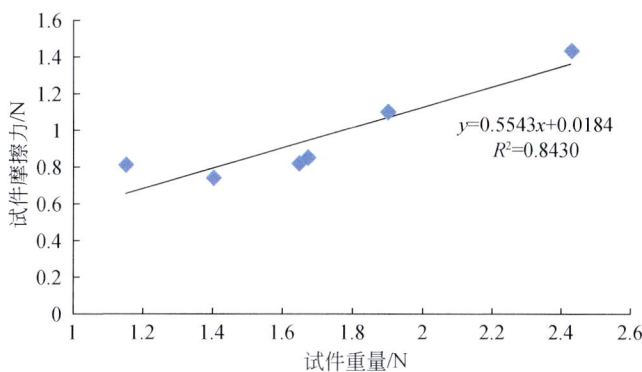

图 7.110 第二组配比材料摩擦力与试验重力相关性验证曲线

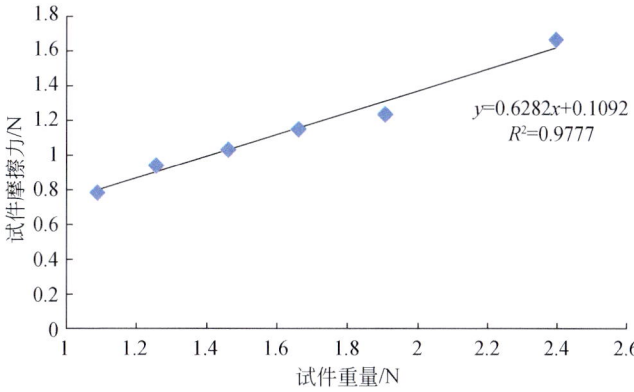

图 7.111 第三组配比材料摩擦力与试验重力相关性验证曲线

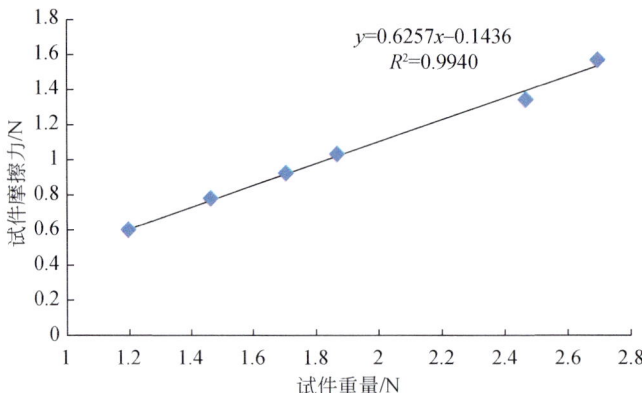

图 7.112　第四组配比材料摩擦力与试验重力相关性验证曲线

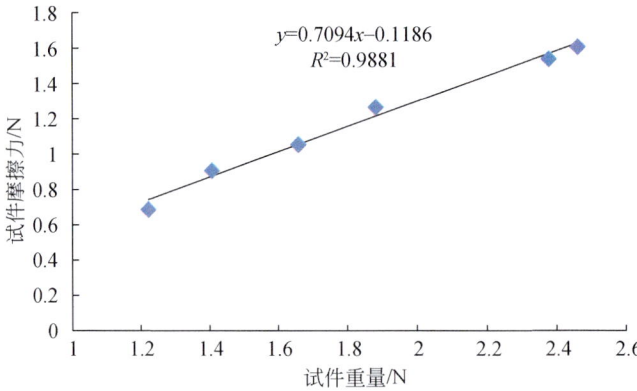

图 7.113　第五组配比材料摩擦力与试验重力相关性验证曲线

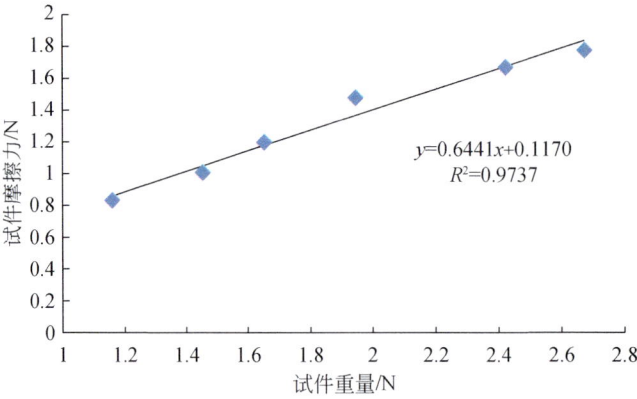

图 7.114　第六组配比材料摩擦力与试验重力相关性验证曲线

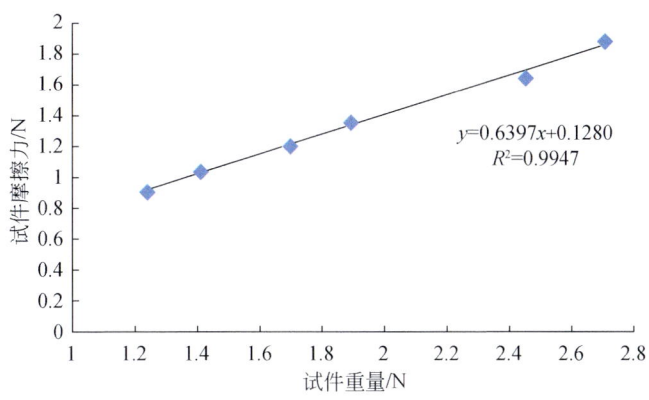

图 7.115　第七组配比材料摩擦力与试验重力相关性验证曲线

如图 7.109～图 7.115 所示，每类配比进行了六组不同重量的摩擦力试验，将测定的摩擦力数值进行线性回归分析，分析得出：七组配比测定的不同质量的摩擦力均符合线性关系，其中除了第二组以外的其他六组配比 R^2 超过 0.95，属于显著相关，即该试验中所测定摩擦力和试件重力的关系符合线性关系，即认为所测定摩擦力与试件重力间关系满足计算摩擦系数的条件。根据上述内容，求得各组摩擦系数如表 7.33 所示。

表 7.33　各组摩擦系数相应结果

配比组号	1	2	3	4	5	6	7
摩擦系数	0.6657	0.5543	0.6282	0.6257	0.7094	0.6441	0.6397

注：根据相关数据计算，北京市粉质黏土地层盾构施工摩擦系数为 0.6028。

4）小结

根据实验测试七组配比在不同重量下的摩擦力数值，计算各配比浆液的摩擦系数，并与盾构施工摩擦系数计算值进行对比，其中第二组浆液摩擦系数小于盾构施工摩擦系数，其余六组大于但接近盾构施工摩擦系数。

5. 结论

传统的同步注浆材料为盾尾注入，是为了填充盾尾空隙，浆液的性能要求具有较好稳定性和可注性，不易被水分散的性质及适宜的凝结时间等性能。

新型中盾注浆材料在盾构中盾注入，填充开挖间隙，这就要求材料除了具备基本的流动性和稳定性等性能外，还需要有更适用于开挖间隙填充的性能，其要求如下：

（1）浆液凝结时间短，在填充开挖间隙后能够迅速凝固，并与开挖地层有较好的匹配性。

（2）凝结体的抗剪切强度低，能够保证填充满开挖间隙后包裹盾体的浆液不影响盾构的正常推进，亦即不抱死盾体。

（3）凝结体具有一定的抗压强度和压缩模量，能够有效地控制盾体周围地层的位移。

(4) 浆液无毒，对环境无污染。
(5) 浆液原料易得，成本较低，对设备要求不高。

7.3 中盾新型注浆材料基本物理力学性质研究

为了对中盾注浆浆液有更进一步的认识，我们对优选出的七组配比进行材料性质研究，测试不同配比的材料在各个性质方面的差别。主要测试性质如下：
(1) 浆液密度和稠度；
(2) 浆液压缩性和渗透性；
(3) 浆液泌水率；
(4) 浆液抗压强度；
(5) 浆液收缩性；
(6) 浆液经济性；
(7) 浆液扩散性；
(8) 浆液微观结构。

7.3.1 浆液密度和稠度

1. 浆液密度测试

我们通过对每一组配比取三个试样的环刀并称取质量，再去皮环刀的质量计算密度，最后取其平均值。测得各配比密度如图 7.116 所示，实验情况如图 7.117 所示。

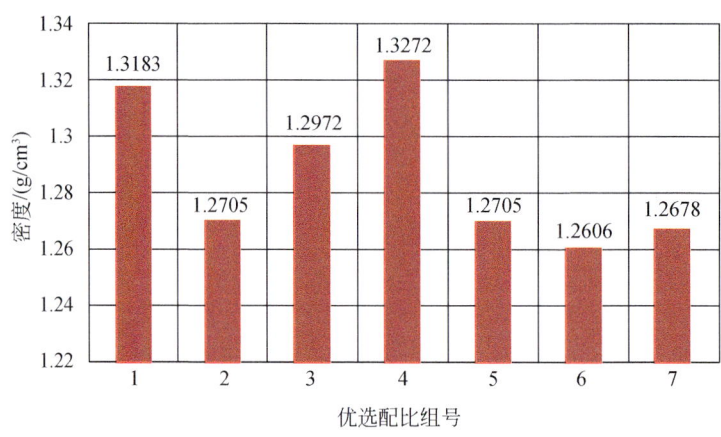

图 7.116 七组优选配比浆液密度变化图

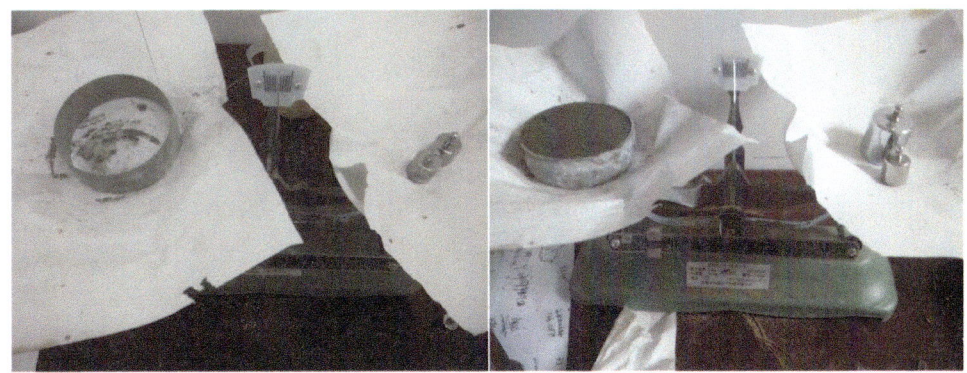

图 7.117 密度测试照片

2. 浆液稠度测试

我们对七组优选配比在 0.5h、3.0h、6.0h、12.0h 四个时段的稠度进行测试，测试结果如表 7.34 所示，稠度随时间变化如图 7.118 所示，稠度测试情况如图 7.119 所示。

表 7.34　七组优选配比浆液稠度实验结果

配比组号	稠度/cm			
	测试时间 0.5h	测试时间 3.0h	测试时间 6.0h	测试时间 12.0h
1	1.3	0.9	0.7	0.5
2	1.8	1.5	0.9	0.8
3	1.6	1.0	0.6	0.5
4	1.7	0.9	0.5	0.5
5	1.1	0.9	0.5	0.4
6	1.6	1.6	1.3	0.9
7	2.4	1.7	1.1	1.1

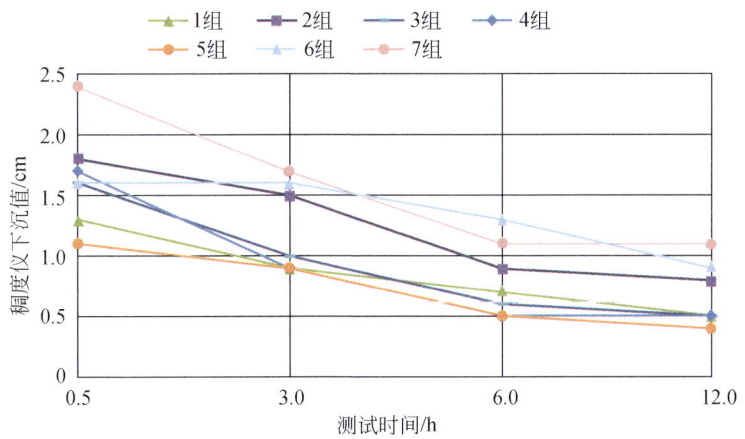

图 7.118　七组优选配比稠度随时间变化曲线

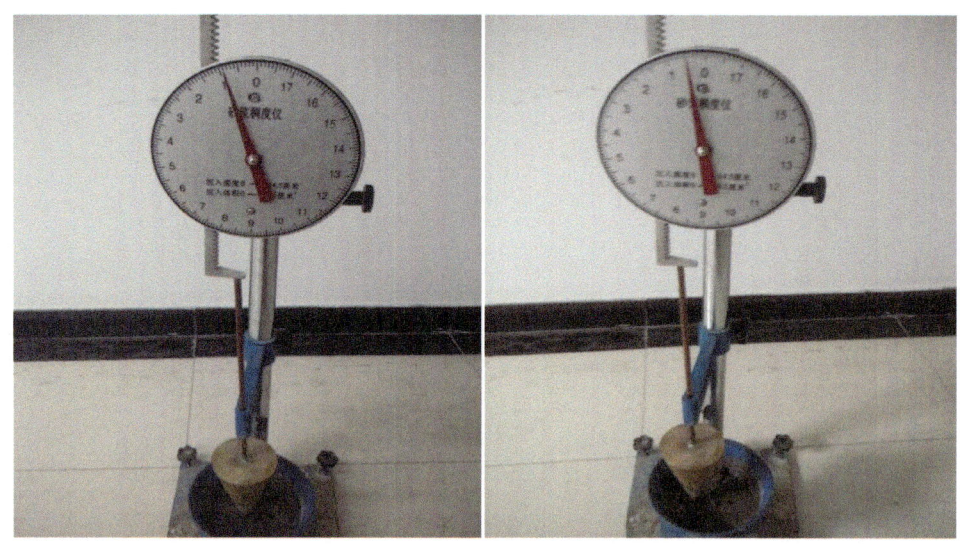

图 7.119 稠度试验照片

3. 结论

试验结果表明，七组配比浆液密度差别不大，均在 1.26~1.33g/cm³，小于原状土密度；浆液稠度随时间增加而有所增加，12.0h 后七组配比浆液稠度试验结果均在 0.4~1.1cm，其中第七组配比 12.0h 后稠度最小，下沉值为 1.1cm，说明其稠度最小，不易将盾构抱死，适用作中盾注浆材料。

7.3.2 浆液渗透性和压缩性

1. 浆液渗透性测试

土的渗透性表征水在土孔隙中渗透流动的性能，反映土渗透性指标的参数是渗透系数。土中的水受水位差和应力的影响而流动，砂土渗流基本服从达西定律。黏性土因为结合水的黏滞阻力，只有水力梯度增大到起始水力梯度，克服了结合水黏滞阻力后，水才能在土中渗透流动，黏性土渗流一般不符合达西定律。我们将七组配比材料通过实验室测试法测定其渗透性，测试结果如图 7.120 所示。

2. 浆液压缩性测试

压缩模量是判断浆液压缩性的指标，测定压缩模量是在完全侧限的条件下，浆液的竖向应力变化量与其相应的竖向应变变化量之比，称为压缩模量，用 E_s 表示。为了判断浆液的压缩性，我们对七组浆液的压缩模量进行测定，测试结果如表 7.35 所示，七组配比压缩模量变化曲线如图 7.121 所示。

第7章 开挖间隙填充工艺与填充材料

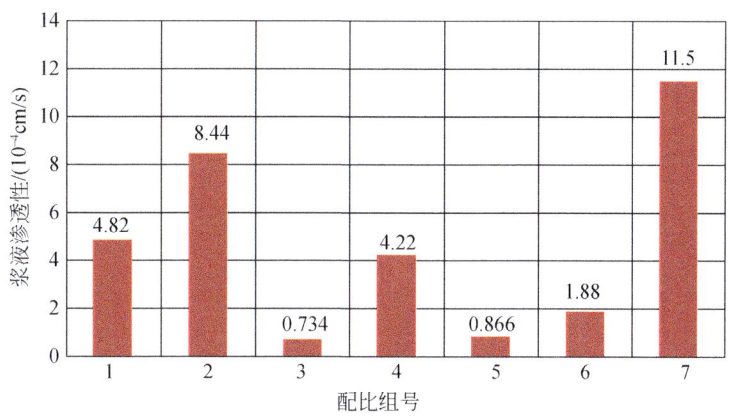

图 7.120 七组配比渗透性测试实验

表 7.35 七组配比压缩模量（E_s）测试实验结果

配比组号	压缩模量（E_s）/MPa			
	加压 0~50kPa	加压 50~100kPa	加压 100~200kPa	加压 200~300kPa
1	2.0	2.5	2.7	2.8
2	1.0	1.0	1.2	2.0
3	1.2	1.2	1.3	2.4
4	0.4	0.9	1.3	2.0
5	1.4	1.5	1.5	1.5
6	1.2	1.3	1.3	1.5
7	1.1	1.1	1.1	1.5

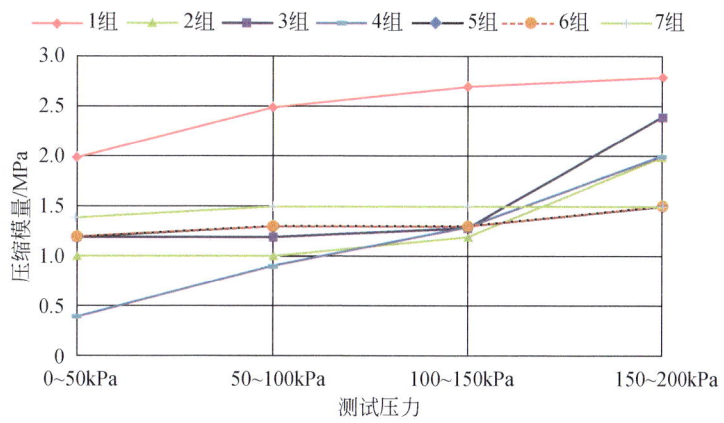

图 7.121 七组配比压缩模量变化曲线

3. 结论

试验结果表明,七组浆液渗透系数均在 $10^{-5} \sim 10^{-3}$,与低渗透性土相符;七组配比浆液的压缩模量（E_s）均小于4,与高压缩性土相符。

7.3.3 浆液泌水率

1. 实验内容

浆液在凝结后会在表面出现泌水现象,如果泌水较为严重,会影响浆液控制沉降的能力,我们将浆液放入 1000mL 量筒中,测试七组配比浆液不同时间泌出水的量与浆液总量的比,即为泌水率。测试结果如表 7.36 所示,实验情况如图 7.122 所示。

表 7.36 七组配比泌水率实验结果

配比组号	泌水率/%					
	测试时间 0.5h	测试时间 3.0h	测试时间 6.0h	测试时间 12.0h	测试时间 24.0h	测试时间 48.0h
1	1.2	1.2	1.2	1.2	1.3	1.5
2	0	0	0	0	0	0
3	1.4	1.4	1.4	1.4	1.4	1.4
4	0.6	0.6	0.6	0.6	0.6	0.6
5	0	0	0	0	0	0
6	0	0	0	0	0	0
7	0	0	0	0	0	0

图 7.122 泌水率实验照片

2. 结论

通过实验，配比 1 组、配比 2 组、配比 4 组有泌水现象，其中，配比 3 组泌水现象最为明显，其他四组几乎没有泌水现象。

7.3.4 抗压强度

1. 实验内容

我们在 70.7×70.7×70.7 的标准试模中配置新型中盾注浆浆液，测试浆液在 1 天、3 天、7 天、28 天的抗压强度。测试结果如表 7.37 所示，抗压强度随时间变化曲线如图 7.123 所示，抗压实验情况如图 7.124 所示。

表 7.37　抗压强度实验结果

配比组号	抗压强度/kPa			
	测试时间 1 天	测试时间 3 天	测试时间 7 天	测试时间 28 天
1	0.075	0.117	0.150	0.833
2	0.075	0.075	0.100	0.467
3	0.075	0.092	0.013	0.533
4	0.075	0.100	0.100	0.467
5	0.075	0.125	0.100	0.767
6	0.092	0.125	0.100	0.333
7	0.092	0.125	0.125	0.667

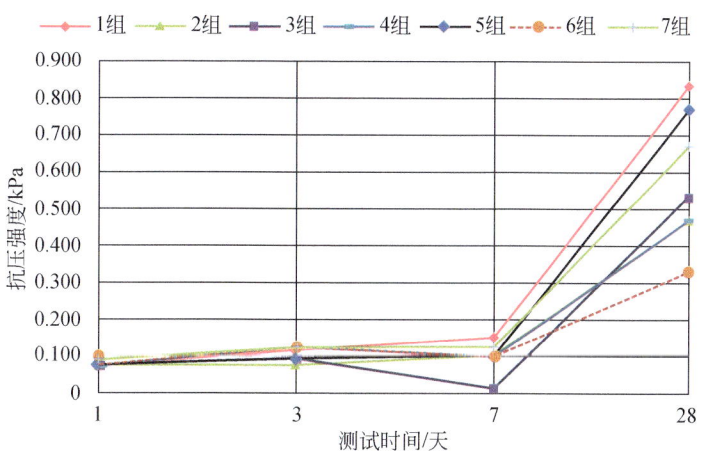

图 7.123　抗压强度随时间变化曲线

图 7.124 抗压实验照片

2. 结论

通过抗压实验，测得了七组配比不同时间的抗压强度，抗压强度随时间的增加而逐步增大，可以适配不同强度的土体。

7.3.5 收缩性

1. 实验内容

对于七组配比新型浆液材料均进行六个时间段的收缩性测定，测试结果如表 7.38 所示，测定收缩值随时间变化曲线如图 7.125～图 7.131 所示。

表7.38 七组配比收缩性实验结果

配比组号	环境	收缩值/mm					
		测试时间 0.5h	测试时间 3.0h	测试时间 6.0h	测试时间 12.0h	测试时间 24.0h	测试时间 48.0h
1	砂土	0	0	0	2	4	4
	空气	0	0	0	4	5	9
	薄膜	0	0	0	0	0	0
2	砂土	0	2	3	3	4	5
	空气	0	0	3	4	5	5
	薄膜	0	0	0	0	0	0
3	砂土	2	3	4	4	4	8
	空气	1	3	3	4	5	13
	薄膜	0	0	0	0	0	0
4	砂土	1	2	2	2	4	4
	空气	0	2	2	3	5	10
	薄膜	0	0	0	0	0	0
5	砂土	1	1	2	3	3	4
	空气	1	1	1	2	4	6
	薄膜	0	0	0	0	0	1
6	砂土	0	1	1	1	2	2
	空气	0	0	0	1	3	6
	薄膜	0	0	0	0	0	0
7	砂土	1	1	1	2	3	3
	空气	0	1	1	1	4	7
	薄膜	0	0	0	0	0	0

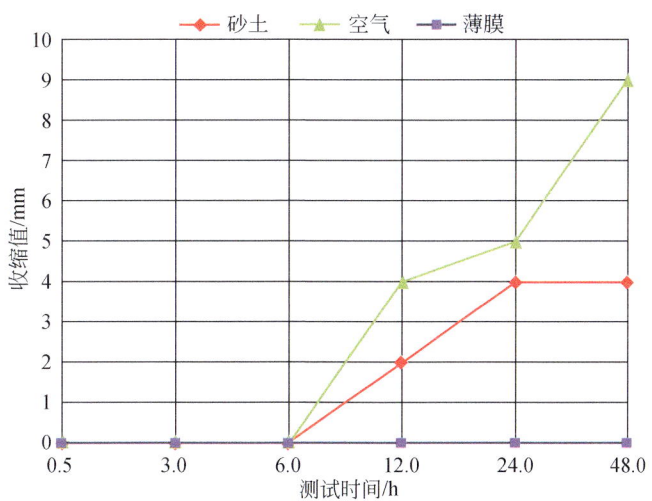

图7.125 配比1组材料收缩值变化曲线

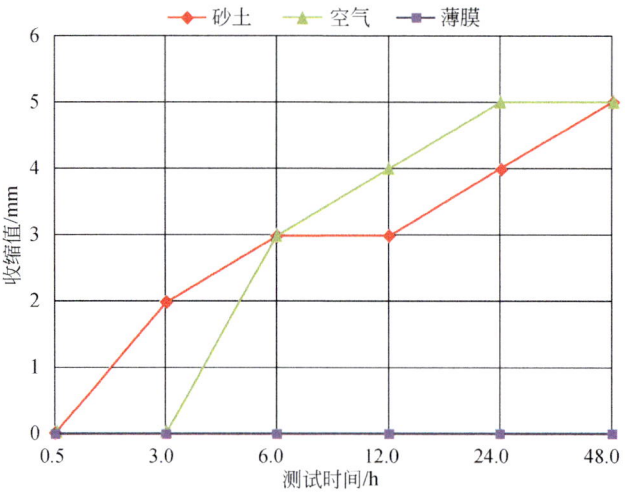

图 7.126　配比 2 组材料收缩值变化曲线

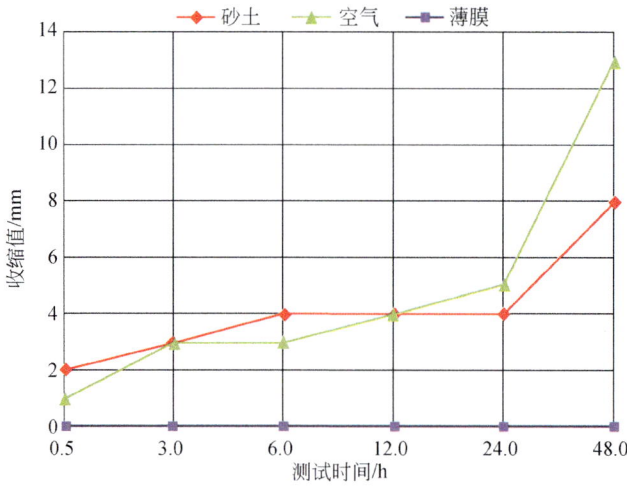

图 7.127　配比 3 组材料收缩值变化曲线

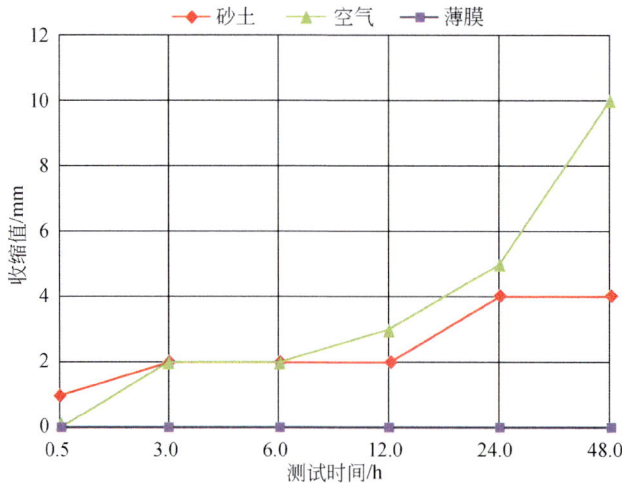

图 7.128　配比 4 组材料收缩值变化曲线

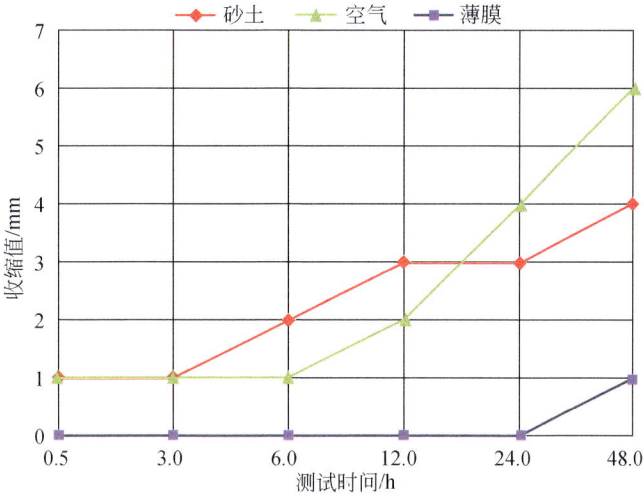

图 7.129 配比 5 材料收缩值变化曲线

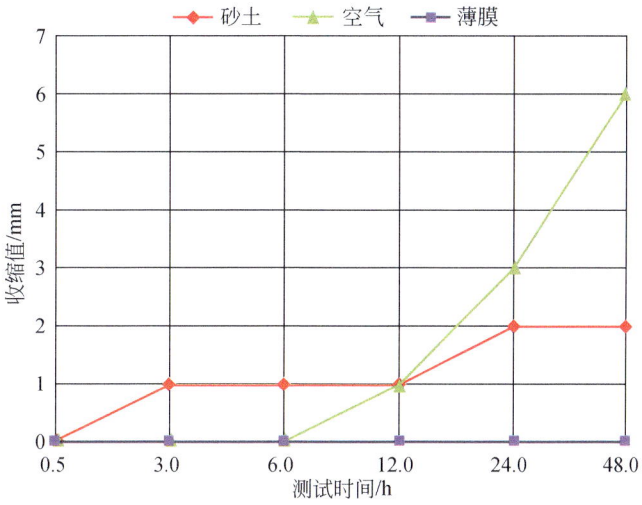

图 7.130 配比 6 材料收缩值变化曲线

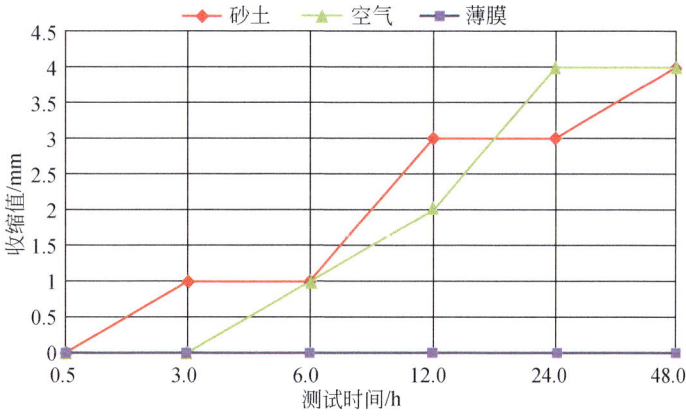

图 7.131 配比 7 收缩值随时间变化曲线

2. 结论

三种环境中,薄膜环境下浆液几乎不收缩,砂土和空气中浆液随着时间增加收缩值增大,空气中收缩最为严重。实际工程中近似于薄膜密封环境,因此可以忽略浆液收缩的影响。

7.3.6 微观结构

为了研究七组配比浆液材料内部结构及所含化合物成分,我们对七组配比浆液进行了微观结构的测试实验,结果如下:

1. 扫描电子显微镜实验

扫描电子显微镜(scanning electron microscope,SEM)主要是利用二次电子信号成像来观察样品的表面形态,即用极狭窄的电子束去扫描样品,通过电子束与样品的相互作用产生各种效应,其中主要是样品的二次电子发射。七组中盾注浆浆液500nm级扫描电镜结果如图7.132~图7.138所示。

图7.132　配比1组扫描电子显微镜图片

图7.133　配比2组扫描电子显微镜图片

图7.134　配比3组扫描电子显微镜图片

图7.135　配比4组扫描电子显微镜图片

图 7.136 配比 5 组扫描电子显微镜图片

图 7.137 配比 6 组扫描电子显微镜图片

图 7.138 配比 7 组扫描电子显微镜图片

2. X 射线衍射测试实验

X 射线衍射（X-ray diffraction，XRD）通过对材料进行 X 射线衍射，分析其衍射图谱，获得材料的成分、材料内部原子或分子的结构或形态等信息的研究手段。七组配比材料 XRD 测试图如图 7.139~图 7.145 所示。

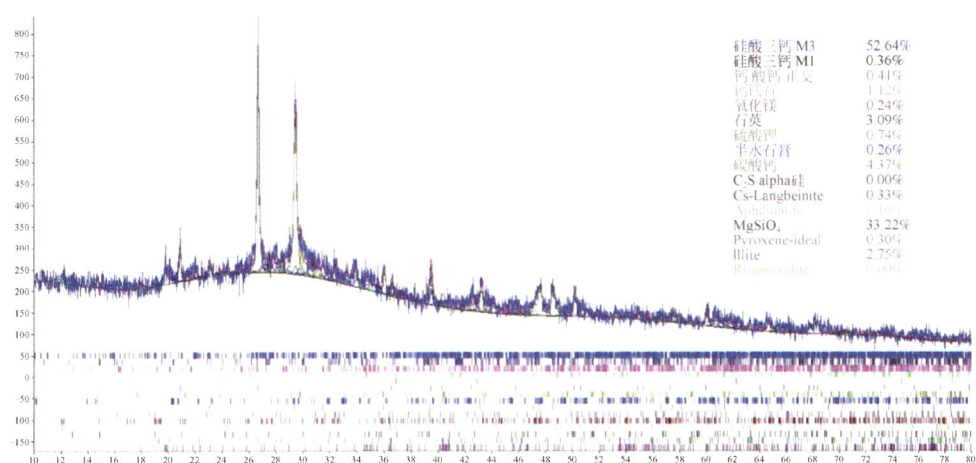
图 7.139 配比 1 组材料 XRD 测试结果图

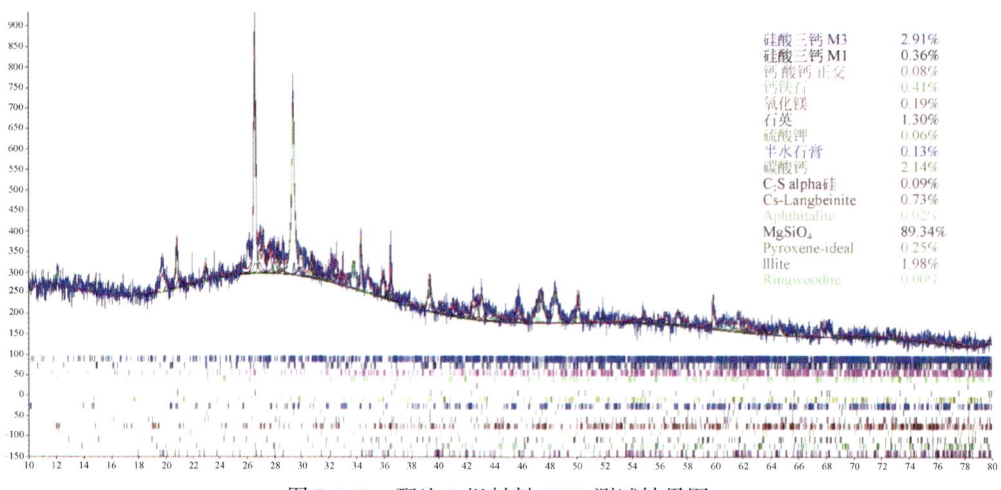

图 7.140 配比 2 组材料 XRD 测试结果图

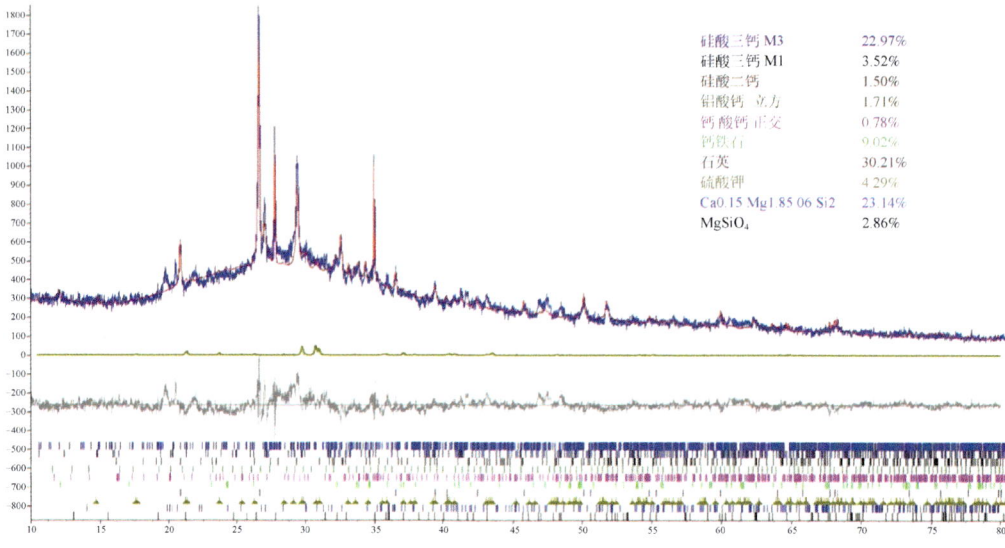

图 7.141 配比 3 组材料 XRD 测试结果图

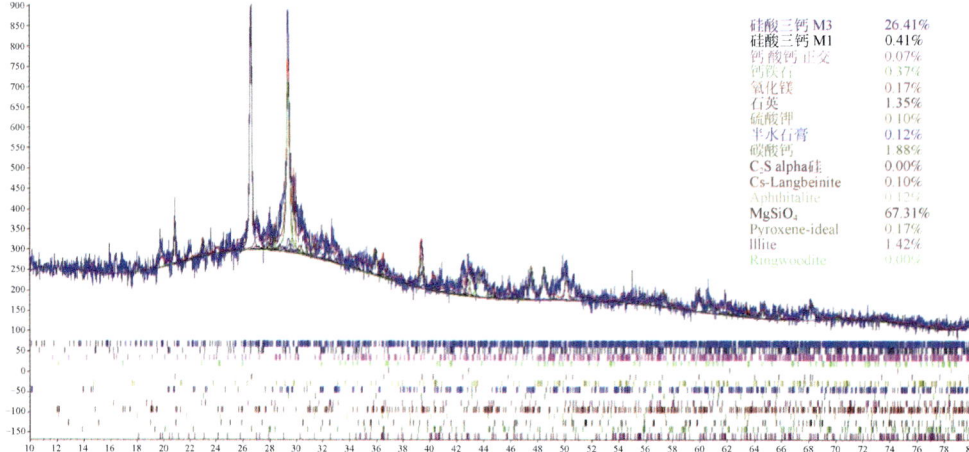

图 7.142 配比 4 组材料 XRD 测试结果图

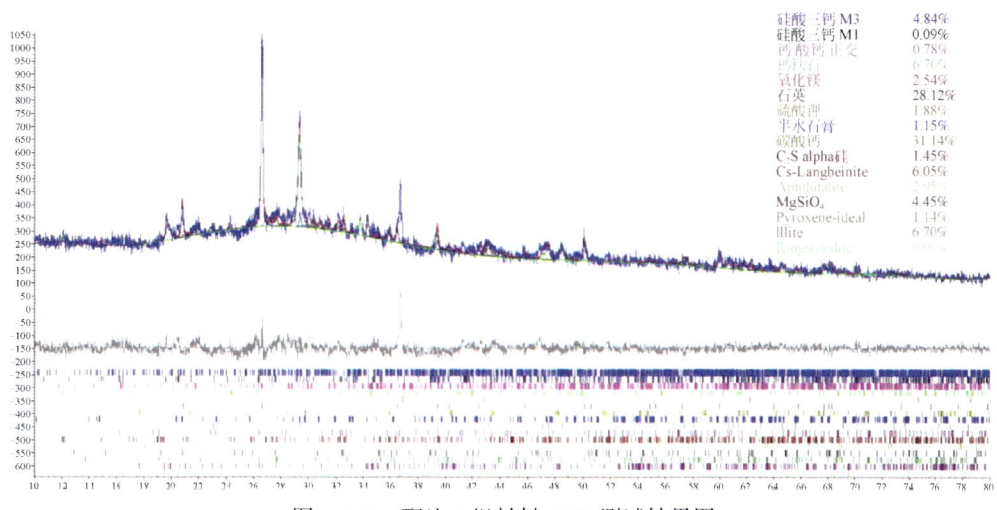

图 7.143 配比 5 组材料 XRD 测试结果图

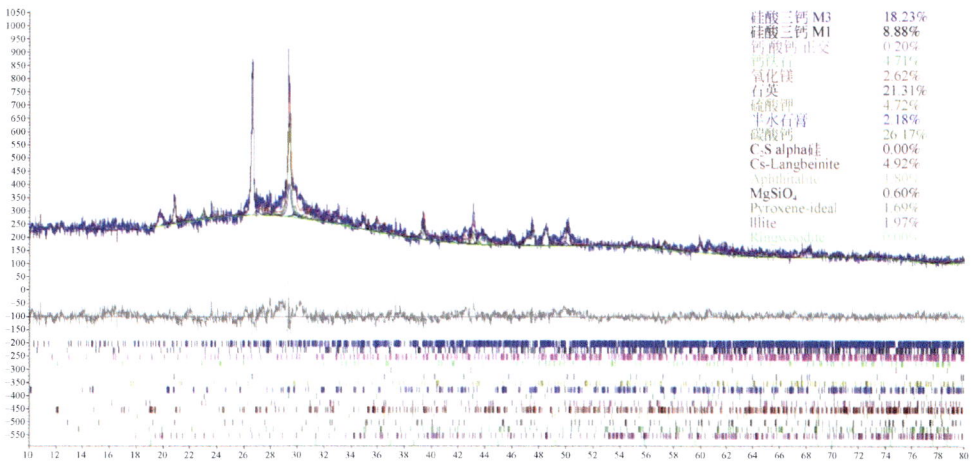

图 7.144 配比 6 组材料 XRD 测试结果图

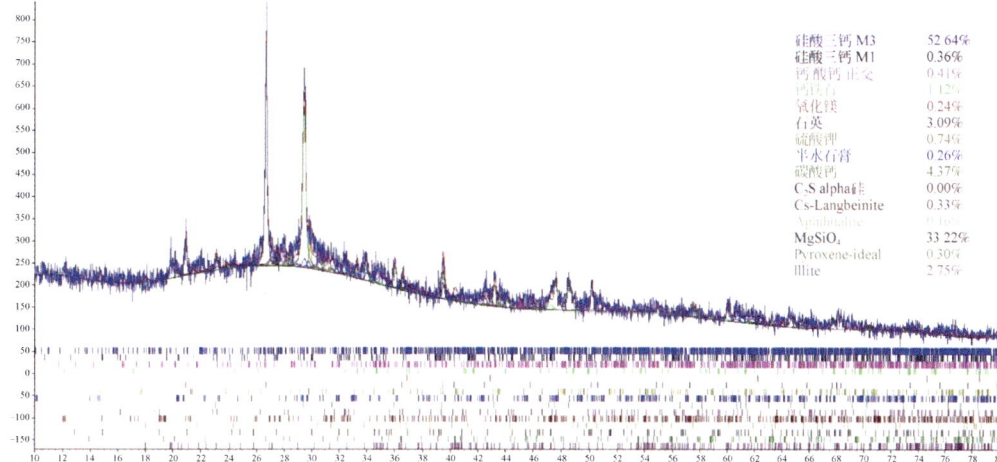

图 7.145 配比 7 组材料 XRD 测试结果图

3. 结论

依据扫描电子显微镜（SEM）试验结果可知：配比1组、配比2组、配比7组材料内部晶体结合较为疏松，内部孔径较大；加入明矾、KF-A、石膏或膨胀剂等外加剂后，产生大量"针状棒"或"鱼鳞状"颗粒吸附在晶体表面，内部孔径明显减小，孔结构变得更加致密，浆液物理性质更加稳定。

依据X射线衍射（XRD）试验结果可知：配比1组浆液成分主要为硅酸三钙（占比52.64%）及硅酸镁（占比33.22%）；配比2组浆液成分主要为硅酸镁（占比89.34%）；配比3组浆液成分主要为硅酸三钙（占比22.97%）、石英（占比30.21%）及钙镁硅酸盐（占比23.14%）；配比4组浆液成分主要为硅酸三钙（占比26.41%）及硅酸镁（占比67.31%）；配比5组浆液成分主要为石英（占比28.12%）及碳酸钙（占比31.14%）；配比6组浆液成分主要为硅酸三钙（占比18.23%）、石英（占比21.31%）及碳酸钙（占比26.17%）；配比7组浆液成分主要为硅酸三钙（占比52.64%）及硅酸镁（占比33.22%）。

可以看出组成浆液的主要矿物成分为硅酸镁、硅酸三钙、石英和碳酸钙。

7.4 新型材料优选配比

针对目前盾构施工中盾尾同步注浆技术存在的缺陷，特别是在精准微沉降控制中的缺点，进行注浆技术和注浆材料的详细分析，并通过实验研究新型中盾注浆材料配比及性能，得到新型中盾注浆材料的优选配合比。

按照这七种配合比混合得到的注浆材料均具有：①凝结时间短（90~150s），通过盾构中部注入开挖间隙后能够迅速凝结填充地层，在风险工程地段能够有效防止和精准控制沉降；②抗剪强度低（<20kPa），不影响盾构的正常推进，保证了施工的连续正常进行；③填充效果好，具有一定的抗压强度和压缩模量，能够有效填充开挖间隙。

针对不同环境和不同施工条件，可选用不同的配比，以满足相应要求：

（1）地层条件较好，对浆液性能要求不高，而需考虑成本为主要因素时，可选用成本较低的配比2组、4组，两组具体配比如下：

①配比2组：A液：水泥96.00g、膨润土54.00g、粉煤灰36.00g、水442.00mL，B液：水玻璃150.00mL、水50.00mL。

②配比4组：A液：水泥96.00g、膨润土54.00g、粉煤灰36.00g、河砂28.00g、水442mL，B液：水玻璃110.00mL、水50.00mL。

（2）在无水砂卵石等地层，浆液在凝结后会产生较明显失水现象，可选用收缩率较低的配比5组、6组配比，两组具体配比如下：

①配比5组：A液：水泥96.00g、膨润土54.00g、粉煤灰36.00g、明矾2.00g、水442.00mL，B液：水玻璃150.00mL、水50.00mL。

②配比6组：A液：水泥96.00g、膨润土54.00g、粉煤灰36.00g、石膏2.00g、水442.00mL，B液：水玻璃150.00mL、水50.00mL。

（3）在软弱地层或沉降控制要求高的施工地段，则需要强度较高的浆液，可选用配比1组，具体配比如下：

配比1组：A液：膨润土60.00g、水泥120.00g、水396.00mL，B液：水玻璃240.00mL、水60.00mL。

参 考 文 献

[1] Skempton A W, MacDonald D H. Allowable settlement of buildings. Proc Institution of Civil Engineer, 1956, 13(6):1932

[2] Burland J B. Assessment of risk of damage to building due to tunnelling and excavation. In: Invited Special Lecture to IS-Tokyo'95, 1st Int Conf on Earthquake Geotechnical Engineering, 1995

[3] Mair R J, Tylor R N, Borland J B. Prediction of ground movements and assessment of risk building damage due to bores tunneling. In: Proceedings Geotechnical Aspect of Underground Construction in Soil Ground, Balkema: Rotterdam, 1996

[4] Boone S J. Ground movement related building damage. Journal of Geotechnical Engineering, 1996, 11:886~896

[5] Poulos H G, Chen L T. Pile response due to unsupported excavation induced lateral soil movement. Canadian Geotechnical Journal, 1996, 33(4):670~677

[6] Poulos H G, Chen L T. Pile response due to excavation induced lateral soil movement. Journal of Geotechnical and Geoenvironmental Engineering, 1997, 123(2):94~99

[7] Loganathan N, Poulos H G. Centrifuge model testing of tunneling-induced ground and piles deformation. Geotechnique, 2000, 50(3):283~289

[8] 韩煊, Standing J R, 李宁. 隧道施工引起建筑物变形预测的刚度修正法. 岩土工程学报, 2009, 31(4):539~545

[9] Ding Z, Wei X J, Zhang T, et al. Analysis and discussion on surface settlement induced by shield tunnel construction of adjacent structure. Disaster Advances, 2012, 5(4):1656~1660

[10] 欧阳文彪, 丁文其, 谢东武. 考虑建筑刚度的盾构施工引致沉降计算方法. 地下空间与工程学报, 2013, 9(1):155~160

[11] Mroueh H, Shahrour I. A full 3-D finite element analysis of tunneling adjacent structures interaction. Computers and Geotechnics, 2003, 30:245~253

[12] Jenck O, Dias D. 3D-finite difference analysis of the interaction between concrete building and shallow tunneling. Geotechnique, 2004, 54(8):519~528

[13] 姜忻良, 赵志民, 李园. 天津地铁盾构施工对邻近工程设施影响的动态模拟. 天津大学学报, 2006, 39(2):188~193

[14] 丁祖德, 彭立敏, 施成华. 地铁隧道穿越角度对地表建筑物的影响分析. 岩土力学, 2011, 32(11):3387~3392

[15] 姚爱军, 杨学嘉. 盾构隧道侧穿筏板基础变形响应与安全评估. 地下空间与工程学报, 2012, 8(4):842~846

[16] 刘波, 陶龙光. 地铁盾构隧道下穿建筑基础诱发地层变形研究. 地下空间与工程学报, 2006, 2(4):621~626

[17] 方勇, 何川. 地铁盾构隧道施工对近接桩基的影响研究. 现代隧道技术, 2008, 45(1):42~47

[18] 颜勤. 互通式地下立交隧道施工力学研究及方案优化. 重庆: 重庆大学硕士学位论文, 2007

[19] 莫崇杰. 盾构隧道近距离小角度上穿已建暗挖隧道的施工方案研究. 北京:北京交通大学硕士学位论文,2008

[20] 靳晓光,张宪鑫. 大型地下下穿动态施工过程3D有限元分析. 地下空间与工程学报,2009,5(2):215~219

[21] 白海卫. 新建隧道下穿施工对既有隧道纵向变形的影响和工程措施研究. 北京:北京交通大学硕士学位论文,2007

[22] Breth H, Chambosse G. Settlement behavior of buildings above subway tunnels in frankfurt clay. In: Proc Conf on Settlement of Structures, London: Pentech Press, 1974

[23] 杨兴富,梅英宝,郑世兴. 地铁穿越房屋桩基的可行性分析及监测. 建筑施工,2006,28(6):412~415

[24] 李海. 盾构隧道下穿建筑物控制技术和监测. 铁道建筑,2011,9:66~68

[25] 孙宇坤,关富玲. 盾构隧道掘进对砌体结构建筑物沉降的影响. 中国铁道科学,2012,33(4):38~44

[26] 徐泽民,韩庆华,郑刚. 地铁隧道下穿历史风貌建筑影响的实测与分析. 岩土工程学报,2013,35(2):364~374

[27] 李东海,刘军,萧岩,等. 盾构隧道斜交下穿地铁车站的影响与监测研究. 岩石力学与工程学报,2009,28(z1):3186~3191

[28] 邵华,张子新. 盾构近距离穿越施工对已运营隧道的扰动影响分析. 岩土力学,2004,25(z2):545~549

[29] 胡群芳,黄宏伟. 盾构下穿越已运营隧道施工监测与技术分析. 岩土工程学报,2006,28(1):42~47

[30] 黄腾,张书丰,陶建岳,等. 地铁盾构隧道下穿公路隧道安全监控的研究. 工程勘察,2004,(2):60~62

[31] 崔天麟,肖红渠,王刚,等. 自动化监测技术在新建地铁穿越既有线中的应用. 隧道建设,2008,28(3):359~361

[32] 张成平,张顶立,骆建军,等. 地铁车站下穿既有线隧道施工中的远程监测系统. 岩土力学,2009,30(6):1861~1866

[33] 张晋勋,江华,程晋国,等. 盾构施工引起地层损失率的变化特征. 都市快轨交通,2017,30(6):56~61

[34] 张晋勋,江华,程晋国,等. 盾构开挖引起的地层位移空间分布预测模型. 铁道工程学报,2017,34(11):88~94

[35] 张晋勋,江华,江玉生,等. 盾构施工引起的地层分层位移测试技术研究. 现代隧道技术,2017,54(4):123~130

[36] 江华,殷明伦,江玉生,等. 深圳地铁盾构隧道近距离上跨既有线引起的结构变形研究. 现代隧道技术,2018,55(1):194~202

[37] 江华,张晋勋,江玉生,等. 新建盾构隧道近距离下穿既有车站诱发结构变形特征研究. 现代隧道技术,2016,53(1):159~164,172

[38] 潘茁,张晋勋,江玉生,等. 盾构刀盘扭矩与位移相关性分析. 科学技术与工程,2016,16(10):238~242,247

[39] Pan Z, Jiang Y S. Analysis of the effects of TBM parameters on soil displacement. International Journal of Earth Sciences and Engineering,2015,8(3):1468~1473

[40] 潘茁,江玉生,葛振义. 盾构施工引起横向沉降槽宽度分析. 科学技术与工程,2015,15(28):196~199

[41] 矫伟刚,丁彦杰,张凯,等. 盾构新型同步注浆浆液性能试验对比研究. 施工技术,2016,45(S1):484~487

[42] 矫伟刚,张凯,房宽达,等. 盾构同步注浆材料配比试验研究. 市政技术,2015,33(6):175~179

[43] Yin M L, Jiang H, Jiang Y S, et al. Effect of the excavation clearance of an under-crossing shield tunnel on existing shield tunnels. Tunnelling and Underground Space Technology,2018,78:245~258

[44] 江华,江玉生,张晋勋,等. 大直径土压平衡盾构施工诱发地层变形规律研究. 都市快轨交通,2015,28(2):94~97

[45] 潘茁. 盾构施工全过程引起的土体扰动与分层沉降特性研究. 北京:中国矿业大学(北京)博士学位论文,2016

[46] Peck R B. Deep excavations and tunneling in soft ground. In:ICSMFE,Proc 7th Int Conf SMFE,State of the Art Volume,Mexico:Balkema,1969,225~290

[47] O'Reilly M P,New B M. Settlement above tunnels in the United Kingdom-their magnitude and prediction. In:Proc Tunnelling 82,London,Institution of Mining and Metallurgy,1982,173~181

[48] Rowe R K,Kack G J. A theoretical examination of the settlements induced by tunneling:four case histories. Canadian Geotechnical Journal,1983,20:299~314

[49] Lee K M,Rowe R K,Lo K Y. Subsidence owing to tunneling I. estimating the gap parameter. Canadian Geotechnical Journal,1992,29:929~940

[50] Row R K,Lee K M. Subsidence due to tunneling evaluation of a prediction technique. Canadian Geotechnical Journal,1992,29:941~954

[51] Kimura T,Mair R J. Centrifugal testing of model tunnels in soft clay. In:Proc of 10th Int Conf soil Mechanics & Foundation Engineering, Stoekholm:Balkema,1981

[52] Attewell P B. An overview of site investigation and long term tunneling-induced settlement in soil. Geological Society Engineering Geology Special Publication,1988,5:55~61

[53] 侯学渊,廖少明. 盾构隧道沉降预估. 地下工程与隧道,1993,(4):24~25

[54] 尹旅超,朱振宏,等. 日本隧道盾构新技术. 武汉:华中理工大学出版社,1997,68~69

[55] Melis M,Medina L,Rodríguez J M. Prediction and analysis of subsidence induced by shield tunneling in the Madrid Metro extension. Canadian Geotechnical Journal,2002,39(6):1273~1287

[56] Loganathan N,Poulos H G. Analytical prediction for tunneling-induced ground movement in clays. Journal of Geotechnical and Geoenvironmental Engineering,1998,124(9):846~856

[57] Verruijt A,Booker J R. Surface settlements due to deformation of a tunnel in an elastic half plane. Geotechnique,1996,46(4):753~756

[58] Resendiz D,Romo M P. Settlement upon soft ground tunneling. Theoretical Solution,1981,65~74

[59] Stille H,Holmoery M,Mord G. Support of weak rock with grouted bolts and shotcrete. Int J Rock Mech Min Sci & Geomech Abstr,1989,26(1):99

[60] 刘建航,侯学渊. 盾构法隧道. 北京:中国铁道出版社,1991

[61] 沈培良,张海波,殷宗泽. 上海地区地铁隧道盾构施工地面沉降分析. 河海大学学报(自然科学版),2003,31(5):556~559

[62] Fang Y S,Lin S J,Lin J S. Time and settlement in EPB shield tunneling. Tunnels & Tunneling,1993,134(11):27~28

[63] 刘宝琛,张家生. 近地表开挖引起的地表沉降的随机介质方法. 岩石力学与工程学报,1995,14(4):289~296

[64] 朱忠隆,张庆贺,易宏传. 软土隧道纵向地表沉降的随机预测方法. 岩土力学,2001,22(1):56~59

[65] 施成华,彭立敏. 随机介质理论在盾构法隧道纵向地表沉降预测中的应用. 岩土力学,2004,25(2):320~323

[66] 孙洪涛. 盾构法施工地层移动分析的模糊数学模型. 西部探矿工程,2000,6:73~75

[67] 孙钧,袁金荣. 盾构施工扰动与地层移动及其智能神经网络预测. 岩土工程学报,2001,23(3):261~267

[68] 周文波,胡岷. 盾构法隧道施工主要参数控制方法研究. 岩石力学与工程学报,2003,22(增1): 2430~2433
[69] Yeh I C. Application of neural networks to automatic soil pressure balance control for shield tunneling. Automation in Construction,1997,5(5):421~426
[70] 张金菊. 盾构隧道引起土体变形分析研究. 杭州:浙江大学硕士学位论文,2006
[71] 刘建航. 上海软土隧道盾构施工技术专家系统综述. 地下工程与隧道,1995,(2):2~8
[72] 周文波. 盾构法隧道施工对周围环境影响和防治的专家系统. 地下工程与隧道,1993,(4): 120~128
[73] 周文波,吴惠明. 盾构法隧道施工智能化辅助决策系统. 城市道桥与防洪,2004,(1):65~70
[74] Thomas K, Meschke G. A 3D finite element stimulation model for TBM tunneling in soft ground. Int J Numeral Anal Meth Geomech,2004,28:1441~1460
[75] Mrouch H, Shahrour I. A simplified 3D model for tunnel construction using tunnel boring machines. Tunneling and Underground Space Technology,2008,23:38~45
[76] 孙钧,刘洪洲. 交叠隧道盾构法施工土体变形的三维数值模拟. 同济大学学报,2002,30(4):379~385
[77] 孙钧,刘洪洲. 软土隧道盾构推进中地面沉降影响因素的数值法研究. 现代隧道技术,2001, 38(6):24~28
[78] 王敏强,陈胜宏. 盾构推进隧道结构三维非线性有限元仿真. 岩石力学与工程学报,2002, 21(2):228~232
[79] 张云,殷宗泽,徐永福. 盾构法隧道引起的地表变形分析. 岩石力学与工程学报,2002,28(3): 388~392
[80] 李小青,朱传成. 盾构隧道施工地表沉降数值分析研究. 公路交通科技,2007,24(6):86~90
[81] 马可栓,丁烈云,彭畅. 越江隧道泥水盾构施工引起地层移动的有限元分析. 西安交通大学学报, 2007,41(9):1119~1123
[82] 石杰红,钟茂华,何理,等. 双线盾构地铁隧道施工地表沉降数值分析. 中国安全生产科学技术,2006, 2(3):51~54
[83] 李曙光,方理刚,赵丹. 盾构法地铁隧道施工引起的地表变形分析. 中国铁道科学,2006, 27(5):87~92
[84] 璩继立,许英姿. 盾构施工引起的地表横向沉降槽分析. 岩土力学,2006,27(2):313~322
[85] 赵志民. 隧道施工引起土体位移与应力的镜像理论研究以及回归方法的应用. 天津:天津大学博士学位论文,2004
[86] 姜忻良,李林,袁杰,等. 深层地铁盾构施工地层水平位移动态分析. 岩土力学,2011,32(4): 1186~1192
[87] 魏新江,周洋,魏纲. 土压平衡盾构掘进参数关系及其对地层位移影响的试验研究. 岩土力学,2013, 34(1):73~79
[88] 姜忻良,赵志民,李园. 隧道开挖引起土层沉降槽曲线形态的分析与计算. 岩土力学,2004, 25(10):1542~1544
[89] Maidl B,Herrenknecht M,Anheuser L. Mechanised Shield Tunnelling. Berlin:Ernst & Sohn,1996:21~22
[90] Sagaseta C. Analysis of undrained soil deformation due to ground loss. Geotechnique,1987,37(3):301~320
[91] Sagaseta C. Author's reply to Schmidt. Geotechnique,1988,38(4):647~649
[92] Attewell P B, Woodman J P. Predicting the dynamics of ground settlement and it's derivatives caused by tunneling in soil. Ground Engineering,1982,15(8):13~20,36